JN432494

- 무선공학/무선시스템 핵심정리
- 공무원 및 기사 시험 완벽 가이드
- 기출문제 경향분석 및 상세 해설

핵심

무선공학

권원현 저

Wireless Engineering and Technology

도서출판 홍릉

저자소개

권원현 안양대학교 정보전자공학과 교수

연세대학교에서 학사, 석사, 박사학위를 받은 후, 삼성전자에서 휴대용 이동무선단말장치와 무선부품 개발팀을 이끌다 안양대학교 교수로 재직하고 있다. 주요 연구분야로는 이동통신, 방송통신기술, 무선부품 설계 및 모델링, 전자파 전파, 전자기 해석, 학습자 주도 Life Design 프로그램 개발 등이다. 무선방송통신기술의 법, 제도 개선을 위해 국가기관의 여러 연구반을 함께 운영하고 있으며, 관련 분야 학술활동과 기술개발에 기여하고 있다. 특히, 전자기학의 효율적인 온라인 학습이 가능하도록 한국형 온라인 공개강좌(K-MOOC)에 전기자기학 교과를 개설하여 운영하고 있으며, 최근에는 4차 산업혁명에 대응할 수 있는 융합 인재양성을 위하여 신산업(무선통신과 AIoT) 분야의 지식재산(IP) 교육체계 정립을 위한 관련 교육 시스템 개발을 주도하고 있다.

핵심

무선공학

Wireless Engineering and Technology

인　쇄 : 2024년 9월 20일 초판 1쇄
발　행 : 2024년 9월 30일 초판 1쇄

저　자 : 권원현
발행인 : 송 준
발행처 : 도서출판 홍릉
주　소 : 01093 서울시 강북구 인수봉로 50길 10
등　록 : 1976년 10월 21일 제5-66호

전　화 : 02-999-2274~5, 903-7037
팩　스 : 02-905-6729
e-mail : hongpub@hongpub.co.kr
http://www.hongpub.co.kr
ISBN : 979-11-5600-227-7(93560)

정　가 : 29,000원

낙장 및 파본은 구입처나 본사에서 교환하여 드립니다.
판권 소유에 위배되는 사항(인쇄, 복제, 제본)은 법에 저촉됩니다.

저자와의 협의하에 인지는 생략됩니다

머리말

בְּרֵאשִׁית בָּרָא אֱלֹהִים אֵת הַשָּׁמַיִם וְאֵת הָאָרֶץ

우주의 탄생과 생명이 출현하면서 생존을 위한 의식주 해결 다음으로 중요한 일이 외부와의 소통이었다. 원활한 소통을 위해서는 주변을 파악하고 상황을 이해할 수 있는 다양한 정보가 필요하였으며, 이러한 정보들을 상호 교환하고 상대방의 상태를 탐지하기 위한 수단이 필요하게 된다. 의사 전달과 소통은 여러 통신수단(대화, 편지 등)을 통하여 행하여졌으며, 문명의 발전에 따라 좀 더 손쉽고 효율적인 통신수단들이 개발되어 사용되고 있다.

무선통신 기술은 공간적, 시간적 제약을 받던 기존 통신수단들의 단점을 획기적으로 개선한 방식으로 4차 산업혁명의 가장 핵심적인 기술 분야이다. 무선통신을 가능하게 한 역사적인 일의 하나가 1864년 제임스 클러크 맥스웰James Clerk Maxwell,1831-1879의 저서 《전자기장의 역학이론》에서 정리한 맥스웰 방정식이다. 맥스웰은 전기 및 자기 현상에 대한 통일적 기초이론 정립과 함께, 모든 에너지는 전기장과 자기장의 형태로 공간에서 빛의 속도로 전파되는 파동을 만들어 낼 수 있음을 밝혔으며, 이 파동이 바로 전자기파(전자파) Electromagnetic(Radio) Wave로 대기 중을 도선없이 전파할 수 있으므로 무선Wireless신호 또는 전파라고 불렀다.

무선통신기술을 포함하는 무선공학 분야는 모든 자연현상, 특히 자연계에서 일어나는 다양한 물리적, 전기적 현상들을 설명하기 위하여 정립되고 발전되어 온 학문분야이며, 4차 산업혁명이 오기까지 필요한 모든 문명과 기술들의 원리와 이론을 제공해 온 핵심 교과목으로 전기, 전자, 통신 등 ICT 관련 분야를 전공하는 학생들이 반드시 학습하고 이해하여야 하는 기본 교과목이다. 그러나 전자기적 현상들을 이용하는 수많은 무선공학 기술은 학생들이 가장 어려워하고 힘들어하는 분야 중의 하나이다. 무선공학과 이를 이용하는 무선통신공학을 좀 더 쉽게 이해하고 학습하는 방법은 없을까?

무선공학은 다양한 주제 및 산업분야들로 구성되어 있으므로 다른 어떤 교과목에 비해서도 체계적이고 논리적으로 접근하여야 하는 학문분야이다. 특히 국가 임용고시나 각종 국가 자격시험(기술사, 기사, 산업기사 등)을 준비하는 수험생들이나 교수자들이 짧은 시간 내에 다양한 분야나 주제들에 대한 지식을 효과적으로 학습하고, 이를 활용할 수 있는 교재 구성이 요구된다.

필자는 대학시절 힘들었던 무선공학에 대한 기억과 관련 산업현장에서 경험한 사항들을 반영하여 "체계적이고 학습하기 쉬운 무선공학" 교재 개발을 하고자 하였으며, 대학 학습자들과의 수많은 교감과 사회적 요구사항이 반영되도록 하였다.

본 교재는 이러한 교과목 특성을 반영하여 학습주제에 대하여 학습자가 꼭 알아야하는 핵심적인 내용들을 개조식 형태로 구성하였으며, 단원별 핵심 사항들을 학습한 후 학습 내용에 대한 기본 예제와 관련 기출문제를 이용하여 학습성과를 높일 수 있도록 하였다. 국가고시 기출문제는 문제풀이를 위한 핵심 Key Word만 먼저 제시하고, 학습자는 이 Hint를 이용하여 스스로 문제를 해결한 후 부록으로 제공되는 답안 및 해설 내용을 활용하여 학습효과를 배가시킬 수 있게 된다. 이와 함께 부록에 수록한 각 단원별 국가자격시험(무선설비기사) 문제들을 이용하여 해당 단원 내용을 심화학습할 수 있도록 하였다.

교재구성

1 기본 사항

본 교재는 대학 교육과정을 기준으로 3, 4학년 중상급 학습자가 학습할 수 있는 수준으로 구성하였으며, 이미 오래전 완성된 이론의 유도나 증명 과정보다는 기술의 개념 및 특성 요약과 산업적 활용 등을 중심으로 설명하였다. 또한 이론위주로 구성된 기존의 무선공학 교재들의 한계를 극복하기 위하여 국가고시 및 국가자격시험 등의 출제빈도를 반영하여 수험서 형식의 내용을 상호 보완 결합함으로써, 학습자들이 학습지와 수험서로 동시에 활용할 수 있게 하였다.

2 내용 전개

무선공학은 전계와 자계 및 전자기파와 이를 활용한 응용시스템을 다루는 학문으로 본 교재는 기본 개념 및 사전지식을 미리 학습하여 이해도와 학습효과를 높일 수 있도록 구성하였다. 이를 바탕으로 무선공학 기본 개념과 응용 분야를 학습함과 동시에 통신시스템의 원리와 구현 방식들을 습득한 후 두 분야를 결합한 무선 응용시스템을 학습한다. 무선 응용시스템은 전자파를 사용하는 다양한 무선통신 시스템, 무선응용시스템 등을 학습하며, 다양한 산업적 응용 예제들과 기출 문제들을 활용하여 학습효과를 높일 수 있도록 구성하였다.

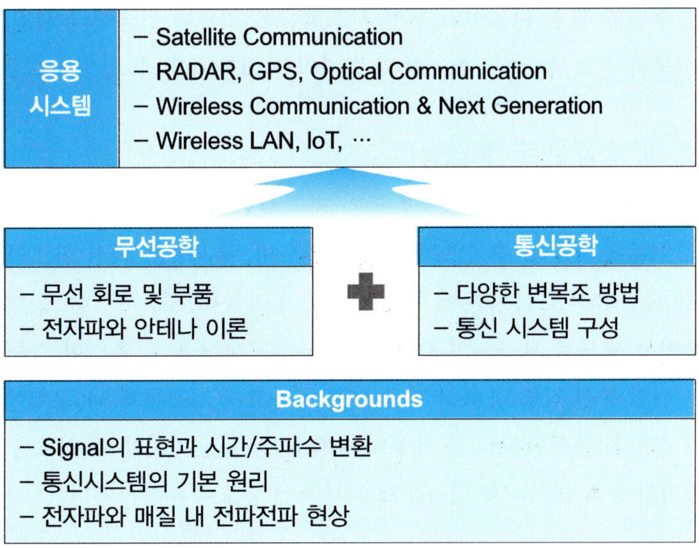

3 학습체계

본 교재는 중상급 학습자들에게 필요한 이론학습과 국가고시 및 기술자격 습득에 필요한 내용들을 상호 결합하여 다음과 같이 구성함으로써 체계적인 학습이 가능하게 하였다.

[학습 목표]

해당 단원에서 학습하여야 하거나 습득해야 할 학습 목표들을 정의한다.

[내용 전개]

개념 위주 설명과 산업적 활용 방안 등의 실제적인 내용을 개조식으로 구성하며, 법칙이나 공식 등은 가급적 단순화하거나 연습문제로 부여하여 핵심주제에 대한 집중도를 높였다.

[기본예제]

주제 학습과정에서 습득한 내용들을 기본예제를 통하여 확인하고 검증할 수 있도록 하였으며, 심화학습이 필요한 문제들도 함께 제시하였다.

[학습비타민]

복잡한 전자파 관련 이론이나 무선 시스템들을 관련된 인물이나 사건, 역사적 사실들을 이용하여 소개하여 학습자들의 흥미와 이해를 높일 수 있도록 하였다.

[기출문제, 핵심 힌트 및 해설]

해당 단원과 관련된 국가 고시 및 국가 자격시험 기출문제들을 소개하여 학습자가 스스로 수준평가를 할 수 있도록 유도하였으며, 문제별로 핵심 힌트와 쉬운 풀이방법 등을 제공하여 효과적인 자격시험 대응이 가능하도록 하였다. 출제문제 해설 및 문제풀이는 별도로 제공하여 학습자 스스로 문제해결 후 확인이 가능하게 하였다. 17년간 전기 통신 직렬(공무원 전공분야) 국가고시 기출문제 340문항에 대한 단원별 분포와 경향을 분석한 결과를 제공하여 학습 강도를 조정할 수 있도록 하였으며, 무선설비기사 등의 기사시험 기출문제는 부록에 별도로 수록하였다.

주제(장) 구분	출제문항	비율(%)	교재 소단원 수
무선공학 일반	19	5.5	6
전자파와 전파의 특성	42	12.1	4
아날로그/디지털 변조	110	31.6	6
무선통신 시스템 설계	12	3.4	4
안테나와 전파전파	32	9.2	4
다양한 무선통신시스템	68	19.5	4
이동통신 시스템	51	14.7	5
근거리 무선통신망	14	4.0	2
총 계(중복포함)	348	100	35

[부록]

물질상수와 단위계, 연차별 무선설비기사 자격시험 기출문제, 국가고시 기출문제 풀이 및 해설 등 학습에 필요한 사항들을 수록하였다.

››› 개인 학습 방법

본 교재는 학습지와 수험서로 동시에 활용할 수 있도록 총 8개 주제(장), 35개 소단원으로 구성되어 있으며, 1일 2개 소단원을 기준으로 주제 학습과 기출문제 풀이를 기본단위로 학습한 후 학습자 스스로 성취도를 판단하여 반복 학습함으로써 학습효과를 높일 것을 권장한다. 통상적인 국가고시 및 자격시험은 대부분 기출문제 수준의 내용 및 형식으로 출제되므로, 제시된 문제들에 대한 문제풀이 핵심 Hint를 충분히 숙지함으로써 유사 문제에 대한 해결능력을 배양하여야 한다.

강의운영방법

본 교재는 학기당 15주 강의를 기본으로 1학기 또는 1년 단위 강좌로 운영할 수 있다. 만약 1학기로 강의를 운영할 때는 교수자와 학생들의 특성이나 수강목적에 따라 탄력적으로 조정하여 운영할 수 있다. 이 경우에는 국가 자격시험 등의 출제 빈도를 이용하여 학습기간을 배분하는 것도 바람직한 방법이다.

1년 단위 강의 구성(예)					
1학기			2학기		
주차	단원	강의주제	주차	단원	강의주제
1	1장	배경 지식	1	5장	안테나와 전파전파
2	1장	배경 지식	2	5장	안테나와 전파전파
3	2장	배경 지식	3	5장	안테나와 전파전파
4	2장	배경 지식	4	5장	다양한 무선통신시스템
5	2장	전자파와 전파의 특성	5	6장	다양한 무선통신시스템
6	2장	전자파와 전파의 특성	6	6장	다양한 무선통신시스템
7	2장	전자파와 전파의 특성	7	6장	이동통신 시스템
8	중간평가				
9	3장	아날로그 변조	9	7장	이동통신 시스템
10	3장	아날로그 변조	10	7장	이동통신 시스템
11	3장	디지털 변조	11	7장	이동통신 시스템
12	4장	디지털 변조	12	7장	도체에서의 전자파 전파특성
13	4장	무선통신 시스템 설계	13	8장	근거리 무선통신망
14	4장	무선통신 시스템 설계	14	8장	근거리 무선통신망
15	4장	과정 정리 /평가	15	8장	과정 정리 /평가
16	기말평가 (16주 기준)				

1학기 단위 강의 구성 (예)					
주차	단원	강의주제	주차	단원	강의주제
1	1장	배경 지식	9	5장	안테나와 전파전파
2	1장	배경 지식	10	5장	안테나와 전파전파
3	2장	전자파와 전파의 특성	11	6장	다양한 무선통신시스템
4	2장	전자파와 전파의 특성	12	6장	다양한 무선통신시스템
5	3장	아날로그 변조	13	7장	이동통신 시스템
6	3장	디지털 변조	14	7장	이동통신 시스템
7	4장	무선통신 시스템 설계	15	8장	근거리 무선통신망
8	중간평가		16	기말평가	

차례

CHAPTER

01

배경 지식
Background Materials

학습목표

- 무선공학의 기본 개념 및 목적을 이해한다..
- 무선공학 학습에 필요한 배경지식을 습득한다.
- 무선통신시스템의 구성과 기본 특성들을 이해한다.
- 시스템 설계와 해석에 필요한 신호의 표현방법과 변환과정을 학습한다.
- 효율적인 정보 전달을 위한 방법과 시스템 구성을 이해한다.

학습목차

1.1 무선통신시스템의 구성

1 통신시스템 구성

- 통신시스템은 보내고자하는 송신단의 정보information(텍스트, 음성, 영상 등)를 수신단에 효율적으로 보내기 위한 시스템
- 신호변환부, 송신부, 수신부, 전송 채널 및 매체 등으로 구성
- 통신시스템은 대역폭 확장, 변조 등의 통신자원을 활용하여 통신채널과 시스템에서 발생하는 열화degradation요인을 극복하고 우수한 품질의 정보를 전송하기 위한 시스템
- 신호전송 채널 매체에 따라 유선통신 시스템과 무신통신 시스템으로 분류

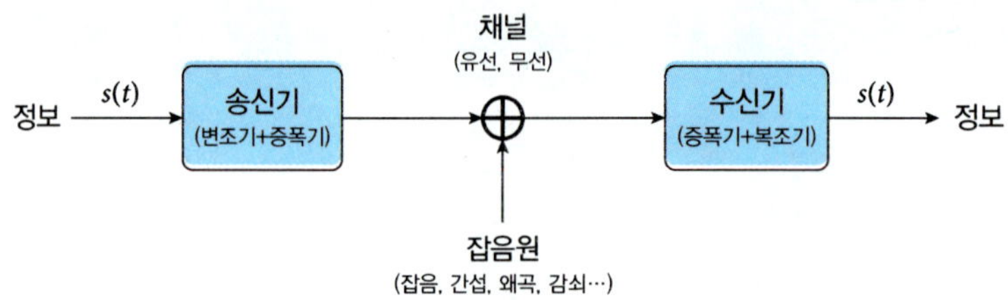

그림 1-1 통신시스템 구성도

2 무선통신시스템의 구성

- 신호 및 정보 전송 수단으로 전자파(전파)radio wave를 사용하는 모든 통신시스템
- 무선통신망은 송신기, 수신기 및 안테나antenna(도파관, 급전선 포함)로 구성

① 송신기 : 신호의 변환(정보 ↣ 전기신호), 변조modutation와 증폭amplication을 행하는 장치

❷ **수신기** : 신호의 복조(검파)demodulation와 증폭, 변환(전기신호 ↣ 정보)을 행하는 장치

❸ **안테나** : 전기신호를 전자파(송신단)로 변환하거나 전자파를 전기신호(수신단)로 변환하는 수동소자

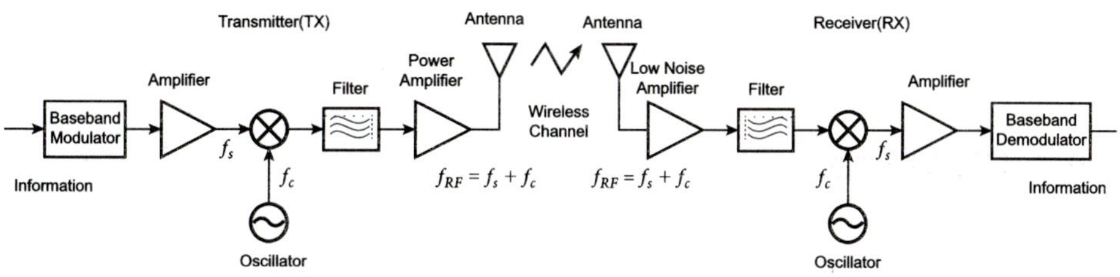

그림 1-2 무선통신시스템 구성도

1.2 신호의 표현

1 신호의 구분

1 아날로그Analog 신호

- Continuous의 의미인 Analogue로부터 유래
- 신호의 처리 및 해석을 위하여 아날로그 신호는 정현파 신호로 모델링하여 해석

$$s(t) = A(t)\cos(2\pi ft + \theta) \tag{1.1}$$

$A(t)$: 진폭amplitude, f : 주파수frequency, θ : 위상phase,
$T = \frac{1}{f}$: 주기period, λ : 파장wavelength

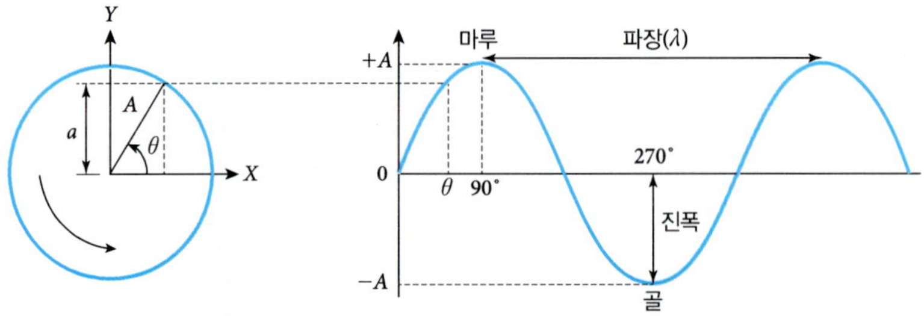

그림 1-3 아날로그 교류 정현파의 표현

- 아날로그 신호의 정보량 또는 전송속도는 신호의 대역폭Bandwidth B(Hz)로 정의함
- 신호의 주파수 f(Hz), 파장 λ(m) , 전파속도 v(m/s)와의 관계

$$f\lambda = v \tag{1.2}$$

2 디지털Digital 신호

- Discrete의 의미인 Digit로부터 유래

- 정보의 기본단위는 "0", "1"로 표현되는 이진 Bit(Binary Digit)로 구성
- 디지털 신호의 정보량과 전송속도는 1초당 전송되는 비트수(bps, bits/sec)로 표시
- 8개 bit 조합을 바이트Byte라고 하며, 여러 바이트를 조합하여 워드Word, 프레임 Frame 등으로 구조화하여 디지털 신호를 표현하거나 처리

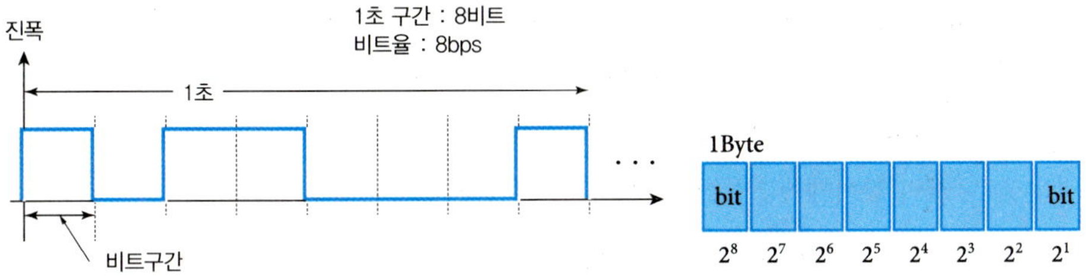

그림 1-4 디지털 신호의 표현

디지털 신호 체계의 장단점

⊞ 신호처리, 신호 재생, 정보의 저장 및 복사 용이
⊞ 신호의 왜곡, 잡음, 간섭에 강하며, S/N비(E_b/N_0)가 우수
⊞ 아날로그 신호에 비해 신호 충실도(fidelity) 높음
⊞ 회로의 집적화, 고도화 가능
⊞ 3R(Reshaping, Retiming, Regenerating)을 이용한 정보의 복원 및 재전송 용이
⊟ 동일 정보의 신호일 경우 아날로그에 비해 넓은 대역폭 필요
⊟ A/D, D/A 변환, 동기화 등의 부가적인 처리 필요

3 신호형태별 전송방식

- 전달하는 정보의 형태에 따라 아날로그analog 통신과 디지털digital 통신으로 구분
- 시스템 성능 확보 및 효율적인 전달을 위해 다양한 변조modulation방식 사용

구 분	아날로그 전송	디지털 전송
정보용량	신호 대역폭(Hz)	비트율(bps), 심볼율(baud, sps)
잡음	신호대잡음비(S/N)	비트당잡음(E_b/N_0)
대표적 변조방식	진폭변조(AM) 주파수변조(FM) 위상변조(PM)	진폭편이변조(ASK) 주파수편이변조(FSK) 위상편이변조(PSK)
특징 및 장단점	단순한 송수신기 협대역 통신 잡음특성 등 성능 나쁨	복잡한 송수신기 광대역 통신 잡음특성 등 성능 우수

4 정보전달 방식에 따른 구분

- 단방향통신simplex

  한쪽은 송신만, 다른 한쪽은 수신만 행하는 통신방식

  예 키보드, 마우스, 리모컨, Pager(삐삐), TV, 라디오, telemetering 등
- 반이중통신half-duplex

  Ping-pong 전송방식이라고 하며, 송신 또는 수신만 할 수 있는 통신방식

  예 워키토키, CBCitizen Band 무전기, 경찰 및 군용 무전기 등
- 전이중통신full-duplex

  양쪽이 동시에 송수신을 행할 수 있는 쌍방향 통신방식

  예 인터넷, 데이터통신, 유선 전화, 무선전화, 이동전화 등

2 신호의 주파수 대역과 대역폭

신호의 대역Frequency Band은 신호가 동작하는 동작주파수 명칭을 나타내며, 대역폭Bandwidth은 주파수 범위를 나타냄 (비교: 고속도로명, 고속도로 넓이)

1 주파수 대역

- 주파수 대역은 주파수 f(Hz) 축을 기준으로 신호가 존재하는 주파수 영역을 의미
- 사용 용도와 표준화 단체(ITU, IEEE, 위성통신 등) 별로 주파수 대역 이름을 정의함

대역 기호	대역명	대역 번호	주파수대역	파장	비고
ELF	초저주파		20~300Hz	1,000km 이상	수중통신
VF	음파		300~3,000Hz	1,000~100km	음성대역
VLF	초장파	4	3~30kHz	100~10km	선박
LF	장파	5	30~300kHz	10~1km	항해용
MF	중파	6	300~3,000kHz	1,000~100m	항공, AM 방송
HF	단파	7	3~30MHz	100~10m	단파 방송, HAM
VHF	초단파	8	30~300MHz	10~1m	TV, FM 방송
UHF	극초단파	9	300~3,000MHz	1~0.1m	마이크로파 (TV 방송, 이동전화, 레이더)
SHF	센티미터파	10	3~30GHz	10~1cm	마이크로파 (위성통신, 레이더)
EHF	밀리파	11	30~300GHz	10~1mm	미사일, 우주통신
THF	서브밀리파	12	300~3,000GHz	1~0.1mm	우주, 극비통신

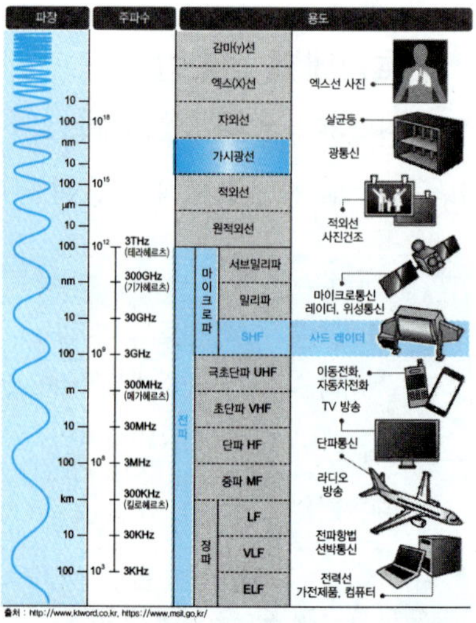

그림 1-5 주파수 대역 구분(ITU)과 대역별 무선 시스템

- 채널Channel은 특정신호가 전송되는 주파수 범위를 나타냄

  예 FM 라디오 채널, WiFi 채널

2 대역폭Bandwidth

- 신호 주파수의 범위 또는 특정 통신서비스가 사용하는 주파수 범위로 *B*(Hz)로 표기
- 대역폭이 넓을수록 신호의 정보량이 많고, 채널의 전송속도(bps)도 높아짐
- 신호별 대역폭 : 음성주파수대역(300~3,400Hz), 가청주파수대역(20~20,000Hz), NTSC 영상신호(4.2MHz) 등
- 무선통신 서비스 별로 채널 대역폭을 할당하여 허가함(우리나라 주파수 분배표: https://spectrummap.kr 참고)

  예 AM 방송(535~1605kHz), FM 방송(88~108MHz), WiFi(2.4~2.462GHz, 5.18~5.85 GHz) 등

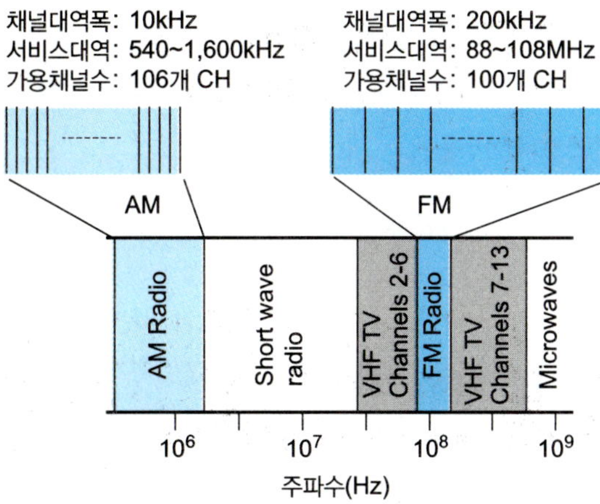

그림 1-6 방송 서비스별 대역 및 대역폭 할당

3 신호 크기의 데시벨(dB) 표현

1 Bel(벨)

- 로그함수에 비례하는 사람의 청각 반응을 표현하기 위해 사용

  예 예: 10,000배 커진 소리 → 청각적으로는 40배 커진 소리로 인식)

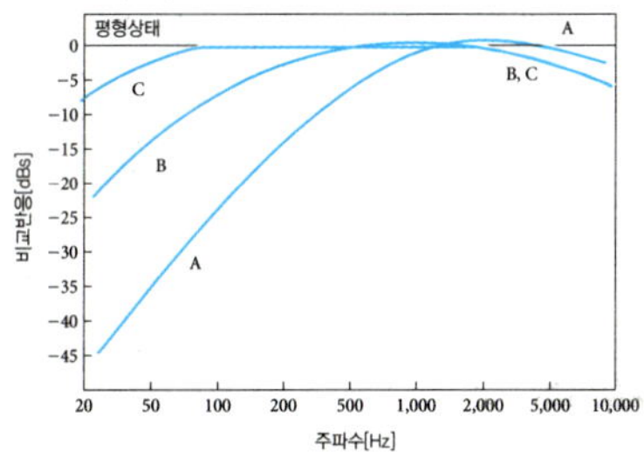

$$Bel = \log_{10}\frac{P_2}{P_1} \tag{1.3}$$

2 dB(데시벨deciBel)

- Bel 단위는 해석하기에 너무 작은 양이므로 10배 크기로 변환하여 사용

  dB (decibel) : $10 \times Bel$

$$\begin{aligned} dB &= 10\log_{10}\frac{P_2}{P_1}\ (\text{전력기준}) \\ &= 20\log_{10}\frac{V_2}{V_1} = 20\log_{10}\frac{I_2}{I_1}\ (\text{전압, 전류기준}) \end{aligned} \tag{1.4}$$

(1) dB 표현의 장점

- 여러 블록으로 구성된 시스템 특성 해석 용이
- 신호의 증폭(곱셈), 감쇠(나눗셈)를 덧셈(+), 뺄셈(−)으로 단순하게 표현하여 계산할 수 있으므로 연산 용이

(2) dB 계산 예

- 전력 2배 ; $10\log_{10}\frac{P_2}{P_1} = 10\log_{10}2 = 3\text{dB}$, 전력 1/2(0.5)배 : $10\log_{10}\frac{1}{2} = -3\text{dB}$
- 전력 4배 : $10\log_{10}4 = 20\log_{10}2 = 6\text{dB}$
- 9dB 전력 차 : $9\text{dB} = 10\log_{10}2 + 10\log_{10}2 + 10\log_{10}2 = 10\log_{10}8 \cong 8$배

(3) 데시벨 단위의 편리한 계산 방법

[표 1-1] dB 단위 간 계산 방법

계산 식	계산 결과	의 미
A(dB) ± B(dB)	(A ± B)dB	두 값(전력, 전압 등)의 곱셈 및 나눗셈
A(dBm) ± B(dB)	(A ± B)dBm	전력의 증폭(+) 및 감쇠(−)
A(dBm) − B(dBm)	(A − B)dBm	두 전력 차이
A(dBm) + B(dBm)	−	회로간 상호작용 때문에 단순 덧셈은 의미없음

(4) 많이 사용되는 dB 종류 및 정의

[표 1-2] 대표적인 dB 표현 식 및 단위계

단위명	기준값	표현식	의 미	이 용
dB	전력	$10\log_{10}\frac{P_2}{P_1}$	두 전력 상대비교	회로 및 시스템 이득 및 손실표현
dBm	1mW	$10\log_{10}\frac{P}{1\mathrm{mW}}$	1mW에 대한 절대전력	무선통신시스템 해석
dBW	1W	$10\log_{10}\frac{P}{1\mathrm{W}}$	1W에 대한 절대전력	dBm = dBW + 30
dBµV	1 µV	$20\log_{10}\frac{V}{1\mu\mathrm{V}}$	1μV에 대한 절대전압	수신기 입력단 절대전압 [50Ω시스템] dBuV = dBm + 107
dBi	EIRP	–	Isotropic 안테나에 대한 상대이득	EIRP = ERP + 2.15
dBd	ERP	–	Dipole 안테나에 대한 상대이득	dBd = dBi – 2.15
dB_{SPL}	20μPa	$20\log_{10}\frac{음압}{20\mu\mathrm{Pa}}$	20μPa에 대한 절대 음압Sound Pressure Level	소리, 음압 세기 표현 20μPa = 0.0002dynes/cm^2

주) 유효등방성방사전력(EIRP)Effective Isotropic Radiated Power, 유효방사전력(ERP)Effective Isotropic Radiated Power

예제 1.1

0.2W 신호가 회로를 통과한 후 22dB의 이득을 가졌다면 최종 전력 값은 얼마인가?

|풀이| $0.2\mathrm{W} = 10\log\frac{0.2}{10^{-3}} = 10\log(2\times10^2) = 3 + 20 = 23\mathrm{dBm}$

$\therefore$ Output $= 23\mathrm{dBm} + 22\mathrm{dB} = 45\mathrm{dBm} = 10\log\frac{P_{out}}{1\mathrm{mW}}$

$P_{out} = 10^{4.5}\mathrm{mW} \cong 31.623\mathrm{W}$

예제 1.2

다음 그림에서 입력전력(P_{in})이 1[W]일 때, 전력이득(P_{out}/P_{in})과 출력전력(P_{out})[dBm]은? (단, $\log_{10}2 = 0.3$이다.)

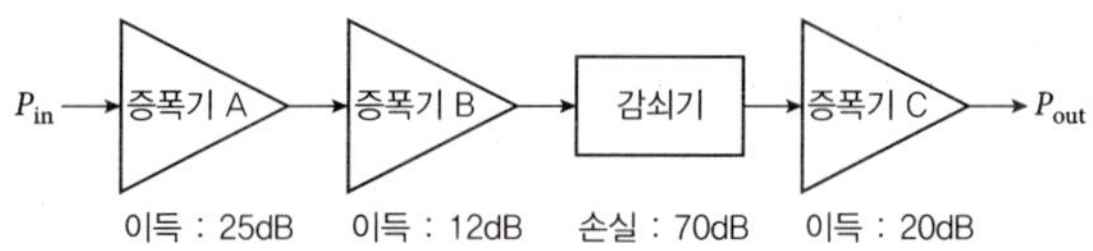

|풀이| Total Gain $= +25+12-70+20 = -13\mathrm{dB} = 10\log_{10}\frac{P_{out}}{P_{in}}$

Input Power 1Watt $= 10\log_{10}\frac{1\mathrm{W}}{1\mathrm{mW}} = 10\log_{10}10^3 = 30\mathrm{dBm}$

1) $P_{out} = 30\mathrm{dBm} - 13\mathrm{dB} = 17\mathrm{dBm}$

2) $10\log_{10}\frac{P_{out}}{P_{in}} = -13\mathrm{dB} = -10-3 = 10\log_{10}\frac{1}{10} + 10\log_{10}\frac{1}{2} = 10\log_{10}\frac{1}{20}$

$\therefore \frac{P_{out}}{P_{in}} = \frac{1}{20} = 0.05$

학습 Vitamins 전화기의 발명과 흑역사

Antonio Meucci

D0 – 16yr(1860)

Alexander Graham

D0(1876)

Elisha Gray

D0 + 2Hr

> Patent 174465(1876년 3월 10일, 'Mr. Watson, Come here! I want you.')
> 마우치 1860년 '텔레트로포노' 시연, 1871 1년 임시특허 취득 후 유지비 $10 없어 특허 종료

현대사회의 소통과 정보전달의 역사적 중심에는 전화기가 있다. 오늘날 우리가 사용하는 전화기로 발전하기까지에는 수많은 발명가들의 통찰력, 예지력과 애환들이 고스란히 담겨져있다.

안토니오 메우치Antonio Meucci, 1808.4.~1889.10는 음성신호를 전송로를 이용하여 전송할 수 있는 전화기를 최초로 발명한 발명가이다. 알렉산더 그레이엄 벨Alexander Graham Bell, 1847-1922보다 무려 21년 앞서서 먼저 발명하였으나, 특허 등록비를 지불할 수 없어 전화기 특허를 임시특허로 등록할 수 밖에 없었다. 1854년, 메우치는 그가 근무하던 수지 양초 회사의 사무소에서 중병으로 병실에 누워있는 사랑하는 아내와 수시로 대화하기 위한 용도로 전기기계적 방식을 이용한 최초의 전화기를 개발하였으며, 회사가 도산하여 자금난에 시달리지만 공학자로서의 집념으로 전화기 발명과 성능개선을 계속하였다. 그의 발명품인 전화기의 특허권을 얻는데 충분한 자금이 없었으므로 1871년에 임시 특허를 획득하고 매년 10달러를 지불해서 갱신하였으며, 이나마 가난 탓으로 마지막에 갱신한 년도는 1873년이다.

1876년 알렉산더 그레이엄 벨은 안토니오 메우치의 전화기 특허를 일부 개선하여 미국 특허청에 정식으로 전화기 특허를 등록하였으며, 뒤늦게 이를 안 안토니오 메우치는 특허권 무효소송을 제기하였으나, 승소 직전 심장마비로 생애를 마쳤다. 당연히 특허 소송은 폐기되었으며, 오늘날까지 전화기는 1876년 알렉산더 그레이엄 벨이 최초로 발명한 것으로 오랜 기간 잘못 알려져 오게 된다. 2002년 미국 의회는 이러한 안타까운 사실들을 바로잡기 위하여 최초의 전화 발명자를 안토니오 무치로 공식 인정하였으나, 이미 대부분의 전화기 기술과 시장은 미국의 유명 전기전신 회사인 Bell Lab을 중심으로 그래엄 벨의 사업영역으로 굳어져 현재까지 이어져오고 있다.

이 사이 독일의 필립 라이스도 메우치의 전화기보다 훨씬 성능 개선된 전화기를 발명하였으나 실용화에 성공하지 못하였으며, 라이스 사망 직후 미국에서는 벨과 그레이Elisha Gray,1835-1901라는 두 명의 발명가가 거의 같은 시기에 전화기의 발명에 성공하였다. 공학자가 아니었던 벨은 '전화의 실용성'에 대한 확신과 일부 아이디어를 토대로 하여 1876년 2월 14일 미국 특허청에 전화기의 특허를 출원하였는게, 공교롭게도 같은 날 그레이도 역시 전화기의 특허를 출원하였으나 벨 측의 특허출원이 두 시간 가량 빨랐기 때문에 전화기의 특허를 최종적으로 획득한 것은 그레이엄 벨이다. 많은 사람이 알고 있듯이 이 두 시간의 '간발의 차이' 때문에 벨은 대성공을 거두고, 그레이는 '안타까운 2등'으로 역사에 기록되지 못하였다. 그러나 그레이엄 벨이 전화의 사업화 과정에서 성공을 거둔 진짜 이유는, 최초의 특허권자이어서가 아니라 그레이와는 달리 특허출원 이후에도 전화기에 대한 부단하게 큰 관심과 확신을 갖고서 전화기 성능을 개선, 개량하고 전신전화 선로 포설 등을 비롯한 전화사업을 발전시켜 나아갔기 때문이다.

'전신의 발명자'인 모르스Samuel F. B. Morse, 1791-1872가 1857년에 창업한 웨스턴 유니온 전신회사는 당시 미국의 전신사업을 독점하고 있었는데, 모르스와 회사 경영진들은 그레이가 전화 쪽보다는 자신들의 품목인 다중전신 등을 개발해줄 것을 더 원하였고, 그레이 스스로도 전화의 실용화에 크게 기대하지 않았다고 전해진다.

웨스턴 유니온 회사의 경영진들이 "전화라는 것은 통신수단이 되기에는 결점이 너무 많아서 이 장치는 우리 회사 아업에 별다른 가치가 없다."라고 한 말은 오늘날까지 기술 발전에 관한 역사적 아이러니로 남아있을 정도로, 당시 전화기에 대한 인식이 어떠했는지 짐작할 수 있을 것이다. 그러나, 벨은 이와는 반대로 '전화의 실용화'에 대하여 확신을 가지고서, 자신의 전화를 더욱 개량, 발전시켜 나아갔으며, 협력자들과 함께 벨 전화회사를 설립하여 본격적으로 전화사업을 주도함으로써 오늘날까지 우리들이 향유하는 다양한 통신 수단 개발과 보급의 핵심인물로 자리매김하고 있다.

1.3 통신시스템의 성능

1 통신시스템의 성능 요인

- 통신시스템의 성능Capacity(*C*, bps)은 사용하는 채널 대역폭(*B*, Hz)과 시스템 잡음Noise 크기(S/N비 또는 E_b/N_0 dB)에 의존

Shannon-Hartley 정리1948

시스템 잡음(SNR)과 대역폭 *B*와 채널용량 *C*, 대역폭 효율Bandwidth Efficiency *C*/*B*(bps/Hz)사이의 관계를 규정(디지털 방식의 경우 $\frac{S}{N}=\frac{E_b}{N_0}\frac{C}{B}$로 해석함)

$$C = B\log_2(1 + S/N) \tag{1.5}$$

$$\frac{C}{B} = \log_2\left(1+\frac{E_b}{N_0}\frac{C}{B}\right) \tag{1.6}$$

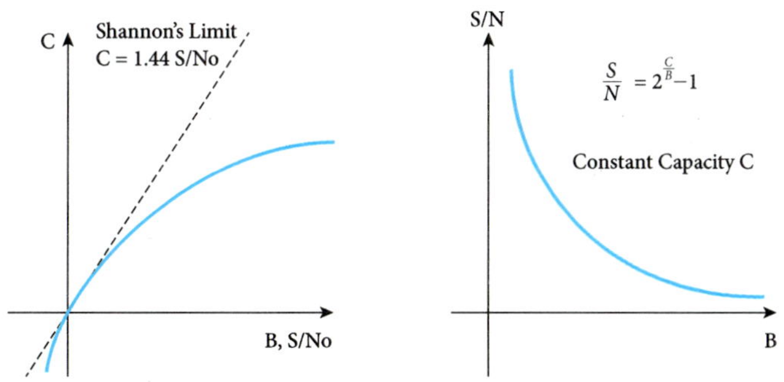

그림 1-7 새논 정리에 따른 통신시스템 성능

1. 대역폭을 넓히면 전송용량 또는 정보전송 능력 커짐 (광대역 통신)
2. 송신전력을 늘리거나 변조 등에 의해 S/N비를 키울 경우 전송용량 커짐 (변조)
3. 정보량이 같을 경우 대역폭을 증가시키면 S/N비(송신전력)를 줄여도 됨 (대역확산통신)

통신시스템의 목적

통신시스템은 시스템 자원(대역폭, 전력, 변조 등)을 활용하여 우수한 신호 품질을 확보함으로써 잡음 환경에서도 양질의 정보 전송을 하기 위한 시스템

2 통신시스템의 전송 용량

- 새논Shannon의 채널 용량은 채널의 최대 용량값을 나타내며, 나이퀴스트 전송률은 필요한 변조레벨을 결정하기 위하여 사용
- 나이퀴스트 데이터 전송률Nyquist Data Rate,1927 : 잡음이 없는 채널의 최대 전송율

$$\boxed{\text{Nyquist Data Rate} = 2 \times B(\text{Hz}) \times \log_2 M(\text{bps})} \tag{1.7}$$

$$M = \text{Modulation Level(Binary} = 2, \text{ Quaternary} = 4, \cdots)$$

- Shannon 용량 : 잡음이 있는 채널에서의 최대 전송 용량

$$C = B\log_2(1 + S/N) \ \ (\text{bps}) \tag{1.8}$$

새논의 채널용량과 나이키스트 전송률은 도로교통 체계와 비교하여 설명할 수 있다. 용량 C는 (운송가능 승객수 또는 교통량), 대역폭 B는 (도로의 넓이), SNR은 (차량성능), 변조레벨 M은 (차량 층수 또는 객차 수) 등으로 비교할 수 있음

예제 1.3

1MHz의 대역폭을 갖는 통신채널이 있다. 이 채널의 SNR은 63이다. 에러 없이 전송하기 위한 적절한 전송률과 신호준위(변조레벨)는 얼마인가?

|풀이| 채널이 전송할 수 있는 최대 전송속도는 새논의 정리로부터 다음과 같다.

$$C = B\ \log_2(1 + S/N) = 10^6 \times \log_2(1 + 63) = 6 \times 10^6\ (\text{bps})$$

나이퀴스트 전송률은 변조 레벨에 따라 다음과 같이 구해진다.

$$\text{Nyquist Rate} = 2 \times 1\,\text{MHz} \times \log_2 M$$

$$M = 2\,(\text{Binary}), \quad 2 \times 1\,\text{MHz} \times \log_2 2 = 2\,\text{Mbps}$$

$$M = 4\,(\text{Quaternary}), \quad 2 \times 1\,\text{MHz} \times \log_2 4 = 4\,\text{Mbps}$$

$$M = 8\,(8\text{-ary}), \quad 2 \times 1\,\text{MHz} \times \log_2 8 = 6\,\text{Mbps}$$

$M = 8$일 경우 최대 전송이 가능하지만 에러 없는 전송을 위하여는 $M = 4$가 적합하며, 이때의 전송률은 4 Mbps이다.

1.4 통신 채널 훼손 요소

1 간섭Interference

- 서로 다른 형태(주파수, 변조방법 등)의 신호끼리의 보강 또는 상쇄 현상에 의해 신호품질이 떨어지는 현상
- 이동전화의 간섭신호

  예 예 : 전력선신호, 점화선 신호, 방송신호, 다른 이동전화 신호 등
- 간섭신호는 적절한 주파수 할당이나 간섭신호 성분을 제거할 수 있는 여파기(필터filter)를 사용하여 제거 가능

2 왜곡Distortion

- 채널이나 송수신기의 비선형 특성에 의해 신호 자체가 변형되는 현상
- 송수신용 국부 발진기oscillator의 주파수 및 위상편차, 채널의 주파수 전달특성 편차, 도플러 천이에 따른 주파수 변화 등에 기인함
- 채널등화기channel equallizer, 이득/주파수 제어기 등으로 보정

3 잡음Noise

- 자연발생적으로 일어나는 랜덤하고 예측 불가능한 불필요한 전기신호
- 잡음의 종류는 대기잡음, 열잡음, 산탄잡음, 플리커 잡음 등으로 구분
- 잡음의 형태는 특정온도 또는 특정대역에 불규칙하게 존재하는 유색잡음colored noise과 모든 주파수 대역에서 골고루 균일하게 발생하는 백색잡음white noise으로 구분
- 일반적인 통신시스템은 가산성 백색 가우시안 잡음(AWGN) 채널로 모델링
- AWGNAdditive White Gaussian Noise는 모든 주파수 대역에서 동일한 발생 확률을 갖고 균일한 크기로 분포하며, 신호전력에 더해지는 잡음성분을 나타냄
- 통신시스템을 지배하는 기본적인 잡음은 시스템을 구성하는 소자 동작을 위한 전자들의 불규칙한 열운동에 의한 열잡음으로 AWGN 형태로 모델링함
- 열잡음 전력은 사용대역폭과 온도에 비례함

$$N = kTB = N_0 B\,(\text{Watt}) \\ = 10\log k + 10\log T + 10\log B\,(\text{dB}) \tag{1.9}$$

N_0 : 잡음전력밀도 (Watts/Hz) = kT
k : Boltzmann Constant = 1.38×10^{-23} (J/K)
T : 캘빈온도(K, 절대온도) = 일반온도(℃) + 273

- 상온(17℃)에서의 열잡음 전력밀도

$$N_0 = kT = 1.38 \times 10^{-23} \times 290 \\ = 4 \times 10^{-21}\,(\text{W/Hz}) = -174(\text{dBm/Hz}) \tag{1.10}$$

4 감쇠Attenuation

- 전송매체를 전파하는 신호의 강도가 거리나 매체의 특성에 따라 감소하는 현상
- 지유공간Free Space에서는 거리 R의 자승(R^{-2})에 반비례하며, 실제 무선통신이나 이동통신 환경에서는 $R^{-3} \sim R^{-5}$으로 감쇠
- 감쇠 현상은 전파되는 매질의 특성에 따라 변화하며, 전력증폭기 등을 이용하여 보상

5 페이딩Fading

- 전파가 지나온 매질의 변화에 따라 수신전파의 강도가 급격하게 변동되는 현상
- 페이딩의 주요 원인으로는 다중 경로 위상차 간섭에 의한 다중경로 페이딩, 편파성 페이딩, 흡수성 페이딩 등이 있으며, 다이버시티Diversity 기법을 활용하여 저감시킴

예제 1.4

대역폭이 1.23MHz인 CDMA 이동통신시스템의 상온(17℃)에서의 열잡음 전력밀도와 총잡음전력을 구하라.

|풀이| 잡음전력밀도

$$N_0 = \text{kT} = 1.38 \times 10^{-23} \times 290 = 4 \times 10^{-21}(\text{W/Hz}) = -174(\text{dBm/Hz})$$

총잡음전력

$$N = N_0\text{B} = 4 \times 10^{-21} \times 1.23 \times 10^{6} = 4.92 \times 10^{-15}(\text{W}) = -143\,\text{dBW}(-113\,\text{dBm})$$

1.5 통신망 전송표준과 OSI 7 계층 모델

1 통신망과 전송표준

- 통신망Communication Network은 물리적 연결수단(평행2선, 동축선, 광섬유, 무선, 적외선 등)과 정보처리 및 전송장치(모뎀, 변복조기 등) 및 정보원과 목적지까지의 경로 설정 스위치(교환기, 라우터 등) 등으로 구성됨
- 통신망은 제공되는 서비스 형태에 따라 공중교환전화망(PSTN)Public Switched Telephone Network, ISDNIntegrated Services Digital Network, 이동통신전화망cellular network 등이 있음
- 전송표준Transmission Standard은 주어진 통신망을 통해 왜곡없이 정보가 전송될 수 있도록 정보의 형태(전송속도, 사용자수, 채널용량 등) 및 전송 수순Protocol 등을 정의한 것
- 디지털 음성통신에 대한 전송표준은 단일 음성채널 전송속도인 64kbps를 다중화 및 계층화하여 전송하는 방식으로 유럽전송표준과 북미전송표준이 있음

음성신호 1개 채널의 디지털 전송속도 = $2 \times 4\text{kHz} \times 8\text{bits/sec} = 64\text{kbps}$

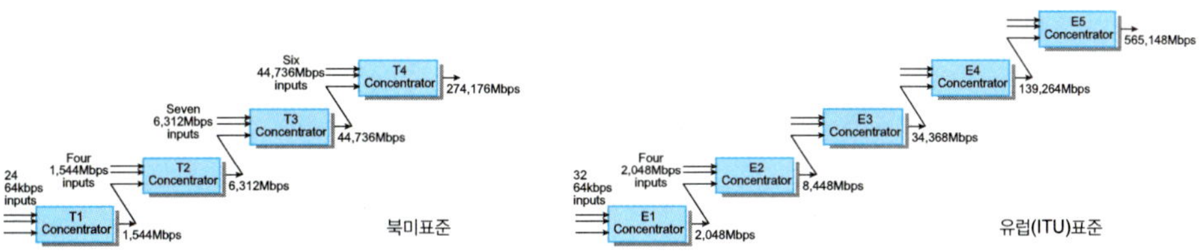

그림 1-8 국제 전송표준의 다중화 Hierarchy

2 통신 프로토콜과 OSI 7 계층 모델

- 프로토콜protocol 또는 통신 규약은 컴퓨터나 원거리 통신 장비 사이에서 메시지를 주고 받는 양식과 규칙의 체계를 정의한 것임
- 프로토콜은 전송하고자 하는 데이터의 형식Format, 부호화Coding, 신호 레벨Signal Level 등을 규정한 구문Syntax과 두 기기 간의 효율적이고 정확한 정보 전송 및 오류

관리를 위한 제어 정보를 규정하는 의미(Semantics), 두 기기 간의 통신 속도, 메시지의 순서 제어 등을 규정하는 시간(Timing) 정보 등으로 이루어짐

- 예를 들면, 가장 많이 사용되는 컴퓨터 사이 또는 컴퓨터와 주변기기끼리의 연결을 위한 대표적인 연결 프로토콜로는 직렬 통신방식인 RS232/RS422/RS385와 USB Universal Serial Bus(범용직렬버스) A형/C형 등이 있음

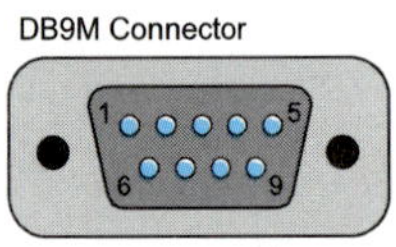

RS232 Pin Out

Pin #	Signal
1	DCD
2	RX
3	TX
4	DTR
5	GND
6	DSR
7	RTS
8	CTS
9	RI

그림 1-9 RS-232C, USB-C 및 USB-A형 연결 프로토콜 및 소자

- 여러 통신방식 및 속도 등이 다양하게 존재하는 통신망 사이의 원활한 통신을 위하여 계층layer별 시그널링 프로토콜을 정의한 모델인 OSI 7 layer 모델(개방형 시스템 상호연결 참조 모델Open Systems Interconnection Reference Model)을 국제 표준으로 채택하여 사용
- OSI 7 layer 모델은 분산된 이기종 시스템 간의 네트워크 상호호환을 위하여 국제표준화 기구(ISO) International Organization for Standardization에서 개발한 통신에 관한 계층화 표준 모델
- 예를 들면, 송신단의 A 컴퓨터에서 보낸 데이터가 계층 7 → 계층 6→ ... → 계층 1 순으로 변환되어 B 컴퓨터에 계층 1 → 계층 2 → ... → 계층 7 순서로 전송되어 전달됨

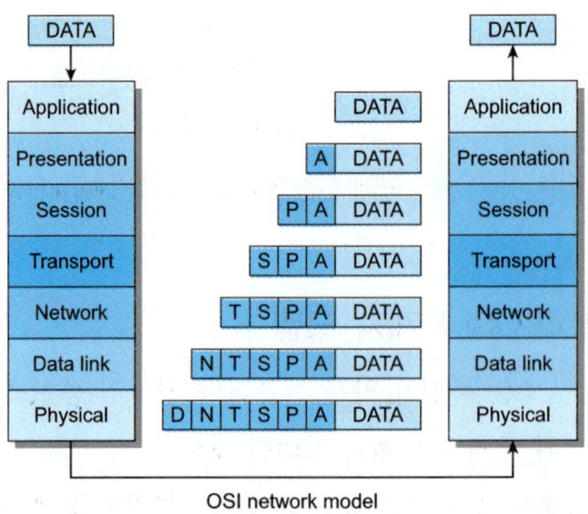

그림 1-10 ISO의 OSI 7 Layer 계층화 표준모델

1.6 신호의 시간/주파수 영역 표현

- 통신시스템의 성능(C, bps)은 채널 대역폭(B, Hz)과 시스템 잡음(S/N비, dB)에 의존
- 성능 해석을 위해 신호 특성, 채널대역, 변조방식에 대한 주파수 특성 파악 필요
- 주기 신호의 주파수 특성 : 퓨리에 급수Fourier Series로 해석 가능
- 일반적인 주기 및 비주기 신호 : 퓨리에 변환Fourier Transform으로 해석 (현상 ⇄ 본질)

1 퓨리에 급수 전개

- 주기 함수에 대해 적용하는 것으로, 한 주기 내에서 정의되는 신호 $f(t)$를 주파수를 갖는 삼각함수나 복소지수함수의 합으로 나타내는 방법
- 기본주파수 f_0의 배수 주파수 nf_0에 대한 신호의 크기 및 위상 성분으로 표현
- 기본주파수의 배수인 nf_0를 신호의 고조파 성분harmonic component이라고 함

1 삼각함수 전개

- 기본주파수 f_0를 갖는 주기 신호 $f(t)$를 삼각함수의 합으로 전개하여 해석

$$f(t) = a_0 + \sum_{n=1}^{\infty}(a_n \cos 2\pi n f_0 t + b_n \sin 2\pi n f_0 t) \tag{1.11}$$

- 퓨리에 계수

$$\begin{aligned}
a_0 &= \frac{1}{T}\int_{-\frac{T}{2}}^{\frac{T}{2}} f(t)dt && \text{(직류성분, 신호의 평균에너지)} \\
a_n &= \frac{2}{T}\int_{-\frac{T}{2}}^{\frac{T}{2}} f(t)\cos 2\pi n f_0 t dt && \text{(신호의 고조파 성분)} \\
b_n &= \frac{2}{T}\int_{-\frac{T}{2}}^{\frac{T}{2}} f(t)\sin 2\pi n f_0 t dt && \text{(신호의 고조파 성분)}
\end{aligned} \tag{1.12}$$

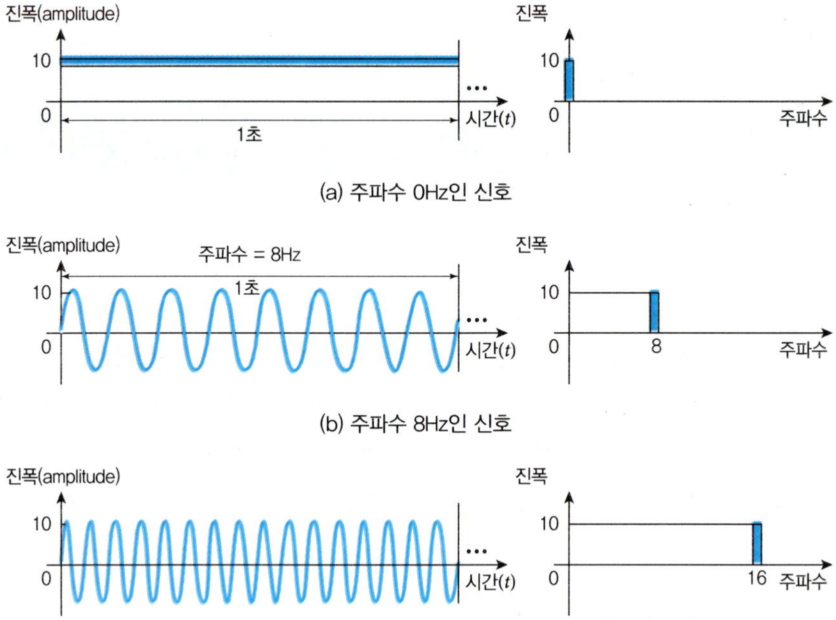

(a) 주파수 0Hz인 신호

(b) 주파수 8Hz인 신호

(c) 주파수 16Hz인 신호

그림 1-11 시간영역 신호의 주파수 영역 표현 예

2 복소함수 전개

- 기본주파수 f_0를 갖는 주기 신호 $f(t)$를 복소지수함수의 합으로 전개하여 해석
- 오일러Euler 정리 $e^{j\theta} = \cos\theta + j\sin\theta$로부터 복소지수함수와 삼각함수는 유사함수임
- 퓨리에 계수 C_0는 신호의 직류 성분(평균에너지), $n = 1 \sim \infty$는 고조파 성분을 나타냄

$$f(t) = \sum_{n=-\infty}^{\infty} C_n e^{j2\pi n f_0 t}$$

$$C_n = \frac{1}{T}\int_{-\frac{T}{2}}^{\frac{T}{2}} f(t)e^{-j2\pi n f_0 t}dt \qquad (1.13)$$

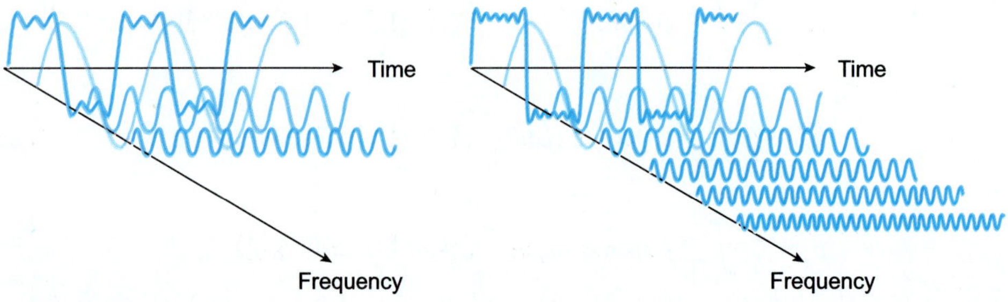

그림 1-12 정현고조파를 이용한 구형파 주기신호의 합성 예(하모닉 성분 수 = 3개, 6개)

3 신호의 진폭 스펙트럼과 위상 스펙트럼

- 퓨리에 계수 $C_n = \frac{a_n - jb_n}{2}$은 페이저phasor이므로 크기와 위상으로 표시
- C_n의 절대값을 신호 $f(t)$의 진폭 스펙트럼amplitude spectrum(또는 선 스펙트럼)이라 하며 좌우 대칭(우수대칭even symmetry)임

$$|C_n| = \frac{\sqrt{a_n^2 + b_n^2}}{2} \tag{1.14}$$

- C_n의 주파수별 위상특성을 위상 스펙트럼phase spectrum이라 하며, 원점 대칭(기수 대칭odd symmetry)임

$$\angle C_n = Tan^{-1}\left(\frac{-b_n}{a_n}\right) \tag{1.15}$$

- 주파수 스펙트럼은 진폭스펙트럼과 위상 스펙트럼이 있지만 일반적으로 진폭 스펙트럼을 의미

2 푸리에 변환

- 신호의 퓨리에 변환은 시간영역 신호Time Domain Signal $f(t)$를 주파수 영역Frequency Domain 신호 $F(\omega)$로 변환하는 것으로 통신시스템 해석에 필수적인 변환임

시간영역 신호 (현상) ⇄ 주파수영역 신호 (본질)

- 모든 시각적인 영역에서의 신호(파형, 영상, 사진 등)들을 시간 영역 신호이며, 인지Perception 나 처리 및 기억 영역은 주파수 영역 신호로 표현됨
- Fourier 변환과 비슷한 유형의 변환방식으로 회로 및 제어공학 등에 널리 사용되는 라플라스 변환(또는 z-transform) 등이 있음

$$F(s) = \mathscr{L}\{f(t)\} \equiv \int_0^{\infty} e^{-st} f(t)dt$$

1 푸리에 변환Fourier transform

- 시간 영역의 비주기 함수나 일반 연속 함수 $f(t)$를 주파수 영역의 함수로 변환하는 방법

$$\begin{aligned} F(f) &= F[f(t)] = \int_{-\infty}^{\infty} f(t)e^{-j2\pi ft}dt \\ F(\omega) &= F[f(t)] = \int_{-\infty}^{\infty} f(t)e^{-j\omega t}dt \end{aligned} \tag{1.16}$$

2 Fourier 역변환Inverse Fourier transform

- 주파수 영역의 함수를 시간 영역의 함수로 변환시키는 것

$$f(t) = F^{-1}[F(f)] = \int_{-\infty}^{\infty} F(f)e^{j2\pi ft}df$$
$$f(t) = F^{-1}[F(\omega)] = \frac{1}{2\pi}\int_{-\infty}^{\infty} F(\omega)e^{j\omega t}d\omega \quad (1.17)$$

[표 1–3] 대표적인 퓨리에 변환 및 특성

함수명	시간 영역(Time Domain)		주파수 영역(Frequency Domain)	
상수	1	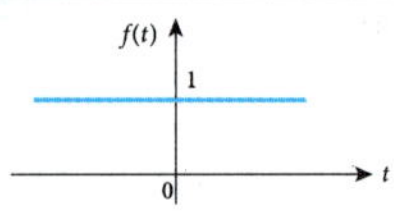	$\delta(f)$	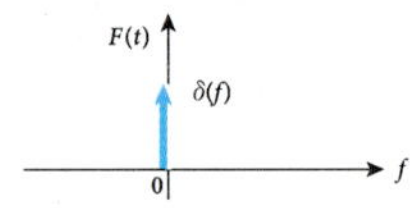
임펄스	$\delta(t)$	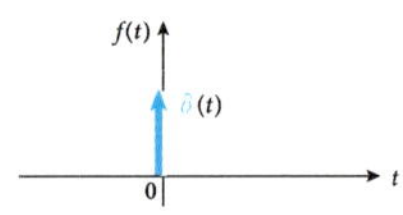	1	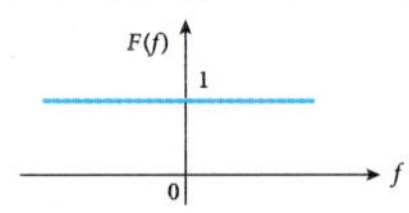
구형파	$rect\left(\frac{t}{\tau}\right)$	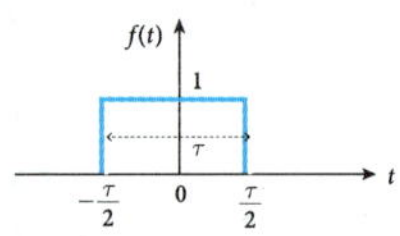	$\tau \operatorname{sinc}(\pi f\tau)$ $\left(\operatorname{sinc}(t) = \frac{\sin(\pi t)}{\pi t}\right)$	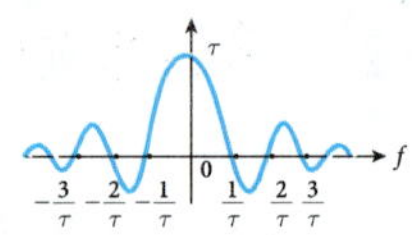
삼각파	$\Lambda\left(\frac{t}{\tau}\right)$	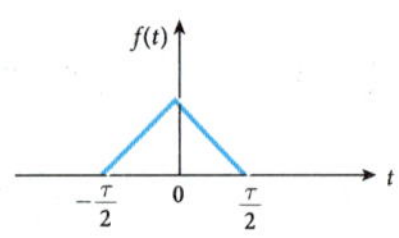	$\tau \operatorname{sinc}^2(\pi f\tau)$	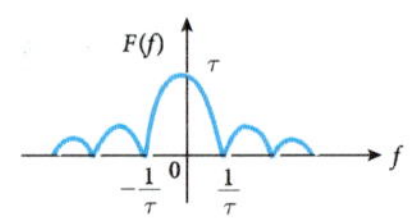
sine 파	$\sin 2\pi f_c t$	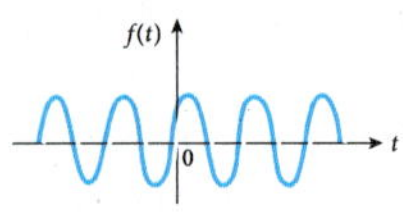	$\frac{1}{2}[\delta(f-f_c) - \delta(f+f_c)]$	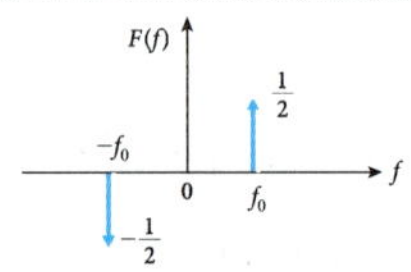
cosine 파	$\cos 2\pi f_c t$	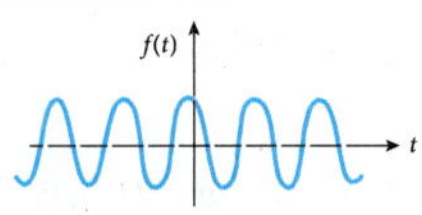	$\frac{1}{2}[\delta(f-f_c) + \delta(f+f_c)]$	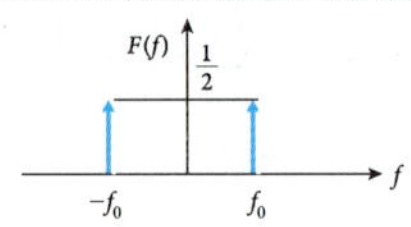
복소지수파	$e^{\pm j2\pi f_0 t}$		$\delta(f \mp f_0)$	
미분, 적분	$\frac{d}{dt}f(t),\ \int_{-\infty}^{t} f(\tau)d\tau$		$j\omega F(\omega),\ \frac{1}{j\omega}F(\omega) + \pi F(0)\delta(\omega)$	
주파수변환 (AM 변조)	$x(t)\cos(2\pi f_c t)$ 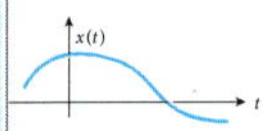	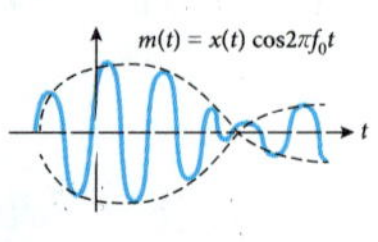	$\frac{1}{2}X(f \pm f_c)$	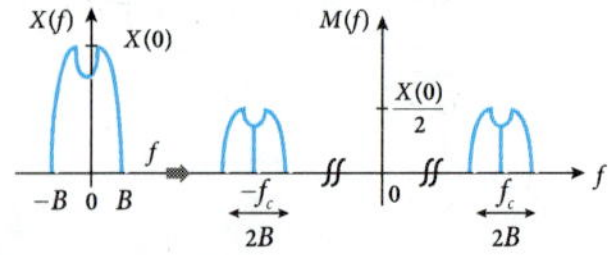
시간지연	$x(t-T_d)$		$X(f)e^{j2\pi fT_d}$	

3 Parseval 정리

- $f(t)$의 시간영역 평균전력은 각각의 주파수 성분이 가지는 전력의 합과 같다.
- 시간 영역 상의 총 에너지(전력)는 주파수 영역 상의 총 에너지와 같다.
- 즉, 시간 영역 또는 주파수 영역에서 처리한 결과가 같으므로 신호 유형 및 편의에 따라 해석 영역을 임의로 선택하여 처리하여도 됨

$$\int_{-\infty}^{\infty} |f(t)|^2 dt = \int_{-\infty}^{\infty} |F(f)|^2 df \tag{1.18}$$

3 신호의 주파수 변환

1 신호의 주파수 혼합Mixing

- 신호는 원래 보내고자 하는 최초 정보신호인 기저대역신호baseband signal와 신호품질과 전송특성을 개선하기 위해 기저대역 신호를 가공한 변조신호modulated signal로 구분함
- 기저대역 신호baseband signal를 전송특성이 양호하거나 허가된 주파수 대역으로 변환하는 과정을 주파수 변환transform 또는 주파수 혼합이라고 하며, 혼합기Mixer를 이용하여 구성함
- 주파수 변환은 원신호 $s(t)$에 교류정현파(주파수 f_c, 진폭 A_c)인 반송파carrier를 곱하여 이루어지며, 이 과정에서 원하는 대역 변환과 함께 송신 전력을 확보

$$m(t) = s(t) \times A_c \cos 2\pi f_c t = \text{signal} \times \text{carrier} \tag{1.19}$$

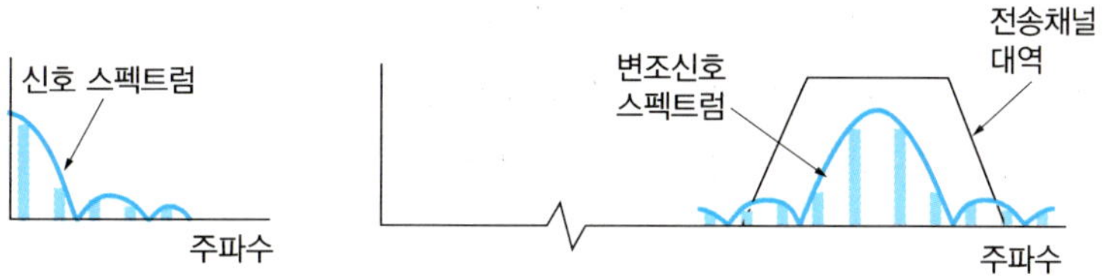

그림 1-13 주파수 변환을 이용한 사용 대역으로의 신호 이동

- 기저대역 입력신호 $x(t)$와 반송파신호 $c(t) = \cos\omega_c t$를 혼합하여 변환신호 $m(t)$ 생성
- 주파수 변환은 통신시스템 구축을 위한 주파수 상향변환up-conversion(송신단) 또는 주파수 하향변환down-conversion(수신단)으로 활용하며, 삼각함수 관계식이나 퓨리에 변환의 주파수 변환특성을 이용하여 해석

- 신호 대역폭이 B(Hz)일 경우 변환된 신호의 대역폭은 $2B$(Hz)로 2배 증가(대칭성)

$$m(t) = \cos\omega_o t \cos\omega_c t = \frac{1}{2}\left[\underbrace{\cos(\omega_c + \omega_o)t}_{\text{상향변환}} + \underbrace{\cos(\omega_c - \omega_o)t}_{\text{하향변환}}\right] \quad (1.20)$$

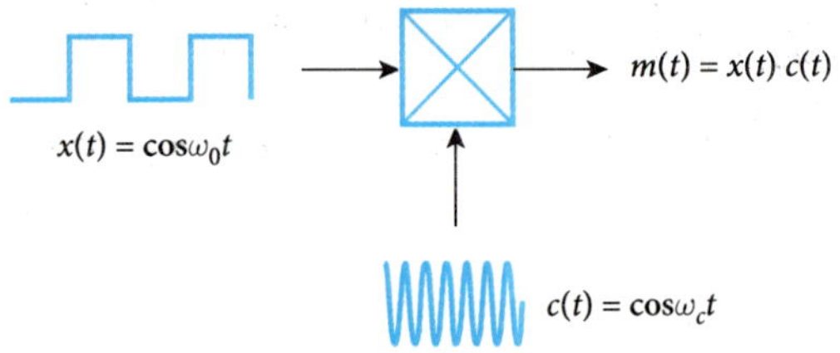

그림 1-14 입력신호 $x(t) = \cos\omega_0 t$일 경우의 주파수 변환

- 주파수 변환 과정은 진폭변조 방식의 하나인 DSB-SC 방식과 같음

$$m(t) = x(t)\cos 2\pi f_c t \Leftrightarrow M(f) = \frac{1}{2}\left[X(f+f_c) + X(f-f_c)\right] \quad (1.21)$$

2 변조modulation와 주파수 혼합(변환)과의 차이점

- 주파수 혼합frequency mixing은 기저대역 신호를 원하는 전송 대역 주파수로 변환하거나 전송된 신호로부터 기저 대역 신호를 추출하는 주파수 변환과정을 의미함 (신호 대역폭은 변화하지 않음)
- 주파수 혼합(변환)은 통상 교류 정현파 신호를 곱하여 이루어지며, 이때의 교류정현파는 신호 자체의 특성변화 없이 신호 전송만을 담당하므로 반송파carrier라고 함
- 변조modulation는 신호품질(S/N비, 비트에러율 등)이나 전송특성(감쇠, 간섭 등)을 개선하기 위하여 기저대역 신호 자체를 가공하거나 변환하는 과정을 의미함
- 변조 이후의 대역폭은 새논의 정리에 의해 기저대역 신호 대역폭보다 증가하게 되며, 변조 이후의 신호 형태에 따라 아날로그 변조와 디지털 변조로 구분됨

CHAPTER 1

국가고시 기출 문제

자료출처: 한국산업인력공단, www.q-net.or.kr, www.cbt.com

01 국가고시2007

무선통신에서 신호와 시스템 해석 시 중요한 개념인 '스펙트럼(spectrum)'은 다음 중 어디에 기초를 두고 해석하는가?

① 진폭 ② 데이터 전송율
③ 전송매체 ④ 주파수

02 국가고시2007

열잡음(Thermal Noise)에 대한 설명으로 옳은 것은?

① 특정 주파수 대역에서만 분포되어 나타난다.
② 주파수가 높아질수록 열잡음이 커진다.
③ 비연속적, 비정규적인 펄스나 순간적인 잡음 스파이크이다.
④ 온도가 낮아질수록 열잡음은 작아진다.

03 국가고시2007

다음 Fourier 변환 중 옳지 않은 것은?

① $\mathrm{rect}(t) \rightarrow \mathrm{sinc}(f)$ ② $\cos 2\pi f_0 t \rightarrow \frac{1}{2}\{\delta(f-f_0)+\delta(f+f_0)\}$
③ $1 \rightarrow \delta(f)$ ④ $e^{j2\pi f_0 t} \rightarrow \delta(f+f_0)$

04 국가고시2010

Shannon의 이론적 채널용량을 구할 때 필요하지 않은 것은?

① 대역폭 ② 주파수
③ 수신 신호전력 ④ 잡음전력

05 국가고시2011

주파수 대역폭이 1[MHz]인 AWGN 전송채널을 통하여 신호대 잡음비(SNR)를 63으로 하여 데이터를 전송할 때, 이 채널을 통해서 오류 없이 전송할 수 있는 이론적인 최대 정보량[Mbps]은?

① 1 ② 3 ③ 6 ④ 10

핵심 Hint

1. Spectrum은 전자파의 전력 또는 크기 분포를 주파수(f) 또는 파장(λ)에 따라 나타낸 것.
전파는 주파수, 빛은 파장을 기준으로 함

2. 열잡음 전력
 - $N = kTB = N_0 B$(Watt)
 - AWGN 형태의 잡음분포

3. 복소지수함수의 퓨리에 변환
$\Leftrightarrow e^{j2\pi f_0 t} \rightarrow \delta(f+f_0)$

4. Shannon의 채널용량 정리
$C = B\log_2(1+S/N)$

5. $C = B\log_2(1+S/N)$

핵심 Hint

6. dBm 정의 및 dB 계산

$dBm = 10\log\frac{P_{out}}{10^{-3}}$

$\log Pout = \log 10^{3.6} = 3+0.6$

$3 = \log 1000,\ 0.6 \fallingdotseq 2\log_2 = \log 4$

7. $C = B\log_2(1+S/N)$

8. dB 단위로 환산하여 이득 계산

$dBm = 10\log\frac{P}{1mW} = -3dBW$

9. $dBm = 10\log\frac{P}{1mW} = -3dBW$

10. Shannon의 채널용량 정리

$C = B\log_2(1+S/N)$

11. 시스템 이득은 dB 단위로 환산하여 계산

06 국가고시2013

전력이 100[W]인 신호가 어떤 회로를 통과하여 전력이 36[dBm]이 되었다고 할 때, 입력 신호와 출력 신호의 전력비는? (단, $\log_2=0.3$, $\log_3=0.48$로 한다)

① 4 : 1 ② 9 : 1 ③ 16 : 1 ④ 25 : 1

07 국가고시2014

샤논(Shannon)의 채널용량 이론에 대한 설명으로 옳지 않은 것은?

① 채널용량은 SNR과 채널대역폭의 함수이다.
② 채널대역폭이 2배 증가하면 채널용량은 2배 증가한다.
③ SNR이 0[dB]일 때 단위 주파수당 채널용량은 1[bps/Hz]
④ SNR이 2배 증가하면 채널용량은 2배 증가

08 국가고시2015

이동통신 시스템의 입력 전력이 1[mW], 첫째 단의 이득이 −25[dB], 둘째 단의 이득이 50[dB], 그리고 셋째 단의 이득이 15[dB]일 때의 출력전력[W]은?

① 0.4 ② ③ 4 ④ 10

09 국가고시2017

시스템에서 30[dBm]의 출력전력은 몇 와트[W]인가?

① 0.01 ② 0.1 ③ 1 ④ 10

10 국가고시2018

AWGN 채널에서 채널 대역폭이 15[kHz]이고 신호대잡음비(S/N비)가 31인 경우 이론적으로 구한 채널용량[kbps]은?

① 15 ② 46 ③ 75 ④ 90

11 국가고시2019

다음 그림에서 입력전력(P_{in})이 1[W]일 때, 전력이득(P_{out}/P_{in})과 출력전력(P_{out})[dBm]은? (단, $\log 10_2 = 0.3$이다.)

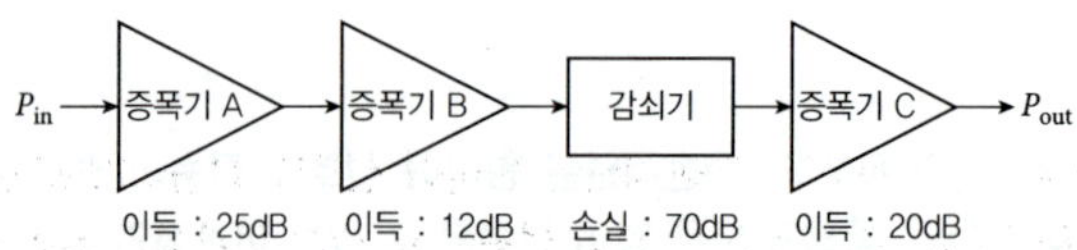

① 0.05, −13 ② 0.05, 17 ③ 0.1, −13 ④ 0.1, 17

12 국가고시2020

다음 정현파 $s_1(t)$와 구형파 $s_2(t)$가 혼합기에서 서로 곱해진 후 출력될 때, 출력 신호의 스펙트럼은? (단, $T \ll \tau$이다)

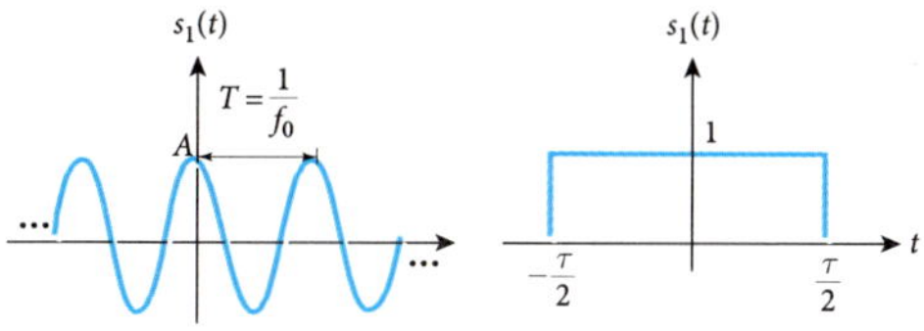

①
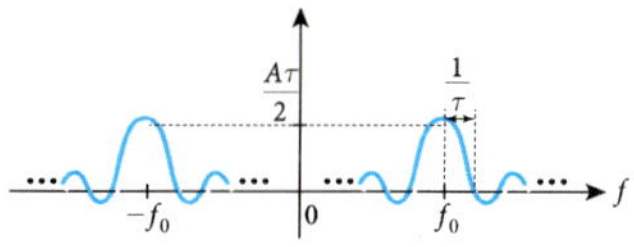

②
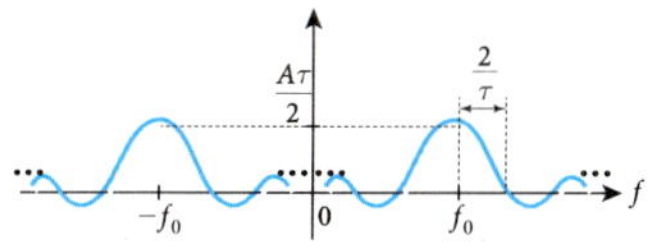

③
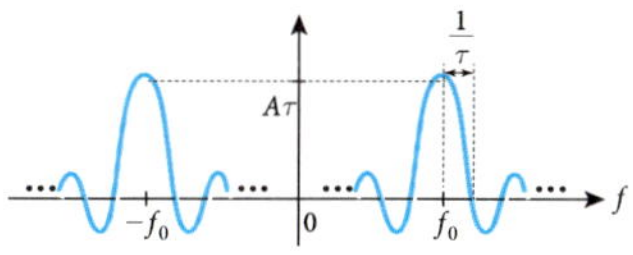

④
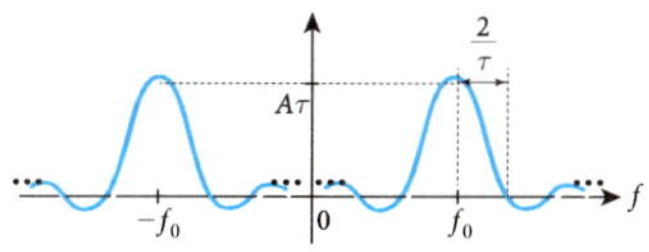

13 국가고시2020

낮은 주파수의 기저대역 신호를 멀리 보내기 위해 반송파의 진폭이나 주파수 또는 위상에 신호를 실어 보내는 기법은?

① 포매팅　② 소스코딩　③ 변조　④ 채널코딩

14 국가고시2021

대역폭이 200[kHz]인 채널에 대하여 신호 대 잡음비(SNR, signal-to-noise ratio)가 11.76[dB]인 경우, 이 채널을 통하여 오류 없이 전송할 수 있는 최대 용량[kbps]은? (단, $10^{1.176} = 15.0$이다)

① 600　② 800　③ 1,000　④ 1,200

15 국가고시2021

통신 시스템의 잡음에 대한 설명으로 옳지 않은 것은?

① 잡음지수(noise figure)는 부품이나 시스템에 의하여 잡음이 얼마나 증가되는가를 나타내는 지수로 클수록 좋은 값이다.

② 랜덤 잡음은 예측 가능하도록 결정된 신호가 아닌 무작위 신호이다.

③ 가우시안 잡음은 진폭이 가우시안 확률밀도함수를 갖는다.

④ 백색 가우시안 잡음은 모든 주파수 대역에서 균일한 전력밀도를 갖는다.

핵심 Hint

12. Fourier 변환의 주파수 변환특성과 구형파 변환 이용

$x(t)\cos(2\pi f_c t) \Leftrightarrow \frac{1}{2}X(f \pm f_c)$

$\mathrm{rect}\left(\frac{t}{\tau}\right) \Leftrightarrow \mathrm{sinc}(\pi f \tau)$

13. Formating : Waveform Shaping
소스코딩: 신호 자체 코딩
채널코딩: 에러정정용 코딩

14. 11.76dB = 10log(SNR)
$C = B\log_2(1+S/N)$

15. Noise Figure(NF)는 시스템 잡음을 결정하며, 작은 값일수록 SNR 좋아짐

핵심 Hint

16. Shannon의 채널용량 정리이용
$C = B\log_2(1+S/N)$

17. 아날로그 신호의 S/N 비와 디지털 신호의 이해
$\frac{S}{N} = \frac{E_b}{N_0}\frac{R}{W}$
$\frac{E_b}{N_0} = \frac{S}{N}\frac{R}{W}$

18. dB 단위계의 이해
dBW = 30dBm = 10log$P$(W)

19.
$P = \frac{1}{T}\int_0^T x^2(t)dt$
$T = \frac{2\pi}{\omega_0}$
$P = \frac{1}{\pi}\int_0^T \sin^2(2t)dt$
$= \frac{1}{\pi}\int_0^{\pi} \frac{1-\cos 4t}{2} dt = \frac{1}{2}$

16 국가고시2023

섀넌(Shannon)의 채널 용량 공식을 따를 때, 동일한 시간에 가장 많은 데이터를 전송할 수 있는 무선통신 시스템은?

	대역폭[MHz]	신호대잡음비
①	500	63
②	600	31
③	400	127
④	800	15

① ① ② ② ③ ③ ④ ④

17 국가고시2023

디지털 통신시스템의 수신 신호전력을 S[W], 잡음전력을 N[W], 전송 채널 대역폭을 W[MHz], 비트 전송률을 R[MHz]이라고 할 때, 비트에너지 대 잡음전력밀도 E_b/N_0가 가장 큰 것은?

	S	N	W	R
①	1	2	4	1
②	1	2	2	4
③	2	1	2	1
④	2	1	1	2

① ① ② ② ③ ③ ④ ④

18 국가고시2024

다음 전력 값 중 가장 큰 것은?

① 10[W] ② 1,000[mW] ③ 10[dBm] ④ 0[dBW]

19 국가고시2024

시간 영역에서 연속인 신호 $g(t) = \sin(2t)$의 에너지는? (단, $\mathrm{sinc}(t) = \begin{cases} \frac{\sin(\pi t)}{\pi t}, & t \neq 0 \\ 0, & t = 0 \end{cases}$ 이다)

① 0.5 ② 1 ③ 2 ④ 4

[1장 정답]

1. ❹ 2. ❹ 3. ❹ 4. ❷ 5. ❸ 6. ❹ 7. ❹ 8. ❹ 9. ❸ 10. ❸ 11. ❷ 12. ❶
13. ❸ 14. ❷ 15. ❶ 16. ❹ 17. ❸ 18. ❶ 19. ❶

CHAPTER

02

전자파와 전파의 특성
Electromagnetic Waves

학습목표

- 에너지 보존법칙에 근거한 전자파의 발생 이유를 이해한다.
- 맥스웰 방정식을 이용하여 전자파의 발생 원리를 습득한다.
- 여러 매질 내를 전파하는 전자파의 전파특성을 학습한다.
- 자유공간을 비롯한 전파 채널 상의 에너지 전달특성을 학습한다.
- 주파수별 전파특성과 링크 버짓 설계를 가능하게 한다.

학습목차

2.1 Maxwell 방정식과 전자파의 발생

1 Maxwell 방정식

1 맥스웰 방정식

- 1864년 맥스웰은 전자계 에너지의 발생과 에너지가 전달되는 현상을 에너지의 근원 및 힘의 형태로 구분하여 체계화한 맥스웰 방정식Maxwell's Equation 제시
- 교류전자파에 대한 맥스웰 방정식은 2 개의 회전방정식 및 발산방정식으로 구성

[일반식]	[Phasor 표현]
$\nabla \times \boldsymbol{E} = -\dfrac{\partial \boldsymbol{B}}{\partial t}$	$\nabla \times \boldsymbol{E}_s = -j\omega\mu \boldsymbol{H}_s$
$\nabla \times \boldsymbol{H} = \boldsymbol{J} + \dfrac{\partial \boldsymbol{D}}{\partial t}$	$\nabla \times \boldsymbol{H}_s = \boldsymbol{J}_s + j\omega\epsilon \boldsymbol{E}_s = (\sigma + j\omega\epsilon)\boldsymbol{E}_s$
$\nabla \cdot \boldsymbol{D} = \rho_v$	$\nabla \cdot \boldsymbol{E}_s = 0$
$\nabla \cdot \boldsymbol{B} = 0$	$\nabla \cdot \boldsymbol{B} = 0$

(2.1)

- 첫 번째 방정식은 전자유도에 관한 패러데이 법칙으로 시간적으로 변화하는 교류자계가 회전하는 유도전계를 유기
- 두 번째 방정식은 암페어 주회법칙으로 도선에 흐르는 전류 $\boldsymbol{J}$나 교류전계(전속밀도)가 회전하는 자계를 발생. $\nabla \times \boldsymbol{H} = \boldsymbol{J}$ 성분은 도선의 전류에 의해 발생하므로 전도성 자계라고 하며, $\nabla \times \boldsymbol{H} = \dfrac{\partial \boldsymbol{D}}{\partial t}$는 교류전계에 의한 유도자계를 나타냄
- 세 번째 방정식은 가우스 법칙으로 전하밀도(전하량)에 의해 발산하는 전계가 발생함을 나타내며, 이때의 전계는 도선의 전하량에 의해 발생하는 전도성 전계임
- 네 번째 방정식은 자계를 발산하게 하는 물리량(원천)은 없다는 의미로 자계는 회전력만 존재함을 의미함

2 전자파 발생 원리

❶ 음성이나 영상정보 등의 교류전류 $i(t) = A \cos \omega t$를 안테나에 인가하면 암페어

주회법칙 $\nabla \times \boldsymbol{H} = \boldsymbol{J}$에 의해 오른손 법칙에 의한 전도성 교류자계 생성

❷ 교류자계는 패러데이 법칙 $\nabla \times \boldsymbol{E} = -\dfrac{\partial \boldsymbol{B}}{\partial t}$에 따라 회전하는 교류 유도전계 유기

❸ 이 교류 유도전계는 다시 암페어 법칙의 $\nabla \times \boldsymbol{H} = \dfrac{\partial \boldsymbol{D}}{\partial t}$에 의해 유도자계를 발생

❹ 전자기 유도현상인 ❷~❸ 과정은 1초당 신호 주파수 횟수만큼 발생하며 신호의 에너지가 전자파 형태로 전파됨

❺ 교류전압 $v(t) = A \cos \omega t$를 기준으로 보면 $\nabla \cdot \boldsymbol{D} = \rho_v$에 의한 전도성 교류전계 발생 ↦ 교류전계가 $\nabla \times \boldsymbol{H} = \dfrac{\partial \boldsymbol{D}}{\partial t}$에 의한 유도자계 유기 ↦ 교류자계가 $\nabla \times \boldsymbol{E} = -\dfrac{\partial \boldsymbol{B}}{\partial t}$에 의한 교류전계 유기 ↦ 교류자계유기 ↦ .. 를 반복하며 전자파가 전파됨

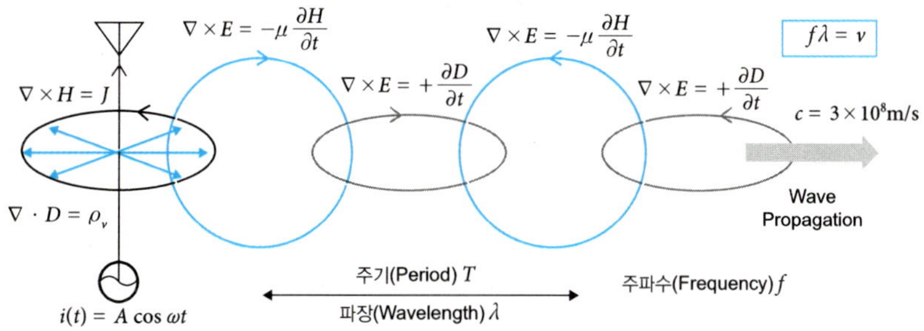

그림 2-1 자유공간 전자파의 발생과 전파전파

- 이와 같이 전자파의 전파원리는 전자유도현상에 의해 전계와 자계가 상호 유도되어 전파되는 현상으로, 상호 유도과정은 1초 동안 신호 주파수frequency f번 반복됨
- 전자파는 매질의 물질상수에 따라 결정되는 파장과 속도로 $f\lambda = v$의 관계를 갖으며 전파하며, 자유공간에서의 전자파 속도는 $c = 3 \times 10^8$m/s로 빛의 속도와 같음
- 전자파의 전계는 x 방향으로, 자계는 y 방향으로 진동하며 $+z$ 방향으로 전파하는 종파로 모델링(TEM파)Transverse ElectroMagnetic Wave 하며, 자유공간에서 전계와 자계는 항상 수직관계를 이루며 전파함

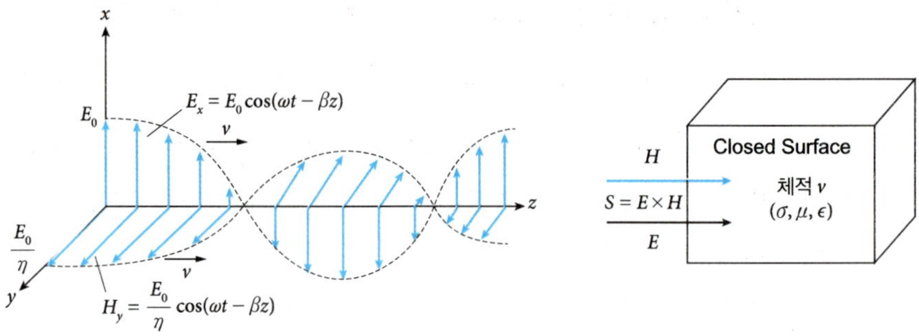

그림 2-2 자유공간 전자파의 전파전파와 매질에서의 에너지 전달

3 전자파의 전력전달과 포인팅 벡터

- 회로 전력은 선로로 전달되는 전압, 전류에 의해 $P = VI = V^2/R = I^2R$(Watt)로 정의
- 반면, 전자파는 모든 방향으로 전파되므로 특정지점의 전자파 전력은 단위면적당 순시전력밀도Instantaneous power density로 표현되어야 하며, 포인팅벡터Poynting vector S로 정의
- 전압 V는 전계 E, 전류 I는 자계 H를 유기하므로 벡터 S로 표현
- 전자파의 에너지(전력) 밀도는 포인팅벡터Poynting Vector $S = E \times H$(Watts/m^2)로 주어지며, 전계와 자계가 형성하는 파면Wave Front이 회전하며 에너지를 전달함

$$\boldsymbol{S} = \boldsymbol{E} \times \boldsymbol{H} = \frac{\text{전자파전력}}{\text{방사면적}} a_N \,(\text{Watts/m}^2) \tag{2.2}$$

- 특정 매질에서의 전계와 자계의 비를 파동임피던스wave impedance 또는 고유임피던스intrinsic impedance η라고 하며 매질의 유전율 및 투자율의 비율에 의존함

$$\eta = \frac{E_x}{H_y} = \sqrt{\frac{\mu}{\epsilon}} \,(\Omega) \tag{2.3}$$

- 자유공간의 파동임피던스(전계/자계 크기비)는 $\eta_0 = 377\Omega$ 또는 $120\pi(\Omega)$
- 전계와 자계가 수직관계이면, 전자파 전력밀도의 크기는 다음과 같음

$$\boldsymbol{S} = \boldsymbol{EH} = \frac{E^2}{\eta} = \eta H^2 \,(\text{W/m}^2) \tag{2.4}$$

- 시간 평균전력밀도 S_{avg}는 포인팅 벡터를 이용하여 다음과 같이 구할 수 있음

$$< \boldsymbol{S}_{avg} > = \frac{1}{2} Re\left\{ \boldsymbol{E}_s \times \boldsymbol{H}_s^* \right\} = \frac{1}{2} \frac{E_0^2}{\eta} = \frac{\eta^2 H_0}{2} (\mathrm{W/m^2}) \tag{2.5}$$

4 전자파의 정전계, 유도계, 방사계 구분

- 점전하(또는 미소 다이폴)로부터의 신호는 구형Spherical Wave으로 방사되며, 일정 거리가 떨어진 수신점에서의 신호는 동위상면同位相面이 평면인 균일 평면파Plane Wave로 수신됨
- 신호원과 가까운 지점을 근계near field, 近界영역, $2D^2/\lambda$ 또는 5λ 떨어진 지점(D: 안테나 크기)을 원계far field, 遠界영역, 두 영역의 중간지점을 프레넬Fresnel영역으로 구분함
- 전자파의 에너지원을 미소 다이폴이라고 가정할 때, 미소 다이폴 안테나로부터의 전계는 정전계, 유도계, 방사계의 형태로 구분됨

$$E_\theta = K\left(\frac{1}{(j\beta^2)r^3} + \frac{1}{j\beta r^2} + \frac{1}{r} \right) (\mathrm{V/m}) \tag{2.6}$$

- $1/r^3$ 성분은 미소 다이폴에 의한 정전계Electrostatic field 성분으로 안테나 주변에 형성되는 전자파, $1/r^2$ 성분은 패러데이 법칙에 따라 전류소에 의해 유기되는 유도계Inductive field, $1/r$ 성분은 실제로 원계에서 전자파의 형태로 전파되는 방사계Radiative field를 나타냄
- 거리에 따라 정전계, 유도계는 급격히 감쇠되므로 전자파의 장거리 전파는 방사계에 의해 이루어지며, 이에 따라 전자파의 모든 특성은 방사계를 기준으로 평가함
- 안테나로부터 정전계(유도계)와 방사계가 같아지는 거리 r ($\beta r = 1$인 지점)

$$\boxed{r \approx 0.16\lambda} \tag{2.7}$$

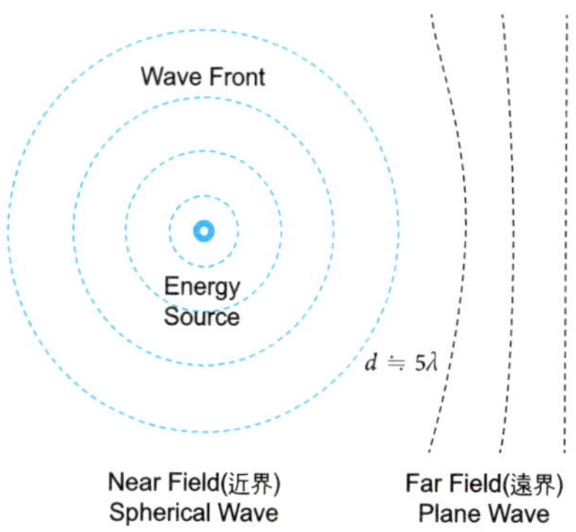

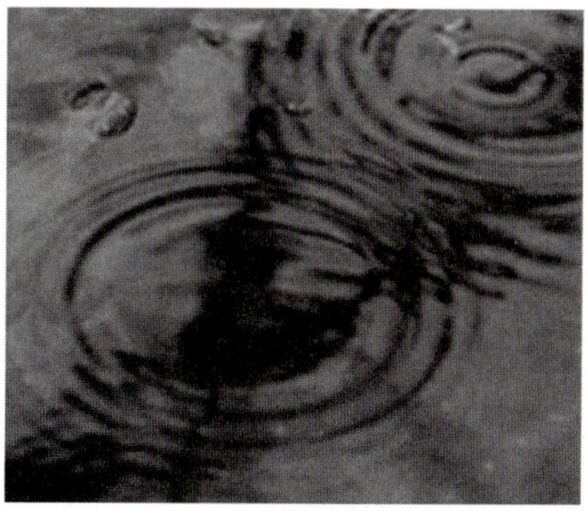

그림 2-3 거리에 따른 전자파 영역 구분과 파면 특성

2 전자파의 정의와 특성

1 전자파의 정의

- 전자파Radio Wave, 電磁波는 시간에 따라 변화하는 전기장과 자기장의 상호작용에 의해 빛의 속도(자유공간의 경우)로 퍼져나가는 파동에너지를 의미함
- 인공적인 도파체 없이 공간을 전파하는 주파수 3,000GHz(f = 3×10^{12}Hz, λ = 0.1mm) 이하의 전자기파 (근거: ITU-R, 우리나라 전파법 2조)

2 전자파의 전파 현상

- 전자파의 기본적인 특성은 직진성과 간섭성의 특성을 지니고 전파하며, 매질에서 반사, 굴절, 회절, 흡수, 산란 등을 겪으며 거리에 따라 감쇠Attenuation하며 진행

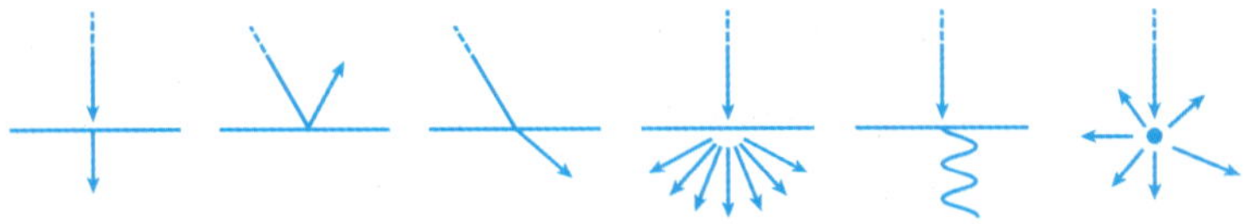

그림 2-4 전자파의 주요 전파현상

- 전자파는 진행방향과 수직인 x, y축 방향(횡방향)으로 전계 및 자계가 진동하며 $+z$ 방향으로 에너지가 전파하는 횡파로 TEMTransverse ElectroMagnetic Wave 파라고 함
- 파동 임피던스 η를 갖는 매질 내를 전파하는 정현파 교류전자파의 파동방정식 표현

$$
\begin{aligned}
E_x(t) &= E_0 e^{-az}\cos(\omega t - \beta z)\ (\mathrm{V/m}) \\
H_y(t) &= \frac{1}{\eta}E_x(t) = \frac{1}{\eta}E_0 e^{-az}\cos(\omega t - \beta z)\ (\mathrm{A/m})
\end{aligned} \tag{2.8}
$$

α : 감쇠정수(Neper/m), $\beta = 2\pi/\lambda$: 위상정수(rad/m)

3 전자파 전파현상의 중요 특성

- 전자파의 전계 및 자계는 진행 방향과 수직으로 진동하며 전파하는 횡파인 TEM파임
- 전파 매질 및 신호 주파수에 따라 직진, 간섭, 회절, 굴절, 반사 특성이 다르게 나타남
- 주파수가 낮을수록 회절특성이 커지며, 주파수가 높을수록 직진성과 반사가 잘 일어남
- 전자파는 이론적으로 거리 d와 주파수 f의 제곱에 반비례하여 감쇠하는 특성을 갖음
- 매질의 유전율 및 투자율이 클수록 전파속도가 느리며, 파장이 짧아짐
- 고주파일수록 직접파(LOSLine-of-sight) 또는 산란파를 이용하여 전파함

2.2 여러 매질에서의 전자파 전파특성

1 전자파 특성 상수

- 매질 내에서의 전자파의 전파특성은 3대 물질상수 (σ, ϵ, μ)에 따라 결정됨

$$\text{도전율}^{\text{conductivity}}\ \sigma\ :\ \sigma = \frac{d}{RS}\ (\mho/\mathrm{m}) \tag{2.9}$$

$$\text{유전율}^{\text{Permittivity}}\ \epsilon\ :\ \epsilon = \epsilon_0 \epsilon_r\ (\mathrm{F/m}) \quad (\epsilon_r : \text{비유전율}) \tag{2.10}$$

$$\epsilon_0 = 8.854 \times 10^{-12}\ (= \frac{1}{36\pi} \times 10^{-9})\ \mathrm{F/m}\ (\text{절대유전율})$$

$$\text{투자율}^{\text{Permeability}}\ \mu\ :\ \mu = \mu_0 \mu_r\ (\mathrm{H/m}) \quad (\mu_r : \text{비투자율}) \tag{2.11}$$

$$\mu_0 = 4\pi \times 10^{-7}\ \mathrm{H/m}\ (\text{절대투자율})$$

(ϵ_0, μ_0 : 자유공간의 유전율 및 투자율)

(1) 특성 임피던스 η

- 매질에서의 전계와 자계 세기 비율을 파동wave임피던스, 고유intrinsic임피던스 η라고 함(회로 저항, 전압 및 전류와의 관계 $R = V/I(\Omega)$과 같은 개념임)

$$\eta = \frac{E_x}{H_y} = \sqrt{\frac{\mu}{\epsilon}} = \sqrt{\frac{\mu_r}{\epsilon_r}}\sqrt{\frac{\mu_0}{\epsilon_0}} = \eta_0 \sqrt{\frac{\mu_r}{\epsilon_r}}\ (\Omega) \tag{2.12}$$

- 자유공간의 파동임피던스는 $\eta_0 = 377\Omega$는 $120\pi(\Omega)$임. 즉, 자계에 비해 전계가 377배 커서 해석이 용이하므로 주로 전계를 기준으로 전자파를 해석함
- 전계와 자계가 수직관계인 선형 매질에서의 전자파 전력밀도의 크기

$$S = EH = \frac{E^2}{\eta} = \eta H^2 (\mathrm{W/m^2}) \tag{2.13}$$

(2) 전자파 속도 v

$$v = \sqrt{\frac{1}{\mu_0 \epsilon_0 \mu_r \epsilon_r}} = \frac{v_0}{\sqrt{\mu_r \epsilon_r}}\ (\mathrm{m/s}) \tag{2.14}$$

$$자유공간 : v_0 = c = \sqrt{\frac{1}{\mu_0 \epsilon_0}} = 3 \times 10^8 \text{ (m/s)}$$

(3) 전자파의 파장 λ

$$\lambda = \frac{2\pi}{\omega\sqrt{\mu\epsilon}} = \frac{\lambda_0}{\sqrt{\mu_r \epsilon_r}} \text{ (m)} \tag{2.15}$$

(4) 전자파의 속도, 파장 및 주파수 관계

$$f\lambda = v$$

2 여러 매질에서의 전자파 전파 특성

(1) 자유공간($\sigma = 0$, $\mu_r = \epsilon_r = 1$) : **전계와 자계는 동일 위상, 수직 관계임**

$$v_0 = c = \sqrt{\frac{1}{\mu_0 \epsilon_0}} = 3 \times 10^8 \text{ (m/s)} \tag{2.16}$$

$$\eta_0 = \frac{E_x}{H_y} = \sqrt{\frac{\mu_0}{\epsilon_0}} = 377(120\pi) \ (\Omega) \tag{2.17}$$

$$\lambda_0 = \frac{2\pi}{\omega\sqrt{\mu_0 \epsilon_0}} = \frac{c}{f} \text{ (m)} \tag{2.18}$$

$$\epsilon_0 = 8.854 \times 10^{-12} \left(= \frac{1}{36\pi} \times 10^{-9}\right)\text{F/m (절대유전율)}$$

$$\mu_0 = 4\pi \times 10^{-7} \text{ H/m (절대투자율)}$$

(2) 유전체($\epsilon = \epsilon_0\epsilon_r$, $\mu = \mu_0\mu_r$, $\omega\epsilon \gg \sigma \neq 0$) : **위상차 및 손실발생(손실률)**

$$v = \sqrt{\frac{1}{\mu_0 \epsilon_0 \mu_r \epsilon_r}} = \frac{v_0}{\sqrt{\mu_r \epsilon_r}} \text{ (m/s)} \tag{2.19}$$

$$\eta = \frac{E_x}{H_y} = \sqrt{\frac{\mu_0 \mu_r}{\epsilon_0 \epsilon_r}} = \eta_0 \sqrt{\frac{\mu_r}{\epsilon_r}} \ (\Omega) \tag{2.20}$$

$$\lambda = \frac{2\pi}{\omega\sqrt{\mu_0 \mu_r \epsilon_0 \epsilon_r}} = \frac{\lambda_0}{\sqrt{\mu_r \epsilon_r}} \text{ (m)} \tag{2.21}$$

- $\epsilon_r \geq 1$, $\mu_r \geq 1$이므로 유전체 내에서의 전자파의 파동 임피던스, 속도 및 파장은 자유공간에서보다 줄어듦

- 유전체에서의 손실특성은 유전체의 손실성분(전도전류밀도)과 전파성분(변위전류밀도)의 비율인 손실탄젠트(손실율Loss Tangent)로 표현

$$\nabla \times \boldsymbol{H}_s = \sigma \boldsymbol{E}_s + j\omega\epsilon \boldsymbol{E}_s = \boldsymbol{J}_{\sigma s} + \boldsymbol{J}_{ds} = \text{손실} + \text{전파} \tag{2.22}$$

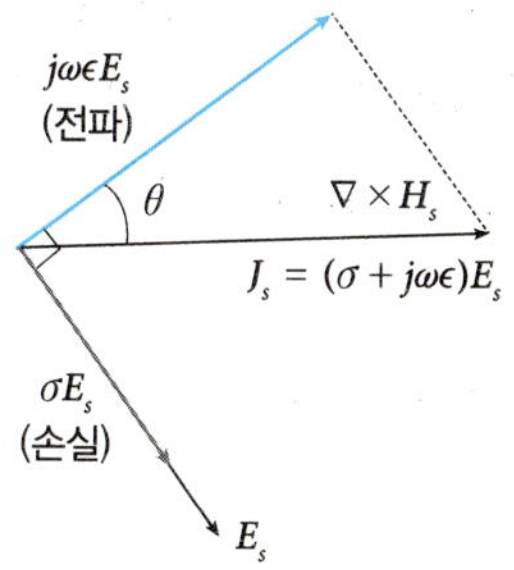

그림 2-5 유전체에서의 전자파 손실과 손실율

$$\tan\theta = \frac{\text{전도전류밀도 } \boldsymbol{J}_{\sigma s}}{\text{변위전류밀도 } \boldsymbol{J}_{ds}} = \frac{\text{손실성분}}{\text{저장, 전파성분}} = \frac{\sigma}{\omega\epsilon} = \frac{\epsilon''}{\epsilon'} \tag{2.23}$$

- 변위전류(전파성분)와 전도전류(손실성분)가 같아지는 주파수($\omega\epsilon = \sigma$)

$$f = \frac{\sigma}{2\pi\epsilon} = \frac{\sigma}{2\pi\epsilon_0\epsilon_r} \text{ (Hz)} \tag{2.24}$$

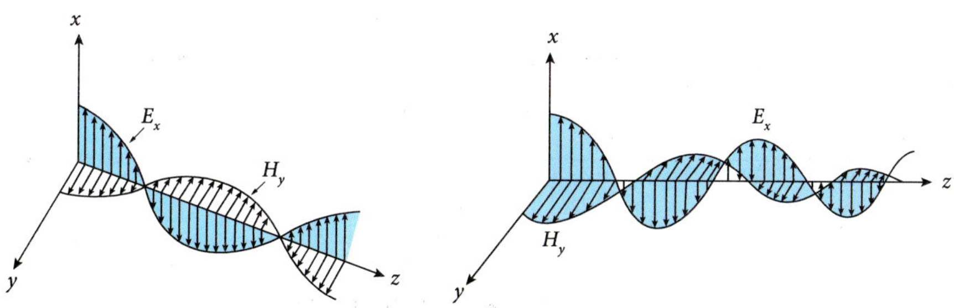

그림 2-6 자유공간과 유전체에서의 전자파 전파

(3) 도체($\epsilon \approx \epsilon_0$, $\mu \approx \mu_0$, $\omega\epsilon \ll \sigma$) : **전자파 거의 전파 안됨(표피효과Skin Effect)**

$$v = \frac{\omega}{\beta} = \omega\delta = \frac{\omega}{\sqrt{\pi f \mu \sigma}} \text{ (m/s)} \tag{2.25}$$

$$\eta = \frac{1}{\sigma\beta}(1+j) = \frac{\sqrt{2}}{\sigma\delta} e^{j45^\circ} \ (\Omega) \tag{2.26}$$

$$\lambda = \frac{2\pi}{\beta} = 2\pi\delta \ (\mathrm{m}) \tag{2.27}$$

- 도체 내에서 전자파의 속도 및 파장은 자유공간에 비해 매우 매우 줄어들므로 전자파는 거의 전파되지 못하며, 와전류eddy current에 따른 표피효과에 의해 도체 내부로는 표피두께 δ 만큼만 침투할 수 있음
- 표피두께Skin Depth, 침투깊이Depth of Penetration δ : 도체 내로 입사된 전자파가 원래 크기의 $\frac{1}{e}$ 이 되는 지점까지의 거리

$$\delta = \frac{1}{\sqrt{\pi f \mu \sigma}} \ (\mathrm{m}) \tag{2.28}$$

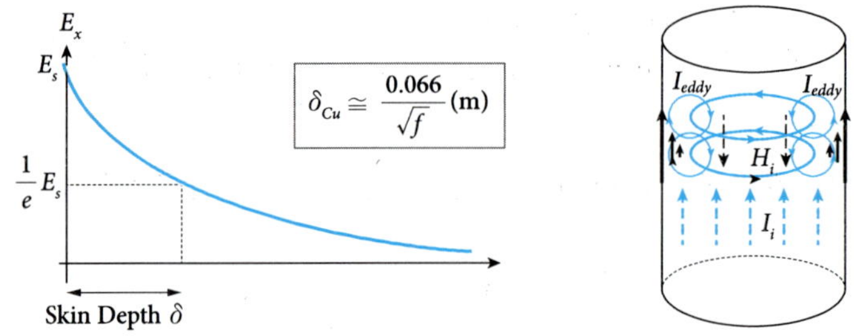

그림 2-7 표피두께 정의와 표피효과의 원인

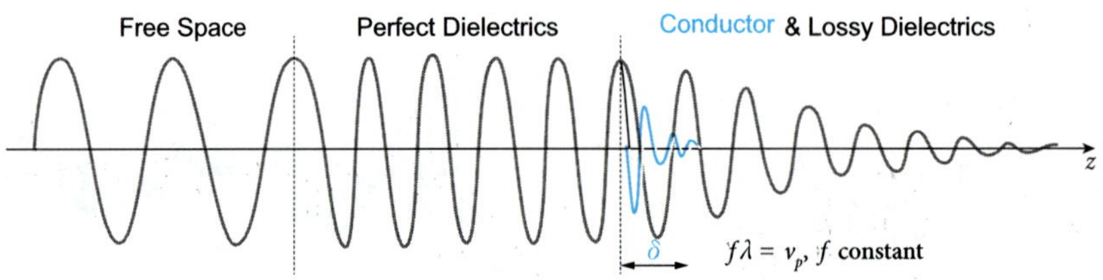

그림 2-8 여러 매질에서의 전자파 전파 특성

[표 2-1] 여러 매질에서의 전자파 전파 특성 요약

변수	자유공간(Free Space)	유전체(Dielectrics)	도체(Conductor)
물질상수	$\sigma = 0,\ \mu = \mu_0,\ \epsilon = \epsilon_0$	$\omega\epsilon \gg \sigma,\ \mu = \mu_0\mu_r,\ \epsilon = \epsilon_0\epsilon_r$	$\sigma = 0,\ \mu = \mu_0,\ \epsilon = \epsilon_0$
전류형태	–	$\sigma \ll \omega\epsilon$ (전도전류≪변위전류)	$\sigma \gg \omega\epsilon$ (전도전류≫변위전류)
전파정수 (근사식)	$k = \sqrt{-(j\omega\mu_0)(j\omega\epsilon_0)}$ α = 감쇠정수 = 0 β = 위상정수 = $\omega\sqrt{\mu_0\epsilon_0}$	$k = \sqrt{-j\omega\mu(\sigma + j\omega\epsilon)}$ $\cong \omega\sqrt{\omega\epsilon} - j\frac{\sigma}{2}\sqrt{\frac{\mu}{\epsilon}} = \beta - j\alpha$	$k = \sqrt{\frac{\omega\mu\sigma}{2}}(1-j) = \beta = j\alpha$ $\alpha = \beta = \sqrt{\pi f\mu\sigma} = \frac{1}{\sigma}$
속도	$v_0 = c = \frac{1}{\mu_0\epsilon_0} = 3\times10^8\text{m/s}$	$u_P = \frac{1}{\sqrt{\mu\epsilon}} = \frac{c}{\sqrt{\mu_r\epsilon_r}} \ll c$	$v_P = \omega\sigma \ll c$
파장	$\lambda_0 = \frac{2\pi}{\beta} = \frac{2\pi}{\omega\sqrt{\mu_0\epsilon_0}} = \frac{c}{f}$	$\lambda = \frac{\lambda_0}{\sqrt{\mu_r\epsilon_r}} \ll \lambda_0$	$\lambda = 2\pi\sigma \ll \lambda_0$
파동(고유) 임피던스	$\eta_0 = \frac{E_x}{H_s} = \sqrt{\frac{\mu_0}{\epsilon_0}} = 377\Omega(120\pi)$ (전계와 자계는 동위상)	$\eta = \sqrt{\frac{j\omega\mu}{\sigma + j\omega\epsilon}} \cong \sqrt{\frac{\mu}{\epsilon}}\left(1 + j\frac{\sigma}{2\omega\epsilon}\right)$ (ohm) (전계와 자계위상차 발생)	$\eta = \frac{1+j}{\sigma\delta} = \frac{\sqrt{2}}{\sigma\delta}e^{45^\circ}$ (전계와 자계위상차 45°)
중요 특성	무손실(lossless) $f\lambda = c$	Loss Tangent(손실탄젠트) $\tan\theta = \frac{J_{\sigma s}}{J_{ds}} = \frac{\sigma}{\omega\epsilon} = \frac{\epsilon''}{\epsilon'}$ ($\tan\theta$ 클수록 손실 큼)	Skin Depth(표피두께) $\sigma = \frac{1}{\sqrt{\pi f\mu\sigma}}$ (도체 내 침투깊이)

학습 Vitamins

도체에서의 표피효과 원인과 응용

표피현상이 발생되는 원인은 도체 내에서 교류전자파가 일으키는 전자유도현상 때문이다. 그림 2.7에서와 같이 도체 표면에 교류전류 I_i를 인가하면 암페어 주회법칙에 의해 교류자계가 발생된다. 도체 내부의 교류자계가 증가하면 밀땅현상(패러데이 법칙)에 의해 교류자계 증가를 방해하는 반대방향의 자계가 유기되도록 유도기전력이 발생되는데, 이 전류를 와류전류eddy currrent(맴돌이전류) I_{eddy}라고 한다. 와류전류에 의해 도체 내부 중심에서는 인가전류와 와류전류가 서로 상쇄되어($I = I_i - I_{eddy}$) 전류가 감소하며, 바깥 표면으로 갈수록 두 전류가 합쳐져서($I = I_i + I_{eddy}$) 표면전류가 증가하는 현상이 일어난다. 이로 인해 도체 중앙부위의 저항은 커지고 도체 표면에 가까워질수록 저항이 줄어들어 표면으로만 전류가 흐르는 표피현상이 일어난다. 도체에 인가되는 신호 주파수가 높을수록 와류전류가 커지고, 도전율이 높을수록 와류전류가 잘 흐르며 투자율이 높을수록 자기유도용량에 의한 유도기전력이 증가하므로 표피현상이 증가하게 된다.

도체에서 발생하는 표피현상은 여러 상업적 응용분야에서 중요하게 사용된다. 예를 들어 상용전력 주파수인 60Hz 신호를 전송하는 전력선의 경우, 동선의 표피두께는 약 $\delta_{Cu} \cong 8.53\text{mm}$이므로, 구리 내부로 8.53mm 만큼 들어갈 때마다 전계는 0.368 배만큼 줄어들어 거의 전파되지 못함을 알 수 있다. 따라서 전력을 많이 전송하거나 저항을 줄이기 위해 동선의 반지름을 8.53mm 보다 크게 하더라도, 전력은 표면으로부터 8.53mm 내에서만 전달되므로 전력 효율이 높아지지 않고 동선만 낭비하게 된다. 이런 이유로 전력선의 반지름은 통상 10mm 이내로 만든다.

다른 예로, 이동통신용 주파수로 많이 쓰이는 1GHz 통신 신호 주파수에서 동선의 표피두께는 $\delta_{Cu} \cong 2.08\mu\text{m}$로 매우 얇으므로, 회로기판 등을 도전율이 높은 은(Au)으로 도금함으로써 전자파의 손실을 줄여주기도 한다.

전자파가 도체로 침투하지 못하는 표피효과를 반대로 이용한 것이 전자차폐electromagnetic shielding로 대표적인 예가 도파관이다. 금속관으로 이루어진 도파관 내에 전자파를 입사하면 표피효과 때문에 전자파가 외부로 누설되지 않는 특징을 이용하여 위성통신이나 초고주파 통신장비의 고주파 신호전송선로로 많이 사용한다. 또한 우리가 일상생활에서 사용하는 모든 전기기기 및 전자제품은 전자기파차단기술(EMI, EMC)ElectroMagnetic Interference & Compatibility을 적용하여 누설 전자파에 의한 피해를 줄이고 있으며, 전자기파차단기술의 기본원리가 바로 도체의 표피현상이다.

2.3 주파수 대역별 전자파의 구분과 전파특성

1 전자파의 대기 감쇠 및 흡수 특성

- 전자파가 대기 중에 전파될 때, 주로 대기에 있는 물(H_2O)과 산소(O_2) 분자 또는 이온의 공진주파수 성분의 전자파가 흡수되어 전파 손실 발생
- 지표면(수면) 근처보다는 공기밀도 및 굴절율이 낮은 높은 고도에서 대기 감쇠가 줄어듦
- 10GHz 이하 주파수는 이러한 영향이 적은 전자파 창Radio Window이라 하며, 다양한 무선 서비스용 주파수 자원으로 이용됨

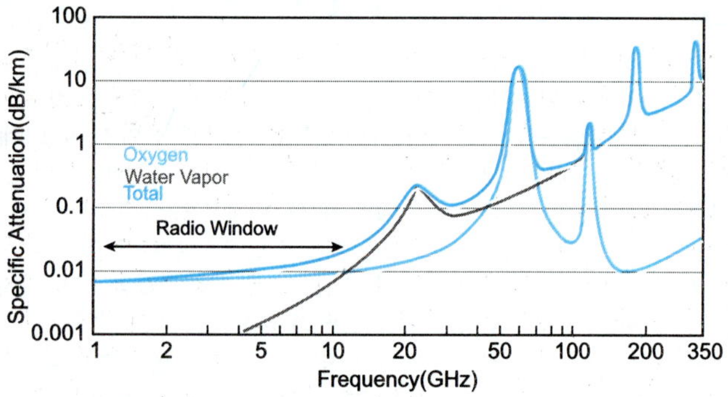

그림 2-9 전자파의 주파수 대역별 대기감쇠 특성

2 전자파의 구분

(1) 전파의 주파수 대역별 구분 (ITU 기준)

- 전자파는 파장과 주파수의 크기 및 범위에 따라 국제 전기통신연합(ITU)International Telecommunication Union이 제시한 대역별 구분표를 일반적으로 사용함
- 위성 및 레이더에 사용하기 위하여 IEEE에서 제안한 대역 구분도 병행하여 사용함

[표 2-2] 주파수 대역별 구분 및 명칭

주파수 대역구분 (ITU)			IEEE 구분 (레이더, 위성통신 등)	응용분야
파장별 명칭	약어	주파수 대역		
초장파	VLF	3~30kHz		인간음성, 해상통신, 음파탐지장치, 무선항법
장파	LF	30~300kHz		라디오표지, 선박/항공기 통신, AM장파방송
중파	MF	300~3,000kHz		AM방송, 국제단파통신, 방향탐지, 해안무선
단파	HF	3~30MHz		전보, 아마추어무선, RFID, 국제방송
초단파	VHF	30~300MHz		FM방송, 지상-항공통신, 경찰무선, 항공관제
극초단파	UHF	300~3,000MHz	L-band 1-2G	TV방송, GPS, LAN, 블루투스, 이동통신, 이리듐
			S-band 2-4G	
마이크로파	SHF	3~30GHz	C-Band 4-8G	항공/지상레이다, 위성통신, 마이크로파 링크
			X-Band 8-12G	
			Ku-Band 12-18G	
			K-Band 18-27G	
밀리미터파	EHF	30~300GHz	Ka-Band 27-40G	우주통신, 차량레이다, 원격탐지, 전자전무기
			V-Band 40-75G	
			W-Band 75-110G	
			밀리파110-300G	
데시밀리미터파	THF	300~3,000GHz		전파 천문학, 우주 연구
광파	Optical	3THz ~		광통신, 광학시스템

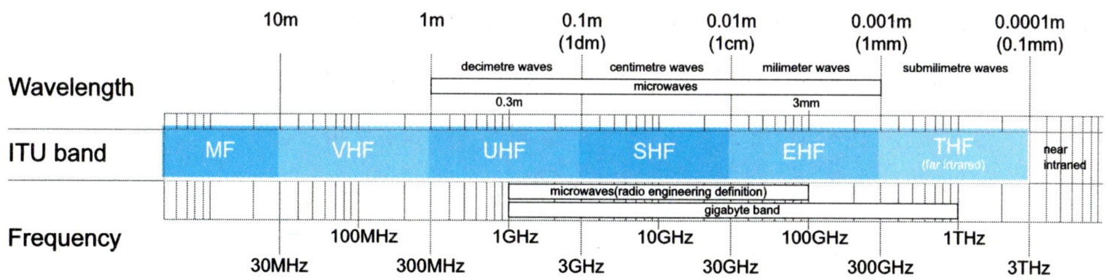

그림 2-10 전자파의 주파수 대역별 구분(ITU 기준)

(2) 전파電波의 전파傳播 전달방식에 따른 구분

- 전파는 지표면 근처를 전파하는 지상파와 대류권 이상에서 전파하는 공간파로 구분

- 지상파에는 직접파, 반사파, 지표파 및 회절파 등이 있으며 공간파는 대류권 반사파 및 굴절파, 전리층 반사파 및 전도파 등이 있음
- 주파수 대역별 전파 방식
  장파와 중파대 전파는 지표파를 이용하며, 단파대에서는 공간파(전리층 반사파), 단파대 이상의 고주파 신호는 직접파를 이용하여 전파됨

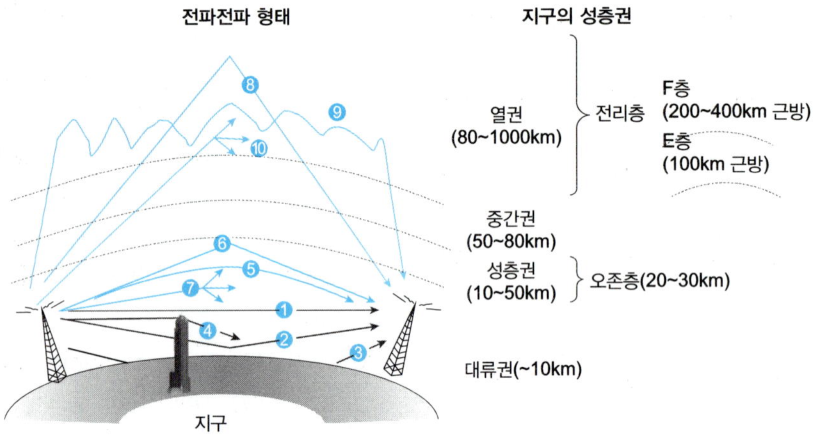

그림 2-11 성층 반사에 따른 전자파 종류

1. **직접파** : 대지면 등에 접촉하지 않고 직접 전파되는 가시거리(LOS[Line-of-Sight])파
2. **대지반사파** : 대지 또는 지형지물에 의해 반사되어 전파하는 파
3. **지표파** : 지표면(해수면 또는 수면)을 타고 전파하는 파
4. **회절파** : 건물 또는 지형지물에 의해 회절하여 전달되는 파
5. **대류권 굴절파** : 고도가 높아질수록 굴절율이 낮아져 지표 방향으로 굴절되는 파
6. **대류권 반사파** : 대류권과 성층권 굴절율 차이에 의한 반사파
7. **대류권 산란파** : 대류권 내 매질의 불균일 특성에 의해 산란되는 파
8. **전리층 반사파** : E 또는 F 전리층에 의해 반시되는 파
9. **전리층 전도파** : 전리층 간의 굴절율 차이에 의해 두 층 내부에서 반사하며 Duct 형태로 낮은 손실로 장거리 전파하는 파
10. **전리층 산란파** : E 전리층 내 매질의 불균일 특성에 의해 산란되는 파

학습 Vitamins 전리층과 전자파 전파

(1) 전리층의 종류

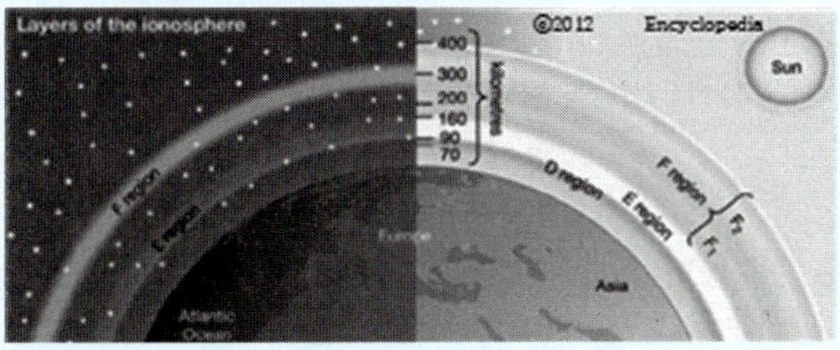

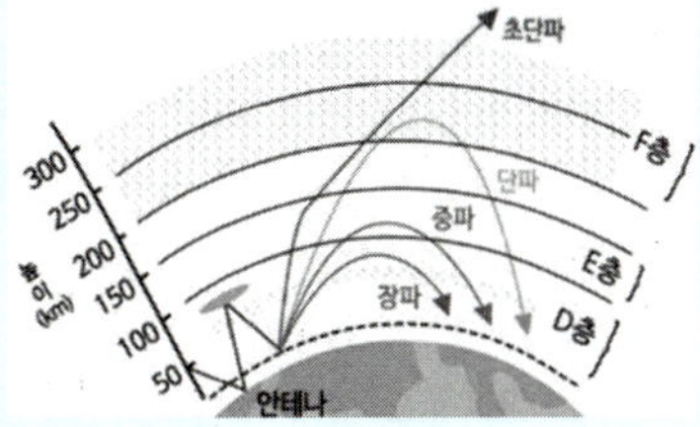

1) D층 : 지상 50~90[km] 상공에 위치하며 장파를 반사
2) E층 : 지상 100[km] 상공에 위치하며, 장파 및 중파를 반사
3) F층 : 지상 200~400[km] 상공에 위치하며, 단파 및 초단파 반사

(2) 전리층 전파의 여러 가지 현상

1) 페이딩(fading) 현상과 대응법

① 간섭성 페이딩: 서로 다른 전파 경로에 의한 간섭성 페이딩(공간 다이버시티diversity로 방지)
② 편파성 페이딩: 서로 다른 편파 수신에 의한 페이딩으로 편파polarization 다이버시티 사용
③ 흡수성 페이딩: 전리층을 통과 및 반사할 때 감쇠에 의한 페이딩으로 AGC 또는 AVC 사용
④ 선택성 페이딩: 각 주파수 성분마다 다른 감쇠에 의한 페이딩으로 주파수 다이버시티 또는 협대역 SSB 사용
⑤ 도약성 페이딩: 도약 거리(송신점과 전리층반사에 의한 수신점 사이의 거리) 근처에서 발생하는 페이딩으로 주파수 다이버시티 사용

2) 델린저 현상(dellinger effect)

소실현상 또는 SWF(Short Wave Fade-out)라고도 하며 1.5~20[MHz] 정도의 단파통신에 있어 수신전계가 갑자기 낮아져 수신불능 상태로 되었다가 수분~수시간에 걸쳐 점차적으로 회복되는 현상

① 태양 면의 폭발에 의한 다량의 자외선이 D층 또는 E층의 전자 밀도를 증가시켜 발생
② 주간에 저위도 지방에서 발생하며, 빈발성(돌발성)이 있음
③ 1.5~20[MHz] 정도의 단파 통신에 영향을 줌
델린저 현상(dellinger effect)

3) 자기람(magnetic storm : 자기 폭풍)

태양 활동에 따라 방출된 하전 미립자가 지구자계에 혼란을 일으켜 극지방에 강한 전리층 교란을 일으키는 현상

① 빈발성(돌발성)이 적으며 태양폭발 관측 후 0.5~1일 후에 주야 구분없이 지구 전역에서 발생
② 느린 속도로 지속기간이 길며, 1~2일 때로는 수일 동안 계속됨
③ 20[MHz] 이상의 높은 주파수 통신에 영향을 줌

4) 대척점 효과(antipode effect)

대척점에 있는 두 지점 사이의 통로가 무수히 많아 수신점에는 모든 방향에서의 전파가 도달하며, 이에 따라 송수신점 사이의 거리가 먼 데에도 불구하고 수신 전계강도가 크게 되는 현상

5) Luxemburg – Gorky 효과

전리층을 통과하는 주파수가 다른 2개의 전파 간에 일어나는 혼변조 현상에 의해 전력이 약한 쪽의 전파에 전력이 강한 쪽의 전파가 혼입되어 들어오는 현상

6) 도플러 효과

전파 발신점이나 수신점이 속도 v로 움직이는 경우, 전리층 반사에 의한 전자파의 수신 주파수 (파장)이 f_D 만큼 변화하는 현상

7) 전자파 덕트 현상

전리층 또는 표준상태의 대기는 높이에 따라 유전율이 감소하는 데 어떤 기상상태에서는 이와 반대인 라디오 덕트[Duct]층이 발생하며, 초단파(VHF) 이상의 전파가 duct 안에서 매우 적은 감쇠로 매우 먼 거리까지 전송이 되는 현상. 여름철 일본(TV) 방송이 동해안에서 수신되거나 반대현상이 일어나는데 라디오 덕트의 대표적인 사례임

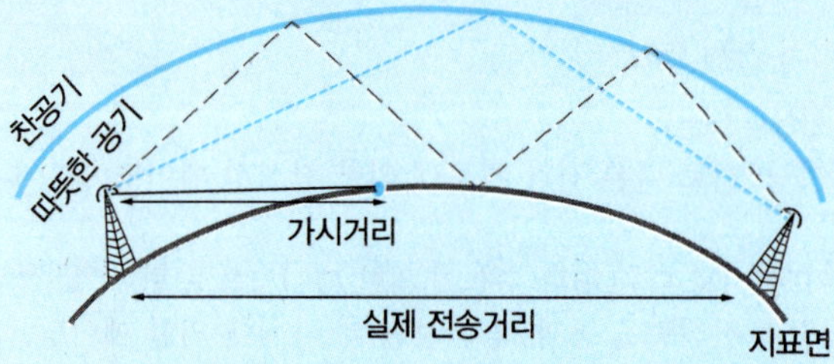

2.4 자유공간 손실과 무선 링크 버짓 모델

1 전자파 경로손실 모델

- 전자파의 경로에 따른 손실은 매체 환경, 거리, 송수신 전력 및 안테나 이득에 의해 결정되며, Friis의 전달 모델로 표현
- Friis 전자파 전달 방정식Friis's Transmission Formula: Harald T. Friss (1945, Bell Lab)

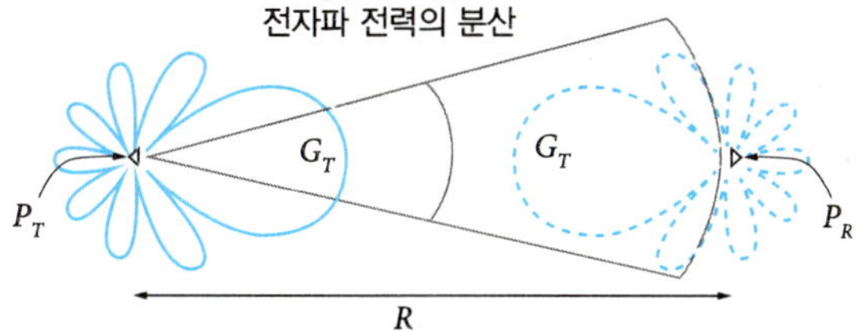

그림 2-2 전자파의 에너지 전달 모델

① 최대 수신전력(Friss 전달공식)

$$P_{R,\max} = P_T G_T \left(\frac{\lambda}{4\pi R}\right)^2 G_R = \frac{P_T G_T G_R}{L_P} \text{ (W)} \tag{2.29}$$

$$P_R = P_T(\text{dBW}) + G_T(\text{dBi}) + G_R(\text{dBi}) - 20\log\left(\frac{4\pi R}{\lambda}\right) \text{(dBW)} \tag{2.30}$$

② 자유공간 경로 손실(FSPLFree-Space Path Loss)

$$L_P = \frac{P_T}{P_R} = \left(\frac{4\pi R}{\lambda}\right)^2 \tag{2.31}$$

$$\begin{aligned} L_P &= 20\log\left(\frac{4\pi R}{\lambda}\right) = 20\log(4\pi R) - 20\log\left(\frac{c}{f}\right) \\ &= 92.5 + 20\log\left(f_{GHz} \times R_{km}\right) \text{ (dB)} \end{aligned} \tag{2.32}$$

2 전파 전달 환경에 따른 경로손실 모델

- 일반적인 무선통신 환경에서의 감쇠는 전파방해물이 없는 자유공간에 비해 매우 큼
- 수시로 변화하는 무선통신 전파환경별 감쇠를 예측하여 무선망 설계에 반영하여야 함
- 전파환경에 따른 경로손실은 전파방해물(지형지물, 인공구조물 등)의 밀도에 의존하며, 전파환경에 따른 전파 경로손실지수 n으로 표현

$$L_P = \frac{P_T}{P_R} = \left(\frac{4\pi R}{\lambda}\right)^n \tag{2.33}$$

[표 2-3] 전파환경별 경로손실 지수

전파 환경	경로손실지수 n	비 고
자유공간	2	
도심지역 Mobile Radio	2.7 ~ 3.5	건물 및 차량 밀도에 의존
도심 음영지역 Mobile Radio	3 ~ 5	건물 및 차량 밀도에 의존
건물 내 가시거리[LOS] 통신	1.6 ~ 1.8	고정통신
빌딩 등의 고층 장애물	4 ~ 6	
저층 건축물 장애물	2 ~ 3	

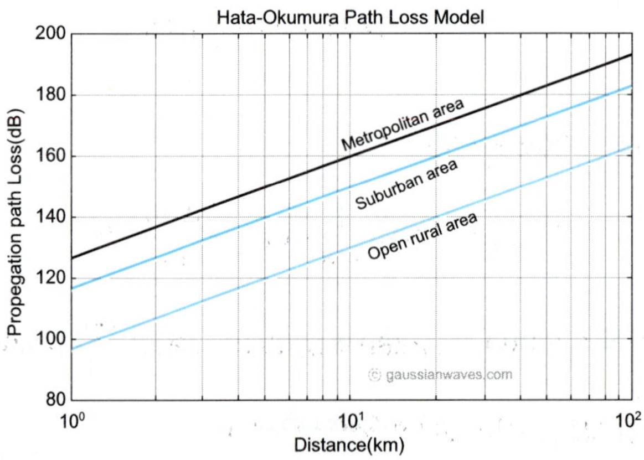

그림 2-13 전파 환경별 경로손실 예측 예 (f = 1.5GHz, 하타-오쿠무라 모델)

예제 2.1

2.4GHz 대역에서 동작하는 WiFi 채널 1 (f = 2,412MHz) 신호가 자유공간으로 100m 전파될 경우 감쇠량은 얼마인가?

|풀이| $L_P = 20\log(4\pi \times 100) - 20\log\dfrac{3\times 10^8}{2{,}412\times 10^6} = 80.085\ (\text{dB})$

예제 2.2

이득 27dBi를 갖는 두 개의 송수신 접시형 안테나로 30km 떨어진 두 지역간 마이크로 통신망을 구축하려 한다. 송수신 주파수는 f = 6GHz이고, 단말기 최소 수신전력이 −120dBm이라면 자유공간일 경우 발생하는 경로손실 L_p와 최소 송신전력을 구하라.

|풀이| $G_T = G_R = 10^{27/10} \cong 501$

$$\lambda = \frac{c}{f} = \frac{3\times10^8\,\text{m/s}}{6\times10^9\,\text{Hz}} = 5\times10^{-2}\,(\text{m})$$

$$P_{R,\min} = -120\text{dBm} = 10^{-15}\,W$$

$$L_p = 20\log\frac{4\pi 30\times10^3}{5\times10^{-2}} = 137.5\,(\text{dB})$$

$$P_T \geq \frac{P_{R,\max}}{G_T G_R}\left(\frac{4\pi R}{\lambda}\right)^2 \cong 2.26\times10^{-7} = -36.5\,(\text{dBm})$$

$$\text{or } P_T \geq -120-27-27+137.5 = -36.5\,(\text{dBm})$$

3 무선통신 링크 버짓Link Budget 모델

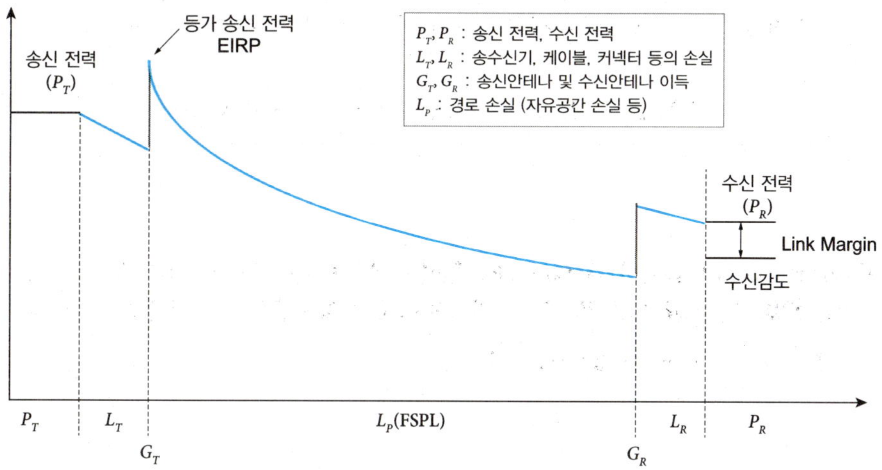

그림 2-14 무선통신 링크 버짓 모델

- 통신 링크 버짓은 통신 시스템에서 송신출력과 경로상의 모든 이득 및 손실을 고려하여 수신단의 수신전력을 예측하는 방법
- 통신시스템의 모든 이득과 손실을 고려하여 수신단이 수신할 수 있는 최저 신호대잡음비(SNR)와 수신기 수신감도Sensitivity를 결정하기 위한 수단으로 사용
- 링크 버짓은 무선통신, 위성통신, 광통신 등의 고지향성 특성을 갖는 점대점 통신시스템 설계에 주로 사용
- 통신 시스템의 링크 버짓 계산 : dB로 표현하여 계산

- 무선통신시스템 설계를 위해 송신전력, 이득성분, 손실성분, 시스템 마진 등을 고려하여 무선 링크의 수신 전력값을 계산하는 방법

$$\text{수신전력[dBm]} = \text{송신전력[dBm]} + \sum \text{전체이득[dB]} - \sum \text{전체손실[dB]} \quad (2.34)$$

$$P_R = P_T - L_T + G_T - L_P - G_R - L_R \text{ (dB)} \quad (2.35)$$

$$\text{송신기의 } EIRP = P_T - L_T + G_T \text{ (dBm)} \quad (2.36)$$

- 무선통신 시스템의 링크 방정식

$$P_R = P_T G_T G_R \left(\frac{\lambda}{4\pi R} \right)^2 \frac{1}{L_{system}} \text{ (W)}$$
$$P_R = P_T\text{(dBM)} + G_T\text{(dB)} + G_R\text{(dB)} - 20\log \left(\frac{4\pi R}{\lambda} \right) - 10\log L_{system} \text{ (dBm)} \quad (2.37)$$

- 링크 마진Link Margin

다양한 통신 현상(예: 채널의 신호 감쇠, 수신기 특성변화) 변동을 고려하여 수신기 최저 수신 가능 레벨(수신 감도)과 신호 수신 레벨 사이에 일정한 여유를 두는 것

$$\text{Link Margin(dB)} = P_R\text{(dBm)} - \text{Receiver Sensitivity(dBm)} \quad (2.38)$$

예제 2.3

어떤 시스템의 증폭기 출력이 44dBm일 때, 필터에 의한 손실이 0.5dB , 점퍼에 의한 손실이 1 dB, 피드 선에 의한 손실이 1.5dB, 안테나 이득이 12dBi인 회로를 거친 후의 출력은 얼마인가?

|풀이| $P_{out} = 44-0.5-1-1.5+12 = 53\text{(dBm)}$

예제 2.4

거리 r = 200,000km 만큼 떨어져 있는 달에 착륙해 있는 로켓트를 향해 송신안테나 이득 G_t = 10dBi, 송신주파수 f = 1GHz인 송신기로 전파를 송신한다. 수신안테나 이득이 G_r = 45dBi인 로켓트 수신기의 수신전력이 20 dBm 이 되기 위한 송신전력은 얼마인가?

|풀이| 달까지의 자유공간 손실

$$L_P = 20\log \left(\frac{4\pi R}{\lambda} \right) = 20\log(4\pi R) - 20\log \left(\frac{c}{f} \right)$$
$$= 20\log(4\pi \times 2 \times 10^8) - 20\log \left(\frac{3 \times 10^8}{10^9} \right) = 192.44 \text{ (dB)}$$

수신전력이 10dBm이 되기 위한 송신전력 P_T[dBm]

$$P_T\text{(dBm)} = P_R\text{(dBm)} - G_T\text{(dBi)} - G_R\text{(dBi)} - FSPL$$
$$= 20 - 10 - 45 + 192.44 = 157.44\text{(dBm)} = 127.44\text{(dBW)}$$

예제 2.5

출력 20dBm인 고전력 증폭기 출력을 2dB 손실을 갖는 케이블 연결선을 통해 송신안테나에 공급한 후 신호 주파수 f = 5GHz인 신호를 거리 R = 4.74km 떨어진 지점으로 전송하였다. 수신안테나로 수신된 신호가 2dB 손실을 갖는 케이블을 거쳐 수신감도 −82dBm인 수신기에 입력될 경우 무선 링크마진(Fade 마진)은 얼마인가? (단, 송수신 안테나 이득은 모두 16 dBi로 동일하다고 가정한다)

|풀이| $L_P = 92.5+20\log(f_{\text{GHz}} \times R_{\text{km}}) = 92.5+20\log(5\times4.74) = 120(\text{dB})$

송신기 송신유효전력 EIRP $= P_T - L_T + G_T = 20 - 2 + 16 = 34(\text{dBm})$

$P_R = P_T - L_T + G_T - L_P + G_R - L_R$

$= 20 - 2 + 16 - 120 + 16 - 2 = -72(\text{dB})$

Link Margin(dB) $= P_r - (-82) = +10(\text{dBm})$

예제 2.6

다음 무선통신시스템에 대하여 a) EIRP & FSPL, b) 수신기에 전달되는 전력(Watt), c) dB 단위로 링크버짓 블럭도를 그리라.

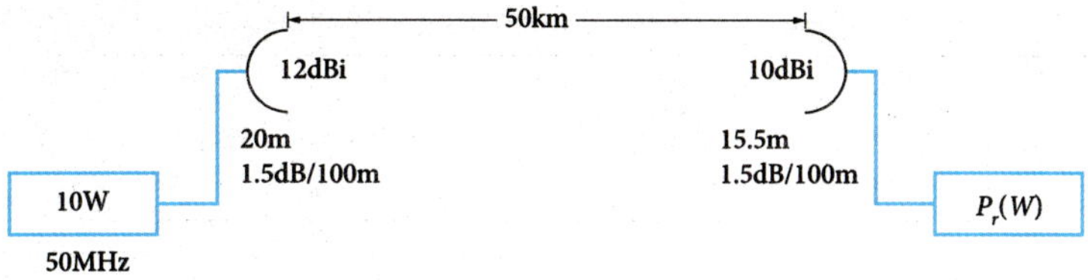

CHAPTER 2

국가고시 기출 문제

자료출처: 한국산업인력공단, www.q-net.or.kr, www.cbt.com

핵심 Hint

1. 전파속도, 주파수, 파장 관계식
   $f\lambda = c$

2. 초고주파 전자파의 특성
   - 마이크로파(SHF)
     $f = 3 \sim 30\text{GHz}$
   - - 초단파(VHF)
     $f = 3 \sim 30\text{MHz}$

3. 마이크로파의 전파방법
   - 파라볼라, 혼, 렌즈안테나 등의 지향성 안테나 사용
   - 초고주파에서는 집중정수가 아닌 분포정수회로Distributed Constant Circuit 사용

4. 무선통신 시스템 특성
   $L_p = \left(\frac{4\pi R}{\lambda}\right)^2 = \left(\frac{4\pi fR}{c}\right)^2$
   안테나는 반파장을 기준
   도플러 천이 $f_d = \frac{v}{\lambda}\cos\theta$

5. 전력을 dB 단위로 표기
   $10\text{W} = 10\log\frac{10\text{W}}{1\text{mW}} = 40\text{dBm}$
   $1\text{mW} = 10\log\frac{1\text{mW}}{1\text{mW}} = 0\text{dBm}$

01 국가고시2007

전파의 속도가 300,000km/s라고 가정하면, 파장이 10cm인 전파의 주파수는?

① 30MHz ② 300MHz ③ 3GHz ④ 30GHz

02 국가고시2007

마이크로파 통신방식의 특징이 아닌 것은?

① 통신의 범위는 특수한 경우를 제외하고는 장애물이 없는 가시거리 내이다.
② 안테나 이득이 커서 S/N비(Signal-to-Noise Ratio)를 개선할 수 있다.
③ 초단파에 비해 파장이 길고, 파라볼라 안테나를 사용한다.
④ 지향성이 강하여 타회선의 영향을 적게 받는다.

03 국가고시2007

마이크로파의 지향성을 증가시키기 위한 방법에 해당되지 않는 것은?

① 전자 나팔관(electromagnetic horn)를 사용한다.
② 전파렌즈 안테나(lens antenna)를 사용한다.
③ 적당한 반사기(reflector)를 사용한다.
④ 집중 회로(lumped circuit)로 구현한다.

04 국가고시2007

무선통신에서 무선채널 또는 안테나 특성에 대한 설명으로 적절하지 않은 것은?

① 송수신기 사이의 거리가 멀어질수록 신호감쇄(Attenuation)가 커진다.
② 송신하는 전파의 주파수가 낮을수록 신호감쇄가 커진다.
③ 송수신에 필요한 안테나의 크기는 일반적으로 주파수가 높을수록 작아진다.
④ 송신기 또는 수신기의 이동성이 커질수록 무선 채널의 특성은 시간에 따라 빨리 변한다.

05 국가고시2007

송신 전력의 크기가 10W, 수신 전력의 크기가 1mW일 경우, 자유 공간 손실은 몇 dB인가? (단, 이상적인 전방향 안테나를 가정한다)

① 40 ② 60 ③ 80 ④ 100

핵심 Hint

6. 자유공간 손실

$L_p = \left(\frac{4\pi R}{\lambda}\right)^2$

7. 무선통신시스템은 오픈된 대기 등을 이용하므로 유선통신방식에 비해 잡음이나 간섭현상이 잘 일어난다.

8. 전파의 주요 성질

9. www.ktword.co.kr 참고

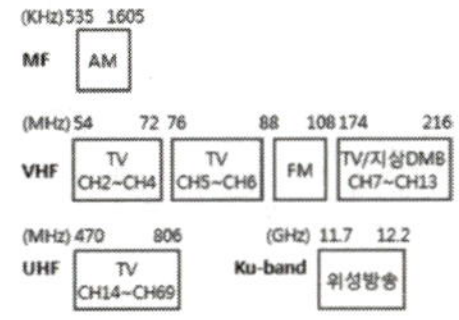

10. 전파의 특성

$f\lambda = c = 3 \times 10^8 (\text{m/s}) = \frac{\lambda}{T}$

전계와 자계가 수직으로 전파면을 형성하고, 정현파의 형태로 빛의 속도로 진행하는 횡파

$L_p = \left(\frac{4\pi R}{\lambda}\right)^2 = \left(\frac{4\pi f R}{c}\right)^2$

11. 산란형 페이딩: 대기 중의 미립자, 전파방해물에 의해 산란하여 발생하는 페이딩

06 국가고시2008

무선 송수신기 간의 경로감쇄에 직접적으로 영향을 미치는 요소가 아닌 것은?

① 송신기와 수신기간의 거리　② 송신 안테나의 이득
③ 송신 주파수 대역　④ 송신기의 변조 방식

07 국가고시2009

무선통신의 특징으로 옳지 않은 것은?

① 무선통신을 위해서는 특정 용도에 할당된 전자파 주파수 대역을 사용해야 한다.
② 유선통신 방법에 비해 전송 과정에 잡음이 많이 발생한다.
③ 무선통신을 사용하면 유선통신에 비해 주변 통신기기나 전자기기와의 전자파 간섭을 줄일 수 있다.
④ 아날로그 무선통신의 경우 신호는 다른 반송파에 실려 전송된다.

08 국가고시2009

전파가 도달할 수 없는 빌딩의 뒷편에서도 전파가 수신된 현상을 통해 알 수 있는 전파의 특성은?

① 회절성　② 직진성　③ 간섭성　④ 굴절성

09 국가고시2009

국내 주파수 사용 현황의 연결이 옳지 않은 것은?

① 이동전화—UHF 대역　② FM 방송—VHF 대역
③ TV 방송—VHF 대역　④ AM 방송—HF 대역

10 국가고시2010

전파(radio wave)에 대한 설명으로 옳지 않은 것은?

① 진공상태에서 빛의 속도로 전파(propagation)하는 파동으로, 시간적으로 정현파 형태로 진동한다.
② 전기장과 자기장이 90o를 이루며 진행하는 파동이다.
③ 자유공간에서 전파의 세기는 거리의 제곱에 반비례한다.
④ 전파가 한 번 진동하는데 걸리는 시간을 파장이라고 한다.

11 국가고시2011

다음 중 전리층에서 발생하는 페이딩의 종류가 아닌 것은?

① 산란형 페이딩　② 흡수성 페이딩
③ 도약성 페이딩　④ 선택성 페이딩

핵심 Hint

12. 전자파의 자유공간 손실

$L_p = \left(\frac{4\pi R}{\lambda}\right)^2 = \left(\frac{4\pi fR}{c}\right)^2$

13. Friis 전달공식

$P_{R,\max} = P_T G_T \left(\frac{\lambda}{4\pi R}\right)^2 = G_R$

$P_R = \frac{\sum 이득성분}{\sum 손실성분}$

dB보다는 숫자로 계산

14. 초고주파(마이크로파) 특징
광대역 ,직진성,단파장,고이득안테나 회로구성 어려움

15. 전파의 주요 성질 이해

16. 초고주파(마이크로파) 특징
회절보다는 직진성이 강해 전리층에서 휘어지지 않고 통과하므로 위성통신에 적합

12 국가고시2011

자유공간의 전파에 대한 설명 중 옳지 않은 것은?

① 송신기와 수신기 사이의 거리가 멀수록 전송 손실이 증가한다.
② 사용하는 신호의 파장이 클수록 전송 손실은 증가한다.
③ 같은 조건에서 전송 경로상에 비가 내리면 전송 손실은 증가한다.
④ 사용하는 신호의 주파수가 높을수록 전송 손실은 증가한다.

13 국가고시2011

양방향 통신 시스템에서 송신기의 출력이 1[GHz]에서 10[W]이다. 송신 안테나와 수신 안테나의 이득은 각각 20[dB]이며, 시스템 손실이 10[dB] 발생할 때, 송신기로부터 1[Km] 거리에서의 수신 전력[mW]은? (단, π = 3.0이라고 근사하여 계산하고, 전파의 속도는 빛의 속도(3×10^8m/s)로 한다)

① 1/16 ② 1/160 ③ 1/10 ④ 1/100

14 국가고시2012

중파(MF)와 비교할 때, 마이크로웨이브의 특성으로 옳지 않은 것은?

① 마이크로웨이브를 이용하면 사용 가능한 주파수 대역폭이 넓어진다.
② 마이크로웨이브는 전리층에서 휘어지지 않기 때문에 위성통신에 적합하다.
③ 파장이 길기 때문에 레이더에 사용되었을 때 목표물의 영상을 더 선명하게 얻을 수 있다.
④ 예리한 지향성을 갖으며 안테나 이득이 크다.

15 국가고시2013

전파경로 상에 장애물이 존재하는 경우, 장애물 뒤쪽으로 전파의 일부가 휘어져서 전파되는 현상은?

① 전파의 회절 ② 전파의 감쇄
③ 전파의 굴절 ④ 전파의 편파

16 국가고시2013

마이크로파(Microwave)를 이용한 통신 시스템의 특징으로 옳지 않은 것은?

① 전리층의 반사를 이용한 통신이 가능하다.
② 우수한 지향성, 직진성, 반사성을 갖는다.
③ TV 중계, 위성 중계, 레이더 및 고속 데이터 통신에 사용된다.
④ 300MHz∼30GHz의 UHF와 SHF대의 전파가 마이크로파에 포함된다.

17 국가고시2014

전파의 특성에 대한 설명으로 옳지 않은 것은?

① 가시경로가 없는 산 뒤쪽에서도 전파가 수신되는 것은 굴절(Refraction) 때문이다.
② 주파수가 높을수록 직진성이 강해진다.
③ 주파수가 낮을수록 회절(Diffraction)이 강해진다.
④ 전자파가 물체의 표면에 부딪쳐 에너지가 사방으로 분산되는 현상을 산란(Scattering)이라 한다.

18 국가고시2014

위성통신에서 사용 가능한 주파수 대역과 그 명칭이 바르게 연결되지 않은 것은?

① 1.5[GHz] 대역-L 밴드 ② 6[GHz] 대역-C 밴드
③ 14[GHz] 대역-K 밴드 ④ 30[GHz] 대역-Ka 밴드

19 국가고시2015

전파에 대한 설명으로 옳지 않은 것은?

① 주파수가 높을수록 전리층 통과가 어려워진다.
② 주파수 대역폭이 넓어지면 전송속도를 증가시킬 수 있다.
③ 주파수가 높을수록 안테나의 길이가 짧아진다.
④ 주파수가 높을수록 장애물에서 회절 능력이 감소한다.

20 국가고시2015

태양의 폭발에 의해 방출되는 하전 입자가 지구 전리층을 교란시켜 전파방해가 발생하는 자기폭풍(magnetic storm) 현상에 대한 설명으로 옳지 않은 것은?

① 태양폭발이 선행하기 때문에 미리 예측할 수 있다.
② 3~20MHz 주파수대역보다 낮은 주파수 신호가 더 큰 영향을 받는다.
③ 지속시간이 비교적 길어 1~2일 또는 수일 동안 계속된다.
④ 지구 전역에서 발생하며 고위도 지방에서 더 심하다.

21 국가고시2016

주파수 대역과 무선통신 또는 방송 기술이 바르게 짝지어진 것은? (순서대로 주파수 대역, 무선통신/방송 기술)

① 30[kHz], AM 라디오 방송 ② 200[MHz], 위성 DMB
③ 1.8[GHz], 잠수함 간 무선통신 ④ 2.4[GHz], 무선 랜

22 국가고시2016

다음 중 회절이 가장 잘 되는 전파는?

① 장파 ② 중파 ③ 단파 ④ 극초단파

핵심 Hint

17. 전자파의 주요 성질
- 회절: 빛이 장애물을 만날때 휘는 성질
- 주파수가 높아질수록 회절성은 감소, 직진성 증가
- 산란: 방해물에 부딪혀 에너지가 분산되는 현상

18.

L-band 1-2G
S-band 2-4G
C-Band 4-8G
X-Band 8-12G
Ku-Band 12-18G
K-Band 18-27G
Ka-Band 27-40G

19. 고주파일수록 파장이 짧아져 직진성이 증가하여 전리층 통과가 쉬워져 위성통신용으로 사용

20. 자기람(magnetic storm : 자기 폭풍) 태양 활동에 따라 방출된 하전 미립자가 지구자계에 혼란을 일으켜 극지방에 강한 전리층 교란을 일으키는 현상

21. AM : 540-1600kHz
위성DMB : 2630~2655MHz
수중통신 : 3-30kHz(VLF)

22. 저주파 전파일수록 회절특성 커짐

핵심 Hint

23. $s(t) = A\cos(2\pi ft+\phi)$
$f\lambda = c$
한주기동안 진행한 거리를 파장이라고 함

24. $L_p = \left(\frac{4\pi R}{\lambda}\right)^2 = \left(\frac{4\pi fR}{c}\right)^2$

25. $f\lambda = c$
1파장 동안의 위상변화는 2π

26. $L_p = \left(\frac{4\pi R}{\lambda}\right)^2 = \left(\frac{4\pi fR}{c}\right)^2$
저주파일수록 대기감쇠 적음

L-band 1-2G
S-band 2-4G
C-Band 4-8G
X-Band 8-12G
Ku-Band 12-18G
K-Band 18-27G
Ka-Band 27-40G

27. 26번 참조

28. 초고주파 f = 3~30GHz

23 국가고시2016

자유공간에서 진행하는 신호 $s(t) = \cos(2\pi\times10^5 t + 10)$가 한 주기 동안 진행하는 거리[km]는? (단, 전파의 속도는 3×10^8[m/s]이다)

① 1.5 ② 3 ③ 4.5 ④ 6

24 국가고시2016

자유공간에서 송 · 수신 안테나 사이에 형성되는 무선 채널의 경로손실에 대한 설명으로 옳지 않은 것은?

① 송신신호의 주파수가 2배로 증가하면 경로손실은 8배로 증가한다.
② 송 · 수신단 사이의 거리가 3배로 증가하면 경로손실은 9배로 증가한다.
③ 송 · 수신단 사이의 거리가 4배로 증가하고 송신신호 파장이 2배로 증가하면 경로손실은 4로 증가한다.
④ 송 · 수신단 사이의 거리가 2배로 증가하고 송신신호 주파수가 2배로 증가하면 경로손실은 16배로 증가한다.

25. 국가고시2017

1.5[GHz]의 마이크로파 신호가 자유공간에서 10[cm] 진행하였을 때 발생하는 위상변화[rad]는? (단, 전파의 속도는 3×10^8[m/s]이다)

① $\pi/4$ ② $\pi/2$ ③ $3\pi/4$ ④ π

26 국가고시2017

다음 위성통신 주파수 대역 중 대기감쇠의 영향이 가장 작은 것은?

① X−밴드 ② C−밴드 ③ Ku−밴드 ④ Ka−밴드

27 국가고시2018

다음 무선통신에 사용되는 4가지 주파수 대역 중 높은 주파수에서 낮은 주파수 순서대로 바르게 나열한 것은?

① C−Ku−Ka−S ② Ku−Ka−S−C ③ Ka−Ku−C−S ④ S−C−Ka−Ku

28 국가고시2019

마이크로웨이브(microwave) 통신의 특징으로 옳은 것은?

① 전파가 전리층의 영향을 받아 감쇠와 왜곡이 심하다.
② 사용 주파수 범위가 넓어 광대역 전송이 가능하다.
③ 1[GHz]~10[GHz]의 주파수 영역에서는 전자기 잡음레벨이 상대적으로 매우 높다.
④ 동작주파수가 높아 고이득, 고지향성 안테나의 구현이 불가능하다.

29 국가고시2019

전파의 성질에 대한 설명으로 옳지 않은 것은?

① 전파는 횡파이며 평면파이다.
② 균일 매질에서 전파하는 전파는 직진한다.
③ 주파수가 높을수록 회절작용이 심하다.
④ 서로 다른 매질의 경계면에서 굴절과 반사되는 성질이 있다.

30 국가고시2020

자유공간에서 전파되는 전자파에 대한 설명으로 옳지 않은 것은?

① 전자파가 전파되는 도중 장애물을 만나 반사, 회절, 산란 등에 의해 분산되고, 이 분산된 신호들 중 두 개 이상이 서로 다른 경로를 통하여 수신기에 도달하는 현상을 다중경로 페이딩(multipath fading)이라 한다.
② 이동하는 송수신기의 상대적인 방향에 따라 수신 주파수가 변하는 현상을 도플러 효과라고 한다.
③ 전계가 시간적으로 변화하면 그 주위에는 자계의 회전이 생긴다.
④ 안테나에서 방사된 전파는 항상 지표면과 수평 방향으로 진행한다.

31 국가고시2020

무선통신 시스템에서 송신전력이 100[W]이고 수신전력이 0.1[mW]이면, 채널에서의 경로손실[dB]은? (단, 시스템에 의한 손실은 무시한다)

① 40　② 60　③ 80　④ 100

32 국가고시2021

전리층에 대한 설명으로 옳지 않은 것은?

① 장파(LF)는 전리층에 반사된다.
② 전리층은 높이에 따라 D, E, F층 등으로 구분된다.
③ 전리층은 지상 10,000[km]에 위치한다.
④ 초단파(VHF)는 전리층을 통과한다.

33 국가고시2021

자유공간에서 2.5[km] 떨어진 송수신기가 주파수 1[GHz]인 신호로 통신할 때 경로손실[dB]은? (단, 신호의 전파속도는 3×10^8[m/s]이고, π = 3.0이다)

① 20　② 40　③ 80　④ 100

핵심 Hint

29. 주파수가 높아질수록 파장이 짧아져 회절성이 줄어들고 직진성 증가
- 서로다른 매질 경계면에서는 반사 또는 굴절함

30. 안테나 방향에 따라 수직 또는 수평편파로 진행

31. 경로손실=송신전력-수신전력

32. 전리층
- D층 : 지상 50~90[km], 장파를 반사
- E층 : 지상 100[km], 장파 및 중파를 반사
- F층 : 지상 200~400[km], 단파 및 초단파 반사

33. $L_p = \left(\frac{4\pi R}{\lambda}\right)^2 = \left(\frac{4\pi f R}{c}\right)^2$

핵심 Hint

34. www.ktword.co.kr 참고

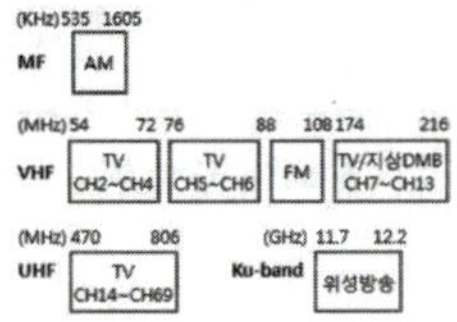

35. 전자파의 전파특성
 - 회절, 굴절, 반사, 투과, 직진, 산란, 감쇠 특성 지님

36. 주파수가 높아질수록 파장이 짧아져 회절성이 줄어들고 직진성 증가

37. 전자파의 속도

$$v = \sqrt{\frac{1}{\mu_0 \epsilon_0 \mu_r \epsilon_r}} = \frac{c}{\sqrt{\mu_r \epsilon_r}}\,(\text{m/s})$$

38. $L_p = \left(\frac{4\pi R}{\lambda}\right)^2 = \left(\frac{4\pi f R}{c}\right)^2$

열잡음에 의해 AWGN 발생하며 $N = kTB = N_0 B$(Watt)
 - 다른 사용자 전파에 의해 간섭 현상이 발생함

39. 밀리미터파(30~300GHz)

EHF	Ka-Band 27-40G
	V-Band 40-75G
	W-Band 75-110G
	밀리파110-300G

34 국가고시2022

주파수 대역과 우리나라의 활용 분야가 잘못 짝 지어진 것은?

① LF(low frequency)−TV 방송
② VHF(very high frequency)−FM 방송
③ UHF(ultra high frequency)−이동통신
④ SHF(super high frequency)−위성통신

35. 국가고시2022

전자파의 전파(propagation)에 대한 설명으로 옳지 않은 것은?

① 서로 다른 밀도를 갖는 두 매질의 경계면을 투과할 때 굴절이 일어날 수 있다.
② 반사와 굴절이 동시에 발생할 수 있다.
③ 빛과 달리 직진성 혹은 지향성을 갖지 않는다.
④ 전계와 자계 성분을 모두 갖는다.

36 국가고시2023

전파의 특성에 대한 설명으로 옳지 않은 것은?

① 파장이란 주기적으로 변화하는 에너지 레벨이 한 주기 동안 진행한 거리이다.
② 회절이란 경계면에 도달한 전파가 새로운 파원이 되어 진행하는 현상을 말한다.
③ 전파의 직진과 반사의 특성을 이용한 것으로는 레이더가 있다.
④ 전파의 주파수가 높을수록 회절이 잘되고 낮을수록 직진성이 좋아진다.

37 국가고시2023

비유전율 ϵ_r이 64이고 비투자율 μ_r이 4인 매질에서 진행하는 전파 이동속도는 자유공간에서 진행하는 전파 이동속도의 몇 배인가?

① 16 ② 4 ③ 1/4 ④ 1/16

38 국가고시2023

마이크로파 신호의 무선 전파 환경에 대한 설명으로 옳지 않은 것은?

① 통신거리가 증가함에 따라 전파의 세기가 감소하는 현상을 경로손실이라고 한다.
② 백색가우시안 잡음의 주요 원인은 다른 사용자들로부터 송신되는 전파에 의한 방해이다.
③ 건물, 지형 등 장애물에 의해 수신신호의 평균전력이 달라지는 현상을 섀도윙이라고 한다.
④ 송신 신호의 회절, 반사, 산란 등에 의해 다중 경로가 발생한다.

39 국가고시2023

주로 밀리미터파 응용 및 레이더에 사용되는 무선 주파수 대역은?

① EHF(extremely high frequency)
② VLF(very low frequency)
③ HF(high frequency)
④ UHF(ultra high frequency)

40 국가고시2024

다음 주파수 대역 중 파장이 가장 짧은 것은?

① VHF(very high frequency)
② SHF(super high frequency)
③ UHF(ultra high frequency)
④ MF(medium frequency)

41 국가고시2024

전자파에 대한 설명으로 옳지 않은 것은?

① 일반적으로 대기 중의 전자파 굴절률은 고도가 높아질수록 커진다.
② 전자파가 지면에 닿지 않고 도달할 수 있는 최대 거리를 전파의 가시거리라고 한다.
③ 송신된 후 대지면이나 다른 물체와 접촉하지 않고 수신기에 도달하는 전자파를 직접파라고 한다.
④ 전자파가 진행하는 경로상에 장애물 등의 돌출 부위가 있을 때 휘어져서 진행하는 현상을 회절이라고 한다.

42 국가고시2024

자유공간의 전파(propagation) 모델에 대한 설명으로 옳지 않은 것은?

① 송수신기가 장애물이 없는 LOS(line of sight)에 있다고 가정하여 수신 신호 세기의 예측을 위해 사용된다.
② 송수신기 간의 거리가 기준거리의 두 배가 되면, 수신전력은 기준거리에서보다 약 6[dB] 감소한다.
③ 반송파의 주파수가 높을수록 송수신 안테나 사이의 경로손실은 커진다.
④ 전체 경로손실은 반송파 파장의 제곱에 비례한다.

핵심 Hint

40. $f\lambda = c$
고주파수일수록 파장 짧아짐

MF	300~3,000kHz
HF	3~30MHz
VHF	30~300MHz
UHF	300~3,000MHz
SHF	3~30GHz

41. 고도가 높아질수록 굴절률이 낮아져 지구쪽으로 굴절됨
$N = N_s e^{-c_e h}$(h : 고도)

42. $L_p = \left(\frac{4\pi R}{\lambda}\right)^2 = \left(\frac{4\pi f R}{c}\right)^2$

[2장 정답]

1. ❸ 2. ❸ 3. ❹ 4. ❷ 5. ❶ 6. ❹ 7. ❸ 8. ❶ 9. ❹ 10. ❹ 11. ❶ 12. ❷
13. ❷ 14. ❸ 15. ❶ 16. ❶ 17. ❶ 18. ❸ 19. ❶ 20. ❷ 21. ❹ 22. ❶ 23. ❷ 24. ❶
25. ❹ 26. ❷ 27. ❸ 28. ❷ 29. ❸ 30. ❹ 31. ❷ 32. ❸ 33. ❹ 34. ❶ 35. ❸ 36. ❹
37. ❹ 38. ❷ 39. ❶ 40. ❷ 41. ❶ 42. ❹

CHAPTER

03

아날로그 및 디지털 변조
Analog and Digital Modulation

학습목표

- 변조의 기본 개념 및 목적을 이해한다.
- 진폭변조의 특성과 방법 및 장단점을 학습한다.
- 주파수변조의 특성과 방법 및 장단점을 학습한다.
- 표본화 이론과 아날로그 신호의 디지털 변환특성을 학습한다.
- 디지털 변조 방식의 장단점을 파악하고, 다양한 디지털 변조 기법을 학습한다.

학습목차

3.1 변조의 종류

1 통신시스템 구성

1 변조Modulation의 의미

- 전송하고자 하는 신호의 품질을 개선하기 위하여 기저대역 신호(메시지)를 가공하거나 반송파carrier 성분을 이용하여 원하는 전기적 신호로 변환하는 과정
- 반송파의 진폭amplitude, 주파수frequency, 위상phase 등을 메시지 신호에 따라 변화시키는 것을 변조modulation라 하고, 변조된 반송파 신호로부터 메시지를 추출하는 과정을 복조demodulation라고 함
- 전송하고자 하는 기저대역 메시지 신호를 디지털 비트로 변환(Code 화)한 후 반송파의 진폭, 주파수 및 위상 등을 이용하여 변환하는 것을 디지털 변조라고 함
- 변조는 통신 자원(대역폭 등)을 희생하여 신호의 품질(SNR 등)을 향상시키는 과정으로 단순히 반송파만 실어 주파수를 변환하는 주파수 혼합(변환)Mixing 과정과는 다른 역할임

2 변조의 목적

❶ 신호품질 향상 : 대역폭을 사용하여 신호의 신호대잡음비(SNR, BER)를 향상시킴

❷ 다중화Multiplexing 방식을 이용하여 하나의 전송 매체로 여러 신호를 동시에 전송할 수 있도록 함

❸ 신호의 특성을 전송 매체 또는 허가 대역의 물리적인 특성에 맞추기 위해서 사용(주파수 혼합과정과 동일한 역할)

❹ 통신 시스템 구성소자의 크기는 파장에 비례($\lambda = c/f$)하므로 전송신호의 주파수를 높여 안테나 등의 소자 크기를 줄이고 장거리 전송이 가능하게 함

❺ 채널 상에서 발생할 수 있는 감쇠, 간섭, 왜곡 등의 전송특성 열화를 양호하게 하여 전송효율을 높임

3 아날로그 변조의 종류

- 아날로그 변조Analog Modulation는 전송하고자 하는 기저대역 신호의 품질을 개선하기 위하여 아날로그 반송파의 진폭Amplitude, 주파수Frequency, 위상Phase 등을 신호에 따라 변화시키는 일련의 변환 또는 가공 과정을 의미함
- 기저대역 신호에 따라 변환한 이후의 변조신호 $m(t)$는 다음과 같이 표현할 수 있음

$$m(t) = A(t)\cos[2\pi f(t)t + \phi(t)] \tag{3.1}$$

- 전송하고자 하는 신호 정보는 반송파의 진폭 $A(t)$, 주파수 $f(t)$, 위상 $\phi(t)$ 성분을 이용하여 변조할 수 있으며, 변조 형태에 따라 아날로그 변조는 크게 진폭 변조, 주파수 변조, 위상변조로 구분함

  1. **진폭 변조**Amplitude Modulation : 반송파의 진폭 $A(t)$로 정보 변조
  2. **주파수 변조**Frequency Modulation : 반송파의 주파수 $f(t)$로 정보 변조
  3. **위상 변조**Phase Modulation : 반송파의 위상 $\phi(t)$으로 정보 변조

- AM(진폭 변조)은 진폭 크기만을 조정하는 선형 변조이며, FM과 PM도 반송파의 주파수 또는 위상을 바꾸는 비선형 변조로 각변조Angle Modulation라고도 함

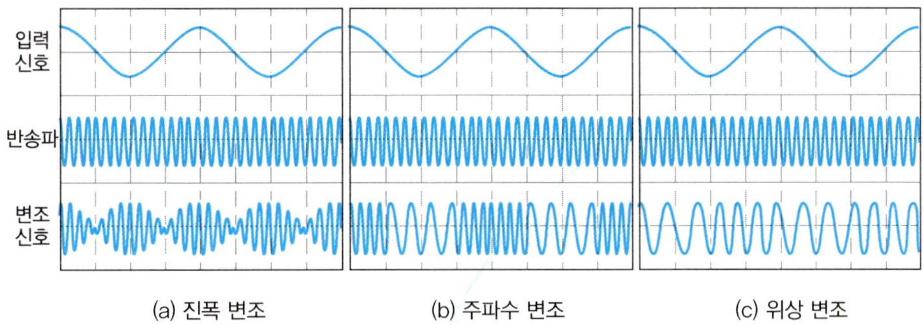

그림 3-1 아날로그 변조 방식의 종류

4 디지털 변조의 종류

- 디지털 변조는 이진 디지털 신호(또는 M-진 신호)를 반송파 캐리어의 불연속적인 진폭, 주파수, 위상으로 변조하며, 변조파의 불연속적 특성을 표현하기 위해 변조 대신 Shift Keying편이, 偏移으로 표현함
- 캐리어의 불연속적인 진폭으로 정보를 변조하는 진폭편이변조(ASKAmplitude Shift Keying), 주파수로 정보를 변조하는 주파수편이변조(FSKFrequency Shift Keying), 위상으로 정보를 변조하는 위상편이변조(PSKPhase Shift Keying) 방식으로 구분함

- 디지털 변조효율을 높이기 위하여 직교하는 반송파의 위상(PSK)과 진폭(ASK)을 조합하여 변조하는 직교진폭변조(QAM)Quadrature Amplitude Modulation방식도 디지털 변조의 중요한 방식의 하나임

$A(t)$: Amplitude Modulation ⇔ ASK (Amplitude Shift Keying)

$f(t)$: Frequency Modulation ⇔ FSK (Frequency Shift Keying)

$\phi(t)$: Phase Modulation ⇔ PSK (Phase Shift Keying)

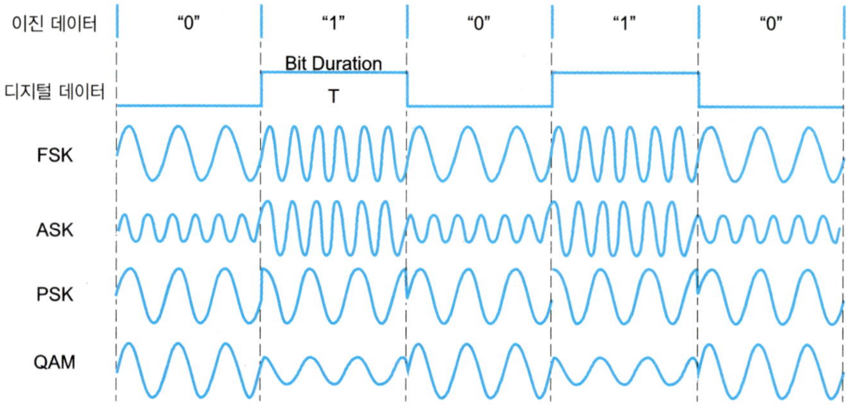

그림 3-2 디지털 변조 방식의 종류

3.2 진폭 변조

- 진폭변조Amplitude Modulation는 반송파의 진폭으로 전송하고자 하는 신호 $s(t)$를 변조하는 방식
- 변조 방법에 따라 DSB-SC, DSB-TC(AM 라디오방송), SSB, VSB(TV 방송) 등으로 구분함

1 DSB-SC(반송파 억압 양측파대 변조)

1 DSB-SC 변조방식의 특징

- 반송파 억압 양측파대 변조(DSB-SC)Double Sideband-Suppressed Carrier는 변조파에 반송파 정보가 포함되지 않는 진폭변조방식임
- DSB-SC는 정보 $s(t)$에 진폭 A_c, 주파수 $\omega_c = 2\pi f_c$인 $c(t) = A_c\cos 2\pi f_c t$인 반송파carrier를 곱하여 이루어지며, 대역통과 필터를 거쳐 원하는 DSB-SC 변조 신호 획득

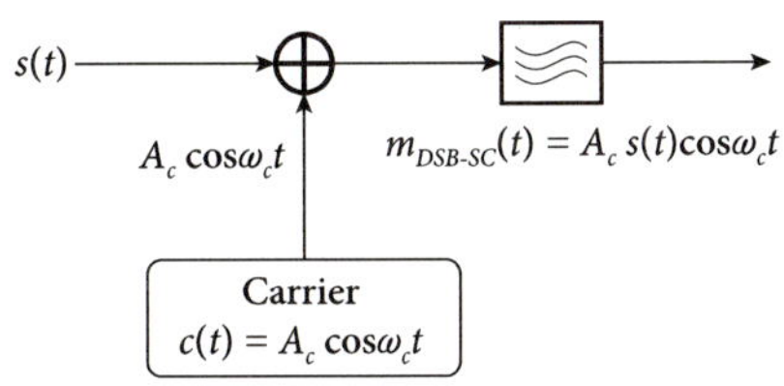

그림 3-3 DSB-SC 변조 방법

- 크기가 $|s(t)| \le 1$인 신호의 주파수 변환을 $S(\omega)$라 하면 시간 및 주파수 영역에서의 변조 신호는 다음과 같음

$$m_{DSB-SC}(t) = A_c s(t) \cos \omega_c t$$
$$\Leftrightarrow M_{DSB-SC}(f) = \frac{1}{2} A_c [S(\omega + \omega_c) + S(\omega - \omega_c)] = \frac{A_c}{2} S(\omega \pm \omega_c) \tag{3.2}$$

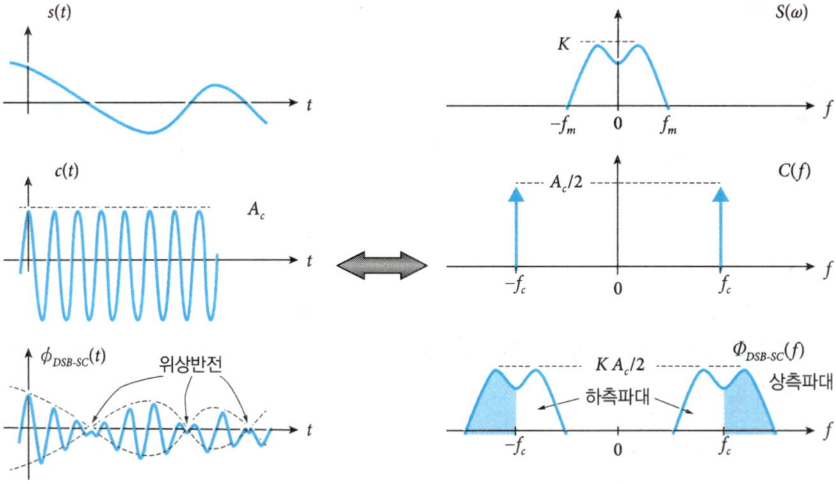

그림 3-4 DSB-SC 변조신호의 시간 파형 및 주파수 스펙트럼 특성

- 대칭성 정리에 의해 변조 과정에서 변조 신호의 대역폭은 원신호 대역폭의 2배로 됨
- 신호의 (−) 부분 변조신호는 (+) 부분과 180°의 위상반전phase reversal이 발생하며, 이 때문에 가장 간단한 복조기인 포락선 검파기를 사용할 수 없음
- 위상 반전 등의 반송파의 정확한 위상 정보를 복조할 수 있는 고가의 동기식 검파coherent detection를 사용하여 복조하여야 함

2 DSB-SC 변조방식의 장단점

(1) DSB-SC 변조방식의 장점

- Ring 변조기, chopper 변조기 등을 사용하여 저가격의 변조기 구성 가능
- 캐리어 신호를 전송하지 않으므로 저전력의 송신기 구성 가능

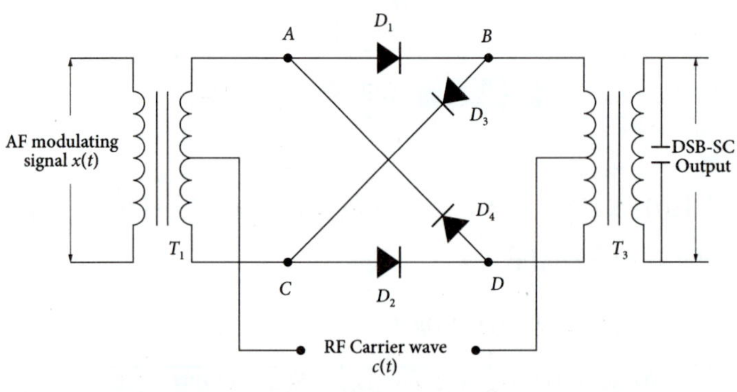

그림 3-5 Double side ring형 DSB-SC 변조기

(2) DSB-SC 변조방식의 단점

- $s(t) < 0$일 경우 변조신호의 위상 반전Phase Reversal 현상에 따른 신호 왜곡 발생
- 위상반전에 따른 복조가 어려우며, 고가의 동기식 회로를 사용하여야 복조가능
- 장거리 전송 시 S/N 비가 급격히 떨어져 신호품질이 저하됨
- 변조신호 대역폭은 원래 신호 대역폭의 2배로 늘어남

2 DSB-TC 변조(반송파전송 양측파대 변조)

1 DSB-TC 변조방식의 특징

- 반송파전송 양측파대 변조(DSB-TC)Double Sideband-Transmitted Carrier는 변조신호에 반송파를 함께 전송함으로써 수신단이 반송파 정보를 이용하여 복조를 용이하게 하는 변조방식
- 변조신호에 큰 진폭의 파일롯Pilot 캐리어가 포함되어 있어 DSB-LCLarge Carrier(대반송파 양측파대) 변조라고 하며, 상용 방송용으로 가장 많이 사용하므로 AM 변조라고 함
- 송신기 구성은 다소 복잡하지만 저가의 복조기를 사용할 수 있으므로 공중파 AM 방송용으로 사용
- DSB-LC 변조는 정보 $s(t)$에 진폭 A_c, 주파수 $\omega_c = 2\pi f_c$인 반송파carrier를 곱한 후 반송파를 부가하여 이루어지며, 대역통과 필터를 거쳐 DSB-LC 변조신호 생성

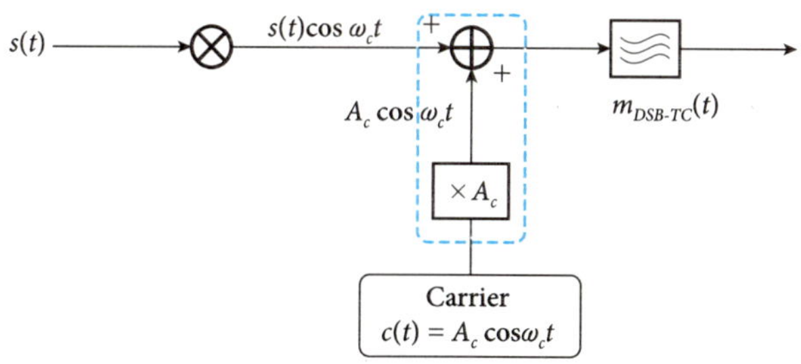

그림 3-6 DSB-TC 변조 방법

- 크기가 $|s(t)| \le 1$인 신호의 주파수 변환을 $S(\omega)$라 하면 시간 및 주파수 영역에서의 변조신호는 다음과 같음

$$m_{DSB-TC}(t) = s(t)\cos\omega_c t + A_c\cos\omega_c t = A_c\left[1+\frac{s(t)}{A_c}\right]\cos\omega_c t$$
$$\Leftrightarrow M_{DSB-TC}(f) = \frac{1}{2}S(\omega \pm \omega_c) + \frac{A_c}{2}\delta(\omega \pm \omega_c) \tag{3.3}$$

- 변조신호의 스펙트럼은 주파수 천이된 신호 스펙트럼과 반송파 캐리어가 더해진 형태로 구성되며, 캐리어가 변조신호의 위상정보를 수신단에 제공함
- 대칭성 정리에 따라 변조과정에서 변조신호의 대역폭은 원신호 대역폭의 2배가 되며, 전력은 $\frac{1}{2}$로 감소
- DSB-SC 변조과정에서 발생하는 위상 반전 현상이 없으므로 저가의 포락선 검파기envelope detector 등으로 용이하게 복조가능

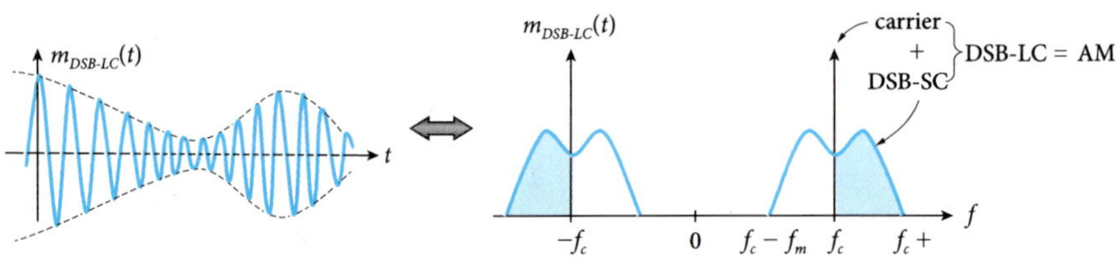

그림 3-7 DSB–TC 변조신호의 시간 파형 및 주파수 스펙트럼

2 DSB–TC 변조방식의 장단점

(1) DSB–TC 변조방식의 장점

- 변조도 조정으로 신호의 충실도 조정 가능
- 저가격의 간단한 복조기 회로로 복조할 수 있으므로 상업용 AM 방송용으로 적합함
- 신호의 S/N 비가 크며, 장거리 전송 가능

(2) DSB–TC 변조방식의 단점

- 변조신호는 원래 신호 대역폭의 2배로 늘어남
- 캐리어 신호를 전송하여야 하므로 변조기(송신기) 전력 소모가 큼
- 캐리어를 부가하기 위한 변조기 구성이 다소 복잡함

3 AM 변조지수Modulation Index

- AM 변조의 변조도(변조지수, 변조율)는 원신호를 표현하는 신호충실도Fidelity 지표로 사용하며, 변조도의 크기에 따라 SNR, 신호 복조 등의 성능이 결정됨
- 신호의 최대 진폭을 A_m, 반송파의 진폭을 A_c라 할 때 AM 변조의 변조도 μ

$$\mu = \frac{A_m}{A_c} = \frac{\text{신호최대진폭}}{\text{반송파진폭}} = \frac{A_{max}-A_{min}}{A_{max}+A_{min}} = \frac{A_{max}-A_{min}}{2A_c} \tag{3.4}$$

- 일반적인 경우, $0 \le \mu \le 1$이어야 하며, 원신호를 왜곡 없이 복조할 수 있음
- $\mu \ge 1$(과변조over modulation)일 경우, 송신전력은 줄지만 신호 왜곡 발생 ($A_m > A_c$)

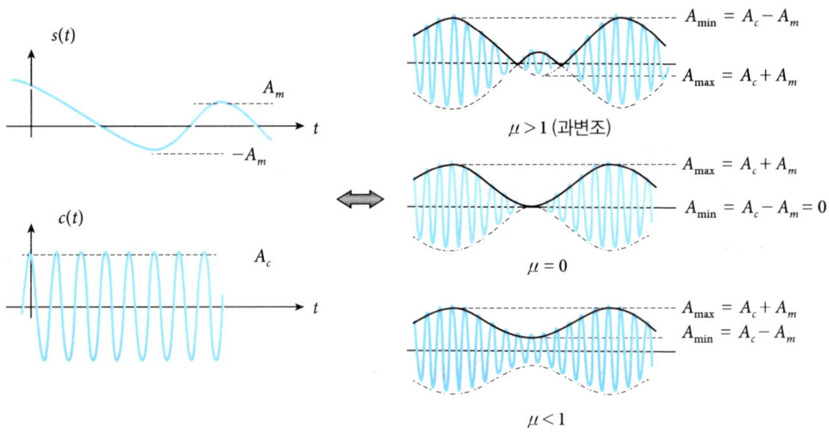

그림 3-8 DSB–TC 변조지수에 따른 변조파형 특성

4 AM 전력효율

- DSB-TC 변조신호는 원신호를 나타내는 양측파대 성분과 반송파 성분으로 구성됨
- 반송파는 아무런 정보를 지니지 않으므로 전력 측면에서는 손실을 의미하며, 주파수 변환과정에서 발생된 양측파대 중 실제 신호는 상측파대 또는 하측파대 중 하나만으로도 복조 가능
- 변조지수를 고려한 DSB-TC 변조신호 특성

$$\begin{aligned} m_{DSB-TC}(t) &= A_c\left[1 + \frac{s(t)}{A_c}\right]\cos\omega_c t = A_c[1+\mu s(t)]\cos\omega_c t \\ &= A_c\cos\omega_c t + \mu A_c s(t)\cos\omega_c t \\ \Leftrightarrow M_{DSB-TC}(f) &= \frac{A_c}{2}\delta(\omega \pm \omega_c) + \frac{1}{2}\mu A_c S(\omega \pm \omega_c) \end{aligned} \tag{3.5}$$

- 반송파의 실효전력Effective Power $P_c = \frac{(A_c)^2}{2}$이고, 실제 신호 전력인 단측파대 전력을 고려한 실제 실효신호전력은 $P_s = \frac{(\mu A_c)^2}{2} \times \frac{1}{2} = \frac{(\mu A_c)^2}{4} = \frac{\mu^2}{2}P_c$ 이므로 DSB-TC 변조신호의 전체 전력은 다음과 같음

$$P_{DSB-TC} = P_c + P_s = P_c + \frac{\mu^2}{2} P_c = \left(1 + \frac{\mu^2}{2}\right) P_c \tag{3.6}$$

- 전력효율power efficiency(변조효율, 전송효율) η는 전체전력에서 신호전력이 차지하는 비율로

$$\eta = \frac{\text{Signal Power}}{\text{Modulated Power}} = \frac{P_s}{P_{DSB-TC}} = \frac{\frac{\mu^2}{2} P_c}{\left(1 + \frac{\mu^2}{2}\right) P_c} = \frac{\mu^2}{2 + \mu^2} \tag{3.7}$$

- DSB-TC(AM방송)의 경우 $0 \leq \mu \leq 1$이므로 전력효율은 $0 \leq \eta \leq 33.3(\%)$로 최대 33.3%임
- DSB-SC는 반송파가 없어 "변조신호전력 = 신호전력"이므로 효율은 100%

예제 3.1

DSB-TC 변조파의 진폭 스펙트럼이 다음과 같이 주어질 때 변조도 η와 신호 주파수의 주파수를 구하라.

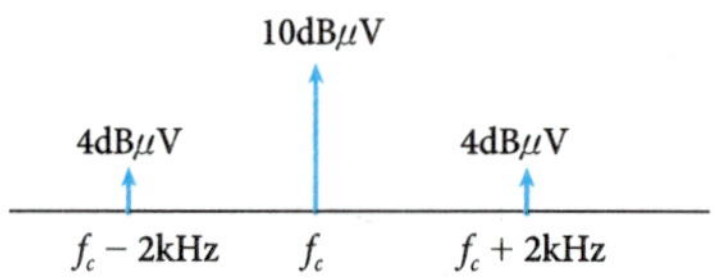

|풀이| 1) 변조도 μ

신호의 최대 진폭을 A_m, 반송파의 진폭을 A_c라 할 때 AM 변조의 변조도 μ는

$\mu = \frac{A_m}{A_c} = \frac{\text{신호최대진폭}}{\text{반송파진폭}}$ 이며, 양측파대 변조에 의해 신호가 두 개의 측파대로 분산된다.

그림으로부터 신호의 진폭은

$4(\text{dB}) = 20\log\frac{A_m}{2} = 20\log A_m - 20\log 2 = 20\log A_m - 6$

$\therefore\ 20\log A_m = 10(\text{dB})$

신호 진폭과 반송파 신호의 크기가 동일하므로 변조도는 $\mu = 1(100\%)$이다.

2) 그림으로부터 신호의 주파수는 반송파를 기준으로 $f_c \pm f_m$이므로 $f_m = 2(\text{kHz})$이다.

[상세 설명]

퓨리에 변환된 신호가 델타 함수이므로 정보신호는 $s(t) = A_m\cos 2\pi f_c t$로 나타낼 수 있다.

$$m_{DSB-TC}(t) = A_c\left[1 + \frac{A_m\cos\omega_m t}{A_c}\right]\cos\omega_c t = A_c[1 + \mu\cos\omega_m t]\cos\omega_c t$$

$$= A_c\cos\omega_c t + \frac{\mu A_c}{2}[\cos(\omega_c + \omega_m)t + \cos(\omega_c - \omega_m)t]$$

$$\Leftrightarrow M_{DSB-TC}(f) = \frac{A_c}{2}\delta(\omega \pm \omega_c) + \frac{\mu A_c}{2} \times \frac{1}{2}[\delta(\omega \pm (\omega_c + \omega_m)) + \delta(\omega \pm (\omega_c - \omega_m))]$$

5 AM 변조기 및 복조기

(1) AM 변조기

- DSB-TC 변조는 자승 변조기square law modulator, 쵸퍼chopper 변조기, 컬렉터 변조기, 베이스 변조기 등을 사용

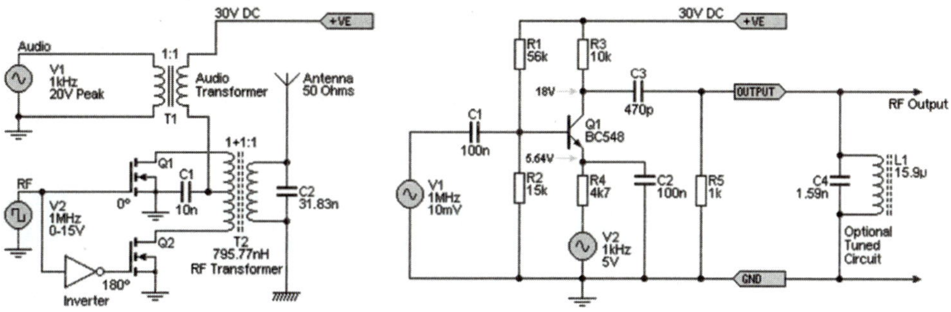

그림 3-9 DSB–TC 변조기 구성 실제 예

(2) AM 복조기

- $\mu \leq 1$인 DSB-TC 복조는 저가의 포락선 검파기envelope detector (Peak Detector)로 구현
- 반파정류회로의 시정수 $\tau_D = R_L C$ 크기에 따라 신호 복조 성능이 결정되며, 효율적인 복조를 위한 시정수 범위는 신호 대역폭을 B_m이라 할 때 다음 범위이어야 함

$$\frac{1}{f_c} \ll \tau_D \ll \frac{1}{B_m} \tag{3.8}$$

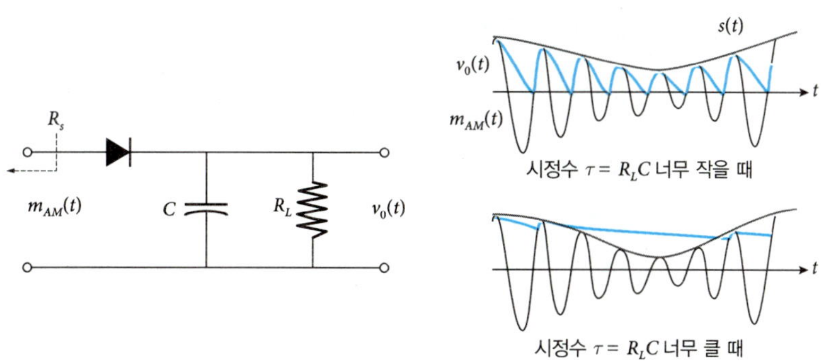

그림 3-10 포락선 검파기와 시정수에 따른 검파특성

• 원신호 $s(t)$를 복조하기 위한 복조기는 포락선검파기, 저역통과필터(고주파성분 제거), DC-Block(DC 차단) 회로를 연결하여 구현

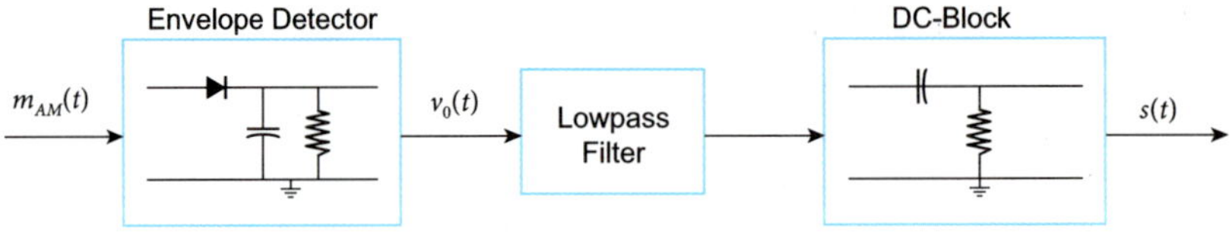

그림 3-11 포락선 검파기를 이용한 AM 복조기 구성

학습 Vitamins AM 방송의 역사

1920년 상업용 방송으로 자리잡은 AM 방송은 미국 연방통신위원회의 기준인 Electronic Code of Federal Regulations(e-CFR): Title 47–Telecommunication의 Subpart A(47 CFR § 73.14)에 정의되어 있다. (https://www.fcc.gov/media/radio/am-stereo-broadcasting)

AM 방송 서비스 주파수 대역은 540-1600kHz로 세계를 하나의 방송기술로 통합하는 최초의 방송기술표준으로 자리매김하였다.

그러나 송신 전력에 비해 수신감도가 낮은 치명적인 단점 때문에 FM 방송에게 자리를 물려주게 되지만 현재까지도 기본 방송용 기술로 사용되고 있다.

우리나라는 (주)금성사에서 1959년 최초의 국산 AM 라디오를 개발하여 보급함으로써 대중들을 대상으로 하는 본격적인 상업방송 시대를 열어가게 된다.

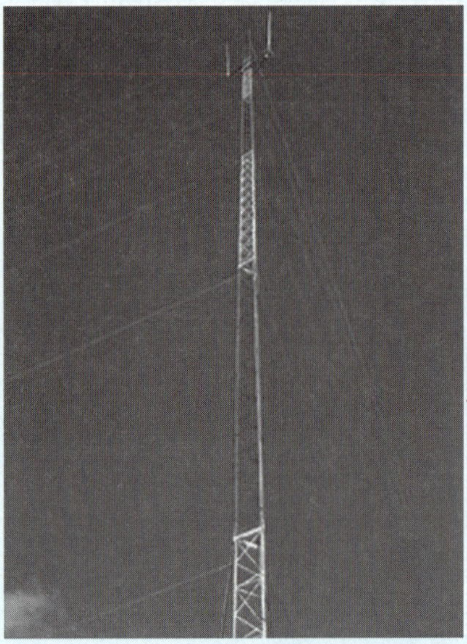

AM 송신안테나(현재)

최초의 라디오 방송(1920년)(미국 피츠버그 KDKA 라디오 방송국

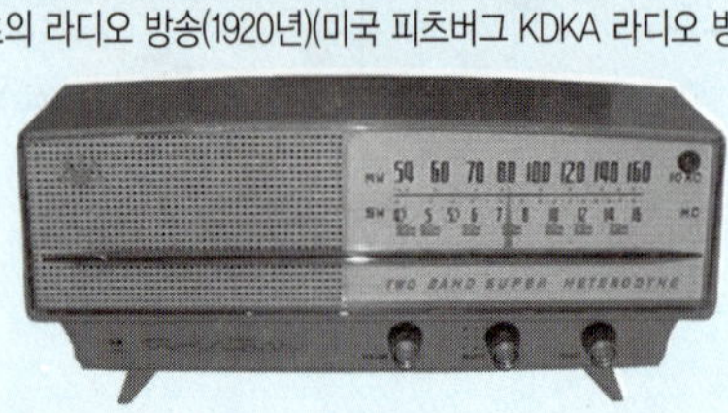

최초의 국산 AM 라디오, 금성 A-501(1959년)

그림 3-12 최초의 AM 라디오 방송

3 SSB(단측파대 변조)

1 SSB 변조방식의 특징

- 양측파대 변조(DSB-SC, DSB-TC)는 신호성분을 나타내는 상측파대 및 하측파대 두 개를 불필요하게 동시에 전송하므로 전력손실 및 대역폭 사용효율을 저하시킴
- 반송파는 아무런 정보를 지니지 않으므로 전력 측면에서는 손실을 의미하며, 단측파대 만으로도 정보 전달 가능
- 단측파대(SSB)[Single Sideband] 변조방식은 양측파대 신호 중 한 개의 측파대만 전송하고, 필요에 따라 반송파를 부가하여 변조함으로써 대역폭 사용효율과 전력효율을 높이기 위한 변조방식임
- 반송파 부가 여부에 따라 SSB-SC(억압반송파 SSB), SSB-LC(대반송파 SSB) 등이 있으며, 변조 대역폭은 신호대역폭과 동일함

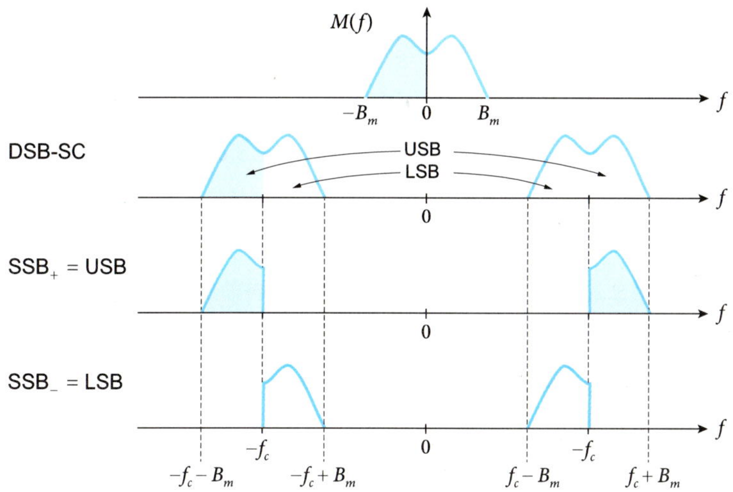

그림 3-13 SSB 변조방식의 스펙트럼 표현

- SSB-SC 변조기는 신호에 캐리어를 곱한 후 차단특성이 매우 우수한 대역통과필터(BPF[Band Pass Filter])를 사용하여 단일 측파대 SSB-SC 신호를 생성함

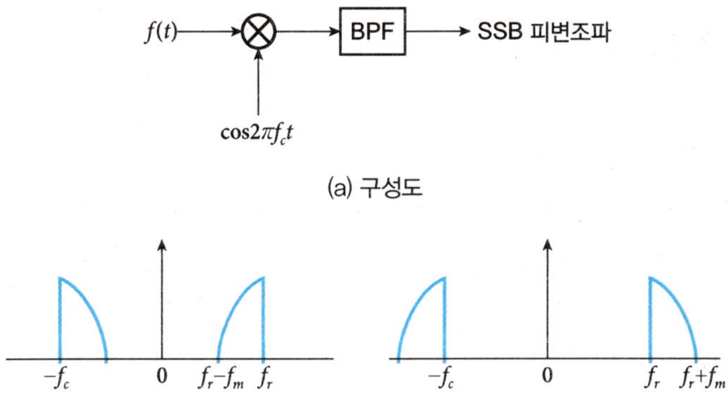

(a) 구성도

(b) 하측파대만 존재하는 경우

(c) 상측파대만 존재하는 경우

그림 3-14 SSB 변조기 구성

2 SSB 변조방식의 장단점

(1) DSB 방식에 대한 SSB 변조방식의 장점

- DSB 방식에 비해 사용 대역폭이 반으로 줄어듦(변조 대역폭 = 신호대역폭)
- 측파대 1개만을 송신하므로 낮은 송신전력으로 통신 가능(μ = 1일 때 DSB의 1/6배)
- 점유 주파수 대역폭이 줄어들어 선택성 fading의 영향이 적음(3dB 개선)
- 평균 송신전력이 같을 경우 DSB 방식에 비해 10.8[dB] S/N 비가 개선됨

(2) SSB 변조방식의 단점

- 반송파가 없으므로 AGC(또는 AVC) 회로를 부가하는 것이 곤란함
- 주파수 안정도가 높은 송신기와 우수한 차단특성을 갖는 필터를 사용하여야 함
- 변조신호에 반송파가 없으므로 신호 동기식 복조기를 사용하여야 함
- 복잡하고 고가인 송수신기를 사용하여야 하므로 특수한 목적으로만 사용

4 VSB(잔류측파대 변조)

1 VSB 변조방식의 특징

- 잔류 측파대 변조(VSB)Vestigial Sideband 방식은 DSB와 SSB 변조방식의 단점을 보완하기 위한 변조방식
- 예리한 차단특성의 BPF를 사용하여야 하는 SSB 변조방식의 단점을 보완하기 위하여 DSB-SC 방식 변조파 중 하측파대의 일부와 상측파대를 전송하므로 일반적인 대역통과필터로도 구현할 수 있음

- 잔류측파대 신호에 반송파를 부가하여 저가의 수신기 구현이 가능하도록 구성함

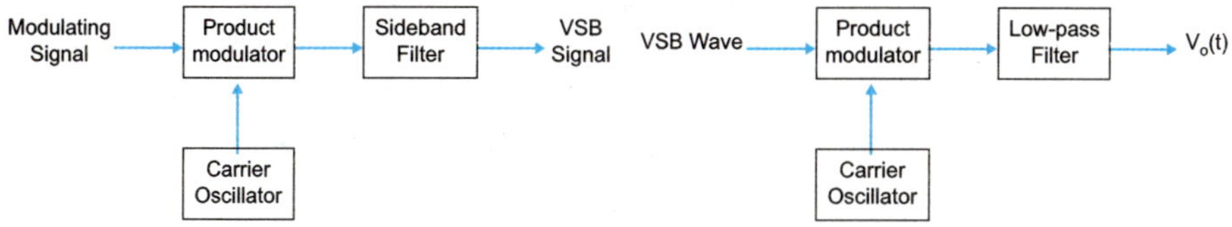

그림 3-15 VSB 방식의 변조기 및 복조기 구성

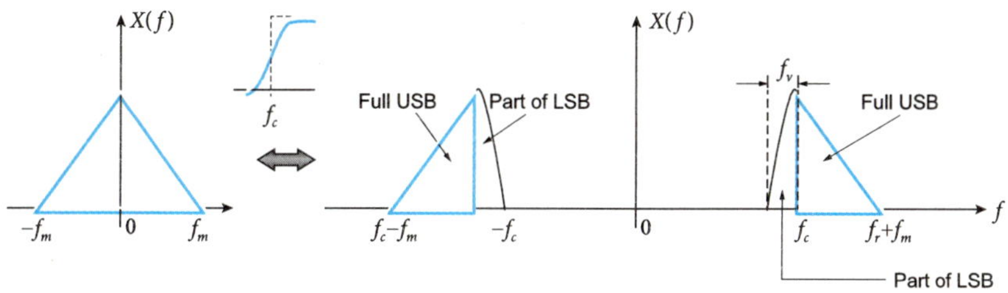

그림 3-16 VSB 변조방식의 스펙트럼 표현

2 VSB 변조방식의 장단점

(1) VSB 변조방식의 장점

- 소요 대역폭을 SSB 와 비슷하게 줄일 수 있음 (신호 대역폭과 거의 동일)
- 차단특성이 보통인 대역통과필터를 사용하므로 저렴한 송신기 구현 가능
- 위상특성이 우수하며, 저주파 대역에 다른 서비스 신호 전송 가능
- 비동기 및 동기식 복조기 모두 사용 가능

(2) VSB 변조방식의 단점

- 변복조기 구성이 다소 복잡함
- SSB 방식에 비해 다소 큰 대역폭과 송신전력 필요함

학습 Vitamins

NTSC 텔레비전 방송

NTSC[National Television System Committee] 방식의 아날로그 TV영상 신호는 4.5MHz의 신호대역폭으로 정의되며, 이 신호를 DSB-SC 방식으로 변조할 경우 9MHz의 대역폭이 필요하다. SSB 방식을 적용하면 4.5MHz로도 변조가 가능하지만 복잡하고 고가의 송수신기가 필요하다. 이를 해결하기 위하여 TV 신호는 TV 1 채널당 6MHz를 할당하고, 이 대역폭 내에 VSB 변조 영상신호와 FM 변조 음성신호를 함께 전송하는 방식을 사용한다.

현재 우리나라 TV 방송은 디지털 방식인 ATSC[Advanced Television Systems Committee] 방식으로 서비스되고 있으며, 전 세계의 많은 국가 등은 아직까지 방식의 아날로그 컬러 방송을 서비스하고 있다.

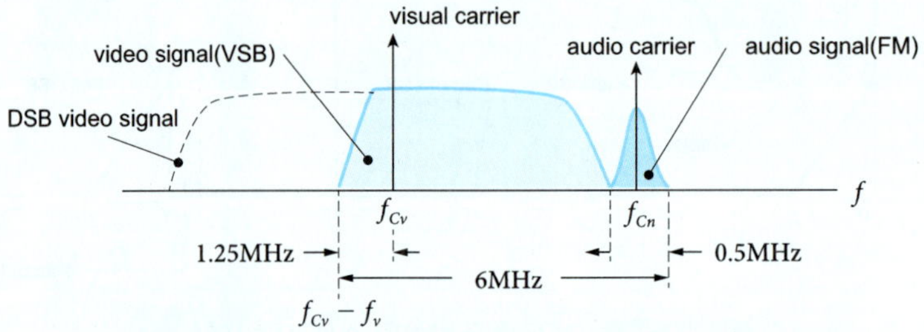

그림 3-17 대표적인 VSB 변조방식인 NTSC TV 방송 신호

TV 방송 타워 (현재, 관악산)

최초의 컬러 TV 시연(존 로지 베어드, 1928)

우리나라 최초의 TV(금성 VD-191, 1966)

그림 3-18 최초의 TV 방송

3.3 주파수 변조(FM)

1 각도 변조 방식(FM, PM)

- 반송파의 각도를 이용하는 각변조Angle Modulation 방식에는 주파수 변조Frequency Modulation와 위상 변조Phase Modulation가 있음
- 주파수 변조는 반송파의 주파수에 전송하고자 하는 신호 $s(t)$를 실어보내는 방식으로 반송파의 위상을 이용하는 PM 방식과 유사함 $(\omega = 2\pi f = \frac{d\theta}{dt})$
- 두 방식의 유사성 때문에 각변조는 FM 방식을 이용하여 해석하며, 실제 상업 방송용으로는 FM 변조방식을 주로 사용함

$$\text{FM Modulation} : m_{FM}(t) = A_c \cos\left[\omega_c t + K_f \int_0^t s(\tau)d\tau\right]$$
$$\text{PM Modulation} : m_{PM}(t) = A_c \cos\left[\omega_c t + K_P s(t)\right] \tag{3.9}$$

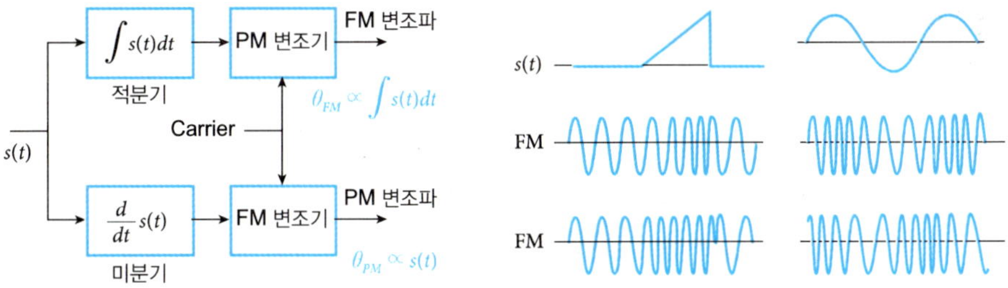

그림 3-19 각변조(FM, PM) 방식의 변조 특성 비교

2 FM 변조방법 및 변조 파라미터

- FM 변조는 반송파의 주파수를 변조하므로 해석의 편이를 위해 입력신호를 각주파수 ω_m을 갖는 정현파 $s(t) = A_m\cos\omega_m t$로 가정하여 해석함
- 각 주파수 민감도를 K_f(Radian/Volt)[$K_f = 2\pi k_f$, k_f : 주파수 민감도(Hz/V)]라 하면 FM 변조파는 다음 식으로 표현됨

$$s(t) = A_m \cos \omega_m t$$

$$m_{FM}(t) = A_c \cos\left[\omega_c t + K_f \int_0^t s(\tau)d\tau\right] = A_c \cos\left[\omega_c t + K_f \frac{A_m}{\omega_m} \sin \omega_m t\right] \quad (3.10)$$

$$\Rightarrow m_{FM}(t) = A_c \cos[\omega_c t + \beta \sin \omega_m t]$$

(1) FM 변조의 주요 파라미터

1. FM 순시 주파수[instaneous frequency] $\omega_i(t)$: 임의 순간에서의 변조파 주파수

$$\omega_i(t) = \frac{d\theta_{FM}(t)}{dt} = \omega_c + K_f s(t) = \omega_c + K_f A_m \cos \omega_m t$$
$$\omega_i(t) = 2\pi f_i(t) = 2\pi\left[f_c + \frac{K_f}{2\pi}\right] A_m \cos \omega_m t \quad (3.11)$$

2. FM 최대 주파수 편이[frequency deviation] Δf : 순시 주파수의 최대 변동범위로 신호 크기에 비례

$$\Delta\omega = A_m K_f,\ \omega_i(t) = \omega_c \pm \Delta\omega \quad (3.12)$$

3. FM 변조지수[modulaiotn index] β : 신호주파수를 기준으로 한 순시 주파수의 변동 범위

$$\beta = \frac{\Delta\omega}{\omega_m} = \frac{\Delta f}{f_m} = \frac{A_m K_f}{\omega_m} = \frac{A_m k_f}{f_m} \quad (3.13)$$

(2) FM 변조방식의 종류

1. 협대역[Narrowband] FM (NBFM) : $\beta \cong 1$인 FM 변조
   변조 소요대역폭은 AM(DSB) 방식과 같이 신호대역폭의 두 배인 $B = 2f_m$(Hz)이나 특별한 장점이 없어 사용하지 않음
2. 광대역[Wideband] FM (WBFM) : $\beta \gg 1$ ($\Delta f > f_m$)인 FM 변조
   변조대역폭을 넓혀 SNR을 개선하는 방식으로 일반 FM 방송용으로 사용

3 광대역 FM 방식의 주요 특성

(1) 광대역 FM 변조의 주요 파라미터

- FM 변조 대역폭 : Carlson's Rule에 따름

$$BW_{FM} = 2(f_m + \Delta f) = 2f_m(1 + \beta) \quad (3.14)$$

- FM 평균전력 : 진폭이 변화하지 않으므로 항상 일정한 전력 소모

$$P_{FM} = V_s^2 = \frac{A_c^2}{2} \text{ (Watts)} \tag{3.15}$$

- AM 방식에 대한 FM 변조의 S/N비 개선 효과

$$\left(\frac{S}{N}\right)_{FM} = 3\beta^2 \left(\frac{S}{N}\right)_{AM} \tag{3.16}$$

(2) WBFM 방식의 장단점

1. 변조 대역폭은 AM(DSB-LC)의 경우보다 $(1+\beta)$ 배 넓게 대역폭 필요
2. FM은 AM에 비해 $3\beta^2$ 만큼 SNR이 개선됨
3. AM 은 신호전력으로 SNR을 개선할 수 있으나 FM은 신호전력 또는 변조지수 β를 크게 하여 SNR 개선이 가능함
4. FM 파의 반송전력은 $\frac{A_c^2}{2}$ (Watts)로 일정하며, 반송파의 평균전력과 같음
5. AM 방식에 비해 변복조기가 복잡함

(2) FM 변조기 및 복조기

- FM 변조기 : VCO(Voltage Controlled Oscillator) 등 사용

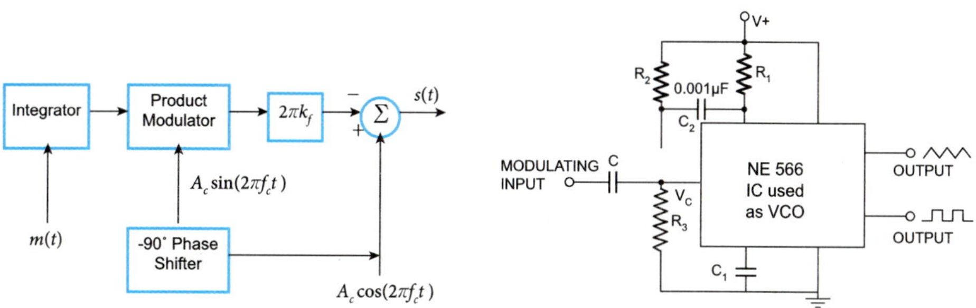

그림 3-20 FM 변조기 구성과 직접 FM 변조기(VCO)

- FM 복조기 : Zero-crossing detector + 주파수-전압변환기(discriminator)로 구성

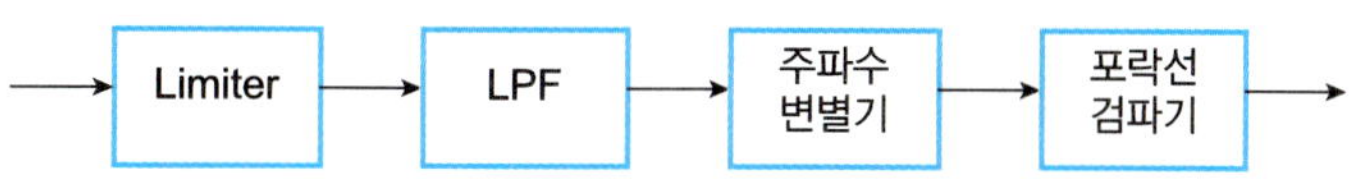

그림 3-21 FM 복조기 구성

4 Pre–Emphasis와 De–Emphasis

- 주파수 범위가 넓은 FM 신호는 고주파 성분이 잡음 영향을 많이 받으므로 송신단에서는 고주파 성분을 증폭하여 송신(Pre-Emphasis)하고
- 수신단에서는 고주파 성분을 감쇠시켜 수신(De-Emphasis)함으로써 잡음 영향을 줄이고 SNR을 개선하여 신호품질을 향상시키는 방법
- Pre-Emphasis는 HPF(고역통과필터)를, De-Emphasis는 LPF(저역통과필터)를 사용하여 구현

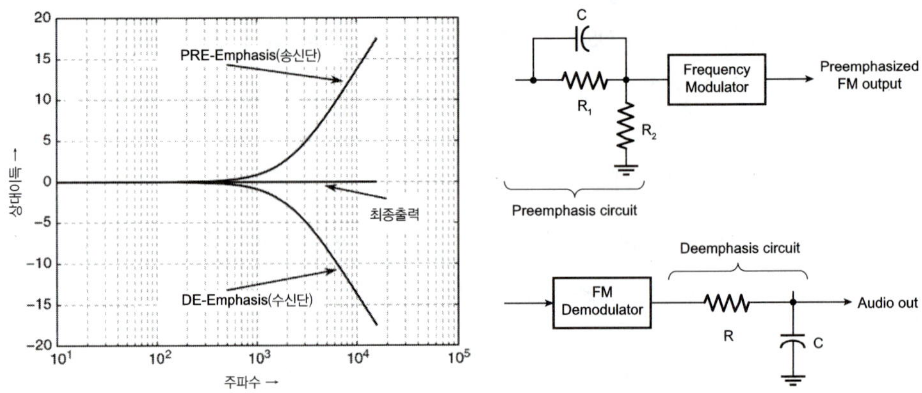

그림 3-22 Pre–Emphasis와 De–Emphasis

3.4 아날로그 펄스 변조

- 연속적인 아날로그 신호는 간섭이나 잡음의 영향을 많이 받으므로 불연속적인 디지털 신호로 변환하여 전송함으로써 신호 품질 개선 가능
- 아날로그 펄스변조는 아날로그 신호를 일정한 주기마다 샘플링sampling한 후 샘플링 순간의 진폭 크기를 펄스 정보로 변환하여 변조하는 방식으로 준 디지털 변조방식임
- 아날로그 펄스 변조로는 펄스진폭 변조(PAM), 펄스폭 변조(PWM), 펄스위치 변조(PPM), 펄스주파수 변조(PFM) 등이 사용됨

1 펄스진폭 변조(PAM)

- 펄스진폭 변조(PAM)Pulse Amplitude Modulation는 아날로그 신호를 샘플링한 후, 샘플링된 신호의 크기를 펄스의 진폭으로 변환하는 변조 방식
- PAM 변조는 표본 유지 회로sample&hold circuit를 사용하여 일정한 펄스폭을 갖는 변조신호를 생성하여 변조함
- PAM 신호 자체로는 원신호보다 S/N 비가 낮으며, 이를 디지털로 변환하는 펄스코드변조(PCMPulse Code Modulation) 를 사용하여 신호품질을 개선하여야 함

2 펄스폭 변조(PWM 또는 PDM)

- 펄스폭 변조(PWM)Pulse Width Modulation 은 펄스지속변조(PDMDuration)라고도 하며, 펄스의 진폭과 위치는 일정하게 하고 펄스폭Duty Cycle을 정보 신호의 표본 값에 비례하게 하는 변조 방식
- PWM 변조는 스위칭 회로를 이용하여 모터를 제어하거나 부하 크기에 따라 펄스폭을 조절하여 AC 전원을 DC로 변환하는 부하 변동용 스위칭 전원장치 등에 사용됨

3 펄스위치 변조(PPM)

- 펄스위치 변조(PPM)Pulse Position Modulation는 펄스의 진폭과 폭은 일정하게 하고 펄스 위치를 정보 신호의 표본 값에 비례하게 변환하는 방식

- 일정한 폭과 크기의 펄스를 전송하므로 PAM, PWM에 비해 부가성 잡음 영향이 적고, 고가의 선형 증폭기나 중계기를 사용할 필요가 없으므로 통신용으로 더 적합함
- 수신기에서는 샘플링 시간 정보를 찾기 위한 PLL 등의 clock 복구 회로가 필요함

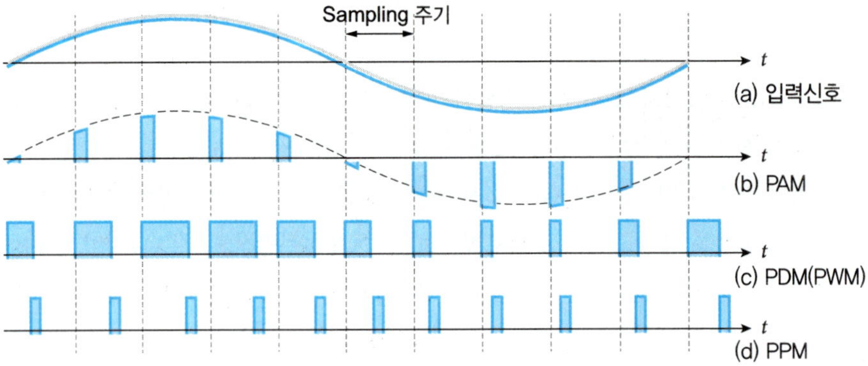

그림 3-23 아날로그 펄스 변조 방식

3.5 표본화 이론과 아날로그 신호의 디지털 변환

1 표본화 이론과 PCM 디지털 변환

- 아날로그 변조 및 전송방식은 좁은 대역폭으로 정보전송이 가능한 장점이 있으나 잡음 등이 존재하는 채널환경에서의 신호특성(SNR 등)이 나쁘고, 전송된 신호의 재생 및 복원이 어려운 한계를 지님
- 이를 해결하기 위해 섀논의 시스템 용량 정리를 활용하여 넓은 대역폭으로 정보를 전송하는 디지털 변조 방식을 사용하며, 디지털 변조를 위한 아날로그 신호의 A/D 변환(ADC)Analog-to-Digital Conversion 과정이 필요함
- A/D 변환은 아날로그 신호의 표본화sampling, 양자화quantization, 코드화encoding 등의 3단계로 이루어지며, 이러한 부호화 과정을 펄스부호변조(PCMPulse Code Modulation)라고 함

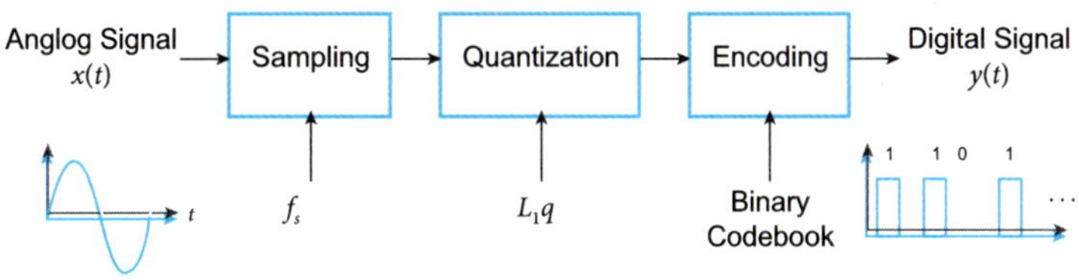

그림 3-24 아날로그 신호의 디지털 PCM 변환

1 표본화 정리Sampling Theorem

- 아날로그 신호는 표본화 과정을 거쳐 불연속 신호로 표본화되며, 1초당 표본화 횟수를 표본화율sampling rate $f_s(=\dfrac{1}{T_s})$이라고 함
- Harry Nyquist는 1928년 "Certain Topics in Telegraph Transmission Theory" 논문에서 적정한 표본화 방식에 대한 Nyquist 샘플링 정리를 발표

[Nyquist 샘플링 정리]

"대역폭(또는 최대주파수) B(Hz)인 아날로그 신호를 왜곡distortion없이 복원하기 위

한 최소 표본화율 f_s는 원신호 대역폭의 2배 이상이어야 한다."

$$\boxed{\begin{aligned} f_s &\geq 2B \text{ (Hz)} \\ T_s &\geq \frac{1}{2B} \text{ (sec)} \end{aligned}} \tag{3.17}$$

- 표본화율이 클수록 아날로그 정보를 정확히 표현할 수 있으나 정보량이 늘어나 전송을 위한 대역폭이 커지며(과표본화Over Sampling), 표본화율이 적어지면(저표본화Under Sampling) 전송 정보량은 줄어드나 복원 신호간 겹침현상(앨리어싱Alising) 때문에 정확한 신호를 복원할 수 없음
- 표본화율이 원신호 변화율의 2배일 경우($f_s = 2B$) 최적의 표본화를 할 수 있으며, 이 조건을 (최적) Nyquist 표본화율이라고 함

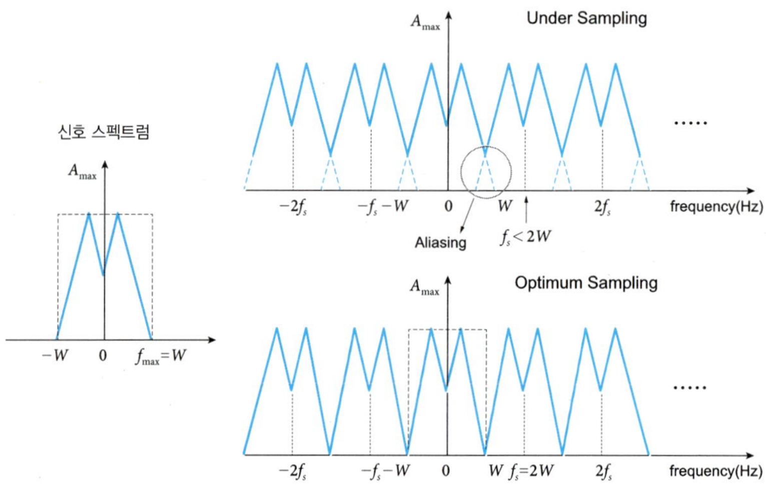

그림 3-25 표본화와 Nyquist Sampling

2 양자화와 PCM 부호화

(1) 양자화

- 샘플링된 신호를 디지털 펄스열로 바꾸는 과정
- 아날로그 샘플링된 신호를 정해진 양자화 레벨에 따라 PAM 신호로 변환하는 과정을 양자화quantizaiton라고 하며, 양자화된 진폭 레벨을 디지털 이진코드로 변환하는 과정을 부호화encoding라고 함
- 양자화기는 선형 양자화기Uniform Quantizer와 신호크기 변화를 반영하는 비선형 양자화기Non-Uniform Quantizer로 구분함

- 8bit PCM 음성전화의 경우 μ-law 압신기compander(μ = 255) 비선형 양자화기를 사용함

$$F(x) = \frac{sgn(x) \times \ln(1 + \mu|x|)}{\ln(1 + \mu)} \quad 0 \le |x| \le 1 \tag{3.18}$$

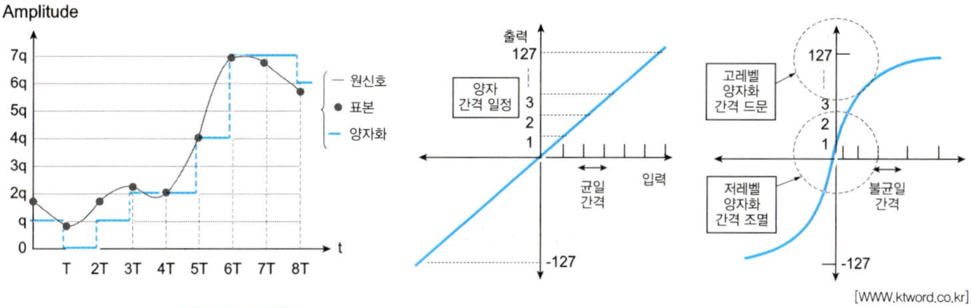

그림 3-26 양자화와 선형 양자화기 및 비선형 양자화기

(2) 펄스코드 변조(PCM)Pulse Code Modulation

- 아날로그 신호를 샘플링과 양자화를 거쳐 디지털 이진코드Digital Binary Code로 만드는 부호화 과정을 펄스코드변조(PCM)이라고 함
- 음성전화의 경우, 4KHz 아날로그 음성신호를 샘플링한 후, 샘플당 8bit의 코드를 할당하여 이진 PCM 코드로 변환함(음성 1CH = 64kbps)

$$\text{PCM Rate} = 2 \times 4\text{kHz} \times 8\text{bits} = 64\text{kbits/sec} = 64\text{kbps} \tag{3.19}$$

(3) 양자화 잡음

- 균일 양자화 간격 d를 갖는 양자화기의 양자화 잡음비(SQNRSignal-to-quantization Noise Ratio)

$$\text{SQNR} = 10\log\left(\frac{S}{N_q}\right) = 10\log\frac{12S}{d^2}\ [\text{dB}] \tag{3.20}$$

(4) 부호화 비트 수 증가에 따른 양자화 잡음비 개선 효과

- 신호 최대 진폭 $2V_s$, 양자화 간격 d, 부호화 비트 수를 n(bit)라고 하면 양자화 레벨 수는 $M = 2^n$, 양자화 간격은 $d = \frac{2V_s}{M} = \frac{2V_s}{2^n}$ 이므로

$$SQNR = 10\log\frac{12S}{d^2} = 10\log\left[\left(\frac{2^n}{2V_s}\right)^2 12S\right] = 10\log\frac{3S}{V_s^2} + n\times 20\log_2[dB] \quad (3.21)$$

- 부호화 비트 수 n이 1bit 증가할 경우 양자화 잡음 개선 효과는 다음과 같음

$$\boxed{SQNR \cong 상수 + 6\times n[dB]} \quad (3.22)$$

(부호화 비트 수를 1비트 증가시키면 6dB만큼 SNR 개선됨)

(5) 양자화 잡음 줄이는 방법

- 양자화 레벨을 신호 변화에 따라 가변시켜 양자화 잡음 최소화
- 델타변조(DM[Delta Modulation]), 적응델타변조(ADM[Adaptive DM]), DPCM, ADPCM 등 사용

예제 3.1

사람의 음성 신호는 300~3,300Hz 의 주파수 성분을 갖는다. 전화통신망의 경우, 사람 음성 대역폭을 4kHz로 할 경우 1) 나이키스트 샘플링 속도 2) 양자화 레벨을 256개라 할 경우 소요 비트 수 3) 음성 1채널을 256 레벨 PCM 디지털 신호로 할 경우의 bit rate를 계산하라.

|풀이| 1) Nyquist sampling rate

$f_s = 2\times 4kHz = 8kHz$ (Ts = 125μs)

2) 양자화 레벨 256을 표현하기 위한 비트 수

$M = 2^n = 256 = 2^8$이므로 $n = 8$bits

3) 음성 1 채널의 PCM code Rate

PCM Rate = $2\times 4kHz\times 8bits$ = 64kbits/sec = 64kbps

2 고효율 PCM(DPCM, ADPCM, DM)

1 PCM 방식의 문제점

- 아날로그 신호를 표본화, 양자화, 부호화하여 디지털 데이터로 변환하는 PCM 방식은 원 신호를 충실히 변환하지만 변환 정보에는 불필요한 정보[Redundancy]까지 포함하고 있어 비효율적임
- 음성 1 채널을 전송하기 위한 PCM 데이터 속도는 64kbps로 광대역 특성이 있어 채널 자원이 제한적인 무선통신, 이동통신 등에는 부적합함
- PCM 변조 효율을 높이기 위해 DPCM, ADPCM, DM, ADM 등을 사용하여 비트 수를 줄임

2 고효율 PCM의 원리

- PCM 데이터 율은 bps = $f_s \times n$이므로 샘플당 비트수 n을 줄여 디지털 데이터율을 감소시킴
- DPCM, DM은 신호의 변화 특성을 반영하지 못하므로 신호 특성에 따라 변환 비트수를 조정하여 변환하는 적응형Adaptive 방식을 사용하여 변환 성능을 개선함
- Sample 당 비트수 및 데이터 속도

  PCM(8bits, 64kbps) ↦ DPCM(4bits, 32kbps) ↦ DM(1bit, 8kbps)

3 DPCM

- DPCM은 실제 표본값과 예측된 표본값의 차이를 예측하여 부호화하는 방법
- 표본 차이값 만을 양자화하기 때문에 양자화 Step 수가 줄어들어 정보량이 줄어듦
- 음성과 영상신호 등의 대부분 신호는 인접 샘플링 신호 간 상관성이 높으므로 DPCM 적용 시 PCM 정보량을 대폭 줄일 수 있어 효율적인 변조가 가능함
- DPCM의 성능은 적응형 양자화기와 적응형 예측기를 사용한 ADPCM으로 개선

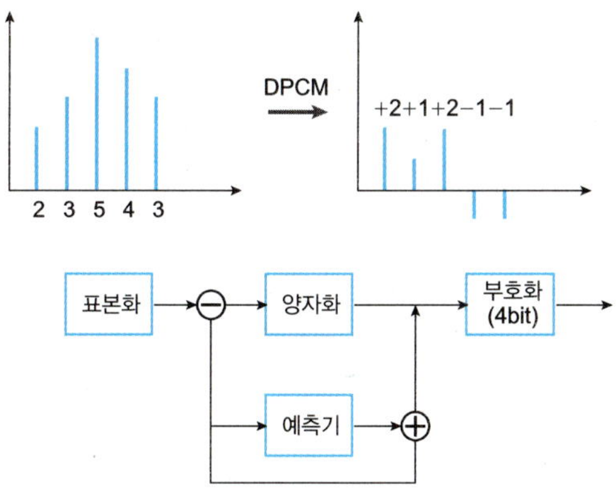

표본화	양자화	예측기	부호화
2	+2	0(초기)	0010
3	+1	+2	0001
5	+2	+3	0010
4	−1	+5	1111
3	−1	+4	1111

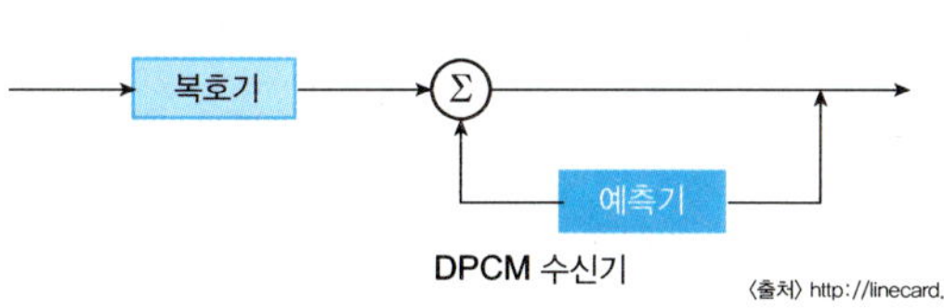

〈출처〉 http://linecard.tistory.com/24

그림 3-27 DPCM 원리와 부호화기 및 복호화기

4 DMDelta Modulation(델타변조)

- 순시 진폭값과 예측값과의 차이를 1bit 부호화로 처리하여 정보전송량을 크게 줄임
- DM은 현재의 표본값에서 이전 표본값을 뺀 차동신호가 (+)이면 '1'로, (−)이면 '0'으로 부호화하는 방식

- 1bit 양자화기를 사용하기 때문에 양자화 잡음이 크므로 양자화 잡음을 줄이기 위해 Oversampling 방식을 사용함(음성의 경우 DPCM f_s = 8kHz, DM f_s = 16kHz)
- DM 구성도는 DPCM과 동일함(DM은 1bit 양자화기, DPCM은 4bit 양자화기 사용)
- 아날로그 파형이 급격하게 변하는 경우 양자화기가 신호변화를 추적할 수 없어 경사 과부하 잡음Slope Overload Noise이 발생하며, 완만하게 변화할 경우 입상Granular 잡음이 발생

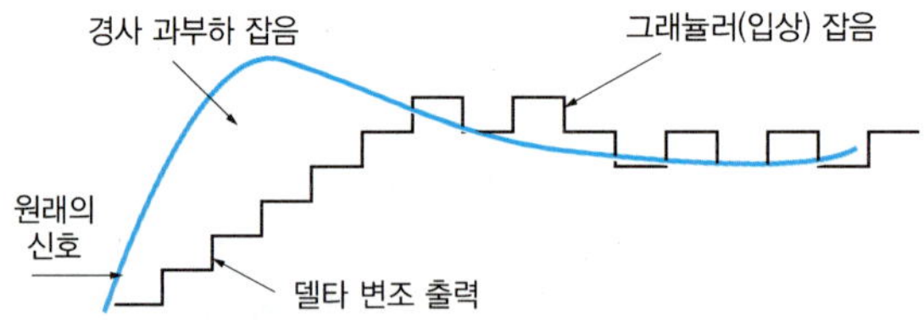

그림 3-28 DM 변환기의 잡음 원인

5 Adaptive DPCM, DM

- DPCM, DM 방식에서 발생하는 과부하 잡음 및 입상잡음을 줄이기 위해 적응형 양자화기와 적응형 예측기를 사용하여 변환 성능을 개선하는 고성능 PCM 방식
- 입력신호의 기울기가 커지면, 양자화 Step Size를 증가시킴(경사 과부하 잡음 감소)
- 입력신호의 기울기가 작아지면, 양자화 Step Size를 감소시킴(입상 잡음 감소)

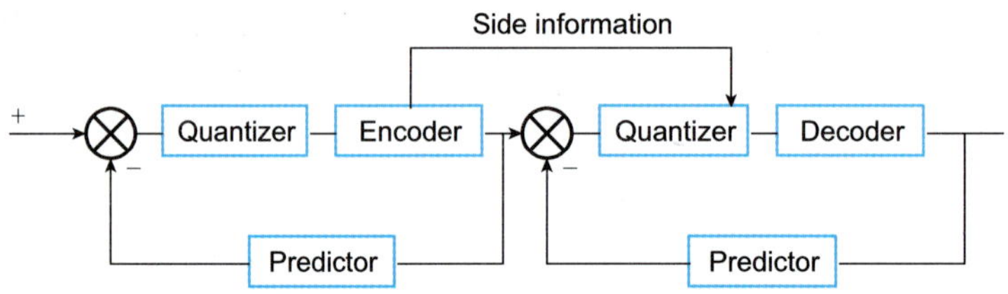

그림 3-29 ADM, ADPCM 변환기의 동작 원리

[표 3-1] PCM 방식별 특성 비교

구분	PCM	DPCM	ADPCM	DM	ADM
표본화 주파수	8kHz	8kHz	8kHz	16kHz	16kHz
표본당 비트수	8bit	4bit	4bit	1bit	1bit
전송속도	64kbps	32kbps	32kbps	16kbps	16kbps
양자화 단계	256(2^8)	16(2^4)	16(2^4)	2(2^1)	2(2^1)
시스템 복잡도	보통	복잡	매우 복잡	매우 간단	간단
잡음	양자화 잡음	양자화 잡음	−	과부하/입상 잡음	−

3.6 디지털 변조

1 통신시스템 구성

1 M-ary 변조에서의 비트율과 심볼율

- 아날로그 신호를 PCM 변환하여 생성되는 이진 코드열binary code array을 비트Bit라고 하며, 1초당 전송되는 비트 수를 비트율Bit Rate(bps, bits/sec)라고 함
- 이진 비트 전송을 위해서는 넓은 대역폭이 필요하므로 bit 들을 묶어 심볼symbol로 변환한 후 전송하며, 1초당 전송되는 심볼 수를 심볼율Symbol Rate(symbols/sec, sps) 또는 보율Baud Rate이라고 함

$$\text{bps} = \text{sps} \times \text{bits/symbol} \tag{3.23}$$

2 M-ary 디지털 Signaling

- M-ary (M진) 디지털 Signaling은 binary bit 열을 M개의 symbol 화하는 것을 의미
- 디지털화에 의해 증가된 전송 대역폭을 줄여 대역폭 사용효율을 높이기 위해 사용
- 시그널링 레벨이 증가하면 대역폭 사용효율은 증가되나 Symbol 간 변별Discrimination 능력 및 E_b/N_0(비트 에너지대 잡음비)가 감소하므로 BERBit Error Rate 등의 성능이 저하됨

$$M = 2^n \Leftrightarrow n = \log_2 M \tag{3.24}$$

(M : 변조레벨 (심볼수), n : 심볼당 비트수)

- M-ary 변조방식의 대역폭 사용효율 η

$$\eta = \frac{R_b}{M} = \frac{R_b}{2^n} \text{ (bits/Hz)} \tag{3.25}$$

Input	1 0 0 1 1 1 0 0 1 0 1 0 0 1 …	
Binary	1 0 0 1 1 1 0 0 1 0 1 0 0 1 …	$M = 2^1$
Quaternary	2 1 3 0 2 2 1 …	$M = 2^2$
8-ary	4 7 1 2 …	$M = 2^3$
⋮		
M-ary	⋮	$M = 2^n$

그림 3-30 디지털 변조를 위한 M–ary Signaling

- Binary Signaling

  심볼 수 $M = 2^1$ (1 symbol = 1bit 마다 정보 할당)

  (symbol = 0, 1)

- Quaternary Signaling

  심볼 수 $M = 2^2$ (1 symbol = 2bits, 1개의 심볼에 2비트 정보 할당)

  (symbol = 00, 01, 11, 10)

- 8-ary Signaling

  심볼 수 $M = 2^3$ (1 symbol = 3bits, 1개의 심볼에 3비트 정보 할당)

  (symbol = 000, 001,010,011,100,101,110,111)

- M-ary Signaling

  심볼 수 $M = 2^n$ (1 symbol = n bits , 1개의 심볼에 n 비트 정보 할당)

예제 3.2

심볼당 비트수가 3이고, 32개의 심볼이 16ms에 전송될 경우 보(baud) 율과 비트율은?

|풀이| symbol(baud) rate $= \dfrac{32\text{symbols}}{16 \times 10^{-3}} = 2 \times 10^3$ sps

bps $= 2 \times 10^3$ symbols/sec $\times$ 3bits/symbol $= 6 \times 10^3$ bps(6kbps)

2 M–ary 디지털 변조

1 기본적인 디지털 변조 방식

- 연속적인 아날로그 변조modulation에 비해 디지털 변조는 변조 후의 신호 상태가 불연속적으로 발생하므로 변조 대신 편이(shift keying)라는 단어를 사용함
- 기본적인 디지털 변조는 반송파의 진폭, 주파수 및 위상을 사용하여 이루어지며,

디지털 signaling 레벨에 따라 변조 레벨 결정됨

- 대표적인 디지털 변조방식
  1. 진폭 편이 변조 (ASK Amplitude Shift Keying) : 캐리어의 진폭으로 심볼 변조
  2. 주파수 편이 변조(FSK Frequency Shift Keying) : 캐리어의 주파수로 심볼 변조
  3. 위상 편이 변조(PSK Phase Shift Keying) : 캐리어의 위상으로 심볼 변조
  4. QAM Quadrature Amplitude Modulation : 캐리어의 진폭과 위상을 결합하여 심볼 변조

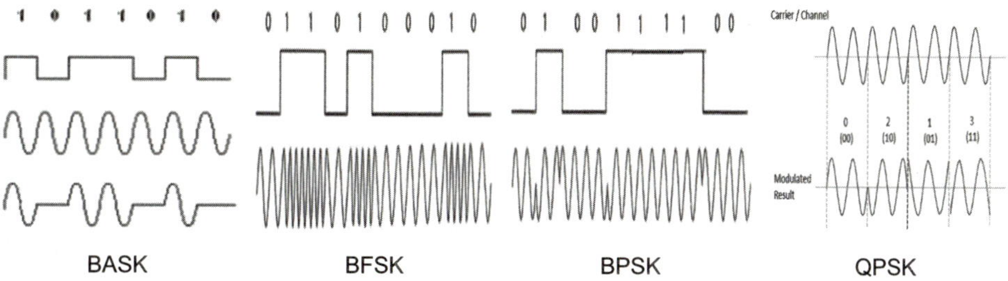

그림 3-31 디지털 변조 파형

- 높은 레벨의 변조일 경우, 변조 형태를 쉽게 표현하기 위해 진폭, 주파수, 위상 정보를 좌표계에 나타낸 성좌도 Constellation Diagram 사용

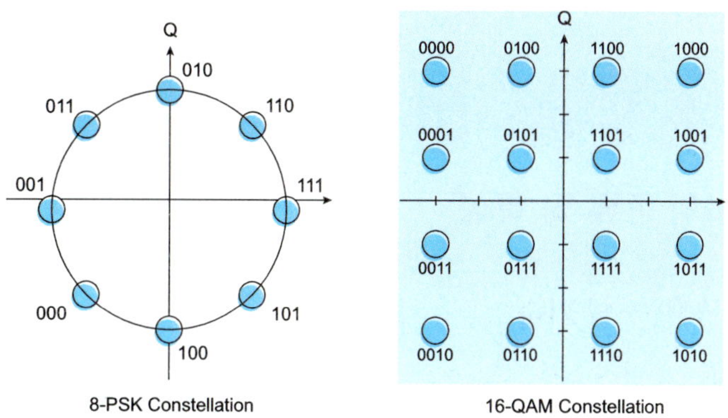

그림 3-32 8-PSK, 16-QAM 성좌도

2 디지털 변조 방식의 성능평가

- 아날로그 변조의 경우 시스템 성능을 SNR(신호대잡음비 Signal-to-Noise Ratio)로 해석하였으나 디지털 변조의 신호전력은 비트당 에너지 E_b/N_0로 해석하여야 함
- 디지털 통신 시스템의 성능은 E_b/N_0(비트에너지 대 잡음전력 스펙트럼 밀도)에

따른 에러율로 해석하며, 비트에러율(BER^bit error rate^), 심볼에러율(SER^symbol error rate^), 프레임 에러율 (FER^Frame Error Rate^) 등으로 성능을 표현함

- 변조방식별 성능은 에러 확률 곡선^Error Probability Curve^으로 나타내며, 변조 방식별로 정해진 에러율을 달성하기 위해 필요한 E_b/N_0 값 또는 주어진 E_b/N_0에 대한 에러율로 표현함
- 에러 곡선의 원점에 가까울수록 잡음 특성은 우수하나 대역폭 사용효율이 낮음

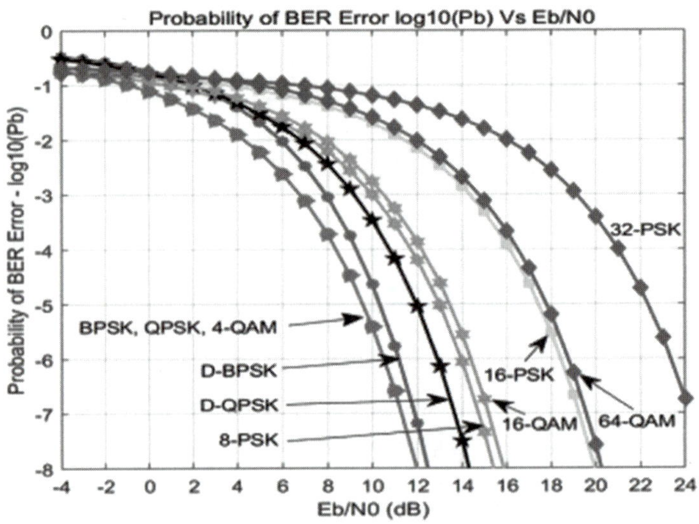

그림 3-33 디지털 변조 방식의 성능(BER) 특성

3 다중화의 종류 및 특성

1 다중화(Multiplexing) 기술

- 다중화는 주어진 전송자원(시간, 주파수, 공간, 코드 등)을 다수의 사용자가 공유하여 사용할 수 있도록 하는 전송기술
- 서로 다른 2개 이상의 신호들을 하나의 전송매체를 이용해서 동시에 전송할 수 있도록 신호를 결합/분리하는 과정
- 하나의 회선 또는 전송로(유선 또는 무선)를 분할하여 개별적으로 독립된 신호를 동시에 송수신할 수 있는 다수의 통신로(채널)를 구성하여 구현
- 송신측에는 다중화기(MUX)^Multiplexer^, 수신단에는 역다중화기(DEMUX)^Demultiplexer^를 두어 다중 가입자 수용 및 분리를 수행

- 대표적인 다중화 방식으로는 주파수 분할 다중화 방식(FDMA)Frequency Division Multiple Access 과 시분할 다중 방식(TDMA)Time , 코드분할 다중화방식(CDMA)Code, 파장분할 다중화방식(WDMA)Wavelength, 공간분할 다중화 방식(SDMA)Space, 직교주파수분할 다중화방식(OFDMA)Orthogonal Frequency 등이 있음

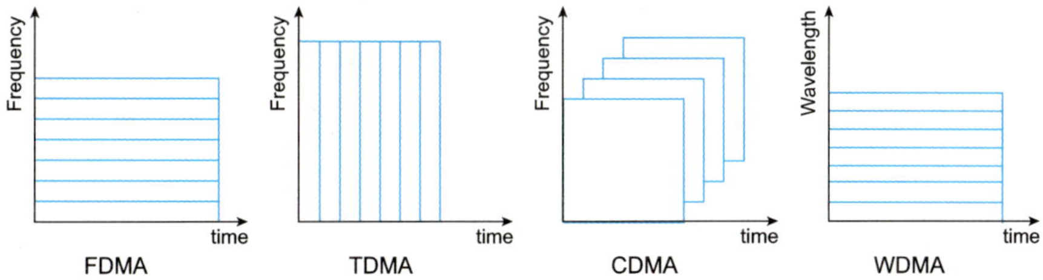

그림 3-34 다중화 종류 및 다중화 방법

2 다중화 기술의 종류 및 특징

(1) 주파수 분할 다중화 방식

- 통신 매체에서 이용 가능한 총 대역폭을 겹치지 않는 일련의 주파수 하부 대역으로 분리시킨 뒤, 분리된 대역을 각각 개별 신호를 전달하는데 할당하는 기술
- 채널 간에 상호 간섭을 막으려면 보호 대역Guard Band이 필요
- 구조가 간단하고 비용이 저렴하지만 주파수 대역폭이 많이 필요하며, 주로 아날로그 다중 통신방식에서 많이 사용

(2) 시분할 다중화 방식

- 전체 사용 시간을 작은 시간 단위Time Slot로 나누어 사용자를 수용하고, 각 사용자가 자기에게 할당된 시간 구간을 다른 사용자의 시간 구간과 겹치지 않게 사용
- 데이터 전송이 군Burst 형태로 불연속적으로 이루어지며, FDMA에 비해 심한 부호간 간섭(ISI)을 일으킬 수 있음
- 고속, 대용량 디지털 전송망에 주로 사용

(3) 코드분할 다중화 방식

- 각 사용자가 고유의 확산부호를 할당받아 신호를 스펙트럼 확산 부호화하여 전송하고, 확산부호를 알고 있는 수신기만 이를 복원할 수 있는 방식
- 각각의 사용자 신호를 서로 다른 직교성 코드를 곱하여 구분하는 다중접속 방식
- 전력제어 기술을 이용하면 FDMA 방식에 비해 수용용량을 약 10~20배 증대 가능

- 낮은 소비전력으로 배터리 사용시간을 3배 이상 길게 할 수 있음
- 주파수 이용효율이 높고 통신 보안성이 좋으나 전력 제어 및 동기화 기술 필요

(4) 파장분할 다중화 방식

- 각 사용자에게 독립적인 파장을 할당하여 다중화하는 방식으로 다른 파장(다른 색)을 사용하여 여러 반송파 신호를 단일 광섬유에 적용하는 기술
- 주파수 분할 다중화(FDMA)과 같은 의미로 주로 광통신 시스템에서 사용하는 개념
- 여러 개의 광 파장을 하나의 광섬유를 통하여 전송하여 선로의 증설없이 회선 용량 확대가 용이하며, 양방향 전송 가능

[표 3-2] 다중화 방식의 종류 및 특성

구분	FDMA	TDMA	CDMA	WDMA
사용 자원	주파수	시간	부호	파장
적용 시스템	아날로그 전화망 아날로그 이동전화 (AMPS 등)	전화망(PSTN) 전용회선(T1, E1 등) GSM, LAN, 인터넷(IP)	디지털 이동통신 군용 무선통신	광통신망
장점	동기 장치 불필요 주파수 이용효율 높음	채널 사용 효율 좋음 송수신기 구조 동일	동시간, 동채널 사용 부호 자원 무한대 사용자 용량 증대	대용량 전송 가능
단점	채널 사용 효율 낮음 송, 수신기 구조 복잡	정확한 동기기술 필요	송수신기 구조 복잡 전력 제어 및 동기화 기술이 필요	이동성 없음

CHAPTER 3

국가고시 기출 문제

자료출처: 한국산업인력공단, www.q-net.or.kr, www.cbt.com

01 국가고시2007

100MHz의 반송파를 사용하여 10kHz의 대역폭을 갖는 신호를 DSB-LC(Double Sideband-Large Carrier)변조하여 전송하고자 한다. 다음 중 옳지 않은 것은?

① 이 방식으로 변조된 신호는 주파수 변조된 신호보다 무선 채널에서 겪게 되는 페이딩(fading) 현상의 영향을 많이 받게 된다.
② 비동기 검파방식의 수신기를 사용해서 메시지 신호를 복조할 수 있다.
③ 전송 전력의 일부분은 반송파를 전송하는 데 사용된다.
④ 이 방식으로 변조된 신호를 전송하는 데 필요한 대역폭은 10kHz이다.

02 국가고시2007

각변조된 신호 $s(t) = 20\cos(800\pi t + 10\pi\cos7t)$가 있다. 여기서 신호 $s(t)$는 전압이고 단위는 V이다. 또한 t의 단위는 초이다. 이 신호 $s(t)$의 순시 주파수(instantaneous frequency)를 바르게 표시한 것은? (단위: Hz)

① $400 + 35\cos7t$ ② $400 - 35\sin7t$ ③ $400t + 5\cos7t$ ④ $800\pi t + 10\cos7t$

03 국가고시2007

주파수가 50kHz인 정현파 신호를 100MHz의 반송파 주파수로써 주파수 변조(FM)하여 최대 주파수 편이가 500kHz가 되었다고 하자. 발생된 FM 신호의 근사적인 대역폭[kHz]은 얼마인가?

① 50 ② 100 ③ 550 ④ 1,100

04 국가고시2007

위상고정루프(PLL:Phase Locked Loop)를 이용하여 FM 신호의 위상신호를 복조하고자 한다. PLL의 구성요소와 설명으로 옳지 않은 것은?

① 전압의 변화를 주파수 변화로 바꾸는 전압조정발진기(VCO)가 사용된다.
② 주파수 변화를 진폭 변화로 변환하기 위하여 공진기(resonator)가 사용된다.
③ 루프여파기(Loop filter)는 저주파여파기로서 고주파 성분을 차단한다.
④ 입력 FM 신호와 피드백 신호와의 위상오차에 비례하는 전압을 발생시키는 위상검출기(phase detector)가 사용된다.

핵심 Hint

1.

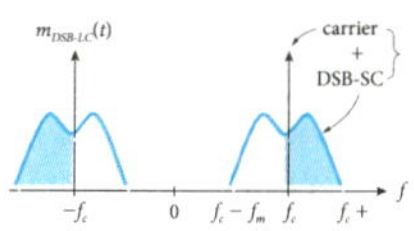

- FM에 비해 AM이 페이딩 영향 큼
- 포락선검파로 복조 가능

$P = P_c + P_s = \left(1 + \frac{\mu^2}{2}\right)P_c$

- 대역폭 2배로 늘어남

2. 순시각주파수 $\omega_i(t) = \frac{d\theta(t)}{dt}$

3. Carlson's Rule
$BW = 2(f_m + \Delta f) = 2f_m(1+\beta)$

4. www.ktword.co.kr 참고

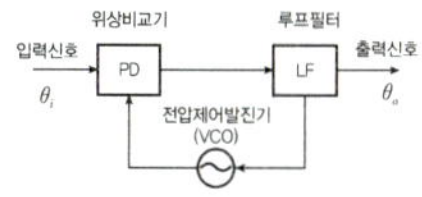

핵심 Hint

5. 식 (4.24) 참고
$f_{image} = f_{LO} \pm 2f_{IF}$

05 국가고시2007

AM 슈퍼헤테로다인 수신기(상측헤테로다인)에서 1500kHz의 전파를 수신할 때, 혼신을 야기할 수 있는 영상 신호(image signal)의 주파수 값[kHz]은? (단, 중간 주파수는 455kHz이다)

① 2,410　　② 1,955　　③ 1,045　　④ 590

6. QPSK(2bits/symbol)
– bps = 2sps
– 직교성 때문에 BPSK와 같은 으로 2배 데이터 전송 가능

06 국가고시2008

QPSK(Quadrature Phase Shift Keying)에 대한 설명 중 옳지 않은 것은?

① 심볼 레이트(Symbol Rate)와 비트 레이트(Bit Rate)가 같다.
② BPSK(Binary Phase Shift Keying)보다 수신 특성이 좋지 않다.
③ 동일 용량의 데이터를 전송하기 위한 최소 대역폭은 BPSK에 비하여 절반이다.
④ 송신기 구조가 BPSK보다 복잡하다.

7. www.ktword.co.kr 참고

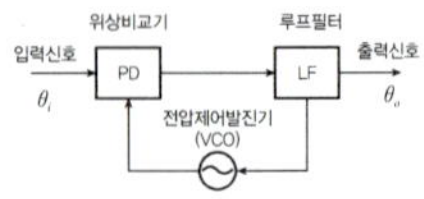

07 국가고시2008

주파수변조(Frequency Modulation)용 위상고정루프(PLL)회로에서 곱셈기의 역할은?

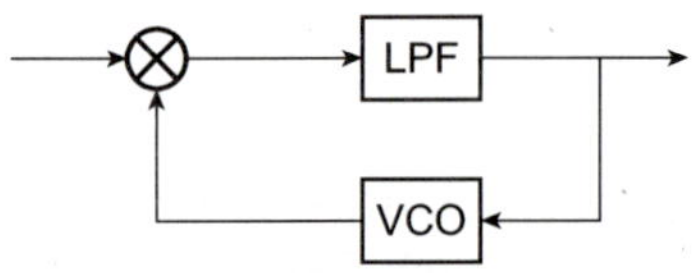

① 외부에서 인가하는 전압에 의해 주파수를 변환하는 역할
② 입력신호와 전압조정발진기(VCO) 출력신호의 위상차를 검출하는 위상비교기 역할
③ 고주파를 제거하는 역할
④ PLL의 위상이 일치하는(Lock) 충분한 크기의 전압에 이르도록 하는 역할

8. PCM 데이터속도
샘플링속도 × 샘플당비트수

08 국가고시2008

아날로그 신호를 PCM전송할 때 초당 8,000샘플로 표본화하고 양자화 레벨이 64일 경우, 정보의 비트 전송률[Kbps]은?

① 36　　② 48　　③ 64　　④ 128

9. 신호 변화가 클 경우, △를 크게 하여 경사과부하잡음을 줄이고, 변화가 작을 경우 △를 줄여 입상잡음 감소시킴

09 국가고시2008

델타 변조(Delta Modulation)에 관한 설명 중 옳지 않은 것은?

① 앞뒤 표본값을 이용하는 DPCM(Differential Pulse Code Modulation)과 유사하다.
② 양자화 진폭의 크기인 ±△를 1비트 양자화한다.
③ 입력 신호의 변화폭이 큰 경우 △의 크기 값이 작을수록 유리하다.
④ 입력 신호의 크기에 따라 △의 크기 값을 변화시키는 델타 변조를 적응 델타 변조라고 한다.

10 국가고시2008

정보신호 $m(t) = A_m\cos(2\pi f_m t)$이다. 위상변조(Phase Modulation) 또는 주파수변조(FM)를 이용하여 변조된 신호를 $s(t) = A_c\cos(\theta_i(t))$로 정의 할 경우 옳지 않은 것은?

① 위상변조인 경우 $\theta_i(t)$는 $m(t)$에 비례한다.
② 주파수변조인 경우 $\theta_i(t)$는 $m(t)$의 미분값에 비례한다.
③ 위상변조인 경우 순시주파수는 $m(t)$의 미분값에 비례한다.
④ 위상변조와 주파수변조의 진폭은 일정하다.

핵심 Hint

10. 각변조
$s(t) = A_c\cos\theta_i(t)$
$s_{FM}(t) = A_c\cos\left[\omega_c t + K_f\int_0^t m(\tau)d\tau\right]$
$s_{PM}(t) = A_c\cos\left[\omega_c t + K_P m(t)\right]$

11 국가고시2009

펄스 폭이 1[ms]인 구형파(Rectangular Pulse) 신호를 양측파대 억압반송파(DSB-SC) 진폭변조를 한다고 할 때 변조된 신호의 대역폭 [KHz]은? (단, 대역폭은 스펙트럼의 주엽(Mainlobe)의 주파수 범위(Null-to-Null Bandwidth)로 정의한다)

① 0.5 ② 1 ③ 2 ④ 4

11. 구형파 퓨리에 변조
$B = \frac{2}{T}$

12 국가고시2009

수신측에서 아래와 같은 신호를 수신하였다. 사용된 변조 방식은?

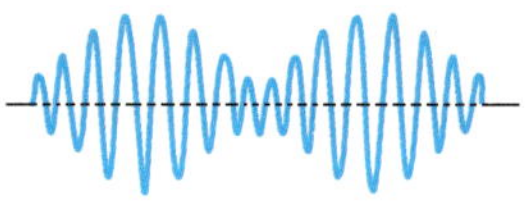

① 주파수 변조 ② 진폭 변조
③ 위상 변조 ④ 펄스 폭 변조

12. AM : 신호의 크기에 따라 캐리어 진폭 변화

13 국가고시2009

AM 라디오 방송에 할당된 주파수가 525[KHz]~1605[KHz]이다. 혼신을 피하기 위하여 한 방송국의 점유 주파수 대역폭이 9[KHz]일 때, 수용하는 채널수는?

① 120 ② 125 ③ 130 ④ 135

13. 채널수 = 서비스대역폭/채널대역폭

14 국가고시2009

대역폭이 제한되어 8[KHz] 이상에서 신호성분이 없는 아날로그 신호를 최소한 얼마의 표본화율 [samples/s]로 표본화할 때 수신기에서 이산시간의 표본으로부터 원래의 아날로그 신호를 완벽하게 복원할 수 있는가?

① 4,000 ② 8,000
③ 16,000 ④ 32,000

14. Nyquist 샘플링 정리
$f_s \geq 2B(\text{Hz})$

15 국가고시2009

펄스부호변조(PCM)의 구성으로 올바르게 나열한 것은?

① 정보신호–양자화–표본화–부호화–채널 ② 정보신호–표본화–부호화–양자화–채널
③ 정보신호–부호화–양자화–표본화–채널 ④ 정보신호–표본화–양자화–부호화–채널

16 국가고시2010

다음 중 위상의 불연속이 발생하지 않는 변조방식은?

① PSK ② MSK ③ OQPSK ④ QAM

17 국가고시2010

동기식 수신기(coherent receiver)를 사용하여 진폭변조된 신호를 복조하고자 한다. 수신기를 구성할 때 필요 없는 것은?

① 포락선 검출기(envelope detector) ② 혼합기(mixer)
③ 저역통과 필터(lowpass filter) ④ 반송파 복구회로(carrier recovery circuit)

18 국가고시2010

음성 신호를 주파수 변조(FM) 방식을 통해 방송하고자 한다. 카슨의 법칙(Carson's rule)에 의해 주파수 변조된 신호의 대역폭을 결정할 때 필요한 값이 아닌 것은?

① 음성 신호의 대역폭 ② 음성 신호의 최대 진폭
③ 주파수 민감도(frequency sensitivity) ④ 전송 주파수

19 국가고시2010

다음 변조 방식 중 동기검파로만 복조가 가능한 것은?

① ASK(amplitude shift keying) ② PSK(phase shift keying)
③ DPSK(differential phase shift keying) ④ FSK(frequency shift keying)

20 국가고시2010

여러 가지 방식의 진폭변조에 대한 설명으로 옳지 않은 것은?

① 양측파대 억압반송파(DSB-SC) 진폭변조 방식은 동기식 복조를 사용해야만 한다.
② 양측파대 전송반송파(DSB-TC) 진폭변조 방식은 비동기식 복조가 가능한 반면 DSB-SC 변조에 비해 전력 효율이 떨어진다.
③ 잔류측파대(VSB) 변조 방식에서 신호의 대역폭은 SSB 방식보다 넓고 DSB 방식보다 좁다.
④ 단측파대(SSB) 변조 방식은 대역폭을 가장 적게 차지하므로 광대역의 영상신호를 전송하는데 유리하여 TV 방송에서 주로 사용된다.

핵심 Hint

15. 그림 [3-24] 참조

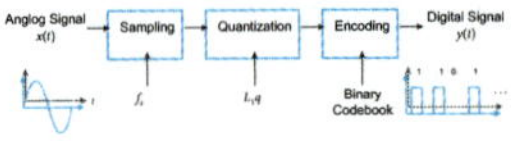

16. MSK(Minimum Shift Keying) : 위상변화를 최소로하는 변조방식

17. 동기수신 : 캐리어 복구, 원신호와 곱한 후 저역통과 필터로 복조
포락선검파기 : 비동기식 수신방식

18. $s_{FM}(t) = A_c \cos\left[\omega_c t + K_f \int_0^t m(\tau)d\tau\right]$
$BW = 2(f_m + \Delta f) = 2f_m(1+\beta)$

19. PSK신호는 정확한 위상정보(동기식)를 알아야 복조 가능

20. TV 방송은 잔류측파대변조(VSB) 방식을 사용하여 고가인 우수한 차단특성의 대역통과필터를 사용하지 않아도 됨

21 국가고시2011

아래의 구형파 신호를 고주파의 반송파 신호에 의해 주파수 변조하였을 때의 파형은?

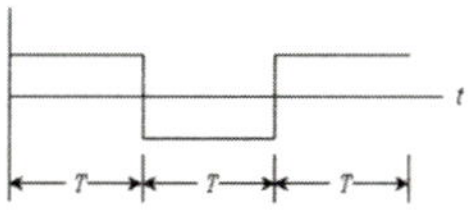

① 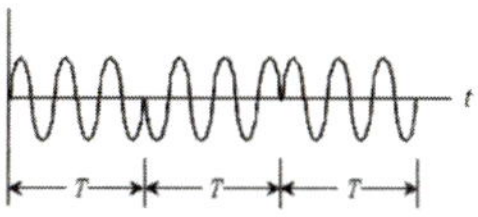

② 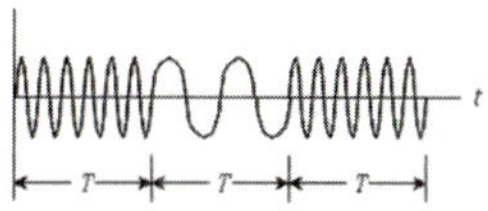

③ 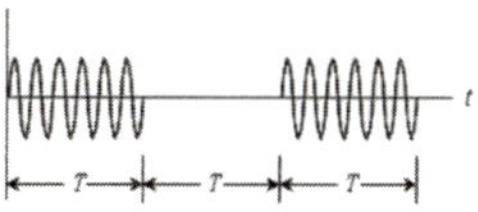

④ 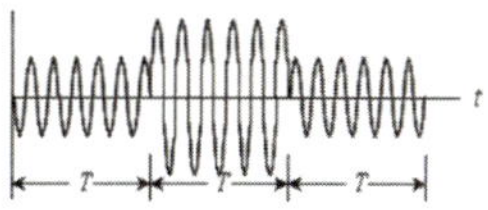

22 국가고시2011

대역폭이 3.4[kHz]인 음성 신호에 대해 엘리어싱이 발생하지 않도록 표본화하고 256레벨로 양자화하여 PCM 신호를 만들 경우, 조건을 만족하는 표본화율[kHz]과 그 표본화율에 대한 PCM 신호의 전송속도[kbps]는? (순서대로 표본화율[kHz], 전송속도[kbps])

① 4, 64 ② 4, 32 ③ 8, 32 ④ 8, 64

23 국가고시2011

진폭변조(AM) 방식들에 대한 설명으로 옳지 않은 것은?

① DSB-SC 방식은 VSB 방식보다 더 넓은 주파수 대역폭이 사용된다.
② DSB-SC 방식은 DSB-AM 방식보다 송신 전력이 적게 사용된다.
③ SSB 방식은 동기검파기를 사용해 복조할 수 있다.
④ SSB 방식은 DSB-SC 와는 달리 반송파 성분을 전송한다.

24 국가고시2011

주파수가 1[kHz]인 반송파 신호를 이용하여 정보신호 $m(t) = \cos(20\pi)t$를 진폭변조(DSB-AM)하여 전송할 때, 피변조 신호의 주파수 스펙트럼 상에 나타나지 않는 주파수[kHz]는?

① 0.98 ② 0.99 ③ 1.00 ④ 1.01

25 국가고시2011

반송파 신호 $c(t) = 4\cos(2\pi\times10^6)t$에 의해 정보신호 $m(t) = 4\cos(20\pi)t$를 주파수변조하면, FM 신호의 순시 주파수는 $f_i = 10^6 + k_f m(t)$로 표현된다. 여기서 k_f가 12.5일 때 주파수변조의 변조지수는?

① 0.5 ② 1.25 ③ 2.5 ④ 5

핵심 Hint

21. FM : 신호의 크기에 따라 주파수 값을 변화시키는 변조방식

22. PCM 데이터속도
샘플링속도×샘플당비트수
$f_s \geq 2B$(Hz)

23. SSB 방식은 반송파를 사용하는 비동기식과 반송파없이 전송하는 동기식 방식으로 구현 가능

24. AM 변조 스펙트럼
$\Leftrightarrow \frac{1}{2}S(\omega\pm\omega_c)+\frac{A_c}{2}\delta(\omega\pm\omega_c)$

25. 각주파수민감도 $K_f = 2\pi k_f$
$\beta = \frac{\Delta\omega}{\omega_m} = \frac{A_m K_f}{\omega_m}$

핵심 Hint

26. [그림 3-23] 참조
DPCM(Differential PCM) : 변조 데이터 속도를 낮추기 위하여 표본화값 차이를 양자화하여 변조하는 방식

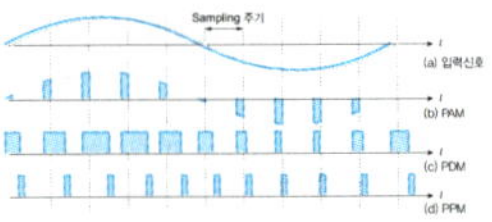

27. 대역확산통신(SS)방식은 PN코드를 사용하여 신호대역폭을 넓혀 S/N비와 협대역 간섭특성을 보완(코드분할 다중화, 신호암호화 가능)

28. 변조의 목적: S/N비 개선,송신대역으로의 주파수변환, 다중화 등을 위해 사용
소스코딩: 신호의 중복성을 제거하여 전송 데이터를 줄이는 방법

29. PCM 데이터속도
샘플링속도×샘플당비트수

30. [그림 3-28 참조]

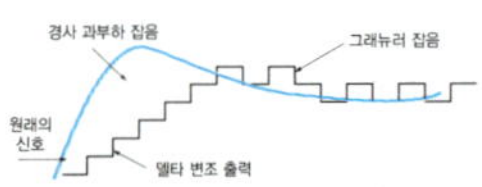

DM방식은 최소 데이터율로 동작하지만 양자화 잡음 발생

26 국가고시2011

펄스변조에서 현재의 표본화된 값과 다음 표본화된 값의 차이를 양자화 하는 변조방식은?

① DPCM ② PNM
③ PWM ④ PAM

27 국가고시2011

디지털 통신시스템에서 대역확산의 효과가 아닌 것은?

① 신호의 은폐와 암호화가 용이함 ② 코드분할 다중화가 가능함
③ 주파수의 직교성이 확보됨 ④ 협대역 간섭에 강인함

28 국가고시2012

변조에 대한 설명으로 옳지 않은 것은?

① 변조를 통하여 여러 메시지신호를 혼신 없이 다중화할 수 있다.
② 신호를 변조하면 효율적인 신호 전송에 적합한 무선 송수신 안테나의 크기를 줄일 수 있다.
③ 저역 메시지신호를 협대역 FM 기법을 사용하여 변조하면 변조된 신호의 대역폭은 메시지신호 대역폭의 약 2배가 된다.
④ 변조는 신호에 포함되어 있는 중복성을 제거하여 전송할 데이터량을 줄이는 과정이다.

29 국가고시2012

대역폭이 3KHz인 아날로그 신호를 8KHz의 주파수로 표본화하고, 256개의 레벨로 양자화하였다. 양자화된 표본을 이진 데이터로 표현할 때, 데이터의 비트율[Kbps]은?

① 48 ② 64 ③ 192 ④ 2048

30 국가고시2012

차동펄스부호변조(DPCM), 델타변조(DM), 적응델타변조(ADM)에 대한 설명으로 옳지 않은 것은? (단, 델타변조(DM)에서의 표본 시간을 T, 스텝 크기를 △라 한다)

① 적응델타변조(ADM)에서 신호의 기울기가 작으면 스텝 크기를 감소시켜 양자화 잡음을 감소시킨다.
② 적응델타변조(ADM)에서 신호의 기울기가 크면 스텝 크기를 증가시켜 경사 과부하 잡음을 감소시킨다.
③ 델타변조(DM)에서 입력 신호의 기울기가 계단의 기울기(△/T)보다 크면 경사 과부하 잡음이 발생된다.
④ 델타변조(DM)는 차동펄스부호변조(DPCM)에 비해 표본당 더 많은 비트 수를 사용한다.

31 국가고시2012

반송파 $c(t) = A_c\cos(2\pi f_c t)$로 신호 $s(t) = A_m\cos(2\pi f_m t)$를 주파수변조한 신호는? (단, β_f는 FM 변조지수이다)

① $g_{FM}(t) = A_c\sin\{2\pi f_c t + \beta_f\sin(2\pi f_m t)\}$

② $g_{FM}(t) = A_c\sin\{2\pi f_c t + \beta_f\cos(2\pi f_m t)\}$

③ $g_{FM}(t) = A_c\cos\{2\pi f_c tt + \beta_f\sin(2\pi f_m t)\}$

④ $g_{FM}(t) = A_c\cos\{2\pi f_c t + \beta_f\cos(2\pi f_m t)\}$

32 국가고시2012

진폭변조 방식에서 대역폭을 가장 적게 사용하는 방식은?

① DSB-SC(Double Side Band-Suppressed Carrier)

② SSB(Single Side Band)

③ DSB-LC(Double Side Band-Large Carrier)

④ VSB(Vestigial Side Band)

33 국가고시2012

신호 $s(t) = 8\cos(64\pi t)$가 주파수감도 2Hz/volt를 이용하여 주파수 변조될 때, 변조지수는?

① 0.25 ② 0.5 ③ 1 ④ 1.5

34 국가고시2012

디지털 신호를 진폭변조 방식만으로 송신할 때 옳은 파형은?

① 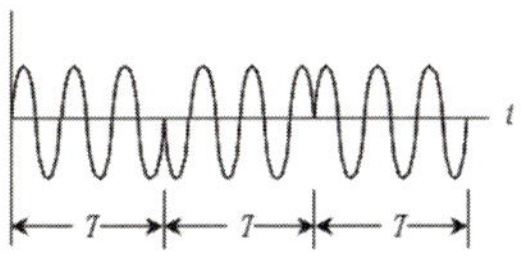

② 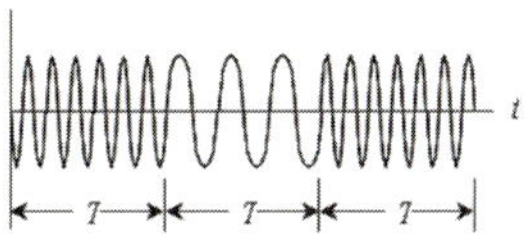

③ 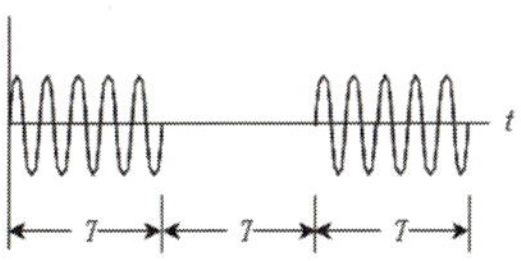

④ 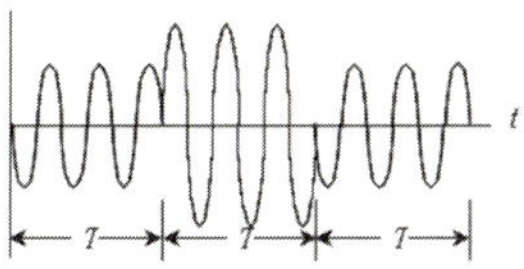

35 국가고시2013

반송파를 삽입하는 진폭 변조에 대한 설명으로 옳지 않은 것은?

① 반송파를 삽입하지 않는 방식에 비해 수신기가 복잡하다.

② 변조지수가 1보다 작으면 비동기식 복조가 가능하다.

③ 전력 효율이 낮은 전송방식이다.

④ SSB 방식에 비해 대역 효율이 낮다.

핵심 Hint

31. FM 변조신호

$$A_c\cos\left[\omega_c t + K_f\int_0^t s(\tau)d\tau\right]$$
$$= A_c\cos\left[\omega_c t + K_f\frac{A_m}{\omega_m}\sin\omega_m t\right]$$
$$= A_c\cos\left[\omega_c t + \beta\sin\omega_m t\right]$$

32. 변조대역폭 크기

$SSB < VSB < DSB\text{-}SC/LC$

33. 각주파수민감도 $K_f = 2\pi k_f$

$$\beta = \frac{\Delta\omega}{\omega_m} = \frac{A_m K_f}{\omega_m} = \frac{A_m 2\pi k_f}{\omega_m}$$

34. ASK : 신호의 크기에 따라 캐리어 진폭을 변화시키는 변조방식

35. 반송파를 함께 전송하는 DSB-LC 방식은 간단한 폭락선 검파기로 수신 가능

- 변조지수
  전력효율
  변조대역폭 신호대역폭의 2배

핵심 Hint

36. 대역폭 사용효율
η(bits/Hz)
$= \frac{R_b}{M}$ (ASK, PSK, QAM)
$= \frac{n}{2^n}$ (FSK)

37. 심볼당 요구 비트수
$n = \frac{\text{데이터속도}}{\text{심볼율}} = \frac{5,000}{2,400} \cong 2.08$

38. 혼합기 출력주파수
$f_{out} = \pm nf_1 \pm mf_2$
LPF 통과 시 600kHz 이상의 고주파 성분 차단됨

39. AM : 저성능, 저가, 단순
FM : 고성능, 고가, 복잡

40. Carlson's Rule
$BW_{FM} = 2(f_m + \Delta f)$
$= 2f_m(1 + \beta)$

41. – DSB방식: 대역폭 및 전력 SSB의 약 2배, 구현 간단
– SSB방식: 대역폭 및 전력 소모 적음, 구현 복잡

36 국가고시2013

다음 디지털 변조 방식 가운데 대역 효율이 가장 높은 방식은?

① BPSK ② QPSK ③ 16-QAM ④ 32-ary orthogonal FSK

37 국가고시2013

최대 초당 2,400[baud] 심볼률을 지원하는 시스템을 사용하여 5,000[bps] 디지털 음성을 보내고자 한다. 이러한 시스템을 구축하기 위해 필요한 최소의 심볼 상태 수는?

① 2 ② 4 ③ 8 ④ 16

38 국가고시2013

수신기에서 1[MHz]의 주기적인 신호가 2.7[MHz] 정현파를 출력하는 국부 발진기와 혼합된 후, 600[kHz]의 차단주파수를 갖는 저역통과필터(LPF)를 통과한다. 이러한 수신기의 저역통과필터(LPF) 출력에 나타나는 신호의 주파수[kHz]는?

① 300 ② 400 ③ 500 ④ 550

39 국가고시2013

진폭 변조(AM)와 비교하여 주파수 변조(FM)의 장점으로 옳지 않은 것은?

① 진폭 리미터(limiter)에 의해 진폭에 중첩되어 있는 잡음 성분을 효과적으로 제거할 수 있다.
② AM에 비해 높은 주파수 대역을 사용하기 때문에 채널당 주파수 간격을 충분히 취함으로써 간섭을 피하고 잡음이 적은 통신이 가능하다.
③ AM에서 100%이상 변조 시 신호 왜곡이 일어나는데 비해, FM에서는 이러한 왜곡이 문제가 되지 않아 신호대 잡음비의 개선이 비교적 용이하다.
④ AM 송신기와 수신기는 변조와 복조를 위한 회로가 복잡해지고 장치의 크기와 가격이 증가하지만, FM의 경우 상대적으로 소형 · 경량 · 저가격으로 구성할 수 있다.

40 국가고시2013

대역폭이 400[Hz]인 신호를 변조지수가 2인 FM 변조하였다. 카슨(Carson)의 법칙을 이용할 때, 변조된 신호의 주파수 대역폭[Hz]은?

① 400 ② 1,200 ③ 2,400 ④ 3,600

41 국가고시2014

DSB(Double Side Band) 진폭 변조방식과 SSB(Single Side Band) 진폭 변조방식에 대한 설명으로 옳지 않은 것은?

① SSB 방식의 점유주파수 대역폭은 DSB 방식에 비해 좁다.
② SSB 방식의 SNR은 동일한 전력일 때 DSB 방식에 비해 나쁘다.
③ SSB 방식의 시스템 구현은 DSB 방식에 비해 복잡하다.

④ SSB 방식의 주파수 이용 효율은 DSB 방식에 비해 좋다

42 국가고시2014

10[kHz]의 아날로그 신호를 PCM(Pulse Code Modulation) 방식으로 변환하여 실시간 전송할 때 요구되는 최소 데이터 전송률[kbps]은? (단, 양자화 레벨 수는 50이다)

① 100 ② 120 ③ 140 ④ 160

43 국가고시2014

15[kHz]의 정현파가 180[kHz]의 대역폭을 갖는 신호로 주파수 변조되었다. 칼슨(Carson)의 법칙을 이용할 때 최대 주파수편이(Peak Frequency Deviation) [kHz]는?

① 15 ② 30 ③ 75 ④ 150

44 국가고시2014

슈퍼헤테로다인(Superheterodyne) 수신기에 대한 설명으로 옳지 않은 것은?

① AM, FM 및 TV 방송 수신기에 모두 이용될 수 있다.
② 국부발진기의 주파수를 고정시키고 IF(Intermediate Frequency)를 가변시킨다.
③ 영상 주파수(Image Frequency) 제거를 위한 대책이 필요하다.
④ 주파수 하향변환을 통하여 중심주파수가 RF(Radio Frequency)에서 IF(Intermediate Frequency)로 변환된 신호를 검파에 사용한다.

45 국가고시2014

PCM(Pulse Code Modulation) 전송방식에 대한 설명으로 옳지 않은 것은?

① 아날로그 신호를 디지털 신호로 변환하여 전송하는 경우 더 넓은 전송 대역폭이 요구된다.
② 표본화기에서는 일정 시간 간격으로 펄스 진폭 변조를 수행한다.
③ 양자화기를 통과하면 양자화 잡음이 발생할 수 있다.
④ 표본화 시간 간격이 좁을수록 단위 시간당 발생되는 비트의 수는 감소한다.

46 국가고시2015

진폭변조시스템에 대한 설명으로 옳지 않은 것은?

① DSB-LC(Double Sideband-Large Carrier) 변조신호를 복조 할 때 포락선검파기(envelope detector)를 사용할 수 있다.
② DSB-SC(Double Sideband-Suppressed Carrier)와 SSB-SC(Single Sideband-Suppressed Carrier) 변조신호는 전송신호의 평균전력을 동일하게 전송하는 경우 동기검파기의 출력 신호 대 잡음비(S/N)가 같다.
③ VSB(Vestigial Sideband) 시스템은 SSB 시스템에 비해서 대역폭을 넓게 사용한다.
④ 진폭변조된 신호를 복조할 때 포락선검파기를 주로 사용하는 이유는 동기검파기보다 복조기 출력 신호의 신호 대 잡음비가 더 우수하기 때문이다.

핵심 Hint

42. PCM 데이터속도
샘플링속도×샘플당비트수
양자화레벨
$2^5 < M = 50 < 2^6$미므로
$n = 6$이어야 함

43. $BW_{FM} = 2(f_m + \Delta f)$

44. 4.3절 참조
$f_{LO} = f_{RF} \pm f_{IF}$
통상적으로 $f_{IF,AM} = 455\text{kHz}$,
$f_{IF,FM} = 10.7\text{MHz}$으로 사용

45. 단위시간당 전송데이터 속도 : 시간당 샘플수x샘플당비트수 에 비례 하므로 표본화를 많이 할수록 비트수 증가

46. – DSB_LC: 대역폭 및 전력 SSB의 약 2배, 구현 간단, 동기식 및 저렴한 비동기식 포락선 검파 가능
– DSB_SC, SSB-SC는 동기검파 하여야 하며, 위상정확도가 S/N비를 결정하므로 두방식의 성능은 동일
– 변조대역폭 크기
SSB < VSB < DSB-SC/LC

핵심 Hint

47. AM 변조지수

$$\mu = \frac{A_m}{A_c} = \frac{A_{max} - A_{min}}{A_{max} + A_{min}}$$

48. M-ary Digital Signaling

$M = 2^n$

49. Nyquist 표본화율 $f_s = 2B$(Hz)

과표본화 : $f_s > 2B$(Hz)

$$\text{SQNR} = 10\log\left(\frac{S}{N_q}\right) = 10\log\frac{12S}{d^2}\ [\text{dB}]$$

50. 변조파의 고주파 잡음특성을 개선하기 위하여 송신단은 프리엠퍼시스(HPF), 수신단은 디엠퍼시스(LPF)사용

51. Matched Filter

샘플링 순간($t = T$)에, 수신 신호 대잡음비(SNR)를 최대화시켜 오류 확률을 최소로하는 필터

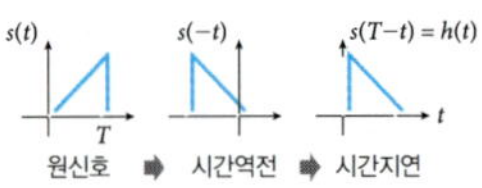

47 국가고시2015

그림과 같이 진폭 변조된 신호의 변조지수는?

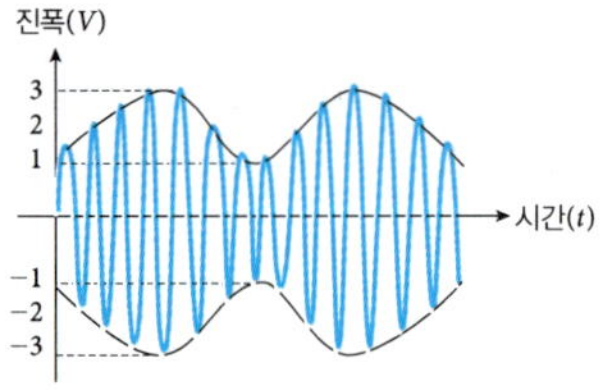

① 0.2
② 0.5
③ 0.7
④ 0.8

48 국가고시2015

16–QAM 변조에서 하나의 심벌은 몇 개의 비트인가?

① 2 ② 4 ③ 6 ④ 8

49 국가고시2015

PCM(Pulse Code Modulation)에 대한 설명으로 옳지 않은 것은?

① 과표본화(Oversampling)란 최소 표본화 주파수보다 더 높은 주파수를 사용하여 표본화를 수행하는 것이다.
② 표본화 과정의 결과를 PPM(Pulse Position Modulation)이라 한다.
③ 양자화(Quantization) 레벨 수가 많을수록 근사화오차가 작아지므로 양자화 잡음은 작아진다.
④ 32개의 레벨 수로 양자화된 것을 부호화할 때 표본당 할당되는 비트의 수는 5이다.

50 국가고시2015

진폭변조 방식과 주파수변조 방식에 대한 설명으로 옳지 않은 것은?

① 광대역 주파수변조 방식에서 변조된 신호의 점유 대역폭은 변조 지수가 클수록 증가한다.
② 진폭변조 방식은 주파수변조 방식보다 잡음의 영향을 더 많이 받는다.
③ 주파수변조 방식의 잡음 성분을 줄이기 위해 송신기에 디엠퍼시스(Deemphasis)를, 수신기에 프리엠퍼시스(Preemphasis)를 사용한다.
④ 반송파 성분이 제거된 SSB 변조 방식은 복조를 하기 위하여 동기복조 방식을 사용한다.

51 국가고시2016

디지털 통신시스템에서 정합필터에 대한 설명으로 옳지 않은 것은? (단, 비트 구간이 T인 이진 신호 $s(t)$를 전송하고, 채널은 가산성 백색 가우시안 잡음(AWGN) 환경이며, K는 상수이다)

① 비트오류확률을 최소로 하는 필터이다.
② 필터의 임펄스 응답은 $K_s(T-t)$이다.
③ 시간 $t = T$에서 상관 수신기와 동일한 결과를 얻을 수 있다.
④ 시간 $t = T$에서 출력의 신호 대 잡음비를 최소로 만든다.

52 (국가고시2016)

정보신호 $m(t) = A_m\cos(2\pi f_m t)$를 PM 또는 FM 변조한 후의 신호가 $s(t) = A_c\cos(\theta_i(t))$일 때, 다음 설명 중 옳지 않은 것은?

① PM 또는 FM 변조된 신호의 진폭은 일정하다.
② PM 변조된 신호의 $\theta_i(t)$는 $m(t)$의 미분 값에 따라 선형적으로 변화한다.
③ FM 변조된 신호의 순시 주파수는 $m(t)$에 따라 선형적으로 변화한다.
④ FM 변조된 신호의 $\theta_i(t)$는 $m(t)$의 적분 값에 따라 선형적으로 변화한다.

53 (국가고시2016)

MPSK(M–ary Phase Shift Keying) 변조방식에서 성상도(Constellation) 상 인접한 두 심벌 간의 위상 차이[rad]는?

① $\pi/2M$ ② π/M ③ $2\pi/M$ ④ $4\pi/M$

54 (국가고시2016)

FM 방식에서 사용되는 프리엠퍼시스(Preemphasis) 회로에 대한 설명으로 옳지 않은 것은?

① 신호의 높은 주파수 성분을 강조한다.
② 송신단에서 사용된다.
③ 일종의 고역통과필터(HPF)이다.
④ 적분기 형태의 회로이다.

55 (국가고시2016)

PAM, PWM, PPM 변조방식에 대한 설명으로 옳지 않은 것은?

① 디지털 변조방식에 속한다.
② PAM은 시분할 다중화 전송이 가능하다.
③ PWM은 모터를 제어하는 데 사용된다.
④ PPM은 펄스의 폭과 진폭이 일정하다.

56 (국가고시2016)

정보신호 $m(t) = \frac{1}{2}\cos(2\pi f_m t)$를 주파수 fc의 반송파를 사용하여 $s_c(t) = [1+m(t)]\cos(2\pi f_c t)$와 같이 진폭 변조하였을 때, 다음 설명 중 옳지 않은 것은? (단, $m(t)$, 반송파, $s_c(t)$의 단위는 [V]이다)

① 변조지수는 1/2이다.
② $s_c(t)$에서 양의 주파수 성분은 $f_c - f_m$과 $f_c + f_m$의 두 가지이다.
③ $s_c(t)$에서 전력의 반 이상은 반송파 성분의 전력이다.
④ 포락선 검파기를 사용하여 복조할 수 있다.

핵심 Hint

52.
$$s(t) = A_c\cos\theta_i(t)$$
$$s_{FM}(t) = A_c\cos\left[\omega_c t + K_f\int_0^t m(\tau)d\tau\right]$$
$$s_{PM}(t) = A_c\cos[\omega_c t + K_p m(t)]$$
$$\omega_i(t) = \frac{d\theta(t)}{dt} = \omega_c + K_f m(t) = \omega_c + K_p\frac{dm(t)}{dt}\ \text{(PM)}$$

53. M-ary PSK : 각각의 심볼을 $2\pi/M$으로 할당하여 변조

54. 변조파의 고주파 잡음특성을 개선하기 위하여 송신단은 HPF(미분기) 형태의 프리엠퍼시스 회로로 고주파 신호 성분을 강조(증폭)하고, 수신단은 디엠퍼시스(LPF,적분기)를 사용하여 보상

55. PAM, PWM, PPM 은 펄스 변조 방식이며, 이중 하나인 PCM이 디지털 변조방식이다.

56.
$$s_c(t) = [1 + m(t)]\cos2\pi f_c t = \left[1 + \frac{1}{2}\cos2\pi f_m t\right]\cos2\pi f_c t = \cos2\pi f_c t + \frac{1}{4}\cos2\pi(f_c \pm f_m)t$$
$$\Leftrightarrow \frac{1}{2}\delta(f \pm f_c) + \frac{1}{4}\frac{1}{2}\delta[f \pm (f_c \pm f_m)]$$

핵심 Hint

57. FM 변조지수
$\beta = \dfrac{\Delta f}{f_m} = \dfrac{A_m K_f}{\omega_m}$

58. AM 변조대역폭 크기
$SSB < VSB < DSB\text{-}SC/LC$

59. Carlson's Rule
$BW_{FM} = 2(f_m + \Delta f)$

60. $s_{DSB-SC}(t) = m(t)\cos 2\pi f_c t$
$S_{DSB-SC}(f) = \dfrac{1}{2}M(f \pm f_c)$
변조신포 스펙트럼은 1/2로 감소
($-f_c$ 성분으로 1/2 분산)

61. DSB_LC : 비동기 복조(포락선 검파)가 가능하도록 캐리어 신호를 함께 보내므로 저렴한 수신기 구현이 가능(대역폭, 전력 SSB의 약 2배(DSB-SC에 비해 별도의 캐리어 전력 필요)

57 국가고시2016

FM 방식에 대한 설명으로 옳지 않은 것은?

① 리미터의 사용으로 진폭 변화와 같은 페이딩의 영향을 억제할 수 있다.
② 전송대역폭이 넓을수록 잡음에 대한 특성이 우수해진다.
③ 변조지수는 정보신호의 진폭과 무관하다.
④ AM 방식보다 높은 주파수 대역을 사용한다.

58 국가고시2017

다음 변조방식 중 가장 좁은 대역폭을 차지하는 것은?

① VSB(Vestigial Sideband)
② SSB(Single Sideband)
③ DSB-SC(Double Sideband-Suppressed Carrier)
④ DSB-TC(Double Sideband-Transmitted Carrier)

59 국가고시2017

최대 가청 주파수가 3[kHz]인 오디오 신호를 FM 변조할 경우, 주파수 편이가 5[kHz]일 때 일반화된 칼슨(Carson)의 법칙에 따른 전송 대역폭[kHz]은?

① 4 ② 8 ③ 12 ④ 16

60 국가고시2017

스펙트럼이 $M(f)$인 메시지 신호를 $\cos(2\pi f_c t)$의 반송파를 이용하여 DSB−SC 변조할 때, 변조된 신호의 스펙트럼과 전력변화가 옳게 묶인 것은? (순서대로 스펙트럼, 전력변화)

① $\dfrac{1}{\sqrt{2}}M(f-f_c)+\dfrac{1}{\sqrt{2}}M(f+f_c)$, 절반으로 감소
② $\dfrac{1}{2}M(f-f_c)+\dfrac{1}{2}M(f+f_c)$, 변화 없음
③ $\dfrac{1}{\sqrt{2}}M(f-f_c)+\dfrac{1}{\sqrt{2}}M(f+f_c)$, 변화 없음
④ $\dfrac{1}{2}M(f-f_c)+\dfrac{1}{2}M(f+f_c)$, 절반으로 감소

61 국가고시2017

전통적인 AM 방식인 DSB−TC에 대한 설명으로 옳지 않은 것은?

① 비동기 복조기 구성이 가능하다.
② 다수의 사용자가 수신하는 방송시스템에 적합하다.
③ 반송파 신호를 추가적으로 보내기 때문에 복조기 구조가 간단해진다.
④ 같은 메시지 신호 전송 시 DSB-SC 방식보다 더 적은 전력이 소모된다.

62 국가고시2017

펄스변조에 대한 설명으로 옳지 않은 것은?

① PAM에서 유지회로(holding circuit)는 일정한 폭의 펄스를 생성한다.
② PPM은 표본화 순간의 메시지 신호에 따라 펄스의 위치를 변경한다.
③ PWM은 음의 표본값을 갖는 메시지 신호에는 적용이 불가능하다.
④ PAM은 표본화 순간의 메시지 신호에 따라 펄스의 높이를 변경한다.

63 국가고시2017

주파수 대역이 20~40,000[Hz]인 신호를 표본화(sampling)하고 표본당 8비트로 PCM할 때, 에일리어싱(aliasing)이 발생하지 않을 최대 표본화주기[ms]와 최소 데이터 전송속도[kbps]가 옳게 묶인 것은? (순서대로 최대 표본화주기, 최소 데이터 전송속도)

① 1/40, 320 ② 1/40, 640
③ 1/80, 320 ④ 1/80, 640

64 국가고시2018

아날로그 변조 방식에 대한 설명으로 옳지 않은 것은?

① 광대역 FM 방식의 점유 대역폭이 AM 방식보다 넓다.
② FM 방식이 AM 방식보다 잡음 세기에 대한 영향이 적다.
③ FM 방식에서 변조지수가 증가하면 FM 신호의 평균전력도 증가한다.
④ AM 방식에서 변조지수가 1보다 큰 경우 과변조되었다고 말한다.

65 국가고시2018

펄스 변조에 대한 설명으로 옳지 않은 것은?

① 표본화된 신호로부터 원래의 신호를 복원하기 위해서는 저역통과필터가 필요하다.
② 펄스진폭변조(PAM)를 구현하는 방법으로 sample-and-hold 방식이 있다.
③ 표본화 정리에 따라 나이키스트 표본화 주파수는 메시지 신호의 최대 주파수의 2배이다.
④ 균일 양자화를 사용하는 PCM에서, 양자화 비트 수가 1 비트 증가하면 신호대양자화잡음비는 3[dB] 증가한다.

66 국가고시2018

각변조에 대한 설명으로 옳지 않은 것은?

① PM 신호의 위상은 메시지 신호에 대해 선형적으로 변화한다.
② 각변조는 메시지 신호에 대해 중첩의 원리가 성립하는 선형성의 특징이 있다.
③ FM 신호의 근사적인 대역폭은 변조지수와 메시지 신호의 대역폭으로 구할 수 있다.
④ 메시지 신호를 적분하여 위상 변조하면 FM 신호를 얻을 수 있다.

핵심 Hint

62. PWM 은 신호크기에 따라 펄스 폭을 변화시키는 변조방식으로 (−)신호도 변조 가능

63. 나이키스트 샘플링 이론
$f_s > 2$
전송속도 = 샘플수/s × 비트수/샘플

64. FM 변조지수 β가 증가하면 소요 대역폭 증가, S/N 개선됨
$BW_{FM} = 2f_m(1+\beta)$
$\left(\frac{S}{N}\right)_{FM} = 3\beta^2\left(\frac{S}{N}\right)_{AM}$

65. $\text{SQNR} = 10\log\left(\frac{S}{N_q}\right)$
$= 10\log\frac{12S}{d^2}$
$=$ 상수 $+ 6 \times n$[dB]

66.

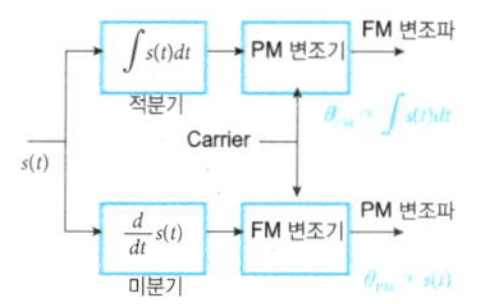

$m_{FM}(t) = A_c\cos\left[\omega_c t + K_f\int_0^t s(\tau)d\tau\right]$
$m_{PM}(t) = A_c\cos\left[\omega_c t + K_p s(t)\right]$

핵심 Hint

67. AM 변조대역폭 크기
$SSB < VSB < DSB\text{-}SC/LC$

68. Carlson's Rule
$BW_{FM} = 2f_m(1+\beta)$
$\beta = \dfrac{\Delta f}{f_m} = \dfrac{A_m K_f}{\omega_m}$

69. $f_{LO} = f_{RF} \pm f_{IF}$

70. 표본화-양자화-PCM
- SQNR $\cong 6 \times n$[dB]로 비트수 증가하면 S/N비 증가
- 비선형양자화기는 넓은 신호 변화폭 수용을 위해 사용

67 국가고시2018

진폭변조에 대한 설명으로 옳지 않은 것은?

① 반송파 억압 양측파대(DSB-SC) 변조방식은 동기 복조기를 사용한다.
② 반송파 전송 양측파대(DSB-TC) 변조방식은 반송파 억압 양측파대(DSB-SC) 방식에 비해 송신전력 효율이 떨어진다.
③ 잔류측파대(VSB) 변조방식에서 신호의 대역폭은, 단측파대(SSB) 방식보다 크고 양측파대(DSB) 방식보다 작다.
④ 단측파대(SSB) 변조방식은 대역폭을 적게 차지하므로 영상신호를 전송하는 데 유리하여 TV 방송에서 주로 사용된다.

68 국가고시2018

FM 방식에 대한 설명으로 옳은 것은?

① FM 신호의 대역폭은 항상 메시지 신호 대역폭의 2배이다.
② 주파수 편이는 반송파 주파수에 따라 결정된다.
③ FM 변조 지수는 메시지 신호의 대역폭과는 무관하다.
④ 광대역 FM 신호를 생성하기 위한 간접 FM 방식은 주파수체배기를 사용한다.

69 국가고시2019

다음 그림은 반송파주파수 950[kHz]로 진폭변조된 신호를 중간주파수 455[kHz]로 변환하는 슈퍼헤테로다인(superheterodyne) 수신기이다. 하측 튜닝(low-side tuning)을 사용하는 국부발진기의 주파수[kHz]는?

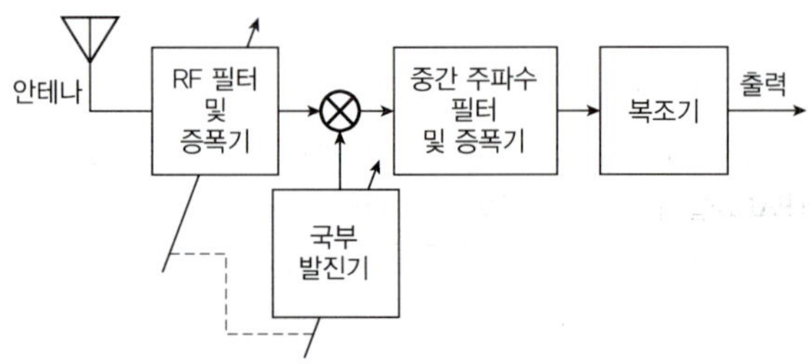

① 40 ② 495 ③ 1405 ④ 1860

70 국가고시2019

PCM(Pulse Code Modulation) 방식에 대한 설명으로 옳은 것은?

① 왜곡을 발생시키지 않는 최소 표본화 주파수를 나이키스트 주파수라고 한다.
② 양자화 이후에 표본화를 진행한다.
③ 적은 비트 수로 입력신호의 넓은 범위를 양자화하기 위해서는 균일 양자화가 적합하다.
④ 양자화 비트 수가 증가할수록 양자화 잡음은 증가한다.

핵심 Hint

71 국가고시2019

진폭변조(AM)된 신호 $A_c[1+am(t)]\cos(2\pi f_c t)$의 포락선검파가 왜곡 없이 가능한 경우는? (단, A_c는 반송파 진폭, f_c는 반송파 주파수, $m(t)$는 메시지 신호, f_m은 메시지 신호의 주파수이다)

① $a = 0.1,\ m(t) = 12\cos(2\pi f_m t)$
② $a = 0.2,\ m(t) = 8\cos(2\pi f_m t)$
③ $a = 0.3,\ m(t) = 4\cos(2\pi f_m t)$
④ $a = 0.4,\ m(t) = \cos(2\pi f_m t)$

71. $s_{AM}(t) = A_c[1+\mu m(t)]\cos\omega_c t$
$0 \le \mu \le 1$일 경우 원신호를 왜곡 없이 복조

72 국가고시2019

다음 중 비선형 변조방식은?

① SSB(Single Sideband)
② VSB(Vestigial Sideband)
③ PM(Phase Modulation)
④ AM(Amplitude Modulation)

72. 선형변조 : 변조신호 진폭이 입력신호 진폭에 비례
비선형변조: 입력신호진폭이 출력신호 진폭과 비례하지 않음
– AM(SSB, DSB, VSB) : 선형변조
– FM, PM : 비선형변조

73 국가고시2019

주파수변조(FM)에 대한 설명으로 옳은 것은?

① 변조된 신호의 전력은 변조되기 전 반송파의 전력보다 크다.
② 변조된 신호의 진폭이 시간에 따라 변화한다.
③ 변조지수가 작을수록 S/N비를 개선할 수 있다.
④ 프리엠퍼시스와 디엠퍼시스 기술을 이용하여 성능을 개선할 수 있다.

73. – FM변조파의 전력은 $\frac{A_c^2}{2}$으로 변조전 반송파 전력과 같다.
– 입력신호에 따라 주파수 변화
– S/N비는 변조지수제곱에 비례
$\left(\frac{S}{N}\right)_{FM} = 3\beta^2\left(\frac{S}{N}\right)_{AM}$

74 국가고시2019

반송파 전송 양측파대(DSB–TC) 변조방식에 대한 설명으로 옳은 것은?

① 변조된 신호의 진폭이 변하지 않는다.
② 힐버트(Hilbert) 변환이 반드시 사용된다.
③ 메시지신호의 대역폭이 B[Hz]이면 변조된 신호의 대역폭은 $2B$[Hz]이다.
④ 왜곡 없이 비동기식 복조를 하려면 변조 지수는 1보다 커야 한다.

74. AM 대역폭
$BW_{DSB\text{-}TC} = 2\times B(\text{Hz})$

75 국가고시2020

FM에서 기저대역 신호의 대역폭이 100[kHz]이고 최대 주파수편이(frequency deviation)가 75[kHz]일 때, 카슨(Carson) 법칙에 의한 대역폭[kHz]은?

① 250 ② 300 ③ 350 ④ 400

75. $BW_{FM} = 2(f_m + \Delta f)$

76 국가고시2020

낮은 주파수의 기저대역 신호를 멀리 보내기 위해 반송파의 진폭이나 주파수 또는 위상에 신호를 실어 보내는 기법은?

① 포매팅 ② 소스코딩 ③ 변조 ④ 채널코딩

76. 변조의 목적: S/N비 개선이나 전송주파수를 바꾸기 위해 반송파를 싣기 위한 과정

핵심 Hint

77. $f_s \geq 2B$(Hz)
전송속도 = 샘플수/s × 비트수/샘플

78. – DSB-TC 반송파를 함께 보내므로 전력효율 낮음(33% 이하)
– AM 변조대역폭
$SSB < VSB < DSB\text{-}SC/LC$

79. Baund Rate = $\frac{\text{전송심볼수}}{\text{전송시간}}$
$n = \log_2 M$
bps = sps × bits/sysmbol

80. Instaneous Frequency
$\omega_i(t) = \frac{d\theta_{FM}(t)}{dt}$

81. $s(t) = A_m \cos\omega_m t \times A_c \cos\omega_c t = \frac{A_m A_c}{2}\cos(\omega_c \pm \omega_m)t$

82. 진폭편이변조(ASK)는 입력 데이터에 따라 캐리어 진폭을 편이

77 국가고시2020

어떤 현악기가 낼 수 있는 소리의 최대 주파수가 5[kHz]이다. 이 악기로 3분 20초 동안 연주된 곡을 에일리어싱(aliasing)이 발생하지 않도록 표본화하고, 각 표본을 16비트로 변환하여 저장할 때 필요한 최소 데이터 용량[MByte]은?

① 3 ② 4 ③ 5 ④ 6

78 국가고시2020

반송파 전송 양측파대(DSB–TC) 변조방식에 대한 설명으로 옳은 것만을 모두 고르면?

ㄱ. 반송파 억압 양측파대(DSB-SC) 변조방식보다 전력 효율이 낮다.
ㄴ. 잔류측파대(VSB) 변조방식보다 좁은 채널 대역폭을 사용한다.
ㄷ. 단측파대(SSB) 변조방식보다 넓은 채널 대역폭을 사용한다.

① ㄱ, ㄴ ② ㄱ, ㄷ ③ ㄴ, ㄷ ④ ㄱ, ㄴ, ㄷ

79 국가고시2020

10[ms] 동안 16–PSK 심벌 10개가 전송될 때, 보오율[baud]과 비트율[bps]은?(순서대로 보오율, 비트율)

① 1,000, 2,000 ② 1,000, 4,000 ③ 2,000, 4,000 ④ 2,000, 8,000

80 국가고시2020

신호 $x(t) = 10\cos(200\pi t + \frac{\pi}{2})$의 순시 주파수[Hz]는?

① 100 ② 200 ③ 100π ④ 200π

81 국가고시2020

코사인 함수로 표현되는 메시지 신호의 진폭이 4[V]이고 반송파의 진폭이 2[V]일 때, 상측 단측파대(SSB) 변조된 신호 진폭의 최댓값[V]은?

① 1 ② 2 ③ 3 ④ 4

82 국가고시2021

진폭편이변조(ASK, amplitude shift keying) 방식에 대한 설명으로 옳지 않은 것은?

① 전송하고자 하는 정보 데이터에 따라 신호의 세기를 변화시킨다.
② 수신기는 심볼 구간 동안 주파수의 변화를 찾기 때문에 전압 스파크의 영향을 받지 않는다.
③ OOK(on-off keying)는 ASK의 일종으로 이진 데이터 중 하나를 0[V] 전압으로 표현한다.
④ 수신기에서는 정합필터를 이용하는 동기식 복조와 포락선 검파를 이용하는 비동기식 복조가 모두 가능하다.

83 국가고시2021

대역폭이 2[kHz]인 신호를 변조지수 2.5가 되도록 주파수 변조하였다. 카슨(Carson)의 법칙을 적용할 때, 변조된 신호의 대역폭[kHz]과 최대 주파수 편이[kHz]는?

	대역폭	최대 주파수 편이
①	7	5
②	7	10
③	14	5
④	14	10

① ① ② ② ③ ③ ④ ④

84 국가고시2021

정보신호 $m(t)$ = 5cos($10\pi t$)를 반송파 10cos($100\pi t$)로 반송파 전송 양측파대 변조(DSB–TC) 할 때, 변조지수와 상측파대 신호의 주파수[Hz]는?

	변조지수	상측파대 신호의 주파수
①	0.1	55
②	0.1	45
③	0.5	55
④	0.5	45

① ① ② ② ③ ③ ④ ④

85 국가고시2021

디지털 펄스의 기저대역(baseband) 전송 방식에 대한 설명으로 옳지 않은 것은? (단, 심볼 길이는 모두 동일하다)

① RZ(return-to-zero) 펄스는 NRZ(non-return-to-zero) 펄스에 비해 대역폭이 넓다.
② 펄스 변조된 신호에 직류성분이 존재하면 중계기 등에서 교류정합을 사용할 때 파형 왜곡이 발생할 수 있다.
③ 단극성 NRZ 신호는 직류성분을 가지는 특징이 있다.
④ 맨체스터 펄스는 직류성분이 없고 자체동기(self-synchronization) 특성을 가지며 대역폭이 작은 장점이 있다.

핵심 Hint

83. $BW_{FM} = 2(f_m + \Delta f)$
$= 2f_m(1+\beta)$

84. $s_{AM}(t) = m(t)\cos\omega_c t + A_c\cos\omega_c t$
$= A_c\left[1+\frac{m(t)}{A_c}\right]\cos\omega_c t$

85. – RZ 코드는 평균에너지 DC값을 0로 하지만, 대역폭(전송율)은 2배로 늘어남
– Manchester 코드는 자체동기가 가능하지만 1비트를 2개 구간으로 변경하여 보내므로 전송대역폭이 2배 늘어난다.

핵심 Hint

86. 샘플링 이론
표본화 주파수 $f_s \geq 2B$(Hz)
다중화전송속도
표본화주파수×1Frame 당 비트수
24CH 다중화 전송율
f_s×(CH수×채널당 bit당+프레임비트)

87. Double SuperHeterodyne Receiver

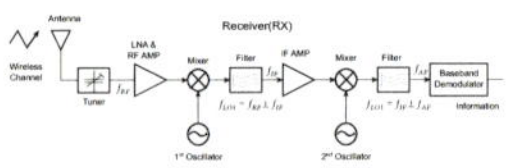

- LNA → MIXER → IF → AMP → MIXER → DETECTOR 순서로 수신

88. 직교성 이용
$\phi_1 \times \phi_2 = \phi_1 \times \phi_3 = \phi_1 \times \phi_3 = 0$
신호벡터의 방향별 성분벡터
$s_1(t) = s(t) \times \phi_1(t)$
$s_2(t) = s(t) \times \phi_2(t)$
$s_3(t) = s(t) \times \phi_3(t)$

86 국가고시2021

북미지역 PCM기반 T1 다중화 시스템에서는 음성 1채널을 4[kHz]로 대역 제한하고, 표본 당 8[bit]로 부호화한다. 음성 1채널과 24채널 시분할다중화 프레임의 전송률[kbps]은 각각 얼마인가?

	1채널	1프레임
①	32	1,536
②	32	1,544
③	64	1,536
④	64	1,544

① ①　　② ②　　③ ③　　④ ④

87 국가고시2021

슈퍼헤테로다인 수신기에서 입력신호가 통과하는 순서대로 나열한 것은?

① RF 증폭기 → 혼합기 → 포락선 검파기 → IF 증폭기
② RF 증폭기 → IF 증폭기 → 포락선 검파기 → 혼합기
③ RF 증폭기 → IF 증폭기 → 혼합기 → 포락선 검파기
④ RF 증폭기 → 혼합기 → IF 증폭기 → 포락선 검파기

88 국가고시2021

다음 신호 $s(t)$를 3개의 정규직교신호 $\phi_1(t)$, $\phi_2(t)$, $\phi_3(t)$를 사용하여 $s(t) = s_1\phi_1(t) + s_2\phi_2(t) + s_3\phi_3(t)$로 나타낼 때 신호 벡터 (s_1, s_2, s_3)는?

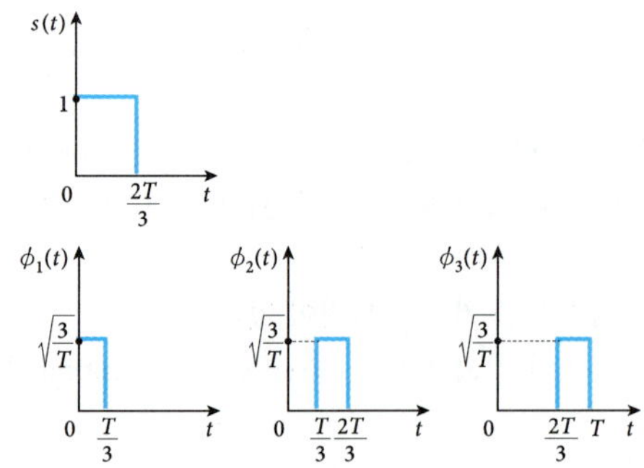

① $(1, 0, 0)$　　② $(1, 1, 0)$　　③ $\left(\sqrt{\frac{T}{3}}, \sqrt{\frac{T}{3}}, 0\right)$　　④ $\left(0, \sqrt{\frac{T}{3}}, \sqrt{\frac{T}{3}}\right)$

89 국가고시2021

정보신호 s(t)를 반송파 Acos($\omega_c t$)로 변조할 때, 변조 방식에 따른 신호형식으로 옳지 않은 것은? (단, K_f와 K_p는 양의 상수, A는 반송파 진폭, ω_c는 반송파 각주파수이다)

① 반송파 전송 양측파대 변조(DSB-TC): $[A+s(t)]\cos(\omega_c t)$

② 반송파 억압 양측파대 변조(DSB-SC): $As(t)\cos(\omega_c t)+\cos(\omega_c t)$

③ 주파수 변조(FM): $A\cos[\omega_c t + K_f\int_{t_0}^{t} s(\tau)d\tau]$

④ 위상 변조(PM): $A\cos[\omega_c t + K_p s(t)]$

90 국가고시2022

대역폭이 15[kHz]인 정보신호를 최대 주파수 편이(frequency deviation)가 75[kHz]가 되도록 FM(frequency modulation) 변조했을 때, 변조된 신호의 대역폭[kHz]은? (단, 카슨(Carson)의 법칙을 적용한다.)

① 90 ② 120 ③ 150 ④ 180

91 국가고시2022

양자화(quantization)에 대한 설명으로 옳지 않은 것은?

① 표본화된 신호의 아날로그 레벨 값을 유한한 디지털 레벨 값으로 분류하는 과정이다.

② 비균일 양자화 방식은 균일 양자화 방식에 비해 특정 진폭 구간을 더 세분화 할 수 있다.

③ 균일 양자화 방식에서 양자화 레벨에 할당되는 이진 부호가 1비트 증가하면 신호 대 양자화잡음비가 약 3[dB] 개선된다.

④ μ-law와 A-law는 비균일 양자화에 사용된다.

92 국가고시2022

통신시스템에서 백색가우시안 잡음에 대한 설명으로 옳지 않은 것은?

① 신호 성분과 곱해져서 왜곡을 초래한다.

② 진폭은 가우시안 확률 분포를 따른다.

③ 진폭의 평균값은 0이다.

④ 모든 주파수 대역에서 일정한 전력밀도 스펙트럼을 보인다.

93 국가고시2022

정보신호 $m(t) = \cos(2\pi f_m t + \frac{\pi}{4})$를 반송파 전송 양측파대(DSB-TC, double sideband-transmitted carrier)로 변조한 신호가 $s(t) = A_c[1 + \frac{1}{2}m(t)]\cos(2\pi f_c t)$일 때, 전력 효율[%]은? (단, f_m은 정보신호의 주파수이고, A_c와 f_c는 각각 반송파의 진폭과 주파수이며 $f_c \gg f_m$이다.)

① 약 11.11 ② 약 22.22 ③ 약 33.33 ④ 약 66.66

핵심 Hint

89. SSB : $As(t)\cos\omega_c t$
DSB: $[A+s(t)]\cos\omega_c t$
FM: $A_c\cos\left[\omega_c t + K_f\int_0^t m(\tau)d\tau\right]$
PM: $A_c\cos[\omega_c t + K_P m(t)]$

90. $BW_{FM} = 2(f_m + \Delta f)$

91. – 비균일양자화는 신호크기에 따라 양자화레벨을 변화시켜 신호를 충실하게 표현할 수 있으며, 음성신호의 경우 μ-law와 A-law 방식을 사용
– 양자화 비트수(양자화레벨) 증가 시 S/N비 개선효과 SQNR ≅ 6×n[dB]

92. AWGN(가산성백색가우시안잡음) 특성
– 모든 주파수 대역에 걸쳐 균일한 크기로 분포하며, 신호전력에 더해지는 잡음성분

93. $\eta = \frac{\mu^2}{2+\mu^2}$ (μ : 변조지수)

핵심 Hint

94. 에러비트수 = 에러율×송신비트수

95. 반송파 주파수를 입력정보데이터로 주파수변조하면 연속적인 위상변화를 갖는 변조파를 얻으며, 이를 CPFSK(연속위상FSK)또는 MSK라고 함
위상의 연속성으로 대역폭이 줄어들며, 비동기 검파가 가능함

96. 채널코딩: 채널 상의 에러를 정정하기 위해 에러정정용 코드를 부가하는 방법

97. $BW_{FM} = 2(f_m + \Delta f)$
$= 2f_m(1 + \beta)$

98. 대역폭 사용효율
η(bits/Hz)
$= \frac{R_b}{M}$ (ASK, PSK, QAM)
$= \frac{n}{2^n}$ (FSK)
– 직교캐리어를 이용하는 QPSK 방식은 동일한 E_b/N_0로 BPSK와 동일한 BER을 얻을 수 있으며, 대역폭 효율을 2배로 늘어나므로 많이 사용됨

94 국가고시2022

QPSK(quadrature phase shift keying) 변조 방식을 사용하는 통신시스템의 비트에러율(BER, bit error rate)이 10^{-6}이고, 데이터 전송률이 200[Mbps]일 때, 매 초당 발생하는 에러 비트 수의 평균값은?

① 10 ② 20 ③ 100 ④ 200

95 국가고시2022

위상의 연속성을 언제나 유지하는 변조 방식은?

① MSK(minimum shift keying)
② QPSK(quadrature phase shift keying)
③ OQPSK(offset quadrature phase shift keying)
④ DQPSK(differential quadrature phase shift keying)

96 국가고시2022

디지털 정보의 송수신 중 발생할 수 있는 오류를 검출하거나 정정하기 위해 사용하는 기술은?

① 변조 ② 채널코딩 ③ 소스코딩 ④ 암호화

97 국가고시2023

주파수가 20[kHz]인 정현파 신호를 100[MHz]의 반송파로 주파수 변조하여 최대 주파수 편이가 500[kHz]가 되었다. 카슨(Carson) 법칙을 이용하여 구한 변조 신호의 대역폭과 변조지수를 바르게 연결한 것은?

	대역폭[MHz]	변조지수
①	1040	25
②	1040	200
③	520	25
④	520	100

① ① ② ② ③ ③ ④ ④

98 국가고시2023

디지털 변조 방식인 ASK, PSK, FSK 및 QAM에 대한 설명으로 옳지 않은 것은?

① 이진 변조와 동기식 복조를 사용할 때, 동일한 비트오율을 얻기 위한 E_b/N_0는 PSK 방식이 FSK 방식에 비해 작다.
② ASK와 FSK는 비동기 복조가 가능하므로 수신기의 복잡도를 낮출 수 있다.
③ 임의의 Eb/N0에서 QPSK는 BPSK와 동일한 비트오율 성능을 얻을 수 있지만 대역폭 효율은 감소한다.
④ M진 QAM에서 M을 증가시킬 경우, 심벌당 전송할 수 있는 비트 수가 증가하여 대역폭 효율이 개선된다.

99 국가고시2023

그림과 같이 주기 T가 200[μs]인 사각파 정보신호를 1[MHz]의 반송파로 진폭 변조할 때, 변조된 신호에 나타나지 않는 주파수[kHz]는?

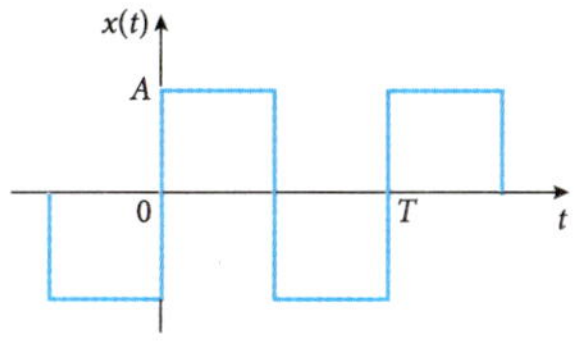

① 995 ② 1005 ③ 1010 ④ 1015

100 국가고시2023

정보신호 $m(t) = 2 + 5\sin(2\pi t)$를 반송파 전송 양측파대(DSB-TC, double sideband-transmitted carrier) 방식으로 변조하여 $[A_c + m(t)]\cos(2\pi f_c t)$ 신호를 생성할 때, 포락선 검파가 가능하도록 하는 A_c의 최솟값은?

① 1 ② 2 ③ 3 ④ 4

101 국가고시2023

반송파 억압 양측파대(DSB-SC, double sideband-suppressed carrier) 방식으로 변조된 신호 $s_m(t)$에 대한 복조기 구조가 그림과 같을 때, 곱셈기 출력 신호 $y(t)$의 스펙트럼 Y(f)는? (단, $s_m(t) = m(t)\cos(2\pi f_c t)$이고, 정보신호 $m(t)$의 푸리에 변환은 $M(f)$이다)

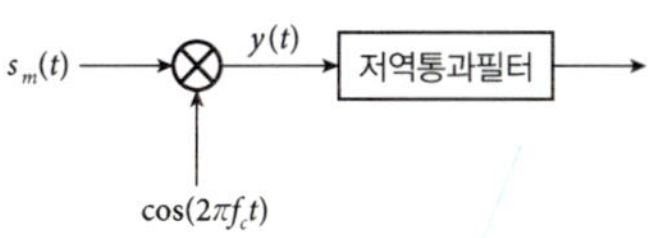

① $M(f) + \frac{1}{2}M(f-f_c) + \frac{1}{2}M(f+f_c)$ ② $M(f) + \frac{1}{2}M(f-2f_c) + \frac{1}{2}M(f+2f_c)$

③ $\frac{1}{2}M(f) + \frac{1}{4}M(f-f_c) + \frac{1}{4}M(f+f_c)$ ④ $\frac{1}{2}M(f) + \frac{1}{4}M(f-2f_c) + \frac{1}{4}M(f+2f_c)$

102 국가고시2024

그림은 펄스부호변조(PCM, pulse code modulation)된 이진 데이터에 대해 차동 부호화(differential encoding)를 수행하는 과정이다. 이에 대한 설명으로 옳지 않은 것은?

이진 데이터		0	1	1	0	1	0	0	1
차동 부호화된 데이터	1	0	0	0	1	1	0	1	1

핵심 Hint

99. 구형파신호 주파수

$$f_m = \frac{1}{T} = \frac{1}{200 \times 10^{-6}} = 5 \times 10^3\text{Hz}$$

구형파의 스펙트럼 성분은 $\pm(2n+1) \times 5\text{kHz}(n = 0, 1, 2, 3, \cdots$

출력주파수 $\pm(2n+1)f_m \pm f_{carrier}$

100. $0 \le \mu \le 1$이어야, 원신호를 왜곡 없이 포락선검파할 수 있음

$$s(t) = [A_c + m(t)]\cos\omega_c(t) = [A_c + 2 + 5\sin(2\pi t)]\cos\omega_c(t) = (A_c + 2)\left[1 + \frac{5}{A_c + 2}\right]\cos\omega_c(t)$$

101.

$$y(t) = s_m(t)\cos(2\pi f_c t) = m(t)\cos(2\pi f_c t) \times \cos(2\pi f_c t) = \frac{m(t)}{2}[1 + \cos(4\pi f_c t)]$$

102. 차동부호화 및 복호화기

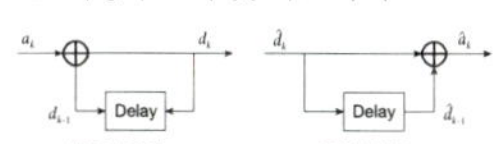

부호화 : $d_k = a_k \oplus d_{k-1}$

복호화 : $\hat{d}_k = \hat{a}_k \oplus \hat{d}_{k-1}$

① 차동 부호화된 데이터에 양극성 NRZ(non-return to zero)를 이용하여 라인 코딩하였다.
② 차동 부호화된 데이터에서 현재 비트의 전송 오류는 다음 비트의 검출에 영향을 주지 않는다.
③ 기준 비트를 제외한 차동 부호화된 데이터는 XNOR 연산으로 생성할 수 있다.
④ 수신기에서도 차동 방식으로 복호화(decoding)를 수행한다.

103 국가고시2024

평균전력이 P_m인 메시지 신호 $m(t)$를 반송파 억압 양측파대(DSB-SC, double sideband-suppressed carrier) 방식으로 변조한 신호 $s(t) = A_c m(t)\cos(2\pi f_c t)$의 평균전력은? (단, A_c는 상수인 반송파 진폭이고, $m(t)$의 주파수는 반송파의 주파수 f_c보다 매우 작다)

① $\frac{1}{2}A_c^2P_m$　② $A_c^2P_m$　③ $\sqrt{2}A_c^2P_m$　④ $2A_c^2P_m$

104 국가고시2024

대역폭이 10[kHz]인 메시지를 1,500[kHz]의 반송파로 단측파대(SSB, single sideband) 변조하였을 때, 변조된 신호에 대한 양의 스펙트럼에서 상측파대(USB, upper sideband) 점유주파수 대역[kHz]은?

① 1,490~1,500　② 1,490~1,510　③ 1,495~1,505　④ 1,500~1,510

105 국가고시2024

FM(frequency modulation) 변조에 대한 설명으로 옳지 않은 것은?

① 변조된 신호의 평균전력은 일정하다.
② 복조기에서 PLL(phase locked loop)을 사용할 수 있다.
③ 변조된 신호의 진폭은 메시지 신호의 적분에 비례한다.
④ 최대 주파수 편이가 증가할수록 카슨(Carson)의 법칙으로 구한 변조 신호의 유효 대역폭도 증가한다.

106 국가고시2024

평균은 0이고 평균전력은 1[W]인 정규화된 메시지 신호 $m_n(t)$를 평균전력이 100[W]인 반송파를 이용하여 반송파 전송 양측파대(DSB-TC, double sideband-transmitted carrier) 방식으로 변조한다. 변조된 신호 $s(t) = A_c[1 + am_n(t)]\cos(2\pi f_c t)$의 평균전력이 125[W]일 때, 변조지수 a는? (단, $0<a\le1$이고, A_c는 상수인 반송파 진폭이며, $m_n(t)$의 주파수는 반송파의 주파수 f_c보다 매우 작다)

① 0.2　② 0.3　③ 0.4　④ 0.5

핵심 Hint

103.
$s(t) = A_c m(t)\cos\omega_c(t)$
$$P = \frac{1}{T}\int_0^T s^2(t)dt(\mathrm{W})$$
$$P = \frac{1}{T}\int_0^T [A_c m(t)\cos\omega_c t]^2 dt$$
$$= \frac{A_c^2}{T}P_m\int_0^T \frac{1+\cos 2\omega_c t}{2}dt$$
$$= \frac{A_c^2P_m}{T}\frac{T}{2} = \frac{A_c^2P_m}{2}$$

104. $s(t) = m(t)\cos(2\pi f_c t)$

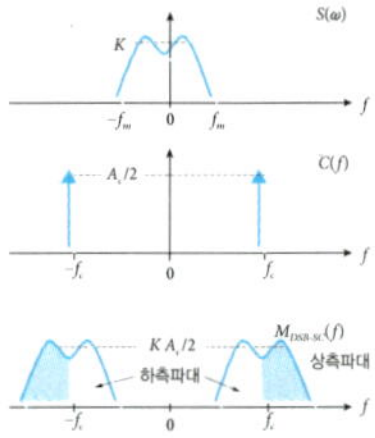

105. FM 변조 특징
- 평균전력이 일정하며, 수신단에는 캐리어복원을 위한 PLL을 사용한다.
- 변조대역폭은 최대주파수편이와 변조지수가 증가할수록 증가한다.
  $BW_{FM} = 2(f_m + \Delta f)$
  $= 2f_m(1+\beta)$
- 변조신호주파수는 메시지신호 크기에 비례한다.

106. [정답 오류 확인 필요]
$$P = \left(1+\frac{\mu^2}{2}\right)P_c$$
$$125 = \left(1+\frac{a^2}{2}\right)\times 100$$
$a^2 = 0.5$
$a = \sqrt{0.5}$

107 국가고시2024

아날로그 신호를 평탄 표본화한 PAM(pulse amplitude modulation) 신호의 스펙트럼 변형을 보상하기 위해 사용되는 것은?

① 등화기　② 미분기　③ 상관기　④ 양자화기

108 국가고시2024

각 변조된 신호 $s(t) = \cos[2\pi f_c t + \beta\sin(2\pi f_m t)]$의 최대 주파수 편이는? (단, f_c와 f_m은 각각 반송파와 메시지 신호의 주파수이고, $f_c \gg f_m > 1$이며 β는 0이 아닌 변조지수이다)

① $\dfrac{\beta}{2\pi f_m}$　② $2\pi\beta f_m$　③ $\dfrac{\beta}{f_m}$　④ βf_m

109 국가고시2024

비동기 BFSK(binary frequency shift keying) 시스템에서 비트 전송률이 800[bps]일 때, 두 반송파가 서로 직교하기 위해 필요한 최소 주파수 간격[Hz]은?

① 400　② 800　③ 1,600　④ 2,400

110 국가고시2024

디지털통신에 대한 설명으로 옳은 것은?

① 비트 주기와 심볼 주기의 값은 같을 수 없다.
② 표본화된 신호의 스펙트럼 중첩 현상을 에일리어싱(aliasing)이라고 한다.
③ 데이터를 압축하기 위해 채널코딩을 사용한다.
④ 수신 신호대잡음비(SNR)가 커지면 비트오류율이 증가한다.

핵심 Hint

107. 등화기: 대역제한된 신호나 다중경로페이딩에 의해 발생되는 왜곡 보상회로

108. 최대주파수 편이 Δf

$m_{PM}(t) = A_c\cos[\omega_c t + \beta\sin\omega_m t]$

$\beta = \dfrac{\Delta\omega}{\omega_m} = \dfrac{\Delta f}{f_m} = \dfrac{A_m K_f}{\omega_m}$

109. 직교 M-ary FSK 캐리어

$s(t) = \cos\left[2\pi f_c t + \dfrac{2M}{2T_s}t\right]$

$= \cos 2\pi\left(f_c + \dfrac{M}{2T_s}\right)t$

110. Undersampling($f_s < 2f_m$)일 경우, 표본화된 신호의 스펙트럼이 중첩되는 현상을 에일리어싱(aliasing)이라고 한다.

[3장 정답]

1. ❹ 2. ❷ 3. ❹ 4. ❷ 5. ❶ 6. ❶ 7. ❷ 8. ❷ 9. ❸ 10. ❷ 11. ❸ 12. ❷
13. ❶ 14. ❸ 15. ❹ 16. ❷ 17. ❶ 18. ❹ 19. ❷ 20. ❹ 21. ❷ 22. ❹ 23. ❹ 24. ❶
25. ❹ 26. ❶ 27. ❸ 28. ❹ 29. ❷ 30. ❹ 31. ❸ 32. ❷ 33. ❷ 34. ❸ 35. ❶ 36. ❸
37. ❸ 38. ❶ 39. ❹ 40. ❸ 41. ❷ 42. ❷ 43. ❸ 44. ❷ 45. ❹ 46. ❹ 47. ❷ 48. ❷
49. ❷ 50. ❸ 51. ❹ 52. ❷ 53. ❸ 54. ❹ 55. ❶ 56. ❷ 57. ❸ 58. ❷ 59. ❹ 60. ❹
61. ❹ 62. ❸ 63. ❹ 64. ❸ 65. ❹ 66. ❷ 67. ❹ 68. ❹ 69. ❷ 70. ❶ 71. ❹ 72. ❸
73. ❹ 74. ❸ 75. ❸ 76. ❸ 77. ❷ 78. ❷ 79. ❷ 80. ❶ 81. ❹ 82. ❷ 83. ❸ 84. ❸
85. ❹ 86. ❹ 87. ❹ 88. ❸ 89. ❷ 90. ❹ 91. ❸ 92. ❶ 93. ❶ 94. ❹ 95. ❶ 96. ❷
97. ❶ 98. ❸ 99. ❸ 100. ❸ 101. ❹ 102. ❷ 103. ❶ 104. ❹ 105. ❸ 106. [정답 없음, 오답?]
107. ❶ 108. ❹ 109. ❷ 110. ❷

CHAPTER

04

무선통신시스템 설계
Wireless Communication System Design

학습목표

- 무선통신 시스템의 일반적인 구성 방법을 이해한다.
- 에너지 전달을 위한 급전선과 전송선로의 종류 및 특성을 학습한다..
- 임피던스 정합 방법과 중요성을 이해한다.
- 무선통신시스템 구성 방법과 성능지표를 이해하고 평가할 수 있다.
- 시스템 상호 간 병존할 수 있는 무선 시스템 적합성 요구사항을 학습한다.

학습목차

4.1 급전선과 전송선로 해석

1 급전선과 전송선로

- 급전선Feeder과 전송선로Transmission Line는 송수신기 회로소자 간 또는 송수신 시스템과 안테나를 연결하여 전력을 전달하는 수동소자
- 전송선로는 1GHz 이하에서는 평행2선 또는 동축선을 주로 사용하고 그 이상 주파수에서는 마이크로스트립라인과 도파관, 광섬유, 대기Air 등을 주로 사용

그림 4-1 대표적인 전송선로(평행2선,동축선, 도파관, 마이크로스트립라인, 광섬유)

- 전송선로는 신호원의 입력 임피던스 Z_S와 부하의 임피던스 Z_L 연결하는 소자로 특성임피던스는 Z_0로 표현
- 길이 l[m] 전송선로는 저주파 신호일 경우에는 단순한 도체로 볼 수 있으나 고주파 신호가 입력될 경우, 임피던스 차이에 의해 연결부위에서 반사파를 발생시키는 회로 소자처럼 작용함

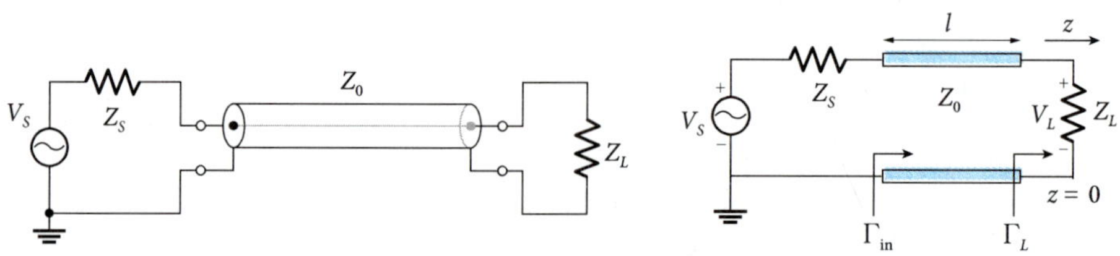

그림 4-2 전송선로의 회로적 표현

2 집중정수회로와 분포정수 회로

(1) 집중정수회로

- 전송선로의 임피던스를 Z_0, 위상정수 $\beta = \frac{2\pi}{\lambda}$ 라고 할 때 $z = l$ 점에서의 입력 임피던스 Z_{in}

$$Z_{in} = Z_0 \frac{Z_L + jZ_0 \tan(\beta l)}{Z_0 + jZ_L \tan(\beta l)} \tag{4.1}$$

- 저주파일 경우, 시스템 크기에 비해 파장 λ가 매우 크므로 거리에 따른 임피던스 변화는 무시할 수 있음
- $\lambda \gg 1(\mathrm{m})$이면 $\beta l = \frac{2\pi}{\lambda} l \cong 0$, $\tan \beta l \cong 0$ 이므로 $Z_{in} \cong Z_L$이 되어 임피던스 등의 회로정수(R, L, C, Z_0)가 전송선로상의 위치에 관계없이 일정하며, 이와 같은 특성의 회로를 집중정수회로Lumped Constant Circuit 라고 함
- 통상 1GHz 이하에서의 소자 및 전송선로는 집중정수회로로 해석함

(2) 분포정수회로

- 고주파에서는 $\lambda \ll 1$이므로 β값이 거리 l에 따라 회로정수가 급격하게 변화하므로 집중정수회로로는 해석할 수 없으며, 측정점의 위치을 고려하는 분포정수회로Distributed Constant로 해석하여야 함
- 분포정수회로의 선로 특성은 지점마다 단위길이당 R, L, G, C가 분산 분포된 형태로 볼 수 있으며, 선로 특성은 직렬 임피던스 $Z = R + j\omega L$과 병렬 어드미턴스 $Y = G + j\omega C$에 의해 결정됨
- R은 단위길이당 저항(Ω/m), L은 인덕턴스(H/m), G는 누설컨덕턴스(℧/m), C는 커플링 캐패시턴스(F/m)를 각각 나타냄

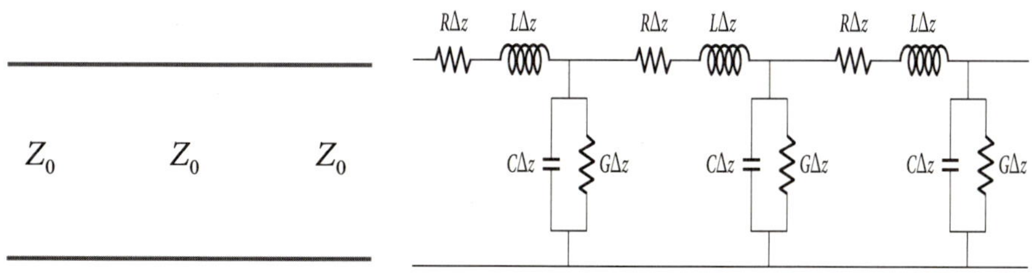

그림 4-3 집중정수회로와 분포정수회로

3 고주파 전송선로의 특성 파라미터

- 고주파수에서 사용되는 전송선로나 소자는 분포정수회로 해석하여야 하며, 선로의 제반 특성은 선로의 직렬 임피던스 $Z = R + j\omega L$과 병렬 어드미턴스 $Y = G + j\omega L$에 의한 특성 파라미터인 전파정수와 특성 임피던스로 표현

(1) 전파정수propagation constant와 특성 임피던스Characteristic Impedance

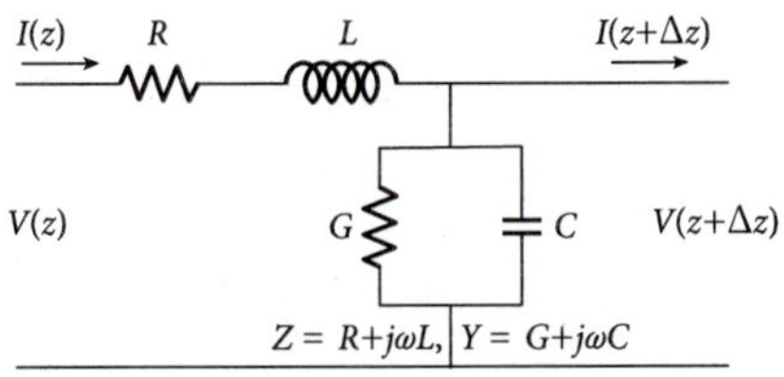

그림 4-4 분포정수회로의 회로 파라미터

- 전압파나 전류파가 분포정수회로를 전파할 경우 거리에 따라 크기 및 위상이 변화하게 되는데 이 특성을 전파정수 γ로 표현함

$$\gamma = \sqrt{ZY} = \sqrt{(R + j\omega L)(G + j\omega C)} \equiv \alpha + j\beta \tag{4.2}$$

(α : Attenuation Constant, β : Phase Constant)

- 전압파와 전류파의 비율 또는 임피던스와 어드미턴스의 비율을 전송 선로의 특성 임피던스 Z_0라 함

$$Z_0 = \sqrt{\frac{G}{Y}} = \sqrt{\frac{R + j\omega L}{G + j\omega C}}\ (\Omega) \tag{4.3}$$

(2) 무손실 전송선로의 특성 파라미터 ($R = G = 0$)

- 무손실 전송선로는 거리에 따른 손실을 무시할 수 있는 이상적인 선로로 $R = G = 0$이며, 이 선로의 회로정수는 다음으로 주어짐

전파정수 $\gamma = j\omega\sqrt{LC}$ ($\alpha = 0,\ \beta = \omega\sqrt{LC}$)

특성 임피던스 $Z_0 = \sqrt{\frac{L}{C}}\ (\Omega)$

위상속도 $v_p = \frac{1}{\sqrt{LC}}$ (m/s)

- 일반적으로 $LC = \mu\epsilon$이므로 자유공간에 비해 전송로 내에서의 위상속도 및 관내 파장이 줄어듦 (v_0 : 자유공간 전파속도)

$$\text{위상속도} \quad v_p = \frac{1}{\sqrt{LC}} = \frac{1}{\sqrt{\mu\epsilon}} = \frac{v_0}{\sqrt{\mu_r\epsilon_r}} \ \text{(m/s)}$$

$$\text{관내파장} \quad \lambda_g = \frac{\lambda}{\sqrt{\mu_r\epsilon_r}} = \frac{v_0}{f\sqrt{\mu_r\epsilon_r}} \ \text{(m)}$$

(3) 무왜곡 전송선로의 특성 파라미터 ($R \neq 0$, $G \neq 0$, R, G는 주파수 불변)

- R, G 값이 존재하지만 주파수와 무관하게 일정한 선로를 무왜곡distortionless 전송선로라 함
- 무왜곡 전송선로가 되기 위한 조건을 올리버 헤비사이드Oliver Heaviside 조건이라 하며, 이때의 전파정수의 감쇠정수 및 위상정수는 다음과 같음

$$\boxed{LG = RC \ (\text{헤비사이드 조건})}$$
$$\gamma = \sqrt{RG} + j\omega\sqrt{LC} \quad (\alpha = \sqrt{RG},\ \beta = \omega\sqrt{LC}) \tag{4.4}$$

- 일반적으로 $RC \gg LG$이므로 헤비사이드 조건을 만들기 위해 L을 직렬로 삽입하여 사용하며, 이때 삽입하는 코일을 장하 코일loading coil이라 함

4 주요 전송선로의 종류 및 특성

(1) 평행 2선

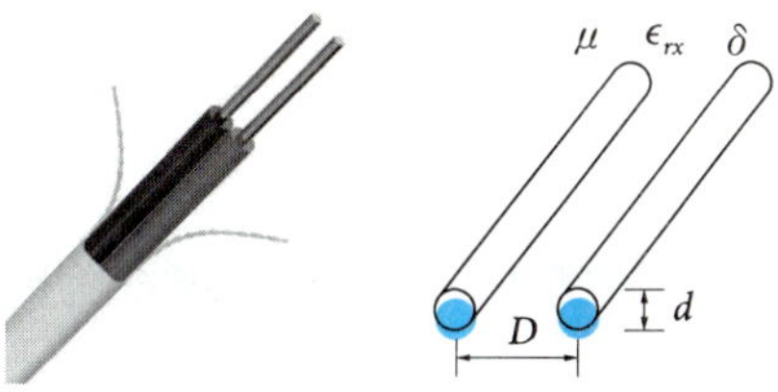

그림 4-5 평행 2선 전송선로 구조

- 특성 임피던스 $Z_0 = \sqrt{\dfrac{L}{C}} = \dfrac{277}{\sqrt{\epsilon_r}}\log\dfrac{2D}{d}\ (\Omega)$
- 주요 특성
  1. 다른 급전선에 비해 특성 임피던스가 높음
  2. 특성 임피던스가 높아 동일전력을 전송하는 경우 선간전압이 높음
  3. 외부로부터의 유도방해 영향을 받음
  4. 내압이 높아 대전력에 사용됨
  5. 특성 임피던스 Z_0와 전파속도 v와의 관계는 다음과 같음

$$L = \frac{Z_0}{v}, \quad C = \frac{1}{Z_0 v}$$

(2) 동축선

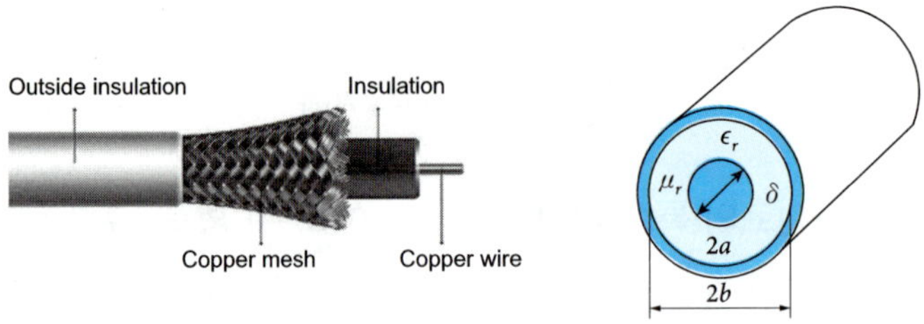

그림 4-6 동축선 전송선로 구조

- 특성 임피던스 $Z_0 = \sqrt{\dfrac{L}{C}} = \dfrac{138}{\sqrt{\epsilon_r}} \log \dfrac{2D}{d}\ (\Omega)$
- 주요 특성
  ❶ VHF대에서 가장 많이 사용한다.(일반용 50Ω, 방송용75Ω)
  ❷ 평행 2선식 급전선에 비해 특성 임피던스가 낮다.
  ❸ 특성 임피던스가 낮으므로 낮은 선간전압 가능
  ❹ 외부도체 접지에 따른 전자파 차폐로 외부로부터 유도방해 받지 않음
  ❺ 감쇠가 가장 적게 하기 위한 내경과 외경의 최적비 D/d는 3.6임
  ❻ 특성 임피던스 Z_0와 전파속도 v와의 관계는 다음과 같음

$$L = \frac{Z_0}{v},\quad C = \frac{1}{Z_0 v}$$

(3) 평면 평행선로Parallel–plate transmission Line (스트립라인, 마이크로스트립라인 등)

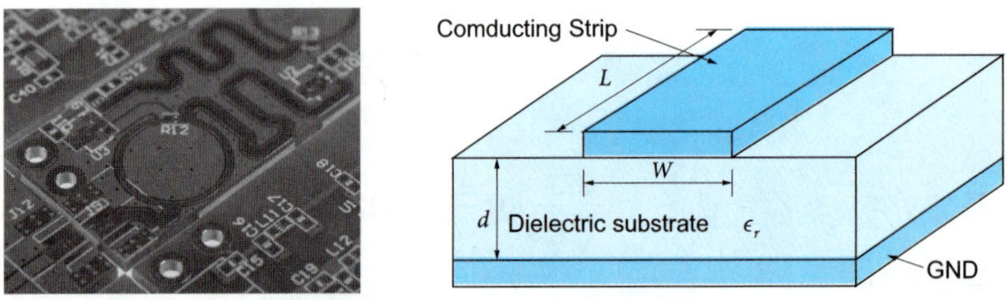

그림 4-7 평면 평행 전송선로 구조

- 특성 임피던스 $Z_0 = \sqrt{\dfrac{\mu}{\epsilon}} \dfrac{d}{\omega} = \dfrac{377}{\sqrt{\epsilon_r}} \dfrac{d}{\omega}\ (\Omega)$
- 주요 특성
  ❶ 균일한 매질인 유전체와 폭이 다른 두 개의 평행 도체판으로 구성
  ❷ 넓은 도체판이 접지면으로 동작하며, TEM파 존재

❸ 신호 경로 상의 전자기장의 분포와 신호 파장, 전파 속도, 전파 정수, 특성 임피던스는 재료 물질 특성(유전율, 손실탄젠트 등)에 의존

❹ 제작이 쉽고 능동소자 등 다른 소자와의 집적Integration이 용이

❺ UHF 이상의 고주파 회로와 마이크로파 집적회로 구성에 사용

[표 4-1] 전송선로의 단위길이당 회로정수

회로정수	평행2선	동축선로	평판선로
$R(\Omega/m)$	$\frac{R_s}{\pi a}$	$\frac{R_s}{2\pi}\left(\frac{1}{a}+\frac{1}{b}\right)$	$\frac{2R_s}{\omega}$
$L(H/m)$	$\frac{\mu}{\pi}\ln(d/a)$	$\frac{\mu}{2\pi}\ln\frac{b}{a}$	$\frac{\mu d}{\omega}$
$C(F/m)$	$\frac{\pi\epsilon}{\ln(d/a)}$	$\frac{2\pi\epsilon}{\ln(d/a)}$	$\frac{\epsilon\omega}{d}$
$G(\mho/m)$	$\frac{\pi\sigma}{\ln(d/a)}$	$\frac{2\pi\sigma}{\ln(d/a)}$	$\frac{\sigma\omega}{d}$
$Z_0(\Omega)$	$\frac{1}{\pi}\sqrt{\frac{\mu}{\epsilon}}\ln\frac{b}{a}$	$\frac{1}{2\pi}\sqrt{\frac{\mu}{\epsilon}}\ln\frac{b}{a}$	$\sqrt{\frac{\mu}{\epsilon}}\frac{d}{\omega}$
선로규격(m)	반경 a, 간격 d $\mu_r = \epsilon_r = 1$	내경 a, 외경 b	간극 d, 선로폭 ω
도체 정수	표피두께 $\delta = 1/\sqrt{\pi f\mu\sigma}$ (m), 단위길이당 표피저항 $R_s = 1/\sigma\delta$ (Ω/m)		

(4) 도파관

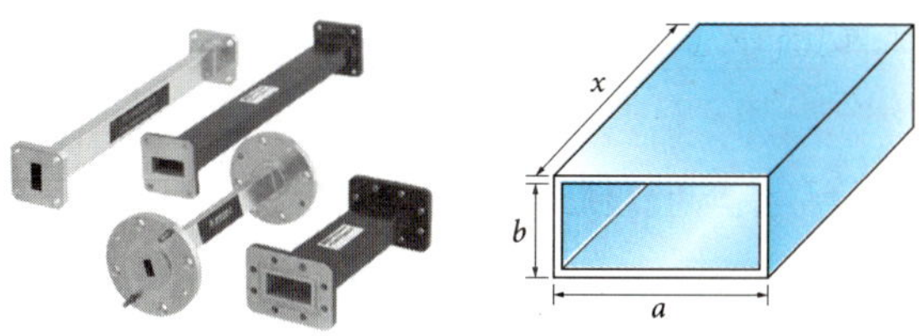

그림 4-8 도파관 전송선로 구조

- 특성 임피던스 $Z_0 = 377(\Omega)$ (공기가 전파 매체임)
- 주요 특성

❶ 도파관 내부에 고전도율의 금이나 은으로 도금을 하여 저항손실이 적음

❷ 공기를 전파하므로 유전체 손실이 적음

❸ 외부 복사(방사) 손실이 없음

❹ 외부 전자계와 완전히 차폐 가능

❺ 대전력 전송 가능

⑥ 도파관 내는 TEM파는 전파할 수 없으며, TE_{mn}, TM_{mn} 모드만 전파될 수 있으며, TE_{10}, TE_{11} 모드가 주[dominant] 전파모드임

⑦ 도파관의 차단 주파수 λ_c 이상 (차단파장 이하)의 주파수만 통과시키는 HPF[High Pass Filter]로 동작

$$\lambda_c = \sqrt{\frac{2\sqrt{\mu_r \epsilon_r}}{\sqrt{\left(\frac{m}{a}\right)^2 + \left(\frac{n}{b}\right)^2}}}\ (\mathrm{m}) \tag{4.5}$$

도파관 내부를 공기로 할 경우 $\epsilon_r = \mu_r = 1$이므로

$$\begin{aligned} TE_{10} &= (m = 1, n = 0) : \lambda_c = 2a \\ TE_{11} &= (m = 1, n = 0) : \lambda_c = \frac{2ab}{\sqrt{a^2 + b^2}} \end{aligned} \tag{4.6}$$

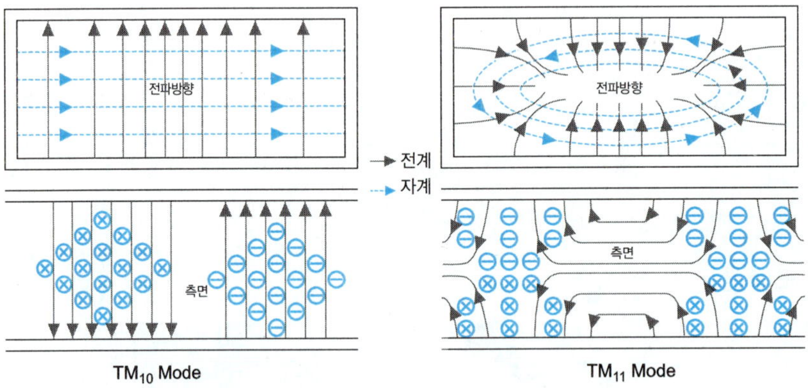

그림 4-9 도파관 내의 주 전파모드인 TE_{10}, TE_{11} 전파 특성

예제 4.1

TV 및 라디오 방송신호와 고주파 전파 전송로로 많이 사용되는 RG-58 동축선은 단위길이당 캐패시턴스 및 인덕턴스를 각각 C = 82(pF/m) 및 L = 0.205(μH/m)가 되도록 제작한다. 손실이 없는 이 선로를 이용하여 f = 700(MHz)인 UHD-TV신호를 텔레비전 수상기에 급전하고자 한다.

1) 이 선로의 특성임피던스는 얼마인가?
2) 선로 내를 전파하는 전압파의 속도는 얼마인가?
3) 선로 내의 위상상수는 얼마인가?

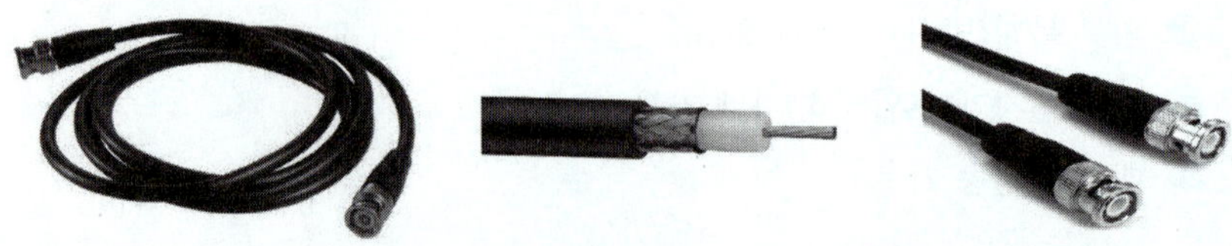

|풀이| 1) 동축선의 손실이 없다고 가정($R = G = 0$)하였으므로 특성임피던스는 다음과 같다.

$$Z_0 = \sqrt{\frac{R + i\omega L}{G + j\omega C}} = \sqrt{\frac{L}{C}} = \sqrt{\frac{0.205 \times 10^{-6}}{82 \times 10^{-12}}} = 50\,(\Omega)$$

2) $v = \dfrac{1}{\sqrt{LC}} = \dfrac{1}{\sqrt{0.205 \times 10^{-6} \times 82 \times 10^{-12}}} \fallingdotseq 2.44 \times 10^{-8}\,(\text{m/s})$

3) 위상상수 β는 다음과 같다.

$$\beta = \omega\sqrt{LC} = 2\pi \times 700 \times 10^6 \sqrt{0.205 \times 10^{-6} \times 82 \times 10^{-12}} \cong 18.024\,(\text{rad/s})$$

2)번의 전파속도는 $v = \dfrac{\omega}{\beta}$ 를 이용하여도 같은 결과를 얻을 수 있다.

예제 4.2

$f = 1$(GHz)에서 특성임피던스가 $Z_0 = 75(\Omega)$이고 위상정수가 $\beta = 10$(rad/s)인 전송선로가 있다.

1) 이 선로의 단위길이당 캐패시턴스와 인덕턴스를 구하라.

2) 이 선로를 이용하여 $C = 1$(mF)인 동축캐패시터[coaxial capacitor]를 만들려고 할 경우, 선로의 길이를 얼마로 하면 되는가?

|풀이| 1) $Z_0 = \sqrt{\dfrac{L}{C}}$, $\beta = \omega\sqrt{LC}$ 이므로 두 식으로부터 단위길이당 캐패시턴스와 인덕턴스는 다음과 같다.

$$C = \frac{\beta}{\omega Z_0} = \frac{10}{2\pi \times 10^9 \times 75} \fallingdotseq 21.22\,(\text{pF/m})$$

$$L = \frac{\beta}{\omega} Z_0 = \frac{10}{2\pi \times 10^9} \times 75 \fallingdotseq 0.12\,(\text{uH/m})$$

2) 전체용량은 단위길이당 용량과 길이를 곱하여 얻을 수 있다.

따라서 $C = 1$(mF)를 만들기 위해 필요한 길이 d는 다음과 같다.

$$d = \frac{1 \times 10^{-9}\,(F)}{21.22 \times 10^{-12}\,(F/m)} \fallingdotseq 47.13\,(\text{m})$$

예제 4.3

유전율, 투자율 ,두께 주어질 때 50옴 선로로 만들기 위한 마이크로스트립라인(평판 선로) 선로 두께를 구하라.

학습 Vitamins 특성임피던스는 왜 50Ω과 75Ω일까?

무선시스템을 설계하거나 해석할 때 기본적으로 설정해야 하는 값이 선로나 소자의 특성 임피던스Characteristic Impedance이다.

특성임피던스는 회로간 또는 시스템 간의 전력전달을 결정하는 중요한 기준값으로 해석하려는 소자(DUTDevice Under Test)의 특성임피던스 Z_0를 정의하지 않고서는 시스템을 해석할 수 없다.

소자의 규격이나 신호 규격, 부품 데이터 시트, application 노트 및 설계 지침을 보면 기본적으로 50옴 또는 75옴 임피던스로 주어져있으며, 전송 라인 및 RF PCB 설계, S-파라미터 해석, 임피던스 매칭, 전송 라인 및 RF/고속 PCB 설계의 기본 개념을 언급할 때 임피던스 개념이 반복적으로 언급된다. 간혹 50옴이 아닌 75옴 임피던스를 표준으로 제공하는 시스템도 있어 매우 혼란스럽기까지 하다. 그렇다면 50옴과 75옴 임피던스를 기준으로 하는 이유는 무엇일까? 20옴 또는 80옴으로 하면 무슨 문제가 있을까?

이러한 문제의 출발은 1920년대 후반으로부터 시작되었으며, 이때는 AM 방송을 비롯한 통신산업이 막 태동하던 시기이었다. 자유공간을 사용하여 전자파를 전송할 경우 모든 방향으로 에너지가 방사되어 특정방향으로의 에너지 효율이 매우 떨어지며, 이를 해결하기 위하여 고안된 것이 고주파 전파신호 전송이 가능한 동축선Coaxial Cable이다. AM 라디오 송신기용으로 kW 급의 대출력의 신호를 전송하는 동축선을 설계하고, 이를 이용하여 수백 km에 이르는 장거리를 전파로 통신할 수 있는 시스템을 개발하게 된다.

이때 동축선을 해석할 때 가장 중요한 요소는 케이블이 최대 전력 전달과 최고 전압 및 최소 감쇠가 기능하게 케이블을 설계하여야 했으며, 이 세 가지 세 가지 목표를 충족시키는 임피던스는 각각 다른 값을 갖게 된다.

최소 손실은 동축 케이블 내부 유전체의 손실에 따라 결정되며, 공기로 채워진 동축 케이블의 경우, 이는 약 77옴에서 발생하며, 특정 유전체로 채워진 케이블의 경우 약 50옴에서 가능하다. 최고 전압은 동축 케이블의 중심 도체와 측벽 사이의 전기장에 따르며, 통상적인 전계 전파모드인 TE10 모드에서는 동축선의 임피던스가 약 60옴인 경우에 최대가 된다. 이에 비해 최대 전력 전달은 약 33옴 근처에서 일어난다.

결론적으로 무선시스템에서 가장 중요한 전자파 에너지의 전력 전송 특성이 가장 좋은 임피던스는 33옴, 신호파형의 왜곡 및 감쇠가 가장 작은 임피던스는 77옴으로 중간값이 49옴 정도인데, 사용의 편의성을 위해 50옴을 사용하기로 하였다고 한다.

실제로 50옴이 가지는 의미는 시스템 상호 간의 타협점으로 그러한 임피던스가 서로 조금이라도 맞지 않으면 타협이 깨어져 신호의 반사가 발생하고, 이에 따라 전력손실이 발생하므로 항상 두 시스템 사이는 반드시 임피던스 매칭Impedance Matching을 하여야 한다.

전력전달성능보다는 신호왜곡을 최소화하여야 하는 방송 시스템에서는 RF 회로에서 사용하는 50옴보다는 75옴 시스템을 사용한다. 방송용 다이폴 안테나는 그 길이가 0.473λ (통상 반파장 다이폴)일때 리액턴스 성분이 0이 되는데, 그때의 임피던스가 73 옴 근처이므로 안테나에서 나오는 케이블들이나 케이블 TV 시스템 선로 임피던스를 75옴으로 사용한다.

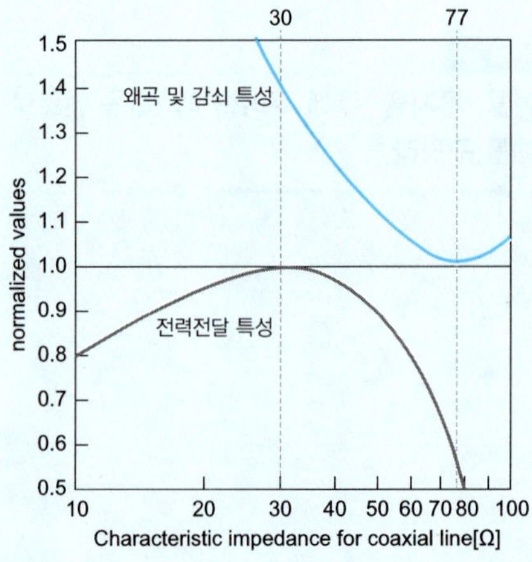

4.2 전송선로에서의 에너지 전달과 반사

1 전송선로와 에너지 전달

1 부하 회로 Z_L 종류에 따른 전력 전달

- 특성임피던스가 Z_0인 전송선로의 $z = 0$에 복소임피던스 $Z_L = R_L + jX_L$인 부하를 연결할 경우, $z = -l$ 입력전압에 의한 임의 지점에서의 순방향/역방향 전압/전류 파동

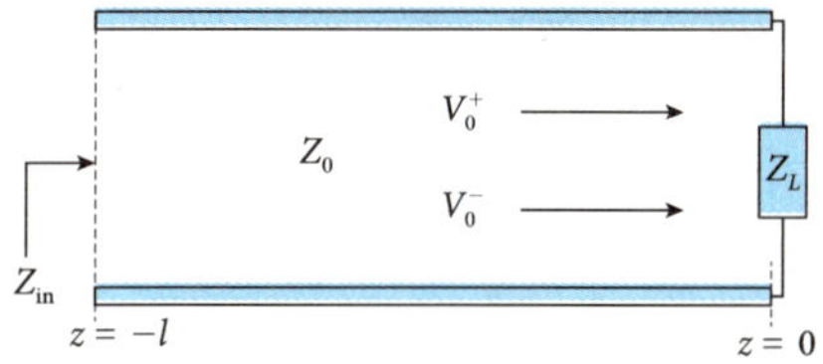

그림 4-10 전압파동 및 전류파동의 전달과 반사

$$V_s(z) = V_0^+ e^{-\gamma z} + V_0^- e^{+\gamma z}$$
$$I_s(z) = \frac{1}{Z_0}\left\{V_0^+ e^{-\gamma z} - V_0^- e^{+\gamma z}\right\} \tag{4.7}$$

- $z = 0$ 지점 경계면에서의 입사파와 반사파의 비를 반사계수reflection coefficient Γ로 정의

$$\Gamma \equiv \frac{V_0^-}{V_0^+} = \frac{Z_L - Z_0}{Z_L + Z_0} \tag{4.8}$$

- 전압이나 전류가 부하로 전달되는 비율을 전송계수transmission coefficient τ로 정의

$$\tau \equiv \frac{V_L}{V_0^+} = 1 + \Gamma = \frac{2Z_L}{Z_L + Z_0} \tag{4.9}$$

대표적으로 고려되는 부하 회로의 상태

(1) 단락회로short circuit

$Z_L = 0$로 할 경우를 단락회로short circuit라고 하며, 완전도체를 부하로 연결할 경우이며, $\Gamma = -1$ 및 $\tau = 0$이므로 전압은 모두 반사됨(도체의 경우)

이는 도체 경계면에 입사되는 전계가 모두 반사되어 통과하지 못하는 현상과 동일함

(2) 개방회로open circuit

$Z_L = \infty$인 회로를 개방회로라고 하며, 부하를 완전 부도체로 연결하거나 개방시킨 경우이며, $\Gamma = 1$이므로 선로에는 전류가 흐르지 못함

(3) 임피던스 정합impedance matching

$Z_L = Z_0$일 경우를 임피던스 정합이 이루어졌다고 하며, $\Gamma = 0$ 및 $\tau = 1$이므로 반사파 $V_0^- = 0$이므로 모든 에너지가 부하로 전달됨

2 $z = -l$ 에서 부하 쪽을 바라본 입력 임피던스 $Z_{in}(= Z(l))$

$$Z_{in} = Z_0 \frac{Z_L + jZ_0 \tan(\beta l)}{Z_0 + jZ_L \tan(\beta l)} \ (\Omega) \tag{4.10}$$

- 입력임피던스는 $\beta l = \pi$인 $l = \lambda/2$마다 주기적으로 특성이 달라짐

(1) 단락회로short circuit의 경우

$Z_L = 0$인 단락회로일 경우, 입력임피던스는

$$Z_{in} = jZ_0 \tan(\beta l) \ (\Omega) \tag{4.11}$$

따라서 단락회로의 임피던스는 $X_L = j\omega L$과 같은 형태이므로 인덕터와 같은 리액턴스 회로로 동작

(2) 개방회로open circuit

$Z_L = \infty$인 개방회로일 경우, 입력임피던스는

$$Z_{in} = -jZ_0 \cot(\beta l) \ (\Omega) \tag{4.12}$$

따라서 개방회로의 임피던스는 $X_C = 1/j\omega C = -j1/\omega C$과 같은 형태이므로, 캐패시터와 같은 리액턴스 회로로 동작

(3) 임피던스 정합impedance matching

$Z_L = Z_0$인 정합부하matching load를 연결할 경우, 모든 지점에서의 입력임피던스는

$$Z_{in} = Z_0 \ (\Omega) \tag{4.13}$$

따라서 선로 상에는 반사파가 없으며, 모든 전력은 부하로 전달됨

(4) 전송선로의 길이가 반파장의 정수배인 $l = m\frac{\lambda}{2}$ 인 경우 $(m = 1, 2, 3)$

$\beta l = \frac{2\pi}{\lambda} m \frac{\lambda}{2} = m\pi$ 이므로 $\tan\beta l = 0$이므로 $l = m\frac{\lambda}{2}$ 인 지점의 입력임피던스는

$$Z_{in} = Z_L \ (\Omega) \tag{4.14}$$

따라서 반파장 선로는 선로 대신에 입력단에 부하임피던스를 둔 것과 같음

(5) $l = (2m+1)\frac{\lambda}{4}$인 경우 $(m = 1, 2, 3)$

$\beta l = (2m+1)\frac{\pi}{2}$ 이므로 $\tan\beta l = \infty$이다. 따라서 $l = \frac{\lambda}{4}$ 에서의 입력임피던스는

$$Z_{in} = \frac{Z_0^2}{Z_L} \text{ 또는 } Z_0 = \sqrt{Z_{in} Z_L} \tag{4.15}$$

3 λ/4 임피던스 변환기 또는 정합회로

- $l = \frac{\lambda}{4}$ 에서의 입력임피던스는 $Z_0 = \sqrt{Z_{in} Z_L}$ 이므로 그림과 같이 $l = \lambda/4$인 전송선로를 부하와 입력단 사이에 두면 $Z_1 = \sqrt{Z_0 Z_L}$ 로 되어 부하와 입력단의 임피던스가 정합됨
- $\lambda/4$ 임피던스 변환기는 실수값을 갖는 부하임피던스 정합회로로 사용되며, 이때 $\Gamma = 0$로 되어 정합이 이루어짐

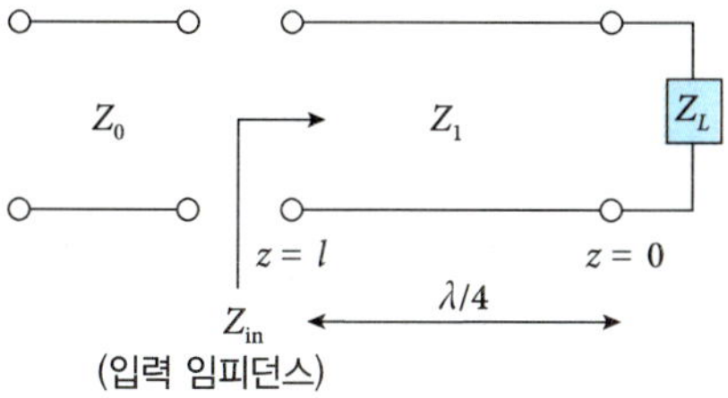

그림 4-11 λ/4 임피던스 변환기

예제 4.4

그림과 같이 특성임피던스가 Z_0 = 50(Ω)인 RG-401 동축케이블의 부하장치로 저항과 콘덴서를 직렬연결하였다. 만약 저항 및 콘덴서 크기가 R = 50(Ω) 및 C = 10(pF)이라고 하면, f = 600(MHz)이고 전압크기가 100(V)인 UHD-TV 신호가 입사될 경우에 대하여

1) 반사계수와 투과계수를 구하라.
2) 반사전압과 투과전압을 구하라.

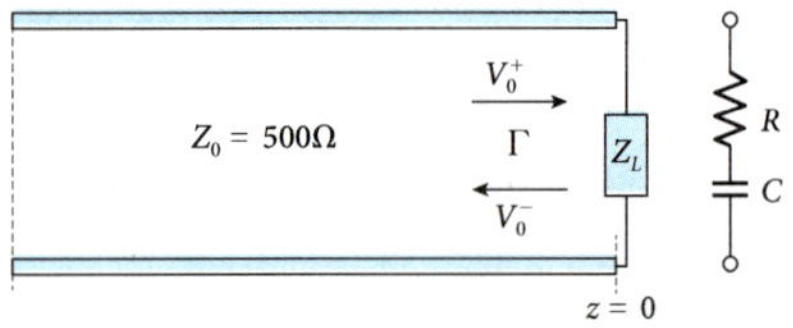

|풀이| 1) 먼저 부하장치의 임피던스를 계산해보자. 두 소자가 직렬 연결되었으므로 부하임피던스는 다음과 같다.

$$Z_L = R + \frac{1}{j\omega C}$$
$$= 50 - j\frac{1}{2\pi 600 \times 10^6 \times 10 \times 10^{-12}} \fallingdotseq 50 - j26.53 = 56.6e^{-j27.95^\circ}\ (\Omega)$$

따라서, 반사계수와 투과계수는 다음과 같다.

$$\Gamma = \frac{Z_L - Z_0}{Z_L + Z_0} = \frac{50 - j26.53 - 50}{50 - j26.53 + 50} = \frac{26.53e^{-j90^\circ}}{103.46e^{-j14.86^\circ}} = 0.256e^{-j75.14^\circ}$$
$$\tau = \frac{2Z_L}{Z_L + Z_0} = \frac{2(50 - j26.53)}{50 - j26.53 + 50} = \frac{113.2e^{-j27.95^\circ}}{103.46e^{-j14.86^\circ}} = 1.094e^{-j13.09^\circ}$$

2) 반사계수와 투과계수 정의로부터 반사전압 및 투과전압은 다음과 같다.

$$V_0^- = \Gamma V_0^+ = 0.256e^{-j75.14^\circ} \times 100 = 25.6e^{-j75.14^\circ}\ (\mathrm{V})$$
$$V_L = \tau V_0^+ = 1.904e^{-j13.09^\circ} \times 10 = 19.04e^{-j13.09^\circ}\ (\mathrm{V})$$

예제 4.5

그림과 같이 특성임피던스가 각각 Z_0 = 50(Ω)인 RG-58U와 Z_1 = 75(Ω)인 RG-59U 동축케이블을 연결하여 사용하려고 한다. 입력신호로 주파수 f = 100(MHz)이고 전압 크기가 10(V)인 FM 라디오 방송신호를 인가할 경우, 다음을 구하라.

1) 전압 반사계수 및 투과계수
2) 연결점에서의 반사전압 및 전류 크기
3) 연결점에서의 투과전압 및 전류 크기
4) 입력전력, 반사전력, 투과전력

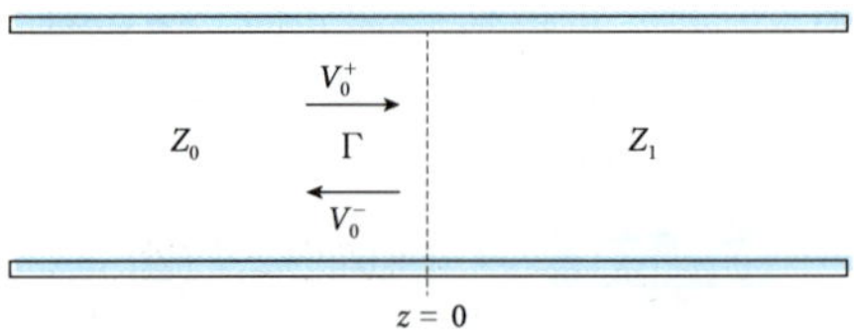

|풀이| 1) $Z_0 = 50(\Omega)$, $Z_1 = 50(\Omega)$이므로 전압 반사계수 및 투과계수는 다음과 같다.

$$\Gamma = \frac{V_0^-}{V_0^+} = \frac{Z_L - Z_0}{Z_L + Z_0} = \frac{75 - 50}{75 + 50} = 0.2$$

$$\tau = \frac{V_L}{V_0^+} = \frac{2Z_L}{Z_L + Z_0} = \frac{2 \times 75}{75 + 50} = 1.2$$

2) 반사전압은 식 (4.8)을 이용하여 계산한다.

$$V_0^- = \Gamma V_0^+ = 0.2 \times 10 = 2\,(\mathrm{V})$$

$$I_0^- = -\frac{V_0^-}{Z_0} = -\frac{2}{50} = -0.04\,(\mathrm{A})$$

3) 투과전압은 식 (4.9)를 이용하여 계산한다.

$$V_L = \tau V_0^+ = 1.2 \times 10 = 12\,(\mathrm{V})$$

$$I_L = +\frac{V_L}{Z_1} = \frac{12}{75} = 0.16\,(\mathrm{A})$$

4) 교류신호이므로 평균전력으로 계산하여야 한다.

입력전력 $P_i = \frac{1}{2} V_0^+ I_0^+ = \frac{1}{2} 10 \times \frac{10}{50} = 1\,(\mathrm{W})$

반사전력 $P_r = \frac{1}{2} V_0^- I_0^- = \frac{1}{2} 2 \times (-0.04) = -0.04\,(\mathrm{W})$

투과전력 $P_t = \frac{1}{2} V_L I_L = \frac{1}{2} 12 \times (0.16) = 0.96\,(\mathrm{W})$

예제 4.6

특성임피던스가 $Z_0 = 75(\Omega)$인 동축선로를 사용하여 임피던스가 $Z_L = 50(\Omega)$인 FM 라디오 수신기를 안테나에 연결하려고 한다. FM 라디오 수신주파수가 $f = 100(\mathrm{MHz})$일 때, 필요한 정합선로의 길이와 정합선로의 임피던스 값을 구하라. 단, 동축선로의 비유전율 및 비투자율은 각각 $\epsilon_r = 0$, $\mu_r = 1$이다.

|풀이| 실수값을 갖는 두 임피던스 사이를 정합하여야 하므로 $\lambda/4$ 임피던스 정합회로를 사용하여야 한다.

$f\lambda = v$이므로 동축선로 내의 파장은 다음과 같다.

$$\lambda = \frac{v}{f} = \frac{c}{f\sqrt{\mu_r \epsilon_r}} = \frac{3 \times 10^{-8}}{100 \times 10^6 \sqrt{1 \times 9}} = 1\,(\mathrm{m})$$

따라서 임피던스 정합을 위한 선로의 길이는 다음과 같다.

$$l = \frac{\lambda}{4} = \frac{1}{4}\,(\mathrm{m})$$

이때 임피던스 정합선로 앞에서 바라본 입력임피던스는 다음과 같다.

$$Z_1 = \sqrt{Z_0 Z_L} = \sqrt{75 \times 50} \fallingdotseq 61.24\,(\Omega)$$

2 전송선로의 정재파와 전력전달 지수

1 전송선로와 부하 사이의 정재파

- 전송선로에 부하가 정합되지 않았을 경우, $Z_L \neq Z_0$이므로 반사계수는 $\Gamma \neq 0$로 되어 부하 경계면에서 반사파가 발생
- 전송선로에는 입사파와 반사파가 공존하므로 두 신호가 서로 합해져서 위상관계에 따른 상쇄 또는 보강간섭을 일으킴
- 두 파의 간섭 결과는 시간의 함수가 아닌 부하로부터의 거리에만 의존하며, 마치 정지해있는 파처럼 보이므로 이를 정재파standing wave, 定在波라고 함.
- 특성임피던스 Z_0를 갖는 무손실 전송선로에 연결된 부하로부터의 반사계수는

$$\Gamma \equiv \frac{V_0^-}{V_0^+} = \frac{Z_L - Z_0}{Z_L + Z_0} = |\Gamma|\, e^{j\phi} \tag{4.16}$$

- 입력전압파동의 진폭을 V_0라고 하면 임의의 지점에서의 전압파동은

$$V_s(z) = V_0 \left\{ e^{-j\beta z} + |\Gamma|\, e^{+j(\beta z + \phi)} \right\} \tag{4.17}$$

- 전압이 최대인 지점과 최소지점은

$$z_{\max} = -\frac{1}{2\beta}(\phi + 2m\pi),\ \ |V(z)|_{\max} = (1 + |\Gamma|)V_0 \tag{4.18}$$

$$z_{\min} = -\frac{1}{2\beta}(\phi + (2m+1)\pi),\ \ |V(z)|_{\min} = (1 - |\Gamma|)V_0 \tag{4.19}$$

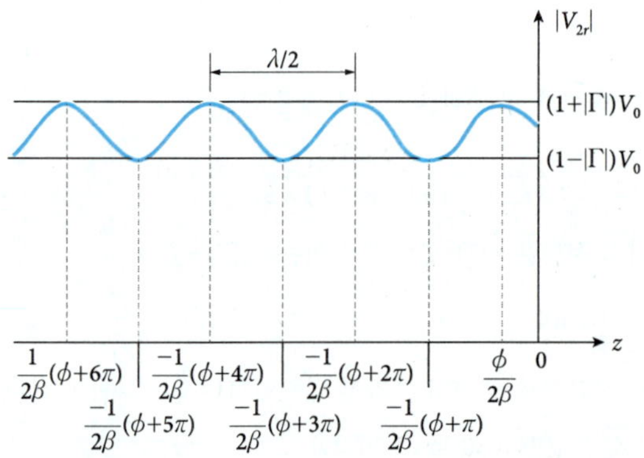

그림 4-12 부하로부터의 거리에 따른 정재파의 분포

(전압의 최대와 최소는 반사계수 Γ의 크기와 위상에 따라 변화됨)

2 선로의 전력 전달 파라미터

(1) 정재파비

- 전압의 최댓값 및 최솟값의 비를 전압정재파비 VSWR[Voltage Standing Wave Ratio]라고 하며, 다음과 같이 반사계수의 크기 $|\Gamma|$에 의해 결정됨

$$VSWR = \frac{V(z)_{\min}}{V(z)_{\min}} = \frac{V^{+}+V^{-}}{V^{+}-V^{-}} = \frac{1+|\Gamma|}{1-|\Gamma|} \tag{4.20}$$

(2) 반사계수[Reflection Coefficient]

- 부하와의 정합 정도에 따라 전압정재파비는 $1 \leq VSWR \leq \infty$ 값을 갖으며, 완전한 임피던스 정합이 이루어질 경우 $VSWR = 1$로 됨
- 반사계수는 $VSWR$로부터 구할 수 있으며 다음과 같이 주어짐

$$|\Gamma| = \frac{VSWR-1}{VSWR+1} \tag{4.21}$$

만약 $Z_L = 0$인 단락회로[short circuit]일 경우, $\Gamma = -1$, $VSWR = \infty$이며, 부하에서의 전압 $|V(z)|$은 최솟값 0이고, $|I(z)|$는 최댓값을 가지며, $-\lambda/4$ 주기로 최대, 최소가 반복됨

- $Z_L = Z_0$로 임피던스 정합이 이루어질 경우, $\Gamma_L = 0$ 및 $VSWR = 1$이 되어 정재파가 발생되지 않으므로 최대전력 전달

(3) 반사손실(dB)

- VSWR 은 단순 크기를 나타내므로 다른 회로 설계기법과의 연계나 네트워크 분석기 등의 계측기 활용의 편리를 위해 반사손실[Return Loss](RL)로 변환하여 사용
- 반사손실 RL은 반사계수에 대한 로그함수 값으로 다음과 같이 정의

$$RL = -20\log|\Gamma| = -20\log\frac{VSWR-1}{VSWR+1} = -10\log\frac{\text{출력전력}}{\text{입력전력}}\ (\text{dB}) \tag{4.22}$$

(4) 삽입손실(dB)

- 입력단의 신호가 얼마나 부하로 잘 전달되었는지를 나타내며, 삽입손실(IL)로 정의

$$\text{Insertion Loss } IL = -10\log\frac{\text{전달전력}}{\text{입력전력}}\ (\text{dB}) \tag{4.23}$$

- 전송시스템의 경우, VSWR은 작을수록, 반사손실 값의 크기가 클수록 반사가 적으므로 임피던스 정합이 잘 이루어진 회로임
- 전송선로나 부하 설계의 경우, $VSWR \le 2(RL \cong 10\text{dB})$ 이하로 정합되었다면 보통 수준의 임피던스 정합이 이루어진 것으로, 만약 $VSWR \le 1.5(RL \cong 14\text{dB})$ 이하로 정합하였다면 매우 우수한 임피던스 매칭이 되어 대부분 전력을 부하로 전달할 수 있음

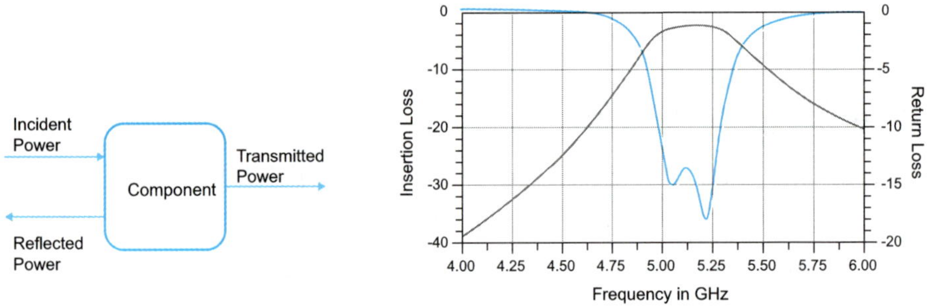

그림 4-13 반사손실과 삽입손실 측정 예(대역통과필터)

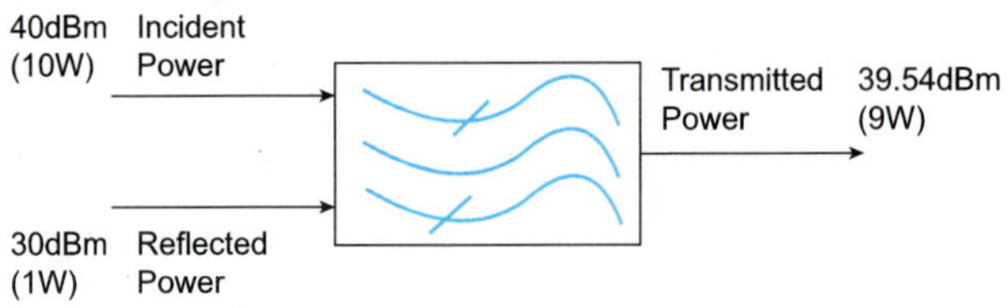

- 삽입손실 = 40dBm−39.54dBm = 0.46dB
- 반사손실 = 40dBm−30dBm = 10dB

그림 4-14 반사손실과 삽입손실 계산 예

예제 4.7

그림과 같은 방송신호 전송용으로 사용되는 특성임피던스가 $Z_0 = 75(\Omega)$인 동축선로를 사용하여 TV 수신장치를 만들려고 한다. 전송선로를 TV 수상기에 연결한 후 반사계수를 측정하였더니 $\Gamma = 0.5e^{j90^\circ}$이었다.

1) TV 수상기의 부하임피던스는 얼마인가?
2) 계측기에 측정되는 VSWR 및 반사계수 R_L은 얼마인가?
3) 부하에 최대 전력을 전달하기 위한 입력임피던스는 얼마인가?

|풀이| 1) 반사계수를 오일러 정리를 이용하여 계산하면 다음과 같다.

$$\Gamma = 0.5e^{j90^\circ} = 0.5(\cos 90^\circ + j\sin 90^\circ) = 0.5j$$

반사계수 $\Gamma = \dfrac{Z_L - Z_0}{Z_L + Z_0}$ 이므로 $Z_L = Z_0\dfrac{1+\Gamma}{1-\Gamma}$이다. 따라서 부하임피던스는

$$Z_L = 75 \times \frac{1+0.5j}{1-0.5j} = 75 \times \frac{0.75+j}{1.25} = 45 + j60\ (\Omega)$$

2) 전압정재파비와 반사계수는 다음과 같다.

$$VSWR = \frac{1+|\Gamma|}{1-|\Gamma|} = \frac{1+0.5}{1-0.5} = 3$$

$$RL = -20\log\frac{VSWR-1}{VSWR+1} = -20\log\frac{3-1}{3+1} \fallingdotseq 6.02\ (\mathrm{dB})$$

$VSWR = 3$이므로 양호한 방송시스템을 구성하기 위하여 임피던스 매칭이 필요하다.

3) 부하임피던스가 $Z_L = 45 + j60(\Omega)$이므로 정합회로를 이용하여 구성해야 할 입력임피던스는 $Z_{\text{in}} = 45 - j60(\Omega)$로 설계하여야 한다.

학습 Vitamins 임피던스와 Impedance Matching

무선시스템이나 회로설계에서 필수코스로 학습하는 내용이 임피던스와 임피던스 정합(매칭) Impedance Matching에 관한 내용이다. 모든 시스템의 목적은 송신단(정보제공자)의 정보를 수신단(정보수요자)에게 효율적으로 전달하는 것이며, 이를 위해 두 지점 간에 연결하는 것이 도선을 비롯한 전송선로이다. 모든 전송선로는 전송능력을 갖고 있으며, 송수신단의 특성에 맞게 선택되어져야 한다. 임피던스는 '방해하다'는 뜻의 impede 명사형으로 '회로를 통과하는 전기에너지인 전류의 흐름을 방해하는 성분값'을 의미하며, 임피던스가 크다는 것은 전류나 에너지의 흐름이 적다는 것이다.

임피던스는 항상 기본적으로 존재하는 성분과 특정상황(교류신호)에만 나타나는 성분으로 구분되며, 이를 저항Resistance과 리엑턴스Reactance라고 부른다.

임피던스는 교통공학적으로 설명하면 이해하기 쉽다. 저항은 도로의 폭으로 볼 수 있으며, 도로폭 또는 차선이 클수록 차량통행이 쉬워져 저항도 줄어든다. $R = \frac{L}{\sigma S}$ 에서 보는 것처럼 면적이 넓어지면 저항도 줄어드는 원리이다. 교류저항이라 불리는 리엑턴스는 도로 표면의 굴곡 상태나 도로의 곡선율 등과 같이 차량속도(신호의 주파수)를 높일 수 없도록 하는 도로상태와 비교할 수 있다.

차량 운행 중 갑자기 도로가 좁아지거나 갑자기 도로가 넓어져 사고를 유발하게 되는데, 이는 교통공학적으로 차로폭을 4차선 ⇒ 1차선으로 급격히 줄이기보다는 4 ⇒ 3 ⇒ 2 ⇒ 1차선으로 완충하면 이런 문제를 해결할 수 있으며, 이런 과정이 바로 임피던스 매칭이다.

소자 간의 임피던스가 맞지않을 경우 전달되는 전력이 감소하여 전력 손실이 증가하며, 대전력의 경우 급전선의 절연이 파괴되거나 급전선 방사가 일어나 송신기의 동작이 불안정해진다.

임피던스 매칭이란 서로 다른 임피던스 소자 사이의 전력 전달이 잘 되도록 반사손실을 이를 최소화하기 위해 양쪽의 임피던스를 조정하는 과정을 의미한다.

어떤 회로의 입력(소스)임피던스를 $Z_0 = R_0 + jX_0$, 부하임피던스를 $Z_L = R_L + jX_L$라 하면, 전달하는 신호 형태(직류 또는 교류)에 따라 두 종류로 임피던스 정합회로를 구성할 수 있다.

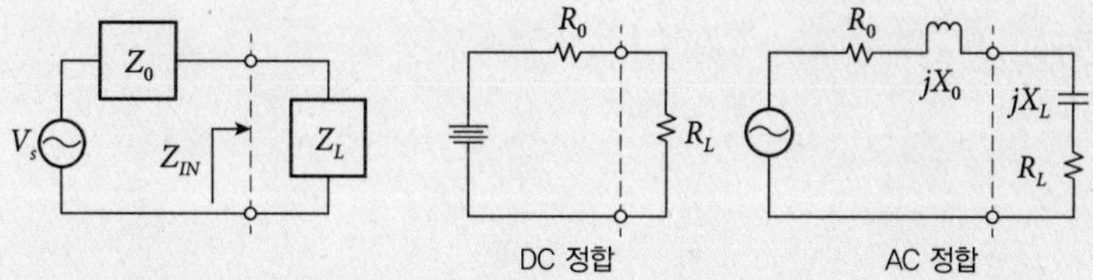

1) DC 정합

두 소자 간 전달되는 신호가 DC($f = 0$)일 경우 $X_C = X_L = 0$이므로 저항값을 동일하게 한다.

$$R_0 = R_L$$

2) AC 정합

두 소자 간 전달되는 신호가 AC($f \neq 0$)일 경우 $X_C = X_L = 0$이므로 저항값을 동일하게 하며, 이를 복소임피던스 정합 또는 공액임피던스 정합이라고 한다.

$$R_0 = R_L,\ X_0 = -X_L$$

예를 들면 $Z_0 = 50 + j50$라면 $Z_L = 50 - j50$로 하여 임피던스 정합을 할 수 있다.

임피던스 정합이 되면 두 소자간 최대전달전력이 일어나며 이때의 최대전력은 다음과 같다.

$$P_m = \frac{V^2}{4R_L} \text{ (W)}$$

4.3 무선통신 시스템 구성과 성능지표

1 무선통신 시스템 구성 Topology

1 무선통신 시스템 구성

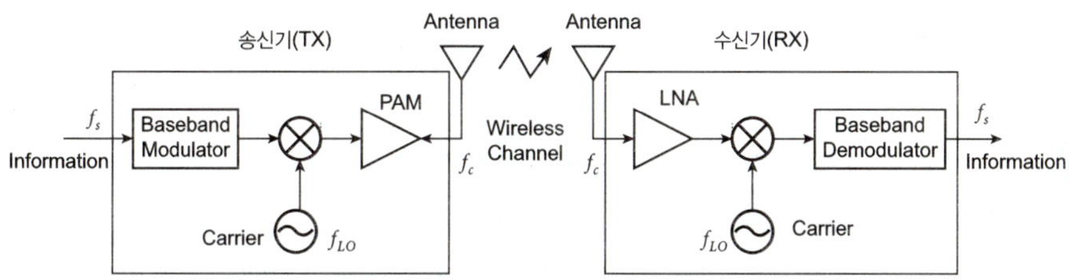

그림 4-15 무선통신시스템의 일반적인 구성

- 무선통신시스템은 송신기와 수신기 및 안테나로 구성
- 대역폭 f_s인 입력 정보신호는 기저대역변조기에 의해 변조된 후 혼합기mixer를 통하여 채널주파수 f_c를 갖는 RF 채널 신호로 주파수 변환됨
- 채널주파수 f_c는 서비스 대역(예: FM 방송의 경우 88~108MHz) 내의 사용자별로 할당된 주파수로 송신기와 수신기는 동일한 채널 주파수로 동작하여야 함

2 무선 송수신기의 구성 방법

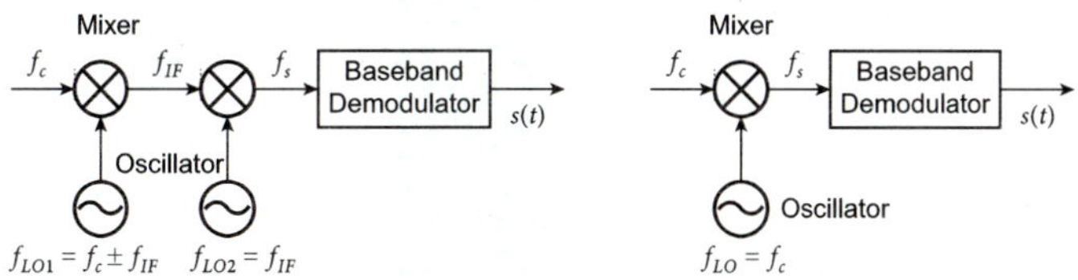

(a) 헤테로다인 수신 방식 (b) 호모다인 수신 방식

그림 4-16 무선 송수신기의 구성 방식

- 무선 송신기와 수신기는 통상적으로 동일한 구조로 구현되며, 적절한 서비스 대역폭으로의 신호변환과 SNR 확보 등을 위하여 송신기 측에서는 주파수 상향변환,

수신단에서는 주파수 하향변환 과정을 사용함

- 무선통신 송수신기의 주파수 변환을 위한 방식으로 호모다인Homodyne 또는 헤테로다인Heterodyne 방식을 사용(dyne =mix)
- 호모다인 방식은 Zero-IF 방식이라고 하며, 송수신 주파수와 주파수 변환용 혼합기 발진주파수가 동일(Homo)한 변환방식이며, 헤테로다인 방식은 서로 다른 주파수를 혼합하여 생성된 중간주파수(IF)Intermediate Frequency 대역에서 신호 처리를 수행함

3 슈퍼헤테로다인 수신기의 동작특성

- 헤테로다인 수신방식은 고주파 RF 신호를 효율적인 신호처리가 가능한 중간주파수(IF)Intermediate Frequency 대역으로 변환하여 수신하는 방식으로 시스템 성능 및 동작 특성이 우수하므로 슈퍼헤테로다인Superheterodyne 방식이라고도 함
- 1918 년 E.H. Amstrong이 제안한 슈퍼헤테로다인 방식은 원하는 대역으로의 주파수 변환이 용이하고, 시스템의 선택도Selectivity가 우수하여 일반적인 통신시스템의 송신기 및 수신기 기본 구조로 많이 사용됨
- 88~108MHz 주파수 대역에서 동작하는 FM 라디오 방송 수신기인 경우, 아래와 같이 2차례의 헤테로다인 수신을 거쳐 원하는 라디오 신호 수신
  1. 무선 채널을 통하여 전파된 전파로부터 안테나에는 88~108MHz의 FM 방송 대역 전파를 수신하며, 튜너Tuner를 이용하여 원하는 방송 채널 신호 수신
  2. 수신된 미약 전파신호는 저잡음증폭기(LNALow Noise Amplifier) 및 RF 증폭기에 의해 증폭된 후 1차 국부발진기Local Oscillator 및 혼합기Mixer에 의해 중간주파수(IFIntermediate Frequency) 신호(f_{IF} = 21.5MHz)로 하향 변환됨(1차 헤테로다인)
  3. IF 신호는 IF 증폭기에 의해 증폭된 후 2차 국부발진기 및 혼합기에 의해 오디오 주파수(f_{AF} = 455kHz) 대역 신호로 변환됨(2차 헤테로다인)
  4. 오디오 주파수 신호는 FM 검파기discriminator 또는 포락선 검파기 등의 기저대역 복조기baseband demodulator를 이용하여 음성신호로 복조됨

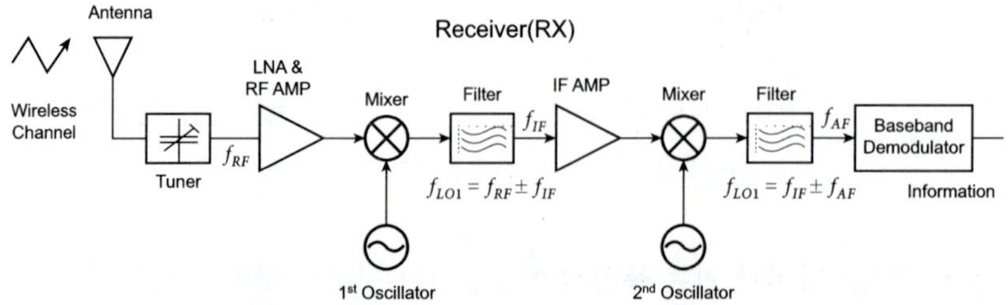

그림 4-17 Super-Heterodyne 수신기 구조

(1) 슈퍼헤테로다인 수신기의 장점

1. 고주파 증폭 후 중간 주파수로 변환시켜 증폭함으로써 발진oscillation의 위험 없이 고이득 증폭 및 고감도 수신 가능
2. 높은 SNR 특성 가능
3. 중간주파수를 사용하므로 신호의 선택도selectivity 향상
4. 원하는 대역으로의 주파수 상향 및 하향 변환이 용이
5. 불필요한 신호 차단을 위한 필터 사용이 용이하므로 간섭에 강함
6. 고주파 영역에서 신호처리가 이루어지므로 신호 충실도fidelity 가 높음

(2) 슈퍼헤테로다인 수신기의 단점

1. 영상 신호image signal가 존재하여 시스템 성능을 저하시킬 수 있음
   주파수 변환용 혼합기 동작에 의해 발생되는 영상 신호는 수신하고자 하는 신호에 혼신 및 간섭을 일으키는 불요파로 신호 근처의 영상 신호는 적절히 억제하여야 함

$$f_{image} = f_{LO} \pm 2f_{IF} \ldots \tag{4.24}$$

   영상 신호는 중간 주파수를 적절하게 선택하고 발진기의 출력을 낮게하거나 우수한 특성의 대역통과필터(crystal filter 등)를 사용하여 억제함
2. 주파수 변환에 의해 발생하는 불요파 잡음spurious noise이 큼
3. 전원 전압 변동에 민감하며 시스템(회로) 구성이 복잡함

4 호모다인 수신기의 동작특성

- 호모다인 수신기는 IF 변환없이 바로 기저대역 신호로 변환하는 수신기로 직접변환Direct Conversion 방식, 또는 Zero IF 방식이라고도 하며, 고주파 RF 신호와 같은 주파수의 발진기 신호를 이용함

(1) 호모다인 수신기의 장점

1. 슈퍼헤테로다인 방식보다 스퓨리어스 잡음신호가 적음
2. IF 대역 회로(필터 등)가 불필요함
3. 회로 구성이 간단하여 구성단가를 줄일 수 있음

(2) 호모다인 수신기의 단점

1. 입력 RF 신호와 혼합기 발진기의 주파수가 동일하여 두 신호의 격리가 완벽하

지 않을 경우 DC 신호가 발생되어 신호 감도를 저하시킴

② 비선형 소자에 의한 2차 왜곡잡음의 영향을 많이 받음

③ 직접변환에 필요한 I/Q 채널 사이의 왜곡에 의한 감도 저하 발생

④ 저주파 영역에서 신호를 복조하므로 능동소자(TR, 증폭기 등)가 저주파 영역에서 발생시키는 $1/f$ 잡음(플리커잡음이라고 함) 영향으로 S/N비가 매우 저하됨

2 무선 송신기의 성능지표

1 위상잡음 Phase Noise

- 발진기 성능을 나타내는 지표 중의 하나로 주로 TR의 열잡음과 $1/f$ 잡음에 의해 발생함
- 중심주파수에서 떨어진 특정 Offset 주파수에서 중심주파수 신호보다 얼마나 전력이 떨어지느냐의 정도를 나타내며, dBc/Hz @ offset freq. 로 나타냄
- 발진기는 대부분 Mixer의 LO(국부발진기)용으로 사용되기 때문에 Phase Noise 특성이 나쁘면 송수신기의 감도나 여러 가지 성능이 저하됨
- 위상잡음은 캐리어 전력 P_c(W)와 1Hz 당 잡음전력 P_n(W/Hz)의 비율로 정의함

$$\text{Phase Noise } L(f)_{dB} = P_n(\text{dBm/Hz}) - P_c(\text{dBm}) \quad (4.25)$$

- 무선 시스템마다 위상잡음의 크기를 정의하고 있음

  CDMA : −115dBc/Hz at 100KHz offset

  GSM : −121dBc/Hz at 600KHz offset
- CDMA의 −115dBc/Hz at 100kHz 규격은 중심주파수에서 100kHz 떨어진 지점에서의 1Hz 밴드폭의 전력이 중심주파수 전력보다 115dB이상 낮아야 한다는 의미

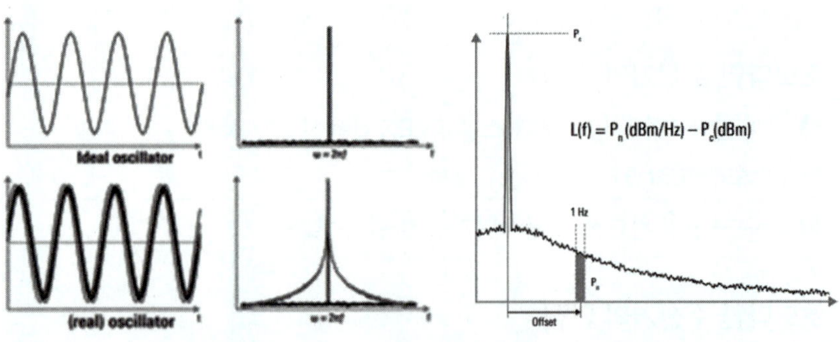

그림 4-18 위상잡음에 의한 time jitter와 위상잡음 정의

2 주파수 안정도

- 송수신기 발진기의 동작주파수가 열, 전기적 또는 기계적 변화에 의해 변화하는 정도
- 일반적으로 $\frac{\Delta f}{f_0}$(Δf : 주파수 변화, f_0 : 발진주파수)로 표시하여 안정도는 [±Hz/°C], [±ppm/°C] 등으로 온도 변화에 따른 주파수 변화의 절대량(Hz) 또는 중심주파수와의 상대변화량(ppm)으로 나타냄
- 주파수 안정도 향상을 위해 발진기 동조회로의 Q 값을 높게 하거나 PLL 주파수합성기, 수정crystal 발진기의 온도특성을 보상한 온도보상수정발진기(TCXO), 전압제어온도보상수정발진기(VC-TCXO)Voltage Controlled Temperature Compensated Crystal Oscillator 등 사용

3 인접채널 간섭비

- 간섭현상은 잡음 또는 원치않는 간섭신호가 원하는 신호 품질에 나쁜 영향을 주는 현상

  ISI(심볼간 간섭)Intersymbol Interference : 시간 축상에서 심볼(비트)간 간섭현상
  CCI(동일채널 간섭)Co-Channel Interference : 동일 주파수 성분끼리의 간섭현상
  ACI(인접채널 간섭)Adjacent Channel Interference: 다른 주파수 성분끼리의 간섭
- ACI 는 허가대역 밖으로 전자파 에너지가 방사되어 인접채널에 간섭을 일으키는 현상으로 인접채널 신호의 S/N 비, 상호변조 등의 특성을 저하시킴

$$ACI_{dB} = 10\log \frac{\text{Channel PWR}}{\text{Adjacent Channel PWR}} \text{(dB)} \tag{4.26}$$

- Sharp한 송수신 필터를 사용하여 방지하여야 하며, 서비스별로 스펙트럼 방출허용마스크Spectrum Emission Mask를 사용하여 규제

4 상호변조

- IMDInter Modulation Distortion(상호변조, 혼변조, 상호변조 왜곡)란 회로 내의 비선형 소자 특성에 의해 서로 다른 입력 주파수 신호의 Harmonic 주파수들끼리의 합과 차로 조합된 출력주파수 성분이 나오는 현상

$$\text{Input}(f_1, f_2) \Rightarrow \text{Output}(\pm nf_1 \pm mf_2) \tag{4.27}$$

- 수많은 IMD 주파수들이 조합되어 신호 대역폭에 잡음신호를 형성하며, 신호의 진폭과 위상 왜곡을 발생시켜 전송신호의 RF 특성과 S/N 비를 저하시킴

- 주로 고출력 증폭기(PAM)에서 발생하므로 증폭기의 선형성을 개선하기 위한 방식으로 Feedforward 방식, Feedback 방식 및 Pre-Distortion 방식으로 보상

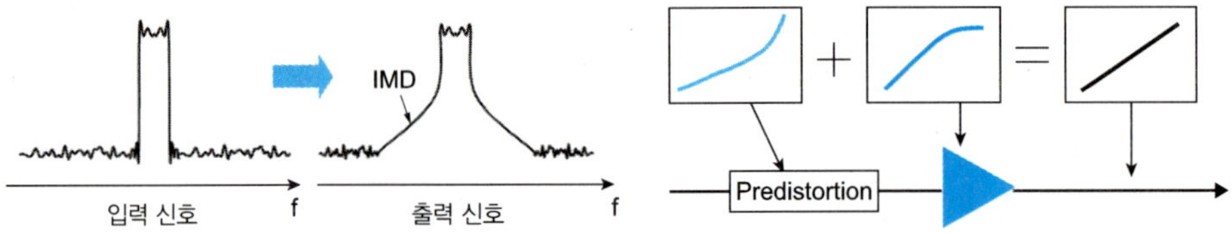

그림 4-19 상호변조와 전치보상회로

3 무선 수신기의 성능지표

1 잡음지수Noise Figure

(1) 수신기 잡음과 바닥 잡음 레벨Noise Floor

- 잡음 : 시스템 내부나 외부적 요인에 의해 발생하는 원치 않는 모든 신호들
- 잡음 플로어 : 수신기 내의 모든 잡음에 의해 형성되는 기본적인 잡음 분포
- 수신기의 바닥 잡음을 형성하는 대표적 잡음은 열잡음으로 사용하는 신호대역폭과 온도에 비례하며, 대표적인 열잡음(T = 290K)은 표와 같음
- 열잡음 전력

$$
\begin{aligned}
N &= kTB = N_0B\,(\text{Watt}) \\
&= 10\log k + 10\log T + 10\log B\,(\text{dB})
\end{aligned}
\tag{4.28}
$$

N_0 : 잡음전력밀도 (Watts/Hz) = kT
k : Boltzmann Constant = 1.38×10^{-23} (J/K)
T : 캘빈온도(K, 절대온도) = 일반온도(℃) + 273

[표 4-2] 대역폭에 따른 열잡음 크기와 시스템 예

신호대역폭	열잡음(T = 290K)	비 고
1 Hz	–174 dBm	1 Hz 당 기본 잡음
10 Hz	–164 dBm	–
8 kHz	–135 dBm	AM DSB 방송 신호
200 kHz	–121 dBm	FM 방송 신호
1.23MHz	–113 dBm	CDMA 음성 채널
6 MHz	–106 dBm	ATSC TV 방송신호

[표 4-3] 잡음의 종류와 특성

잡음 종류		주요 특성
내부 잡음	AWGN	모든 주파수(시간)대역에서 일정한 크기를 갖는 가상적인 시스템 해석용 잡음모델. 가산성백색잡음Additive Gaussian White Noise이라 하며, 열잡음이 대표적임
	열잡음thermal	전자의 열적 불규칙 운동에 의해 모든 시스템에서 발생하는 가장 일반적인 잡음
	산탄잡음shot	반도체 등의 음극에서 규칙적으로 방출되는 전자에 의한 잡음(전압에 비례)
	플리커잡음flicker	주파수가 높아질수록 줄어드는 저주파 변조 잡음으로 1/f 잡음이라고 함
외부 잡음	자연잡음	– 자연현상에 의해 발생하는 잡음(대기잡음, 태양잡음, 우주잡음, 공전잡음 등) – 공전잡음은 번개 등의 대기방전 잡음으로 그라인더잡음(긴 연속성 잡음, 수신장애 큼), 클릭잡음(짧은 충격성 근거리 잡음), 히싱(~슈~슈하는 연속성 잡음) 등이 있음
	인공잡음	– 인간이 사용하는 기계 기구에 의해 발생하는 일체의 잡음 – 전자기기로부터 발생되는 잡음 (불꽃방전,코로나/글로우 방전 등)
시스템 잡음	양자화 잡음	아날로그–디지털 변환과정에서 양전하 준위 크기에 의해 발생
	위상 잡음	원하는 주파수(발진주파수,반송파주파수 등) 이외의 랜덤성 위상 불균일 잡음
	누화crosstalk	채널(신호) 간의 전자기적 결합Coupling에 의한 잡음
	상호변조잡음	주파수간 상호간섭변조에 의한 잡음
	험 잡음	전기선으로부터 접지선을 타고 혼입되는 잡음 (60Hz)

(2) 수신기 최소 수신 레벨

- 최소 수신레벨 : 바닥잡음, 총 잡음 지수(NF) 및 최소 요구 SNR에 의해 결정됨

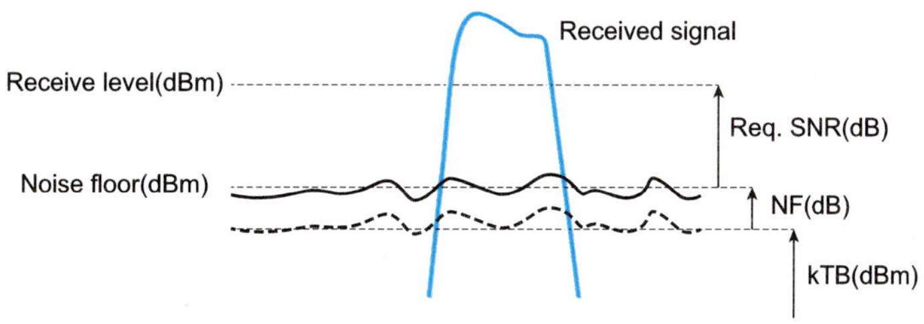

그림 4-20 수신기의 최저 수신감도

$$\text{최소수신레벨(dBm)} = 10\log(\text{kTB})_{dBW} + 30 + NF_{dB}(\text{dB}) + SNR_{dB} \quad (4.29)$$

(3) 잡음지수(Noise Factor 및 Noise Figure)

- 입력신호와 출력신호의 SNR 비율을 잡음Noise Factor F라 하고, 이를 dB로 나타낸 것을 잡음지수Noise Figure NF라고 함
- 소자를 거친 후 신호의 SNR 변화가 없을 경우(이상적 소자) 잡음지수는 0임

$$\text{Noise Factor } F = \frac{SNR_{input}}{SNR_{output}}$$
$$\text{Noise Figure}(NF)_{dB} = 10\log F = SNR_i(\text{dB}) - SNR_o(\text{dB}) \tag{4.30}$$

(4) 수신기의 총 잡음지수 해석

- 이득 G_i, 잡음지수 F_i인 회로 연결에 의한 전체 시스템의 잡음지수(Friis's Formula)

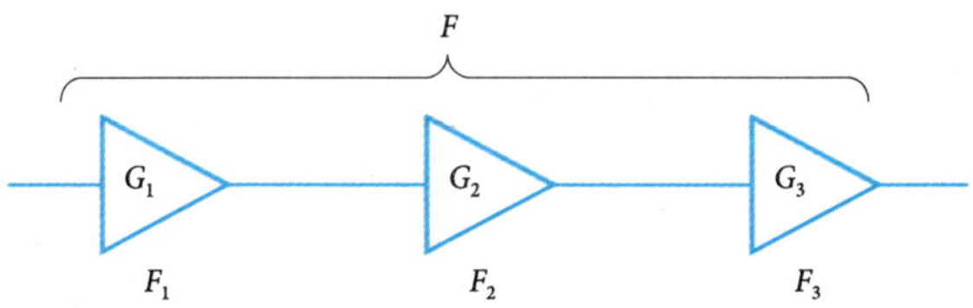

그림 4-21 직렬 연결된 회로에 의한 잡음지수 해석

$$F_{Total} = F_1 + \frac{F_2 - 1}{G_1} + \frac{F_3 - 1}{G_1 G_2} + \frac{F_4 - 1}{G_1 G_2 G_3} + \cdots + \frac{F_i - 1}{G_1 G_2 G_2 \cdots G_{N-1}} \tag{4.31}$$

- 시스템 전체 잡음은 초단 소자의 이득 G_i에 의존하므로 무선시스템의 초단은 매우 낮은 잡음지수를 갖는 저잡음증폭기(LNA)Low Noise Amplifier를 사용하여야 함

$$F_{Receiver} \cong F_{LNA} + \frac{F_{rest} - 1}{G_{LNA}} \tag{4.32}$$

2 수신감도

- 수신감도Sensitivity는 무선수신기가 얼마만큼 미약한 전파까지 수신할 수 있는가의 능력을 나타내는 지표임
- 수신기 입력에 신호전압을 가할 때, 정상적인 동작에 필요한 출력 또는 S/N을 얻기 위한 최소의 수신기 입력레벨로 감도를 표시함
- 아날로그 시스템의 수신감도는 S/N비, 12dB SINADsignal to noise and distortion ratio, 디지털 통신의 경우에는 비트 에러율BER 또는 프레임에러율FER을 사용함

$$SNR = 10\log \frac{P_{Signal}}{P_{Noise}} \text{ (dB)} \tag{4.33}$$

$$SINAD = 10\log \frac{P_{Signal} + P_{Noise} + P_{Distortion}}{P_{Noise} + P_{Distortion}} \text{ (dB)} \tag{4.34}$$

$$\text{BER} = P_e\left(\frac{E_b}{N_0}\right) = P_e\left(\frac{S}{N}\frac{W}{R_b}\right) \tag{4.35}$$

(E_b : 비트에너지, N_0 : 잡음전력밀도, W : 대역폭, R_b : 전송속도)

- 주요 무선시스템의 수신감도 규격

  LoRa (−130dBm 이상), Cellular(−120dBm 이상), Bluetooth(−70 ~ −100dBm)

  ZigBee(−85 ~−92dBm), Wi-Fi(−40 ~ −80dBm)

- 수신기가 수신할 수 있는 최소 수신전력 $P_{\min}$은 열잡음 , 시스템 대역폭, 시스템 SNR 등에 의해 결정되며, 290[K]에서의 $P_{\min}$은

$$\text{Minimum Receivable Power } P_{\min} = -174 + 10\log(\text{BW}) + N.F. + SNR \tag{4.36}$$

- 수신감도는 사용 대역폭을 좁게, LNA, 혼합기 등의 잡음지수를 최소화하거나 동작온도를 낮게 하여 개선함

3 선택도Selectivity

- 희망신호 이외의 불요파를 얼마만큼 제거할 수 있는가의 능력을 선택도라고 함
- 선택도가 낮을 경우 불요파의 영향에 의한 인접채널 간섭 특성이 나빠짐
- 선택도는 송수신단의 증폭기, 혼합기 동조Tuning회로의 Q-factor(양호도)를 높게 하고, 수신 대역통과필터로 Q 값이 큰 크리스탈 필터(MCF)Monolithic Crystal Filter를 사용하여 개선
- IF 주파수 및 Baseband에서 대역통과 필터를 사용하여 불요파를 제거할 수 있는 슈퍼헤테로다인 수신 방식을 사용하여 개선

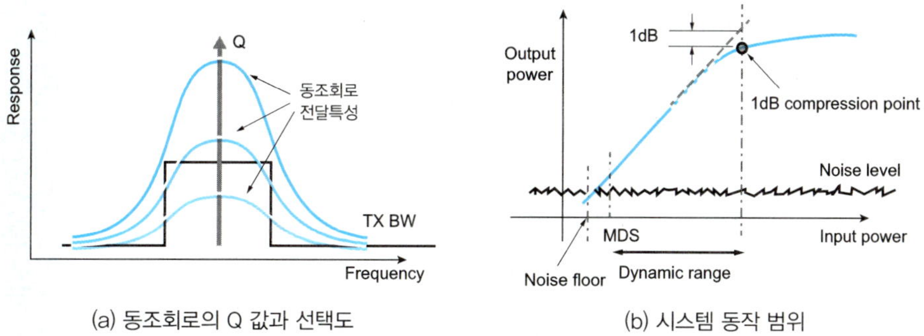

그림 4-22 시스템 선택도와 동작 범위

4 상호변조 왜곡

- 상호변조왜곡(IMD Intermodulation Distortion, 혼변조, 상호 변조)은 서로 다른 입력신호가 비선형 소자에 의해 상호 간섭을 일으켜 발생되는 현상

$$\text{입력 주파수 } f_1, f_2 \Rightarrow \text{출력 주파수 } \pm mf_1 \pm nf_2$$

- 믹서(주파수 혼합), 선형동작에서 벗어난 증폭기 등의 비선형적 동작에 기인하며, 신호왜곡 등의 S/N 비 저하를 초래함
- 상호변조왜곡은 선형 시스템을 사용하거나 시스템의 비선형성을 보상하기 위해 피드백이나 전치왜곡보상기술을 적용함으로써 개선

5 불요파 방사 Spurious Emission

- 스퓨리어스(불요파) 방사는 고조파왜곡(HD) Harmonic Distortion 이라고 하며, 비선형 소자에 의해 입력 주파수의 정수배에 해당하는 불요파 신호(원신호이외의 신호성분)가 발생되어 회로성능을 저하시키는 현상
- 불요파가 발사되면 다른 방송이나 통신에 혼신 방해를 일으키므로, 스퓨리어스 발사 강도의 허용치를 관련 기준으로 제한함

$$\text{입력 주파수 } f_1 \Rightarrow \text{출력 주파수 } \pm mf_1 \qquad (4.37)$$

- 고조파 왜곡은 주로 증폭기의 비직선성에 의하여 생기며, 송신기 동조회로의 실효 Q를 높게 하거나 선택도가 높은 필터를 사용하고, 출력 증폭기로 Push-pull 증폭기를 사용하여 개선(우수차 고조파 상쇄시킴)

6 다이나믹 영역

- 다이나믹 영역(DR) Dynamic Range 은 동작범위라고 하며, 수신기, 증폭기 또는 믹서가 선형적으로 동작할 수 있는 입력 신호의 범위(dB)를 나타냄
- 다이내믹 영역은 그림 4-22와 같이 바닥잡음레벨에 시스템 잡음지수 NF를 더한 최저감지신호(MDS) Minimum Detectable Signall 와 포화현상에 의해 선형이득선으로부터의 이득감소가 1dB로 되는 1dB 억압점 Compression Point 에서의 전력인 최대허용전력 Maximum Allowable Power $P_{\text{in, 1dB}}$ 차이를 나타냄

$$\text{Dynamic Range } DR = P_{in,1\text{dB}}(\text{dBm}) - NDS(\text{dBm})\ (\text{dB}) \qquad (4.38)$$

4.4 무선통신 시스템의 적합성 확보

1 전자파 적합성(EMC)

- 무선 시스템을 비롯한 각종 전자/통신 기기는 기본적으로 공간을 전파하는 원래 신호, 간섭신호, 불요파 신호 등을 발생시키며, 이 신호는 주변의 다른 제품 또는 기기에 영향을 주어 전자파 간섭 발생, 제품의 오동작 발생 등을 초래함
- 전자 기기에서 방출되는 전자파는 통신 교란, 방송 신호 수신 방해, 인체 등의 생물체에 대한 유해한 영향을 미칠 수 있음
- 전자기기 사용으로 인한 방해파 문제와 유해성이 심각하게 대두됨에 따라 전자기기가 지녀야 할 최소한의 전자파 안전기준인 전자파 적합성(EMC)[Electromagnetic Compatability] 규격 필요
- EMC는 전자파 환경의 양립성 및 적합성을 의미하며, 장치 혹은 시스템이 전자기적 주위 환경에 영향을 받지 않고 다른 것에 영향을 주지 않는 것을 나타냄
- EMC는 기기, 장비, 시스템의 주변환경에 허용될 수 없는 정도의 전자파 장해를 일으키지 않으면서(EMI) 그 전자파 환경에서 만족하게 기능을 할 수 있는 능력(EMS)으로 구분함
- EMS 확보에 따라 EMI 상황에서 오동작을 일으키지 않고 정상적인 동작이 가능하다면 그 장치는 전자기적으로 양립[compatible]해 있다고 하며, 이러한 상황을 통칭하여 EMC로 표현
- 결론적으로 EMC는 EMI와 EMS를 총칭하는 개념으로, EMI는 제품으로부터 방사되는 RF 에너지(잡음)에 의해서 주변에 있는 다른 제품에 악영향을 미치는 현상을 의미하며, EMS는 이와 반대되는 개념으로써 주변에 존재하는 모든 RF 에너지 및 노이즈(정전기, 써어지 등)에 의해서 제품의 정상동작에 영향을 받지 않을 수 있는 제품 자체의 내성을 의미

2 EMI와 EMS

1 EMI(Eletro-Magnetic Interfere)

- 전자파 방해, 전자파 장애 또는 전자파 간섭이라고 함
- 특정기기가 전자파를 외부로 방출하여 복사(Radiation)현상 또는 전도(Conduction)현상에 의해 주변의 다른 기기나 회로 및 시스템에 방해를 주는 현상
- 통상적으로 법규에 허용된 신호 이외의 부수적인 간섭신호, 불요파 신호 등의 불필요한 전자파가 전자기기로부터 공간으로 방사되거나 선도 등을 통해 전달되어 기기 자체 또는 다른 기기에 전자기적 장해를 유발시키는 현상

EMI 발생 원인

❶ 자연적인 원인: 대기잡음, 우주잡음, 태양 방사 등

❷ 인공적인 원인

- **의도적 잡음**(Intentional Noise) : 기능 수행을 위하여 의도적으로 무선 주파수를 발생시켜 송신하는 경우(AM, FM, TV 방송 등)
- **비의도적인 잡음**(Unintentional Noise): 기기가 동작을 하는 동안에 비의도적으로 발생하는 경우(TV 모니터, 컴퓨터 등)

학습 Vitamins — EMS(Eletro-Magnetic Susceptibility)

- EMI가 존재하는 환경에서 기기, 장치 또는 시스템이 성능 저하 없이 동작할 수 있는 능력으로, 전자 장치가 다른 기기로부터 발생하는 전자기적 방해를 받아도 악영향이 없이 작동할 수 있는 성질
- 방해 전자파 전달방식은 RF 에너지 또는 잡음전파가 공기 중으로 무선의 형태로 전달되는 R(Radiated) 형태와, AC 전원 라인 또는 신호선 등과 같이 유선의 형태로 잡음전파가 전달되는 C(Conducted) 형태로 구분함
  ① EMI 는 RE(Radiated Emission)(복사방출)과 CE(Conducted Emission) (전도방출)로 분류
  ② EMS 는 RS(Radiated Susceptibility) (방사내성)과 CS(Conducted Susceptibility)(전도내성)으로 분류

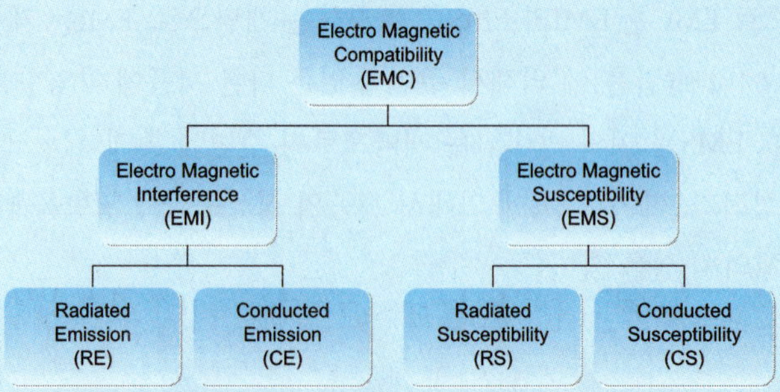

그림 4-23 EMI와 EMS 종류 및 구분

3 EMI/EMS 대책

- EMI 방지는 전자파 발생장치의 불필요한 잡음방사가 억제되도록 최적 설계하고, EMS 확보는 잡음전파로부터 회로가 보호되도록 전달 정도를 차단하거나, 수신기가 방사로부터 면역을 강화하여 달성
- 대표적인 EMC(EMI/EMS) 대책은 다음과 같음

  ❶ 접지Grounding를 강화하여 불요파 유입 차단을 통한 장비 보호

  ❷ 전원 및 신호라인에 EMI 제거가 가능한 EMI 제거 필터 부착

  ❸ 전계 및 자계 차폐가 가능한 물질을 사용한 기구적 전자기파 차폐Shielding

  ❹ 전파 방사 우려가 있는 RF 회로와 저주파 및 디지털 신호처리 회로의 분리 배치

  ❺ 부품의 Layout, 배선, 패턴을 EMS가 가능하도록 적절하게 설계함

  ❻ 불요파를 발생시키는 고전력 증폭기 등의 최적 설계 및 전자기적 차폐

CHAPTER 4 국가고시 기출 문제

자료출처: 한국산업인력공단, www.q-net.or.kr, www.cbt.com

핵심 Hint

1. 정재파비는 전력이 아닌 전압파로 계산
$P = \frac{V^2}{Z_0} \Rightarrow V = \sqrt{Z_0 P}$
정재파비
$VSWR = \frac{1+|\Gamma|}{1-|\Gamma|} = \frac{V^+ + V^-}{V^+ - V^-}$

2. 상호변조: 회로 내의 비선형 소자에 의해 서로 다른 주파수 성분들이 혼합되어 신호의 왜곡을 일으키는 현상

3. $Z_0 = \sqrt{\frac{G}{Y}} = \sqrt{\frac{R + j\omega L}{G + j\omega L}}(\Omega)$
무손실일 경우 $R = G = 0$

4. $Z_{in} = Z_0 \frac{Z_L + jZ_0 \tan(\beta l)}{Z_0 + jZ_L \tan(\beta l)}(\Omega)$

01 국가고시2007

다음 그림과 같은 무손실 전송선로에서 반사파의 전력이 입사파 전력의 4%인 경우 전압 정재파비(VSWR : Voltage Standing Wave Ratio)는?

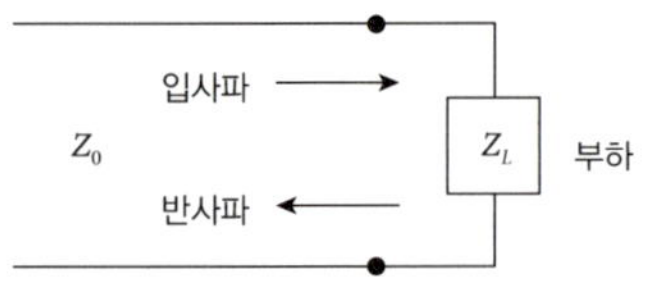

① 0.25 ② 1.5 ③ 2 ④ 2.5

02 국가고시2008

무선 통신시스템에서 사용되는 소자들의 비선형성으로 인하여 발생하는 현상은?

① 상호변조(Inter-modulation) ② 믹서(Mixer)
③ 여파(Filtering) ④ 다이버시티(Diversity)

03 국가고시2009

마이크로파에서 무손실 전송선로의 특성임피던스를 올바르게 나타낸 것은?

① $\sqrt{\frac{L}{C}}$ ② $\sqrt{\frac{C}{L}}$ ③ $\sqrt{\frac{1}{LC}}$ ④ $\sqrt{LC}$

04 국가고시2011

그림과 같이 특성임피던스가 Z_0인 무손실 전송선로에 종단이 단락(Z_L = 0Ω)되었을 때, 입력 단에서 바라본 입력 임피던스 Z_{in}[Ω]는?

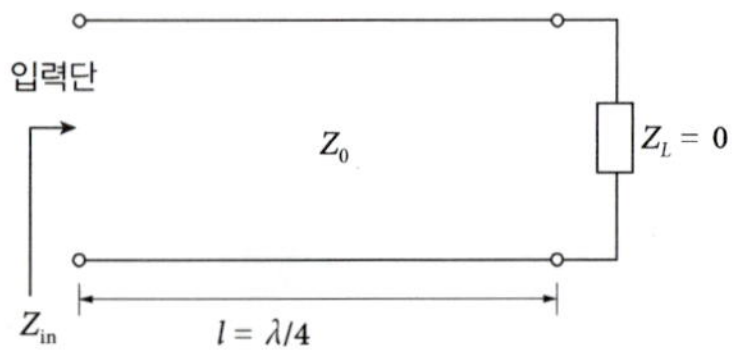

① 0 ② ∞ ③ Z_0 ④ $1 / Z_0$

05 국가고시2012

전송선로를 다음과 같이 집중소자로 등가화 할 때, 무손실 전송선로가 되기 위한 조건은? (순서대로 R, G)

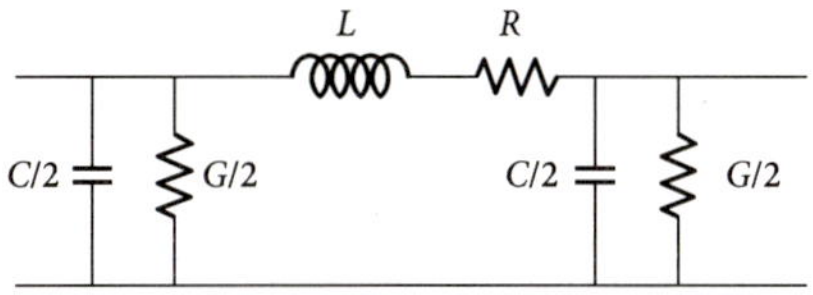

① 0, 0　　② 0, ∞　　③ ∞, 0　　④ ∞, ∞

06 국가고시2015

전송선로에 대한 설명으로 옳지 않은 것은?

① 반사계수가 0.5일 때 전압정재파비는 3이다.
② 이상적인 급전선에서 반사계수는 0이 되어 전압정재파비는 1이다.
③ 단락회로의 반사계수는 1이다.
④ 개방회로의 전압정재파비는 무한대이다.

07 국가고시2018

특성 임피던스가 50[Ω]인 무손실 전송선로에 100[Ω]의 부하 저항을 연결하였을 때, 부하점에서 신호의 반사계수와 전압정재파비의 크기는?

① 1/2, 2　　② 1/2, 3　　③ 1/3, 2　　④ 1/3, 3

08 국가고시2018

그림과 같은 산란계수(S-parameter)의 정의 중에서 입력에서 출력으로의 전송이득 또는 삽입손실의 특성을 나타낼 때 사용하는 것은?

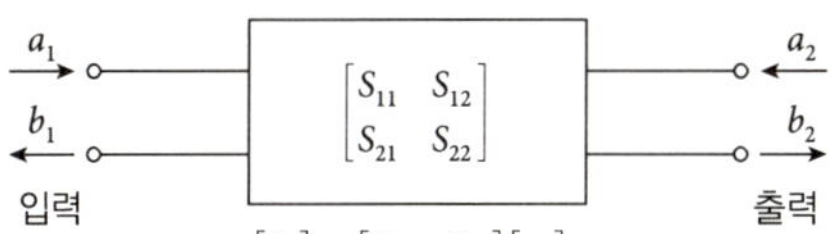

$$\begin{bmatrix} b_1 \\ b_2 \end{bmatrix} = \begin{bmatrix} S_{11} & S_{12} \\ S_{21} & S_{22} \end{bmatrix} \begin{bmatrix} a_1 \\ a_2 \end{bmatrix}$$

① S_{11}　　② S_{12}　　③ S_{21}　　④ S_{22}

핵심 Hint

5. 무손실 전송선로 특성

$R = G = 0$

전파정수: $\gamma = j\omega\sqrt{LC}$

$(\alpha = 0, \beta = \omega\sqrt{LC})$

특성 임피던스: $Z_0 = \sqrt{\frac{L}{C}}\,(\Omega)$

위상속도: $v_p = \frac{1}{\sqrt{LC}}\,(\text{m/s})$

6. $VSWR = \frac{1+|\Gamma|}{1-|\Gamma|}$

$\Gamma = \frac{Z_L - Z_0}{Z_L + Z_0}$

7. $\Gamma = \frac{Z_L - Z_0}{Z_L + Z_0}$

$VSWR = \frac{1+|\Gamma|}{1-|\Gamma|}$

8. $S_{ij} = \frac{b_i}{a_j}$

$S_{11} = \frac{b_1(0)}{a_1(0)}\Big|_{(a_2=0)}$: 입력반사계수

$S_{12} = \frac{b_1(0)}{a_2(0)}\Big|_{(a_1=0)}$: 투과계수

(역삽입손실, 출력단 ⇒ 입력단)

$S_{21} = \frac{b_2(0)}{a_1(0)}\Big|_{(a_2=0)}$: 전달계수

(입력삽입손실, 전송이득)

$S_{22} = \frac{b_2(0)}{a_2(0)}\Big|_{(a_1=0)}$: 출력반사계수

핵심 Hint

9. $\lambda/4$ 임피던스 변환기

$Z_T = \sqrt{Z_0 Z_L}$

10. 입력임피던스 $Z_0 = R_0 + jX_0$, 부하임피던스 $Z_L = R_L + jX_L$ 이라 할 경우, 최대전력전달을 위한 Impedance Matching 조건

DC 정합: $R_0 = R_L$

$(X_C = X_L = 0)$

AC 정합: $R_0 = R_L$

$X_0 = -X_L$

11. 무손실 전송선로 특성

전파정수: $\gamma = j\omega\sqrt{LC}$

$(\alpha = 0, \beta = \omega\sqrt{LC})$

특성 임피던스: $Z_0 = \sqrt{\dfrac{L}{C}}\,(\Omega)$

위상속도: $v_p = \dfrac{1}{\sqrt{LC}}\,(\text{m/s})$

12. 잡음지수

Noise Factor $F = \dfrac{SNR_{input}}{SNR_{output}}$

$NF_{dB} = 10\log F$

$= SNR_i(\text{dB}) - SNR_o(\text{dB})$

09 국가고시2018

그림과 같이 특성 임피던스(Z_0)가 50[Ω]인 전송선로와 200[Ω]의 부하저항(R_L)을 임피던스 정합하기 위하여, 중간에 임피던스가 Z_T이고 길이가 1/4 파장(λ)인 전송선로를 삽입하였다. 삽입된 전송선로의 임피던스 Z_T[Ω]는?

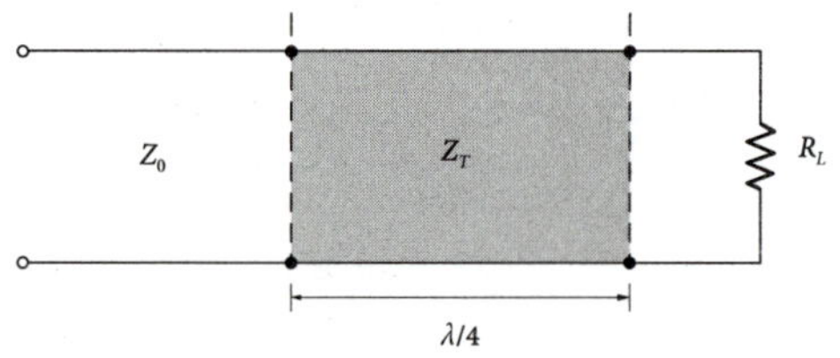

① 75 ② 100 ③ 125 ④ 150

10 국가고시2019

다음 그림과 같이 A단과 B단이 연결되어 있을 경우, 전송선 ab지점에서 A단과 B단 사이에 최대 전력이 전달되는 조건은? (단, Z_a는 ab지점에서 바라본 A단의 출력임피던스, Z_b는 ab지점에서 바라본 B단의 입력임피던스, $j = \sqrt{-1}$ 이다)

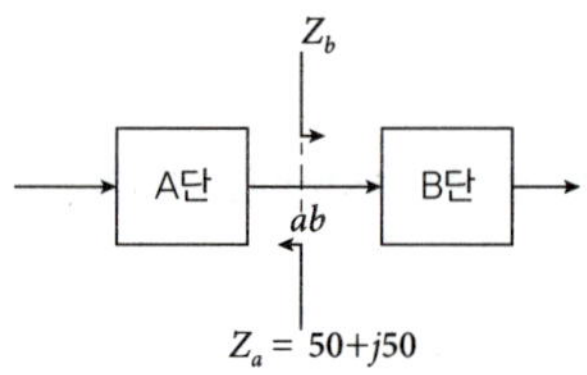

① $Z_b = 50 + j50$ ② $Z_b = 50 - j50$ ③ $Z_b = j50$ ④ $Z_b = -j50$

11 국가고시2022

위상속도가 2×10^8[m/s]인 무손실 전송선로의 단위 길이당 등가 인덕턴스가 1[μH/m]일 때, 단위 길이당 등가 커패시턴스[pF/m]는?

① 15 ② 20 ③ 25 ④ 30

12 국가고시2022

증폭기의 입력신호가 15[mW]이고 입력잡음이 0.3[mW], 출력신호가 240[mW]이고 출력잡음이 48[mW]일 때, 잡음지수(NF, noise figure)[dB]는?

① −20 ② −10 ③ 10 ④ 20

[4장 정답]

1. ❷ 2. ❶ 3. ❶ 4. ❷ 5. ❶ 6. ❸ 7. ❸ 8. ❸ 9. ❷ 10. ❷ 11. ❸ 12. ❸

CHAPTER

05

안테나와 전파전파
Antenna and Wave Propagation

학습목표

- 안테나의 기본원리와 동작 특성을 이해한다.
- 기준안테나인 다이폴 안테나의 동작 특성과 안테나 파라미터를 학습한다.
- 안테나의 성능을 평가하기 위한 성능 평가지표를 학습한다.
- 다양한 안테나의 종류와 특성 및 사용 주파수 대역을 학습한다.
- 안테나로부터의 전력전달을 표현하는 관계식을 이해한다.

학습목차

5.1 다이폴 안테나

1 안테나의 정의와 미소 다이폴 안테나

1 안테나 정의

- 안테나는 1885년 에디슨에 의해 처음 제안[US patent 465,971]되었으며, Hertz가 두 개의 금속 도체 사이에 고전압에 의한 전자파 발생을 최초로 확인하였으므로 이를 헤르츠 다이폴Hertz Dipole 이라고 함
- 안테나는 특정 영역대의 전자기파를 송신 혹은 수신하기 위한 전기신호 ↔ 전자파신호 변환장치이며, 수동소자로 가역성Reciprocity 특성을 갖음
- 안테나의 길이는 파장에 비례하며, 신호를 정확히 표현할 수 있는 최소 길이는 $\lambda/4$이므로 통상 $\lambda/2$ 또는 $\lambda/4$의 길이로 안테나를 설계함
- 원계Far Field에서 안테나로부터의 전자파 전계 성분은 E_θ, 자계성분은 H_ϕ로 평가함
- 가장 기본적이고 원시적인 안테나는 미소 다이폴 안테나이며, 기준안테나로는 반파장 다이폴 안테나 및 $\lambda/4$ 수직 접지 안테나를 사용함
- 안테나 설계, 안테나 해석 및 특성 분석은 구좌표계Spherical Coordinate (r, θ, ϕ)를 사용함

2 미소 다이폴 안테나

- 안테나의 길이가 통상 $\lambda/10$ 이하인 안테나를 미소 다이폴 안테나 또는 Hertzian dipole이라 하며, 실용성은 없으나 안테나 방사 원리를 설명하기 위하여 사용

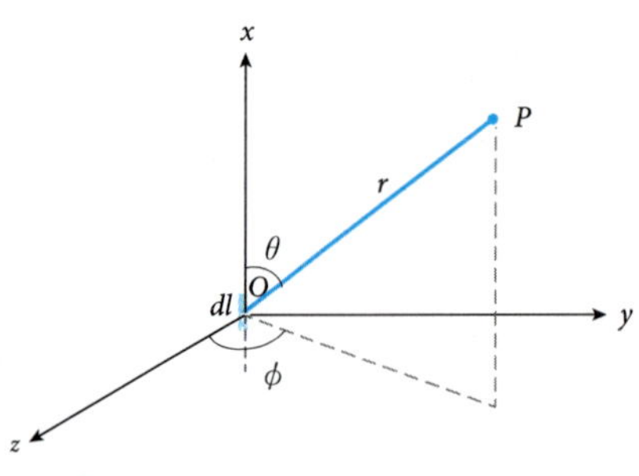

그림 5-1 미소 다이폴 안테나로부터의 전계

- 미소 다이폴 안테나로부터의 전계는 정전계Static Field, 유도계Inductive Field, 방사계Radiative Field의 형태로 구분됨

$$E_\theta = K\left(\frac{1}{r} + \frac{1}{j\beta r^2} + \frac{1}{(j\beta)^2 r^3}\right) \text{ (V/m)} \tag{5.1}$$

$$H_\phi = K\left(\frac{1}{r} + \frac{1}{j\beta r^2}\right) \text{ (A/m)} \tag{5.2}$$

- $1/r$에 비례하는 항을 방사계(복사전자계), $1/r^2$에 비례하는 항을 유도전자계, $1/r^3$에 비례하는 항을 정전계라 함
- $0.16\lambda(=\lambda/2\pi)$ 이하에서는 정전계가 크며, 0.16λ 지점에서는 정전계와 복사전자계가 같아지고, 0.16λ 이상에서는 주로 복사전자계에 의해 전자파가 전파됨

$$\boxed{r \cong 0.16\lambda \ (\beta r = 1\text{인 지점})} \tag{5.3}$$

- 미소 다이폴 복사 전자계의 특성
  ❶ 전자파의 세기는 거리에 반비례
  ❷ 전자파의 전파현상은 복사전자계에 의해 이루어짐
  ❸ 복사전계의 세기는 안테나 길이 l, 전파거리 d, 관측 각도 θ에 의존

$$E = \frac{60\pi Il}{\lambda d}\sin\theta = \frac{6.7\sqrt{P_r}}{d} \text{ (V/m)} \tag{5.4}$$

- 미소다이폴로부터 방사되는 방사전력 P_r, 방사저항 R_r에 의존

$$\begin{aligned} P_r &= I^2 R_r = 80\pi I^2\left(\frac{l}{\lambda}\right)^2 \text{ (W)} \\ R_r &= 80\pi\left(\frac{l}{\lambda}\right)^2 \ (\Omega) \end{aligned} \tag{5.5}$$

- 안테나에 전류 I를 인가하였을 때, 방사전력을 $P_r = I^2R_r$(W)로 등가화할 경우의 가상적인 값을 방사저항 $R_r(\Omega)$이라고 함

2 기준 안테나

1 반파장 다이폴 안테나

- 안테나의 길이가 $\lambda/2$인 안테나를 반파장다이폴Halfwave Dipole 안테나라고 하며, 신호를 표현할 수 있는 최소길이이므로 모든 안테나의 기준 안테나로 사용함

- 안테나에 인가되는 교류전류의 분포가 불균일하므로, 전류 분포를 균일하다고 가정할 경우의 안테나 길이를 안테나의 실효고(실효길이Effective Height) h_e로 모델링함

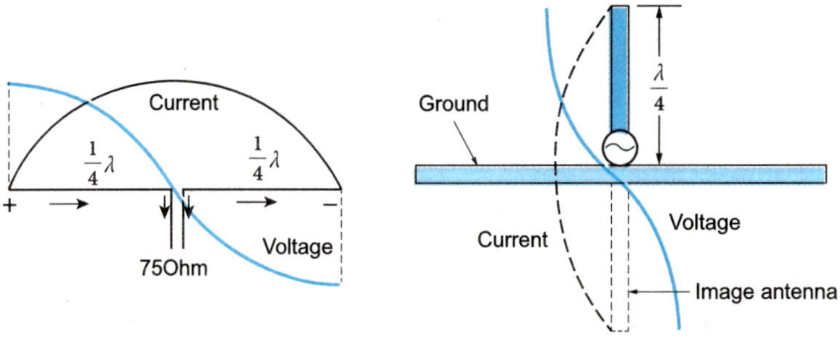

그림 5-2 반파장 다이폴 안테나와 수직접지 $\lambda/4$ 안테나의 전류/전압분포

- 반파장 다이폴 안테나의 전계강도, 방사전력 P_r, 방사저항 R_r

$$\begin{aligned} h_e &= \lambda/\pi \\ E &= \frac{60\pi I h_e}{\lambda d} = \frac{7\sqrt{P_r}}{d} \text{ (V/m)} \\ P_r &= 73.13 I^2 \text{ (W)} \\ R_r &= 80\pi\left(\frac{h_e}{\lambda}\right)^2 \cong 73.13 \ (\Omega) \end{aligned} \tag{5.6}$$

- 다이폴 안테나는 수평방향(ϕ 방향)으로는 무지향성, 수직방향(θ 방향)으로는 지향성을 갖는 전방향성 안테나임

2 $\lambda/4$ 수직 접지 안테나

- 모노폴 안테나Monopole Antenna라고도 하며, 실용적으로 $\lambda/4$ 길이의 안테나Quarter-wave Antenna를 수직 접지하여 $\lambda/2$ 다이폴 안테나와 같이 사용하기도 함
- 복사 전계, 전력밀도, 전류/전압 분포는 다이폴 안테나와 같으며, 복사 전력 및 방사저항은 반파장 다이폴 안테나의 1/2이 됨
- $\lambda/4$ 수직접지 안테나의 전계강도 E, 방사전력 P_r, 방사저항 R_r

$$\begin{aligned} h_e &= \lambda/2\pi \\ E &= \frac{120\pi I h_e}{\lambda d} = \frac{9.9\sqrt{P_r}}{d} \text{ (V/m)} \\ P_r &= 36.56 I^2 \text{ (W)} \\ R_r &= 160\pi\left(\frac{h_e}{\lambda}\right)^2 \cong 36.56 \ (\Omega) \end{aligned} \tag{5.7}$$

3 선형안테나의 수신전압과 최대 유효 수신전력

- 선형안테나 등의 안테나 실효고 h_e가 주어질 때의 수신 전압과 최대 유효수신전력

$$V = Eh_e \text{ (V)}$$
$$P_e = \frac{V^2}{4R_r} = \frac{(Eh_e)^2}{4R_r} \text{ (W)} \tag{5.8}$$

예제 5.1

0.2W 신호가 회로를 통과한 후 22dB의 이득을 가졌다면 최종 전력 값은 얼마인가?

|풀이| $0.2\text{W} = 10\log\frac{0.2}{1\text{mW}} \cong 23(\text{dBm})$

최종출력 $= 23\text{dBm} + 22\text{dB} = 45\text{dBm} = 15\text{dBW}$

$= 10^{1.5} \cong 31.6\text{Watt}$

5.2 안테나 파라미터

1 안테나 효율 η

- 안테나에 공급되는 전력을 전기적으로 소모하는 저항을 손실저항 R_l, 안테나의 방사전력을 $P_r = I^2R_r$(W)로 등가화할 경우의 가상적인 값을 방사저항 $R_r(\Omega)$이라고 함
- 안테나 효율 η는 안테나에 입력되는 전기적 전력 P_t가 전자파 방사전력 P_r로 변환되는 비율로 손실저항과 방사저항의 비율로 나타낼 수 있음

$$\eta = \frac{P_r}{P_t} = \frac{P_r}{P_r + P_l} = \frac{R_r}{R_r + R_l}(\%) \tag{5.9}$$

- 안테나 효율을 높이기 위하여 방사저항 R_r이 크게 안테나를 설계하여야 하며, 안테나의 접지저항, 임피던스 부정합 저항, 누설저항, 와전류 손실, 코로나 손실 등의 손실저항 R_l을 최소화하여야 함

2 안테나 지향성과 이득

- 안테나의 지향성Directivity $D(\theta, \phi)$는 동일한 거리 r인 지점에서, 점전하와 같은 이상적인 등방성 방사체Isotropic Radiator로부터의 균일 방사전력에 대하여 측정 안테나가 특정방향(θ, ϕ)으로 방사하는 방사 전력 세기의 비율로 정의함
- 안테나의 이득 $G(\theta, \phi)$는 안테나 지향성과 안테나 효율 η의 곱으로 나타내며, 등방성 안테나에 대한 특정방향으로의 실제 방사전력 비를 의미함

$$\boxed{G(\theta, \phi) = \eta D(\theta, \phi)} \tag{5.10}$$

- 모든 방향으로 균일하게 전자파를 방사하는 등방성isotropic 안테나를 기준 안테나로 사용하여 임의 안테나의 이득을 나타낸 것을 절대이득Absolute Gain (dBi)이라 하며, 무손실 · 반파장 다이폴 안테나를 기준안테나로 사용하여 나타낸 이득을 상대이득Relative Gain$[dBd]$이라고 함

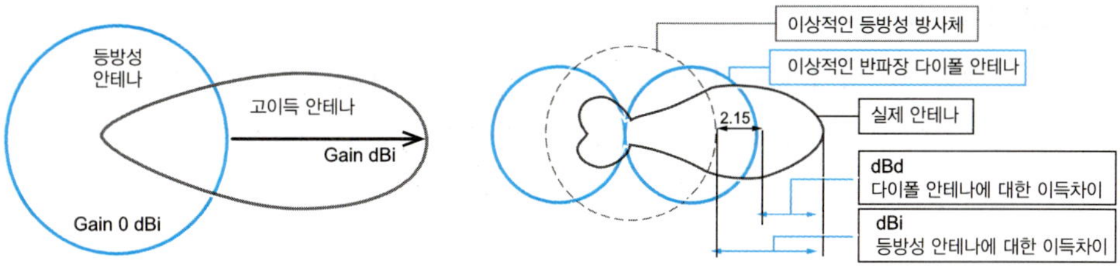

그림 5-3 등방성 방사체에 대한 안테나 이득

- 반파장 다이폴 안테나는 지향특성에 따라 등방성 안테나에 비해 2.15dB의 이득을 가짐

$$\begin{array}{l} \text{절대이득} = 1.64 \times \text{상대이득} \\ \text{dBi} = \text{dBd} + 2.15\text{dB} \end{array} \tag{5.11}$$

- 안테나 방사전력을 등방성 안테나의 방사전력과 비교하여 나타낸 것을 유효 등방성 방사전력 EIRP[Effective Isotropic Radiated Power], 다이폴 안테나의 방사전력과 비교한 것을 유효 방사전력 ERP[Effective Radiated Power]이라고 하며, 다음과 같은 관계를 갖음

$$EIRP = ERP + 2.15\text{dB} \tag{5.12}$$

- 대표적인 안테나의 최대이득(dBi) : 미소 루프 안테나 2, 모노폴안테나 6, Biconical 안테나 4, $\lambda/2$ 다이폴 2.15, Horn 안테나 20

예제 5.2

안테나 이득 10dBd, 송신 출력 1w(30dBm)일 경우 ERP, EIRP를 구하라.

|풀이| ERP = 10dBd + 30dBm = 40dBm(=10W)

(10dBd의 이득을 가진 안테나는 송신 출력 1W가 10W의 송신출력 효과)

EIRP = 40dBm + 2.15dB = 42.15dBm(=16.4W)

(ERP보다 2.15dB 더 큼, 즉 42.15dBm은 40dBm보다 1.64배 더 크며, 안테나는 출력이 40 ERP 또는 42.15 EIRP를 갖는 안테나임

예제 5.3

방사효율이 60[%]이고 최대 지향성이 10[dB]인 안테나의 이득은 얼마인가? (단, log3 =0.5로 계산)

|풀이| Directivity 10dB = $10\log_{10}D \rightarrow D = 10$

이득 $G = \eta D = 0.6 \times 10 = 6$

$G_{dB} = 10\log 6 = 10\log 2 + 10\log 3 \cong 3+5 = 8(\text{dB})$

3 안테나 방사 패턴

- 안테나의 지향성계수(지향패턴)의 모양을 공간(구) 좌표계에 나타낸 것
- 관측자가 수직방향(xy평면 기준)에서 바라본 방사패턴(ϕ 방향)을 H-평면(수평) 방사패턴, 수평방향(yz평면)에서 바라본 방사패턴(θ 방향)을 E-평면(수직) 방사패턴이라 함
  (다이폴 안테나는 수평면에서 자계, 수직면에서 전계가 변화하는 현상을 반영)
- 안테나 방사 패턴 유형에 따라 안테나는 다음 형태로 구분됨

❶ 등방성Isotropic 안테나

모든 방향으로 균일한 방사패턴을 갖는 가상적인 안테나로 다른 안테나 지향 특성이나 이득을 나타내기 위한 기준안테나로 사용

❷ 전방향성Omnidirectional 안테나

수직면(E-평면)으로는 지향성이 있으나 수평면(H-평면)으로는 무지향 특성을 갖는 안테나 (다이폴 안테나 등)

❸ 지향성Directional 안테나

특정 방향으로 지향 특성을 갖는 안테나로 단방향성(Pencil빔)과 양방향성Bidirectional 등이 있음

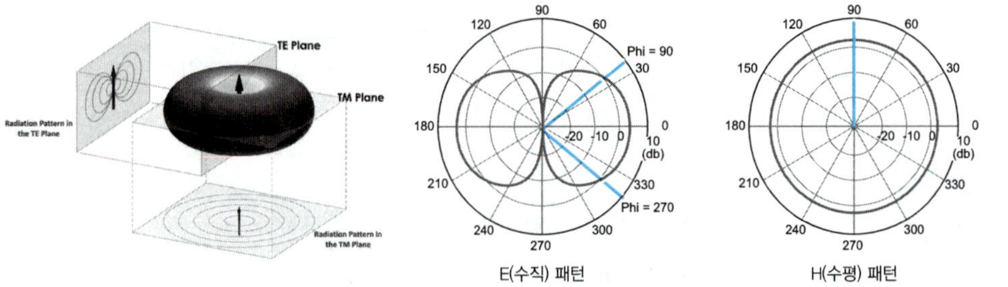

그림 5-4 안테나 방사패턴(다이폴 기준)

4 안테나 빔폭 및 반치전력폭(HPBW)

- 안테나로부터 방사되는 방사패턴 중 가장 큰 패턴을 주엽Main lobe이라고 하며, 주엽 이외의 방사전력 패턴을 부엽Side(Minor) Lobe이라고 함
- 주엽과 첫 번째 부엽 사이의 영점Null 과의 각도를 최초널각도(FNBWFirst Null Beam Width)라고 하며, 주엽의 전력이 절반(또는 –3dB)으로 되는 지점까지의 각도를 반치전력빔폭(HPBWHalf Power Beam Width, 3dB 빔폭)으로 정의함
- 지향성 안테나의 경우 주엽과 반대방향인 후방방사전력Back Lobe과의 비율을 전후방비front-to-back ratio라고 함

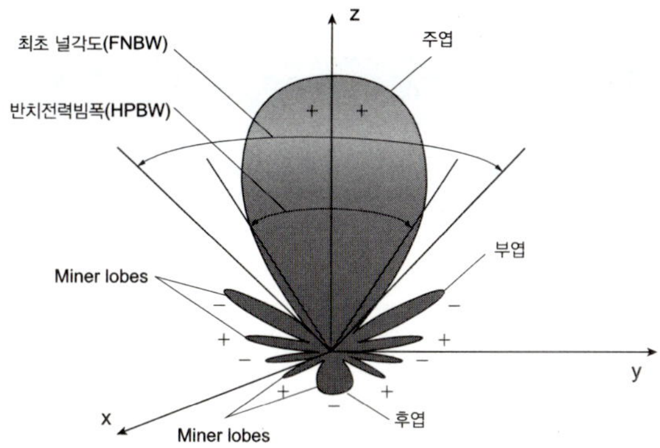

그림 5-5 안테나 빔폭 및 반치전력폭

5 안테나 동작 대역폭

- 안테나 대역폭Bandwidth은 안테나의 동작 주파수 범위를 나타내는 것으로 이득과 빔폭 등에 의해 결정되는 패턴Pattern 대역폭과 입력정재파비 $VSWR \leq 2$ 이하를 나타내는 임피던스 대역폭 두 종류가 있음
- 안테나의 동작 주파수범위를 나타내는 임피던스 대역폭은 상한주파수 f_H 및 하한 주파수 f_L의 차이인 BW(Hz) 또는 중심주파수 f_C와의 비율로 나타낸 BW(%)로 표현함

$$BW(\text{Hz}) = f_H - f_L$$
$$BW(\%) = \frac{f_H - f_L}{f_c} \times 100 \tag{5.13}$$

- 일반적으로 계측기 등으로 측정이 쉬운 임피던스 대역폭을 사용하며, 실제 동작 대역폭은 임피던스 대역폭보다 작음

6 안테나 유효면적과 개구효율

- 입사파가 실제 수신안테나로 흡수되는 면적 정도를 안테나의 유효면적Effective Area, Aperture A_{eff}라고 하며, 안테나의 실제면적 A와의 비율을 개구효율Aperture Efficiency η_{ap}로 정의

$$\eta_{ap} = \frac{A_{eff}}{A} (\%) \tag{5.14}$$

- 안테나 동작주파수(또는 파장) 및 이득(G)이 유효면적을 결정하며, 주파수가 낮을수록, 이득이 클수록 유효면적이 큼

$$A_{eff} = \frac{\lambda^2}{4\pi} G = \eta_{ap} A_p \ (\text{m}^2) \tag{5.15}$$

5.3 안테나 종류 및 특성

1 안테나 구분 및 종류

- 안테나는 형태, 이득, 동작 대역폭, 사용주파수 대역 등에 따라 구분함

[표 5-1] 안테나의 구분 및 종류

구분 방법		종 류
모양	선 형태	다이폴, 루프, 헬릭스Helix 안테나
	평면 형태	패치Patch 안테나, 평면 다이폴, 평면 스파이어럴Spiral 안테나
	개구면 형태	스롯Slot 안테나, 혼Horn 안테나
이득	고이득	접시Dish 안테나, 파라볼라 안테나
	중이득	혼 안테나
	저이득	루프, 다이폴, 슬롯, 패치안테나
대역폭 크기	광대역	대수주기Log–Periodic 안테나, 스파이어럴,헬릭스
	협대역	슬롯안테나, 패치안테나, 마이크로스트립 안테나
사용 주파수	장 · 중파용 (3~300kHz)	$\lambda/4$수직접지안테나, Loop 안테나
	단파용 (3~30MHz)	반파장 다이폴, 배열 array 안테나
	초단파용 (30~3,000MHz)	Folded 다이폴, 휩Whip 안테나, 야기Yagi 안테나, 대수주기 안테나
	초고주파용 (3~30GHz)	혼 안테나, 파라볼라Parabola 안테나, Cassegrain 안테나

2 장 · 중파용 및 단파용 안테나

(1) 반파장 dipole 안테나

- 기준 안테나로 중요 특성은 다음과 같음
  1. 급전점 임피던스 $73.13 + j42.55[\Omega]$
  2. 실효 길이 : λ/π
  3. 복사저항 : $73.13[\Omega]$
  4. 복사전력 : $73.13I^2[\text{W}]$
  5. 복사전계강도 : $E = 7\sqrt{P_r}/d[\text{V/m}]$

⑥ 상대이득 1 [0dB] , 절대이득 1.64 (2.15[dBi])

⑦ 사용주파수 대역 (최대 8GHz), 대역폭 (10% 이하)

(2) 모노폴 안테나 (λ/4수직접지 안테나)

- 길이가 λ/4인 도선을 수직으로 늘여 한쪽에는 송신기를 다른 한쪽은 접지하는 방식으로 반파장 다이폴과 비슷한 특성을 지님
- 복사 전계, 전력밀도, 전류/전압 분포는 다이폴 안테나와 같으며, 복사 전력 및 방사저항은 반파장 다이폴 안테나의 1/2이 됨
- 사용주파수 대역 (제한없음), 이득 (2~6dBi) , 대역폭 (10% 이하)

(3) Folded 다이폴 안테나

- 반파장 다이폴 양단을 접속시켜 2중으로 만든 folded 안테나, λ/4 모노폴 안테나를 변형한 역L형 안테나(ILA), 역F형 안테나(IFA) 등이 있음

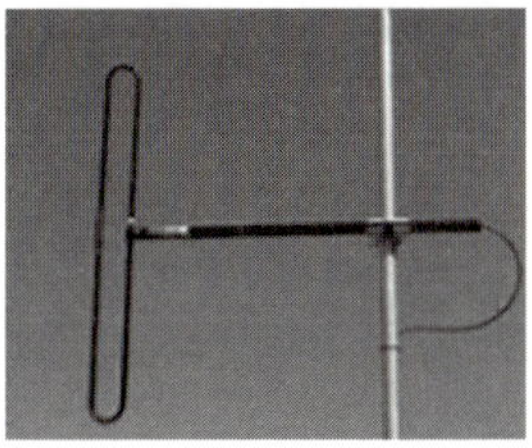

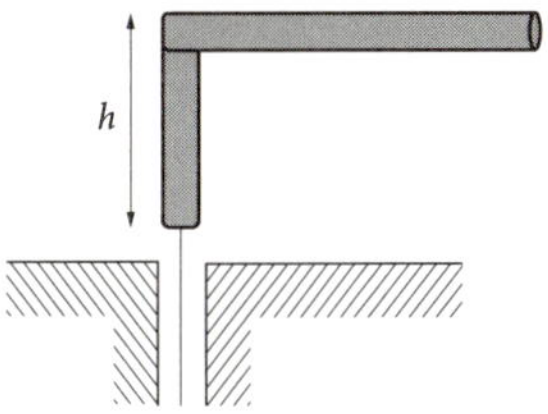

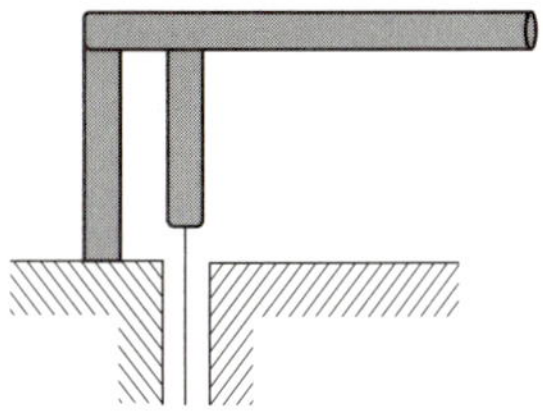

그림 5-6 Folded Dipole, ILA, IFA 안테나

① $P_r = (2I)^2 R_r = 293I^2$(W), $P_r = 293(\Omega)$으로 λ/2 dipole의 4배

② 전계강도, 이득, 지향성, 수신최대 유효전력은 반파장 다이폴보다 우수

③ 실효길이 및 최대수신전압은 반파장 dipole의 약 2배

④ 반파장 dipole에 비해 도체 유효단면적이 크므로 광대역성을 갖음

⑤ 기구적 안정성 및 구조가 견고

(4) Loop 안테나

- 루프 안테나는 원형, 직사각형 등의 구조로 도체를 N번 권선하여 만들며, 직경이 파장에 비해 매우 작기 때문에 미소 loop 안테나라 함
- loop 안테나의 특성

① 실효고 $h_e = 2\pi NA/\lambda$ (N : 턴수, A : 개구면적)

② 방사저항 $R_r = 80\pi\left(\frac{h_e}{\lambda}\right)^2 = \frac{320\pi^4(NA)^2}{\lambda^4}$ (Ω)

❸ 수신전압 $V = Eh_e = \dfrac{E(2\pi NA)}{\lambda}$ (V)

❹ 유기 기전력 및 이득은 $\theta = 0^\circ$, 180°에서 최대값, $\theta = 90^\circ$, 270°에서 최소값이 됨

❺ 전파 도래 방향과 루프면이 일치할 때 최대감도이므로 방향 탐지용으로 많이 사용

❻ 전파 도래 방향과 루프면이 일치할 때 최대감도가 됨

❼ 저항과 리액턴스 값이 커서 정합이 어렵고 효율이 나쁨

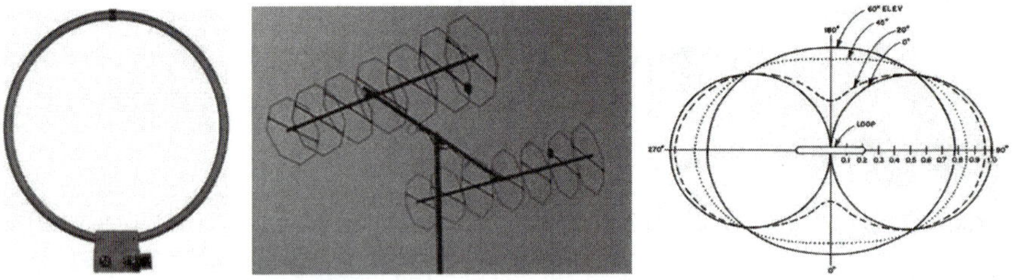

그림 5-7 Loop 안테나와 방사 패턴

3 초단파용 안테나

(1) 헬리컬 안테나 (휩 안테나)

- 안테나를 코일 형태로 감은 안테나를 헬리컬Helical 안테나라고 하며, $\lambda/2$ 안테나의 일부를 코일로 하여 높이를 줄인 안테나를 휩Whip 안테나라고 함
- 휩 안테나는 주로 이동체의 안테나로 사용하며, 헬리컬 안테는 고지향성 특성이 필요한 군사용 등의 특수 안테나로 사용함
- 헬리컬 안테나의 주요 특징

❶ $\lambda/4$ 수직접지 안테나와 같은 지향특성(옴니안테나)

❷ 방사저항이 36[Ω] 정도로 50[Ω]의 동축케이블에 직접 접속할 수 있음

❸ 안테나 길이가 너무 긴 경우 loading 기술을 이용하여 안테나 길이를 짧게 함

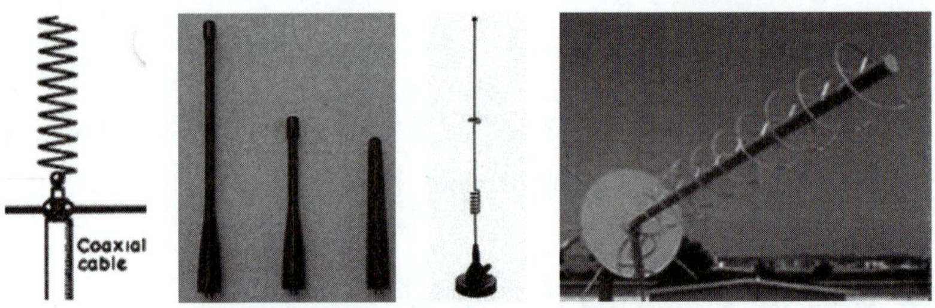

그림 5-8 헬리컬 안테나와 휩 안테나

(3) 야기-우다(야기) 안테나

- 반사기Reflector, 급전기Feeder, exciter, 지향기Director(도파기)의 세 부분으로 구성함
- 직접 수신전파 및 반사기로부터의 반사파에 의해 지향기 소자에 수신전압이 유기되므로 고이득 가능
- 반사기에서 반사된 전파에 의해 이득이 향상되며, 도파기 방향으로 지향성 생성됨
- 안테나 소자 길이: 반사기(약 0.48λ), 급전기(반파장/ folded 다이폴) 및 지향기(약 0.40λ)
- 반사기와 급전기 간격: 약 0.20λ, 급전기와 지향기 간격: $0.075-0.40\lambda$
- 안테나 이득 $G = 10L/\lambda$ (L은 안테나 소자 배열 축 사이의 전체 거리)
  ($\lambda/4$ 간격 4 소자 야기 안테나의 경우 $L = \lambda/4 \times 3 = 3\lambda/4$, 이득 $G = 10 \times 3\lambda/4/\lambda = 7.5$)
- 주요 특성
  1. 투사기, 반사기, 도파기 등의 길이, 굵기, 간격에 따라 이득과 대역이 변함
  2. 지향성은 지향기 방향인 단향성 고지향성 특성임
  3. 도파기 수를 증가시킬수록 이득이 커지므로 고이득이나 협대역 특성을 가짐
  4. 고지향 특성이므로 통상 방송 수신용 안테나로 사용
  5. 각 소자의 길이, 굵기, 간격에 따라 이득, 지향성이 변화함
  6. 소자의 수, 즉 도파기의 수를 증가시키면 이득이 증가됨

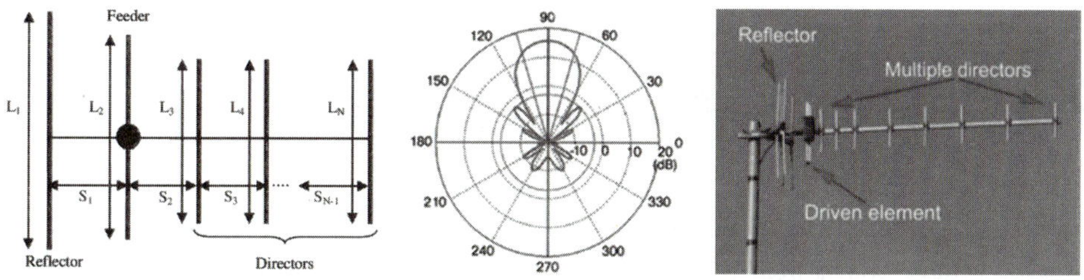

그림 5-9 야기-우다 안테나

(4) 대수주기 다이폴 안테나

- 인접한 안테나 소자 길이나 간격이 비례적으로 커지는 여러 개의 안테나 소자로 구성되어 광대역특성을 갖게 한 안테나로 LPDALog-Periodic Dipole Antenna라고 함
- 전기적으로 LPDA는 서로 다른 주파수에 튜닝된 두 개 또는 세 개의 요소 Yagi-Uda 안테나를 연결한 것과 유사함
- LPDA 안테나는 야기 안테나와 유사한 구조이지만, 지향기를 추가할 경우 대역폭과 이득이 증가함

- 대수주기함수 안테나의 소자의 길이 l_n, 위치 R_n , 안테나 직경 d_n, 간극 s_n은 로그(대수)주기 크기로 감소하는 LPDA 스케일 팩터Scale Factor τ에 의해 결정되며, τ가 1에 가까울수록 고이득 가능

$$\tau = \frac{l_n}{l_{n+1}} = \frac{R_n}{R_{n+1}} = \frac{d_n}{d_{n+1}} = \frac{s_n}{s_{n+1}} \leq 1 \frac{l_n}{l_{n+1}} \frac{l_n}{l_{n+1}} \tag{5.16}$$

- 대수주기 안테나의 특성
  1. 안테나의 크기와 모양이 비례적으로 커지는 여러 개의 소자로 구성
  2. 다중 주파수 대역 또는 광대역 특성을 가짐
  3. 대수주기 안테나는 간단한 구조로 설계되어 제작과 설치가 비교적 용이
  4. 안테나의 크기와 모양이 비례적으로 커지는 여러 개의 소자로 구성
  5. TV 안테나, 무선 통신, 라디오 천문학 등 다양한 분야에서 활용

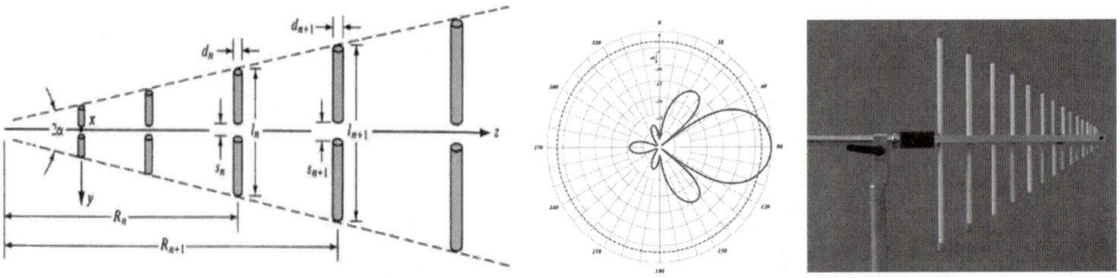

그림 5-10 대수주기 다이폴 안테나

4 극초단파대 이상의 안테나

(1) 혼 안테나

- 혼Horn 안테나는 도파관과 자유공간 사이를 연결하는 중이득 공간 안테나로 급전 도파관 형태에 따라 피라미드형pyramidal 혼과 원추형conical 혼이 있음
- 정확한 이득 구현 및 측정이 용이하므로 고주파 안테나 이득 측정을 위한 표준안테나로 사용
- 피라미드형 혼의 전계 및 자계평면 경사부 길이가 각각 L_E, L_H일 경우 개구면의 크기는 $A = \sqrt{2\lambda_0 L_E}$, $B = \sqrt{3\lambda_0 L_H}$ 로 설계하고, 원추형 혼의 경사부 길이가 h일 경우 개구면 직경은 $D = \sqrt{3\lambda_0 h}$로 설계하며, 이때의 이득은 다음 식으로 주어짐

$$\begin{aligned} G_{Pyramidal} &= \frac{4\pi A}{\lambda_0^2} e_A \cong 8.1 + 10\log\frac{AB}{\lambda_0^2}\ (\text{dB}) \\ G_{Conical} &= \left(\frac{\pi D}{\lambda_0}\right)^2 e_A = 20\log\frac{\pi D}{\lambda_0} - 2.82\ (\text{dB}) \end{aligned} \tag{5.17}$$

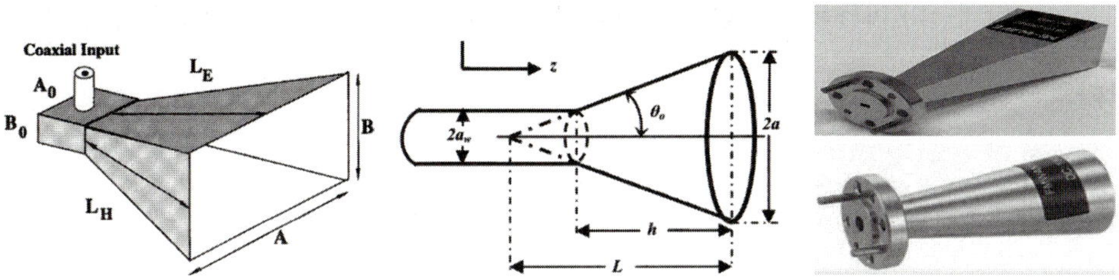

그림 5-11 피라미드형 혼과 원추형 혼 안테나

- 혼 안테나의 주요 특성

  ❶ 지향특성 및 이득특성이 매우 우수(5~20dB)

  ❷ 공진 요소가 없기 때문에 넓은 대역폭과 주파수 범위에서 작동, 광대역 특성을 가짐

  ❸ Sidelobe 전력이 적어 효율적인 전파 전송 가능

  ❹ 혼의 개구면이 일정할 때 혼 길이를 늘릴수록 이득과 지향특성 좋아짐

  ❺ 파라볼라 및 전파렌즈용 급전기로 사용

  ❺ 안테나 이득은 혼의 개구 면적에 의해 결정됨

(2) 파라볼라Paraola 안테나

- 반사판Reflector 안테나 또는 접시Dish안테나라고도 하며, 고이득 특성(20~30dB)을 지님
- 포물선 형태의 반사판에 의해 반사되어 평면파로 바뀐 후 전파되거나, 한 점으로 집속되어 혼 안테나 및 도파관으로 급전됨
- 포물면 반사기와 초점에 위치한 부반사판 급전 방식에 따라 파라볼라 안테나는 크게 4종류의 안테나로 구분함

  ❶ **전면급전 파라볼라**

  가장 간단한 급전방식으로 균일 급전이 어려워 효율이 60% 정도임

  ❷ **카세그레인Cassegrain 파라볼라**

  볼록반사판을 사용하여 급전효율을 최적화한 안테나로 가장 많이 사용됨

  ❸ **그레고리안Gregorian 파라볼라**

  오목반사판을 사용하여 급전효율을 최적화한 안테나

  ❹ **오프셋Offset 파라볼라**

  급전구조 및 부반사판에 의한 개구면 차단현상을 방지할 수 있어 동일 이득일 경우 소형화가 가능하나 동작 안정성이 낮음

- 안테나의 이득은 개구면 크기에 의해 결정됨(일반적인 파라볼라 안테나의 개구효율 η는 55~75% 임)

$$G = \eta\left(\frac{4\pi A}{\lambda_0^2}\right) \cong 0.55\left(\frac{\pi D}{\lambda_0}\right)^2 \tag{5.18}$$

- 파라볼라 안테나의 주요 특성
  1. 개구면에서 완전한 평면파를 얻을 수 있어 고이득과 고지향성 특성을 가짐
  2. 광대역 임피던스 정합이 어려워 협대역 안테나로 사용
  3. 점대점 무선링크 안테나, 선박용 레이다 안테나 및 위성방송 수신용 안테나로 사용
  4. 비나 눈에 의한 영향을 피하기 위해 안테나를 레이돔radom으로 씌우거나 1차 복사기로 horn 안테나(전자나팔)를 사용
  5. 송수신기와 1차 복사기가 직접 연결되어 있으므로 급전계 전송손실이 적음
  6. 대지에서의 잡음을 적게 받기 때문에 저잡음으로 동작 가능

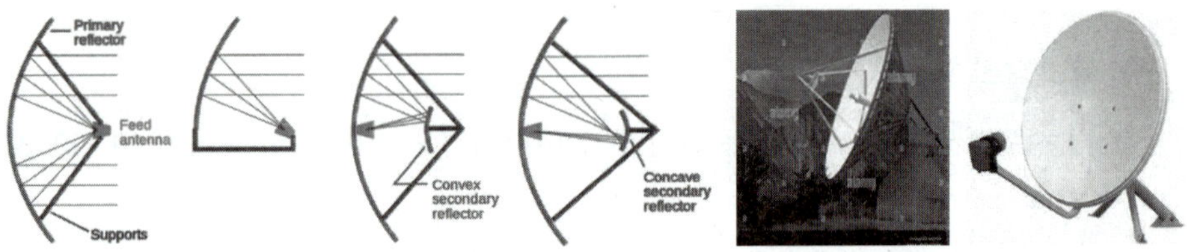

그림 5-12 급전방식에 따른 파라볼라 안테나 종류(좌로부터 동축전면급전, 오프셋, 카세그레인, 그레고리안 방식, 실제 지상국 안테나 및 개인용 dish 안테나)

(2) 마이크로스트립Microstrip 안테나

- 마이크로스트립 안테나는 직사각형이나 원형의 형태를 가진 전도성 물체의 패치patch로 구성되므로 패치안테나라고도 함
- 패치는 접지면과 매우 얇은 유전체 층으로 분리되어 있으며, 패치의 크기(폭 W와 길이 L)는 동작주파수 f_r과 유전체의 비유전율 ϵ_r에 의해 결정됨

$$W = \frac{c}{2f_r}\sqrt{\frac{2}{\epsilon_r + 1}}$$
$$L = \frac{\lambda_0}{2} - 2\Delta L \tag{5.19}$$

- 저렴하면서도 제작하기 쉽고 가벼워서 다양한 분야에 널리 사용되는 안테나
- 높이가 낮으면서도 표면을 따라 자유자재로 설치가 가능해서 단일 칩 초고주파 집적회로(MMIC)monolithic microwave integrated circuit에 사용 가능
- 다른 안테나에 비해 효율이 떨어지며, 고전력에는 사용하기 어렵고, 대역폭이 좁음
- 저이득 특성 때문에 다수의 패치를 배열한 배열안테나Array Antenna 형태로 주로 사용

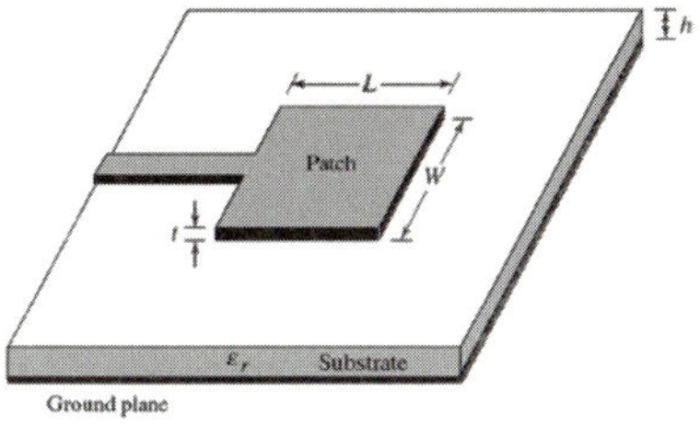

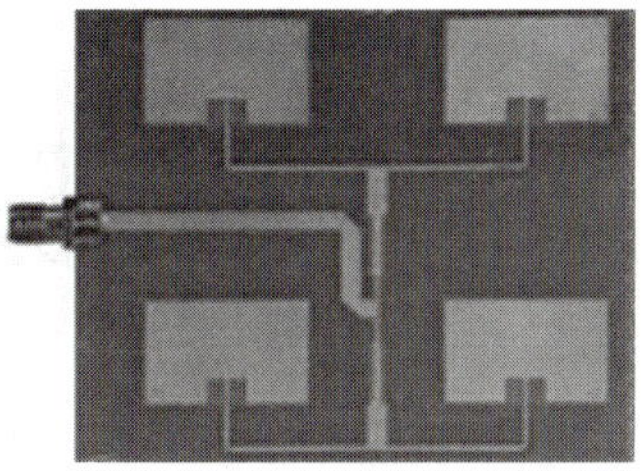

그림 5-13 마이크로스트립(패치) 안테나

[표 5-2] 대표적인 안테나 주요 특성

구분	이득(dB)	대역폭	사용대역	편파	기 타
모노폴 안테나	2~6	≤ 10%	전 대역	선형(수직)	수직접지
반파장 다이폴	2.15	≤ 10%	10GHz 이하	선형	기준안테나
Folded 다이폴	≥ 2.15	≤ 10%	10GHz 이하	〃	–
Loop 안테나	≤ 3	≤ 10%	50M~1GHz	원형	–
헬리컬 안테나	20 (수평모드)	≤ 5%	100M~3GHz	원형	–
Yagi 안테나	5~15	≤ 5%	≤ 2GHz	수평편파	Whip 안테나
대수주기안테나	6~8	100~150%	≤ 18GHz	수평편파	광대역
혼 안테나	5~20	≤ 100%	50M~40GHz	선형/원형	기준안테나
파라볼라안테나 (전면급전)	10~60	≤ 33%	400M~13GHz	선형/원형	위성통신
파라볼라안테나 (카세그레인)	10~60	≤ 33%	400M~13GHz	선형/원형	위성통신
마이크로스트립	≤ 2	≤ 5%	≥ 2 GHz	선형/원형	이동통신

5.4 안테나 전력 전달 모델

1 전자파 전력전달 모델 (2장 내용 인용)

- 안테나로부터의 전자파 전력 전달은 매체 환경, 거리, 송수신 전력 및 안테나 이득에 의해 결정되며, 프리스의 전력전달 방정식으로 표현됨
- Friis 전자파 전달 방정식Friis's Transmission Formula: Harald T. Friss(1945, Bell Lab)

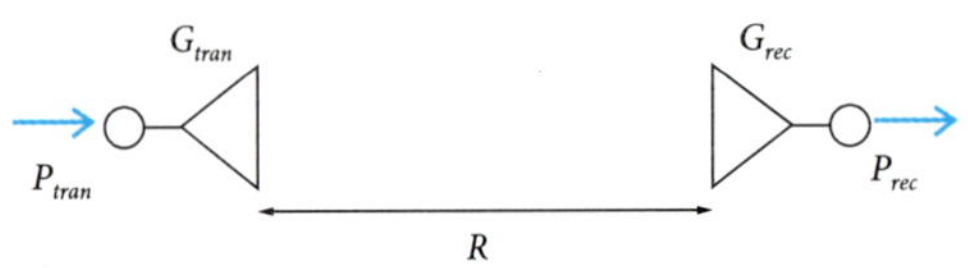

그림 5-14 전자파의 에너지 전달 모델

❶ 최대 수신전력(Friss 전달공식)

$$P_{R,\,\max} = P_T G_T \left(\frac{\lambda}{4\pi R}\right)^2 G_R = \frac{P_T G_T G_R}{L_P}\ (\mathrm{W}) \tag{2.28}$$

$$P_R = P_T(\mathrm{dBW}) + G_T(\mathrm{dBi}) + G_R(\mathrm{dBi}) - 20\log\left(\frac{4\pi R}{\lambda}\right)\ (\mathrm{dBW}) \tag{2.29}$$

❷ 자유공간 경로 손실(FSPLFree-Space Path Loss)

$$L_P = \frac{P_T}{P_R} = \left(\frac{4\pi R}{\lambda}\right)^2 \tag{2.30}$$

$$\begin{aligned} L_P &= 20\log\left(\frac{4\pi R}{\lambda}\right) = 20\log(4\pi R) - 20\log\left(\frac{c}{f}\right) \\ &= 92.5 + 20\log\,(f_{GHz} \times R_{km})\ \ (\mathrm{dB}) \end{aligned} \tag{2.31}$$

2 무선통신 링크 버짓Link Budget 모델

- 무선 통신 시스템의 링크 버짓
  무선통신시스템 설계를 위해 송신전력, 이득성분, 손실성분, 시스템 마진 등을 고려하여 무선 링크의 요구값을 결정할 수 있는 방정식

$$\text{수신전력[dBm]} = \text{송신전력[dBm]} + \sum\text{전체이득[dB]} - \sum\text{전체손실[dB]} \tag{2.33}$$

$$P_R = P_T G_T G_R \left(\frac{\lambda}{4\pi R}\right)^2 \frac{1}{L_{system}} \ (\mathrm{W})$$
$$P_R = P_T(\mathrm{dBM}) + G_T(\mathrm{dB}) + G_R(\mathrm{dB}) - 20\log\left(\frac{4\pi R}{\lambda}\right) - 10\log L_{system}\ (\mathrm{dBm}) \tag{2.36}$$

학습 Vitamins

야기-우다 안테나의 두 가지 아이러니

1. 발명자와 권리자 사이

야기-우다 안테나는 전파 과학 분야에서 굉장한 혁명이었다. 가장 큰 특징은 바로 지향성인데, 즉 전파를 원하는 곳으로 쏠 수도 있고, 원하는 방향에서 전파를 높은 감도로 받아낼 수도 있는 장비이다. 생선 가시 같은 짧은 막대(도파기)가 전파를 집속해 주는 역할을 하기 때문이다. 야기-우다 안테나는 1925년에 개발되었으며, 공식적으로는 1926년에 보고되었다. 일본 동북 제국대학 공학부 전기공학과에는 당시 초단파를 중심으로하는 전자기파의 연구가 활발히 진행되고 있었다. 공학자이자 교수인 야기 히데츠구[八木 秀次,Hidetsugu Yagi]와 그의 조수 우다 신타로[宇田 新太郎,Shintaro Uda]는 전파 전송 분야에서 매우 획기적인 야기 우다 안테나(Yagi-Uda Antenna)를 개발하였다. 실제로 안테나의 제작과 실험, 이론전개는 조수이었던 우다 신타로가 대부분 수행하였고 공동 명의로 논문이 발표되었다. 그러나 정작 실제로 이권이나 경제적 실리를 보장하는 특허는 야기 교수 단독 명의로 등록하였으며, 이로 인해 초기에는 실제 개발자인 우다의 이름이 없는 '야기 안테나', '야기 히데츠구의 안테나'라고 불리기도 했다. 비상식적인 교수의 욕심으로 인해 발명자의 노력과 명성과 경제적 부도 모두 함께 권리자인 야기 히데츠쿠에게로 가 버린 특허 권리의 아이러니....

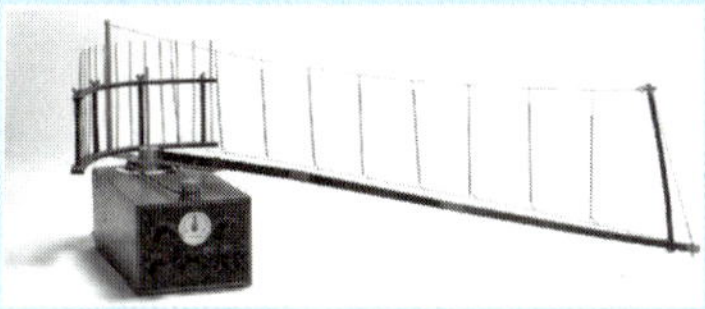

2. 우수한 기술을 인지하지 못한 역사의 아이러니

"모든 국민은 자신의 수준에 맞는 정부를 갖는다." 조제프 드 메스트르[Joseph de Maistre]

특허로 등록된 야기(우다) 안테나는 정작 자국인 일본 군부로부터는 무시당하고 영국의 통신 기업(마르코니 사)에 팔리게 되었고, 특정방향으로의 지향성이 탁월한 야기 안테나 기술을 획득한 영국은 이 기술을 개선하여 단거리 대공용 레이더를 개발하기에 이른다. 기술 자체는 매우 뛰어났지만, 당시 일본 정부와 군부의 시대착오적인 결정으로 도입이 매우 늦어졌고, 이는 일본 과학사 및 전쟁사에 있어서 최악의 흑역사 중 하나가 되었다. 아무리 훌륭한 기술이 있어도 이를 알아보는 사람이 없다면 그야말로 무용지물일 수밖에 없다.

태평양 전쟁을 준비하던 일본은 이 엄청나고 획기적인 고급 기술을 무시해버린다. 당시 일본 최고위 지휘관들은 돈 들여서 레이더 따위를 개발하는 것보다 훈련을 통해 인간(견시병[見視兵])의 시력을 단련시키는 것이 훨씬 경제적이고 효과적이라는 생각에 빠져 있었다. 레이더 도입을 논의하기 위한 레이더 간담회에서 일본 육군 고위층 지휘관은 "군대는 기습이 생명이므로 기습을 우선시해야 하는데 전파장비들이 전파를 발사하는 것은 자기 위치를 적에게 스스로 알리는 꼴이 되므로 전파탐신 같은 건 스파이같은 짓이므로 도입할 필요가 없다."라고 했다.... 2차 세계대전을 이끈 대표적인 기술이 RADAR/SONAR 와 무선통신기기(무전기)이었는데 리더의 상황판단 미숙과 기술에 대한 무지함의 소치로 우수한 기술을 적에게 고스란히 넘긴(전쟁의 승패까지 반납한) 역사의 아이러니....

CHAPTER 5

국가고시 기출 문제

자료출처: 한국산업인력공단, www.q-net.or.kr, www.cbt.com

01 국가고시2007

다음 중 안테나에서 임피던스 정합이 이루어지지 않은 경우 발생되는 현상과 관계가 없는 것은 무엇인가?

① FM 방송에서 왜곡(distortion)의 감소　② 급전선의 손실 증가
③ 최대 전력 전송의 저하　④ TV 방송에서 이중상(ghost) 현상의 발생

02 국가고시2007

수직 접지 안테나의 수직면 내의 지향 특성으로 맞는 것은?

① 　② 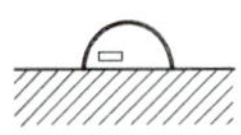　③ 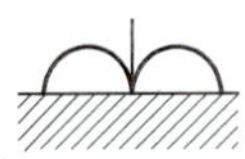　④ 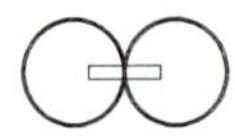

03 국가고시2008

안테나의 종류별 특성에 대한 설명으로 옳은 것은?

① 야기-우다(Yagi Uda) 안테나는 지향성이다.
② 파라볼라(Parabola) 안테나는 무지향성이다.
③ 수직 접지 안테나는 지향성이다.
④ 루프(Loop) 안테나는 무지향성이다.

04 국가고시2009

극초단파(UHF) 이상에 사용하는 안테나의 종류는?

① 헬리컬(Helical)　② 롬빅(Rhombic)
③ 카세그레인(Cassegrain)　④ 루프(Loop)

05 국가고시2010

반파장 다이폴(dipole) 안테나를 사용하여 주파수가 3GHz인 신호를 전송하는 경우, 최대 방사효율을 갖는 안테나 길이는? (단, 전파의 속도는 3×108[m/s]이다)

① 1cm　② 5cm　③ 10cm　④ 50cm

핵심 Hint

1. FM 방송의 왜곡 현상은 전력증폭기 등의 비선형성에 의한 상호변조에 기인한다.

2. ① 다이폴안테나 수직패턴(E패턴)
② Loop 안테나 방사패턴
③ 수직접지 $\lambda/4$다이폴 안
④ 다이폴안테나 수직패턴(H패턴)

3. 지향성 안테나: 야기-우다, 루프, 파라볼라, 위상배열안테나
무지향성: 모노폴, 다이폴, 수직접지다이폴

4. – 저주파용 안테나(MF, VHF): 헬리컬, 롬빅, 루프, 다이폴, 야기
– 고주파용 안테나(UHF, SHF): 혼, 파라볼라(카세그레인), 마이크로스트립

5. 최적 안테나 길이: $\lambda/2$
$f\lambda = c$

06 국가고시2011

안테나를 고유주파수 이외의 주파수에서 효과적으로 사용하기 위하여 안테나의 입력 리액턴스 성분이 0이 되도록 L이나 C를 삽입하여 동조시키는 기술을 표현하는 용어는?

① 안테나의 로딩(loading) ② 안테나의 이득
③ 안테나의 지향성 ④ 안테나의 Q(quality factor)

07 국가고시2012

안테나의 크기가 가장 소형인 경우는 다음 중 어느 주파수 대역의 반송파를 사용했을 때인가?

① X-band ② C-band
③ L-band ④ S-band

08 국가고시2012

공진 주파수 $f_0 = \dfrac{1}{2\pi\sqrt{L_aC_a}}$ 인 $\dfrac{\lambda}{4}$ 수직 접지 안테나에 연장코일을 직렬로 연결했을 때 나타나는 현상으로 옳은 것은?

① 공진 주파수가 높아진다. ② 공진 주파수가 낮아진다.
③ 복사저항이 커진다. ④ 복사저항이 작아진다.

09 국가고시2012

1.9GHz~2.1GHz 대역을 사용하는 통신 시스템에서 가장 성능이 좋은 송수신기 안테나 길이[cm]는? (단, 안테나는 파장의 1/2일 때 가장 성능이 좋으며, 전파의 속도는 300,000km/s이다)

① 3.75 ② 7.5 ③ 15 ④ 30

10 국가고시2013

길이가 7.5[cm]인 반파장 다이폴 안테나로 수신할 때, 수신감도가 가장 우수한 신호는? (단, 전파의 속도는 3×10^8[m/s]이다)

① $s(t) = 7.5\cos(2\times10^8\pi t)$ ② $s(t) = 7.5\cos(4\times10^8\pi t)$
③ $s(t) = 15\cos(2\times10^9\pi t)$ ④ $s(t) = 15\cos(4\times10^9\pi t)$

11 국가고시2013

안테나에 대한 설명으로 옳지 않은 것은?

① 주파수가 높아질수록 안테나 크기는 작아진다.
② 안테나의 지향성은 안테나의 전력 이득과 무관하다.
③ 야기 안테나는 지향성 안테나이다.
④ 패치 안테나는 안테나 어레이를 만들기에 적합하다.

핵심 Hint

6. loading: 안테나의 공진주파수를 조정하기 위하여 L,C 공진기를 부가하는 방법

7. 최적 안테나 길이: $\lambda/2$
$f\lambda = c$
주파수가 높을수록 안테나 길이 짧아짐 (X band)

L-band 1-2G
S-band 2-4G
C-Band 4-8G
X-Band 8-12G
Ku-Band 12-18G
K-Band 18-27G
Ka-Band 27-40G

8. 연장코일(인덕터)를 직렬로 삽입하면 전체 인덕턴스는
$L = L_{ntenna} + L_{loading}$
인덕턴스가 커지므로 공진주파수는 낮아짐

9. 최적 안테나 길이: $\lambda/2$
$f\lambda = c$

10. 최적 안테나 길이: $\lambda/2$
$f\lambda = c$

11. 안테나의 지향성이 클수록 특정 방향으로 에너지가 집중되므로 전력 이득이 커진다.

핵심 Hint

12. 전압정재파비
$VSWR = \frac{V^+ + V^-}{V^+ - V^-} = \frac{1+|\Gamma|}{1-|\Gamma|}$

13. 안테나 공진주파수
$f_0 = \frac{1}{2\pi\sqrt{L_aC_a}}$
정답은 ②, ③ 두 개다.
$f_0' = \frac{1}{2\pi\sqrt{\frac{L_aL_l}{L_a+L_l}C_a}}$ (L_l 병렬)
$f_0' = \frac{1}{2\pi\sqrt{L_a\frac{C_aC_l}{C_a+C_l}}}$ (C_l 직렬)

14. 최적 안테나 길이: $\lambda/2$

15. 유효 등방성 방사전력 EIRP
EIRP $= P_tG_t$(W)
$= 10\log P_t + 10\log G_t$(dB)

16. $A_{eff} = \frac{\lambda^2}{4\pi}G,\ G = \frac{4\pi}{\lambda^2}A_{eff}$
유효면적에 비례, 파장의 자승에 반비례

17. 최적 안테나 길이: $\lambda/2$
파장이 짧을수록 안테나 길이가 짧아진다.

12 국가고시2014

안테나의 급전점에서 측정된 입사파 전압이 10[V]이고, 반사파 전압이 5[V]일 때 전압정재파비(Voltage Standing Wave Ratio)는?

① 1.5　② 2　③ 3　④ 4

13 국가고시2014

길이가 고정된 안테나의 고유파장보다 짧은 파장의 전파를 송신하고자 할 때 안테나에 취할 수 있는 방법으로 적절한 것은?

① 안테나 기저부에 코일을 직렬로 연결한다.
② 안테나 기저부에 코일을 병렬로 연결한다.
③ 안테나 기저부에 콘덴서를 직렬로 연결한다.
④ 안테나 기저부에 콘덴서를 병렬로 연결한다.

14 국가고시2014

1.5[GHz]인 신호를 반파장 다이폴(Dipole) 안테나를 이용하여 전송할 때 최대 방사효율을 얻기 위한 안테나의 길이[cm]는? (단, 전파의 속도는 300,000[km/s]이다)

① 1　② 2　③ 10　④ 20

15 국가고시2015

안테나 이득이 20[dB]인 송신안테나에서 10[W]의 전력이 방사되었을 때 유효등방성방사전력(EIRP)[dBW]은?

① 10　② 20　③ 30　④ 40

16 국가고시2016

안테나에 대한 설명으로 옳지 않은 것은?

① 안테나 이득은 안테나 유효면적의 제곱에 비례한다.
② 안테나에서 방사된 전파의 전력은 거리의 제곱에 반비례한다.
③ 등방성 안테나(Isotropic antenna)의 지향성은 1이다.
④ 전압정재파비(VSWR)는 1 이상이다.

17 국가고시2017

다음 전파 중 가장 짧은 길이의 안테나를 사용할 수 있는 것은?

① 초단파　② 단파　③ 중파　④ 장파

핵심 Hint

18 국가고시2017

급전선과 안테나 사이에 임피던스 정합이 되었을 때 나타나는 현상으로 옳지 않은 것은?

① 정재파비가 무한대이다. ② 반사되는 전력이 없다.
③ 최대로 전력이 전달된다. ④ 시스템의 신호대잡음비가 향상된다.

19 국가고시2017

자유공간에서 두 안테나 사이의 간격이 5[km]이고 송신 안테나에서 주파수가 1[GHz]인 신호를 4[mW]의 전력으로 송신하고 있다. 안테나 사이의 간격을 10[km], 신호의 주파수를 2[GHz]로 변경할 때, 이전과 동일한 수신 전력을 얻기 위해 필요한 송신 전력[mW]은?

① 16 ② 32 ③ 64 ④ 128

20 국가고시2018

야기-우다(Yagi-Uda) 안테나에 대한 설명으로 옳지 않은 것은?

① 이득과 관련한 빔 패턴은 대부분 도파기에 의해 좌우된다.
② 투사기에서 도파기를 향한 예리한 지향 특성이 있다.
③ 도파기의 수를 증가시키면 이득이 증가된다.
④ 반사기의 길이는 도파기의 길이 보다 짧게 한다.

21 국가고시2018

송신기가 3[GHz] 반송파 주파수로 신호를 10[W]로 송출하는 경우, 송신 안테나와 수신 안테나의 이득이 각각 20[dB]이며, 시스템 손실이 10[dB]이고 경로 손실이 112[dB]일 때, 수신기에서의 수신 전력[dBm]은?

① −24 ② −28 ③ −42 ④ −72

22 국가고시2019

송신안테나의 출력전력이 10[W]이고 안테나이득이 20[dB]인 경우 실효등방성방사전력(EIRP)[W]는?

① 10 ② 100 ③ 1,000 ④ 10,000

23 국가고시2019

신호 $s(t) = 10\cos(4\times10^9\pi t)$를 반파장 다이폴 안테나로 수신할 경우, 안테나의 길이[cm]는? (단, 전파의 속도는 3×10^8[m/s]이다.)

① 5 ② 7.5 ③ 10 ④ 12.5

---

18. $VSWR = \dfrac{V^+ + V^-}{V^+ - V^-} = \dfrac{1+|\Gamma|}{1-|\Gamma|}$

19. $P_R = P_T G_T \left(\dfrac{\lambda}{4\pi R}\right)^2 G_R$

20. 전파반사를 용이하게 하기 위하여 반사기의 길이는 도파기의 길이 보다 길게 한다.

21. $P_R = P_t + \sum \text{Gain} - \sum \text{Loss}$

22. 유효 등방성 방사전력 EIRP
$\text{EIRP} = P_t G_t(\text{W})$
$= 10\log P_t + 10\log G_t(\text{dB})$

23. 최적 안테나 길이: $\lambda/2$

핵심 Hint

24. $L_p = \left(\frac{4\pi R}{\lambda}\right)^2 = \left(\frac{4\pi fR}{c}\right)^2$

25. 무손실 등방성 안테나를 절대이득 dBi의 기준 안테나로, 다이폴 안테나를 상대이득 dBd의 기준 아테나로 사용한다.

26. 파라볼라 또는 접시(Dish) 안테나는 고이득 특성을 가지고 점대점 위성통신을 위해 사용되는 반사경(reflector) 안테나이다.

27. $G(\theta, \phi) = \eta D(\theta, \phi)$

28. 최적 안테나 길이: $\lambda/2$
$f\lambda = c$

24 국가고시2019

이상적인 두 개의 등방성(isotropic) 안테나 사이의 거리를 d(m), 전파의 파장을 λ_0(m)라고 할 때, 자유공간경로손실은?

① $\left(\frac{4\pi d}{\lambda_0}\right)^2$ ② $\left(\frac{2\pi d}{\lambda_0}\right)^2$ ③ $\frac{4\pi d}{\lambda_0}$ ④ $\frac{2\pi d}{\lambda_0}$

25 국가고시2020

안테나에 대한 설명으로 옳지 않은 것은?

① 반전력빔폭(HPBW)은 전력이 주빔의 최댓값에 비해 절반이 되는 두 지점 사이의 각이다.
② 무손실 등방성 안테나를 상대이득의 기준 안테나로 사용한다.
③ 안테나 이득은 최대 지향성과 방사효율의 곱이다.
④ 실효등방성방사전력(EIRP)은 송신 안테나의 절대이득과 송신전력의 곱이다.

26 국가고시2020

고이득 특성을 가지고 점대점 위성통신을 위해 사용되는 반사경(reflector) 안테나로 옳은 것은?

① 다이폴(dipole) 안테나 ② 파라볼라(parabola) 안테나
③ 야기-우다(Yagi-Uda) 안테나 ④ 루프(loop) 안테나

27 국가고시2021

안테나의 최대 지향성이 10[dB]이고 방사효율이 60[%]일 때 안테나의 이득[dB]은? (단, $\log_{10}2 = 0.3$, $\log_{10}3 = 0.5$이다)

① 8 ② 6 ③ 4 ④ 10

28 국가고시2021

자유공간에서 주파수가 f_1 = 30[kHz]인 신호를 변조하지 않고 전송하는 경우와 이를 변조하여 f_2 = 1[GHz]로 전송하는 경우, 반파장 다이폴 안테나를 사용할 때 안테나의 길이[m]는 각각 얼마인가? (단, 신호의 전파속도는 3×10^8[m/s]이다)

	f_1	f_2
①	10,000	0.3
②	5,000	0.15
③	2,500	0.075
④	1,250	0.0375

① ① ② ② ③ ③ ④ ④

29 국가고시2022

반송파의 주파수가 2[GHz]인 LTE(long-term evolution) 단말기의 안테나에 비해 주파수가 3.6[GHz]인 반송파를 사용하는 5G(generation) 단말기의 안테나 길이는? (단, LTE 및 5G 모두 1/4 파장 안테나를 사용한다고 가정한다.)

① 동일하다. ② 5/9배가 된다. ③ 7/9배가 된다. ④ 8/9배가 된다.

30 국가고시2022

송신전력이 −10[dBm]인 마이크로파 신호를 전송하는 경우, 송수신안테나의 이득이 각각 10[dB]이고 경로 손실이 30[dB]일 때, 수신전력[mW]은?

① 1 ② 0.1 ③ 0.01 ④ 0.001

31 국가고시2023

송신기는 300[MHz]의 주파수와 16[W]의 전력을 사용하여 자유공간으로 신호를 전송한다. 송신안테나와 수신안테나의 이득이 각각 30[dB]일 때, 송신기로부터 1[km] 떨어진 지점에 수신되는 전력[W]은? (단, 전파속도는 3×10^8[m/s]이고, 주어진 조건 외의 영향은 고려하지 않는다)

① $1/\pi^2$ ② $8/\pi^2$ ③ $16/\pi^2$ ④ $30/\pi^2$

32 국가고시2023

등방성 방사기가 40[W]의 송신전력으로 신호를 방사할 때, 1[km] 떨어진 지점에서의 전력밀도 [μW/m^2]는?

① $2/\pi$ ② $5/\pi$ ③ $10/\pi$ ④ $20/\pi$

[5장 정답]

1. ❶ 2. ❸ 3. ❶ 4. ❸ 5. ❷ 6. ❶ 7. ❶ 8. ❷ 9. ❷ 10. ❹ 11. ❷ 12. ❸
13. ❸ [②도정답임] 14. ❸ 15. ❸ 16. ❶ 17. ❶ 18. ❶ 19. ❸ 20. ❹ 21. ❸ 22. ❸
23. ❷ 24. ❶ 25. ❷ 26. ❷ 27. ❶ 28. ❷ 29. ❷ 30. ❸ 31. ❶ 32. ❸

핵심 Hint

29. 최적 안테나 길이: $\lambda/2$

30. $P_R = P_t + \sum \text{Gain} - \sum \text{Loss}$

31. $P_R = P_T G_T \left(\frac{\lambda}{4\pi R}\right)^2 G_R$

32. $\text{전력밀도} = \frac{\text{방사전력}}{\text{방사면적}(=4\pi R^2)}$

CHAPTER

06

다양한 무선통신시스템

Wireless Communication Systems

학습목표

- 위성통신 시스템의 동작 원리와 위성체의 특성을 이해한다.
- 위성통신 시스템의 종류와 응용 분야를 학습한다.
- 레이더 시스템의 원리와 특성을 학습한다.
- GPS 시스템의 원리와 특성을 학습한다.
- 광파를 이용하는 광통신 시스템의 원리와 특성을 학습한다.

학습목차

6.1 위성통신 시스템

1 위성통신의 정의

- 위성체Satellite : 지구를 원 궤도를 이루며 회전하는 모든 물체(달, 우주국 등)
- 인공위성Man-Made Satellite : 인공적으로 궤도에 올린 모든 물체로 최초의 인공위성은 구소련의 SPUTNIK 1호 (1957년)
- 위성통신Satellite Communication : 지표 상공의 위성체를 이용하여 지구국(ES)Earth Station과 각종 통신 서비스 및 방송 서비스를 제공하는 시스템
- 높이(고도)에 따라 (저궤도, 중궤도, 정지궤도, 고궤도), 궤도경사각에 따라 (적도궤도, 극궤도, 경사궤도), 궤도 모양에 따라 (원궤도, 타원궤도)로 구분

2 위성통신의 현황

(1) 주요 역사

- 1945 Arthur C. Clarke Article: “Extra-Terrestrial Relays” (위성통신 개념 제안)
- 1955 John R. Pierce Article: “Orbital Radio Relays” (위성통신 기술 구현방법 제시)
- 1957 Sputnik: 최초의 인공위성
- 1969 Apollo 11호 최초 달착륙 인공위성
- 1995.8 무궁화 위성
- 1998~ 현재 : Iridium (77 → 66개), 스타링크 등 민간위성 상용화

(2) 세계 위성 현황

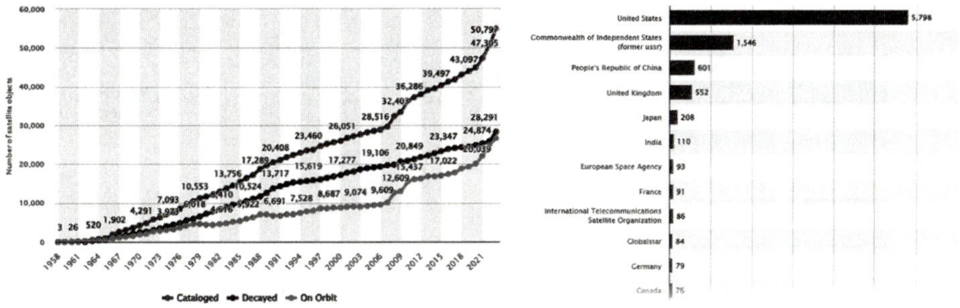

그림 6-1 전 세계 위성체 수(등록수, 감소 수, 실 운용기기 수)

- 최초의 인공위성인 스푸트니크 1호가 발사된 1957년 10월 이후, 2023년까지 등록된 위성체 수는 각 55,000개, 운용중인 위성체 수는 약 26,700개로 매년 7% 이상 증가
- 2023년 2월 기준으로 미국 5,798, 독립국가연합(구 소련)이 약 1,500개 인공위성 보유

3 위성통신 시스템 구성

- 위성통신 시스템은 위성체와 지구국 설비로 구성
- 위성체는 페이로드 시스템(중계기^Transponder^와 안테나)과 전력 및 자세 제어용 보조장치로 구성
- 지구국(ES)^Earth Station^은 위성통신 장치, 위성과 이동국^Mobile Station^ 장치들을 제어하는 제어장치로 구성
- 주파수 운용은 지구국 통신운영 환경이 더 우수하므로 상향신호^up link^는 하향신호^down link^보다 높은 주파수를 사용하여 경로손실, 강우손실 등의 보상이 가능하도록 할당(예, up/down link = 6/4GHz)
- 가입자 수용을 위한 다중화^Multiple Access^ 방식으로는 주파수분할(FDMA), 시간분할(TDMA), 코드분할(CDMA), 공간분할(SDMA^Space Division^) 등을 사용
- 경로 상의 페이딩, 감쇠 특성 개선을 위해 Path Diversity, 편파 Diversity 등 사용
- 다중 위성체 및 다중 지구국 환경에서는 위성내^Intra-satellite^ H/O^handoff^(스팟 빔 사이), 위성간 ^Inter-satellite^ H/O(위성 사이), BS H/O(기지국 사이) , 시스템간^Inter-system^ H/O(지상 통신망 네트워크 사이) 등을 사용하여 전체 위성통신망 운용

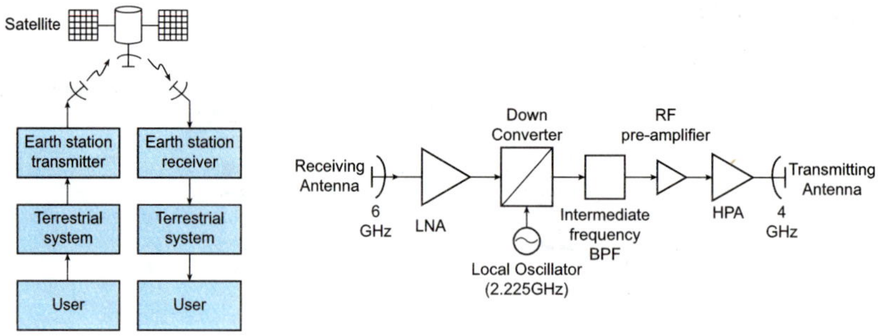

그림 6-2 위성통신시스템과 위성체 Payload 시스템 구성

4 위성통신의 장단점

(1) 장점

❶ 서비스 지역의 광역성 : 광범위한 커버링과 구역 변경 용이

❷ 자연 장애물 및 재해에 관계없이 통신 회선 구성 가능

❸ 지리적 장애의 극복 : 거리 개념을 초월하는 망 구축으로 투자비용 절감

❹ 통신품질의 균일성 : 산악, 도서 등 지형 장애물에 구애받지 않음

❺ 동보성 : 광대역 주파수 동시 전송이 가능

❻ 높은 주파수대의 이용 및 고속 광대역 통신이 가능

❼ 다원접속, 회선설정, 통신망 설정 등을 용이하게 할 수 있음

❽ HDTV, VSAT, GPS, 이동전화망 등 첨단통신 제공 가능

❾ 위성체 및 중계기 공유 등으로 세계 단일 통신망 구축 가능

(2) 단점

❶ 소용량 필요시 과다한 초기 투자비용 필요 (위성체 진입 및 지구국 설치비용 등)

❷ 전송 손실이 발생 (하향보다는 상향통신손실 큼)

❸ 전송 지연이 발생 (정지궤도위성의 경우 238~최대 278[ms] 발생)

❹ 대형 지구국 안테나가 필요함

❺ 위성체의 수명이 짧으며(10년내외 운용) 유지 보수가 어려움

❻ 위성 일식, 반향현상, 태양잡음현상에 따른 성능 저하 가능

❼ 궤도포화, 주파수부족, 출력제한 등으로 운용 가능한 위성 수가 제한됨

(3) 위성통신 성능 저하 요인 및 환경요소

❶ 밴 알란 벨트 Van Allen radiation belt : 행성자기장에 의한 지구 주위에 묶인 대전된 입자(플라즈마)의 2층 구조로 지구반경의 약 10배의 공간(1,000~60,000km)까지

퍼져 있으며, 태양 폭풍에 의한 고에너지 입자가 농축되어 알파선 같은 방사선을 방출하며, 여기에 노출된 위성체의 수명을 단축시킴

❷ **도플러 천이** : 위성의 움직임에 따라 수신 주파수가 변화하는 도플러 효과에 의해 수신주파수가 변화되어 송수신 성능 저하 발생

❸ **위성 일식 현상** : 지구가 위성과 태양 사이에 일직선으로 놓이게 되어 위성이 태양의 빛을 받을 수 없어 전력 생산이 차단되는 현상

5 위성의 종류 및 특성

(1) 위성의 종류

- 정지궤도위성(GEO[Geostationary Earth Orbit]) : 지구 표면에서 약 36,000km 높이의 정지위성
- 저궤도위성(LEO[Low Earth Orbit]) : 지구 표면에서 약 500-1500km 높이의 위성
- 중궤도위성(MEO[Medium Earth Orbit]) : 지구 표면 6,000-20,000km 높이의 위성
- 고궤도위성(HEO[Highly Elliptical Orbit]) : 고고도 타원궤도 위성
- 극궤도 위성(Polar Orbit) : 남극과 북극을 통과하는 궤도를 도는 위성

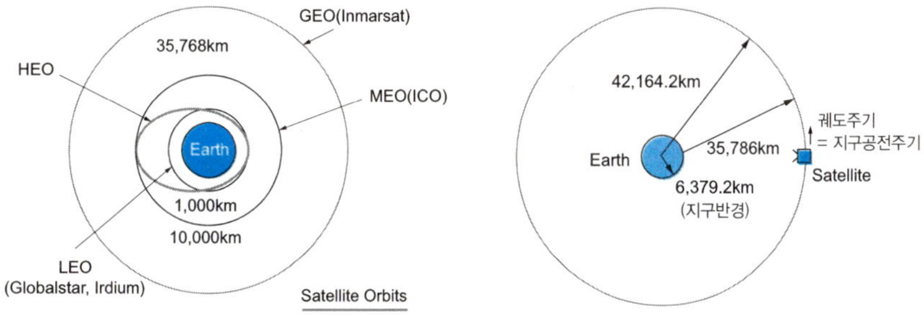

그림 6-3 위성의 종류와 정지궤도 위성

(2) 정지궤도 위성(GEO) : 고정 또는 정지위성

- 지구로부터 35,786 km 상공에 정지해있는(것처럼 보이는) 위성
- TV와 라디오 방송 위성, 기상 위성, 그리고 전화망 백본 등 넓은 지역을 작동하는 위성
- GEO는 지구 자전 속도와 같은 속도로 지구 주위를 회전 (마치 정지상태로 보임)
- GEO 위성의 장점

❶ 세 개의 정지궤도 위성만으로 지구 상의 거의 모든 지점을 완벽히 커버

❷ 송수신 안테나를 고정하여 사용하므로 조정 불필요

③ GEO는 TV와 라디오 방송과 같은 넓은 커버리지용으로 이상적
④ GEO의 수명는 15년 이상으로 장시간 사용 가능
⑤ 정지궤도 위성은 특정 지역을 24시간 관찰할 수 있음
⑥ GEO는 보통 핸드오버가 불필요함
⑦ GEO는 상대적인 움직임이 없기 때문에 도플러 쉬프트가 없음 (통신품질 우수)

- GEO 위성의 단점

① 지구의 북쪽이나 남쪽 위도 60도 이상에서는 위성수신 어려워 대형 수신안테나 필요
② 도시에서는 높은 건물에 신호가 가려지는 현상이 발생하여 전송 품질이 제한됨
③ 장거리이므로 필요한 전송 파워가 상대적으로 높음(약 10W)
④ 전력소모가 작은 휴대전화용으로는 사용할 수 없음
⑤ 음성과 데이터 통신 시 0.25초 이상의 단방향 지연 시간 발생
⑥ GEO를 궤도에 올리는 것은 매우 고가임

(3) 저궤도 위성(LEO)

- LEO 위성은 지구 표면으로부터 500km에서 1,500km 높이에서 운용
- LEO는 낮은 궤도 때문에, 주기가 매우 짧음(일반적으로 95분에서 120분 사이) 지상에 비해 높은 고도를 보장하므로 고품질의 통신 링크 제공
- LEO 위성의 장점

① 고급 압축 방식을 사용하여 고속 음성 통신 가능
② 전방향 안테나를 사용하는 모바일 단말기와 1W 이하의 낮은 전송 파워로 통신 가능
③ 작은 커버리지 영역 사용으로 대역폭의 낭비가 적음
④ 지구와 근접해있어 낮은 신호 강도와 적은 시간 지연이 가능
⑤ 좁은 전파영역footprint 이므로 셀룰러 네트워크와 같이 주파수 재사용 가능

- LEO 위성의 단점

① 전 세계적인 커버리지를 위해서는 많은 수의 위성이 필요함
② 많은 수의 위성과 빠른 움직임을 통제하기 위한 복잡한 위성 관제시스템 필요
③ 짧은 가시 시간Visible Time으로 다른 위성 간의 연결 핸드오버를 위한 메커니즘 필요
④ 대기 마찰과 내부 반 알렌 벨트로부터의 방사선 때문에 5년~8년 정도의 짧은 수명
⑤ 전세계적 통신을 위해 위성간 데이터 패킷 라우팅 등의 연결 메커니즘 필요

(4) 중궤도위성(MEO)

- MEO 위성은 지구 표면에서 약 6,000km에서 20,000km 높이의 궤도에 위치
- MEO 위성은 기능적 측면에서 LEO 위성과 유사
- MEO는 LEO 위성보다 훨씬 긴 가시기간(2시간~8시간)과 큰 커버리지 보유
- MEO는 궤도와 장단점의 측면에서 LEO와 GEO의 중간 수준임
- MEO의 장점
  1. 시스템에 필요한 위성의 수는 LEO 시스템보다는 훨씬 적음
  2. 지구 회전보다 느리게 움직이므로, 간단한 시스템 설계 가능(회전주기 약 6시간)
  3. MEO는 더 많은 가입자를 커버할 수 있으므로, 핸드오버가 더 적게 필요
  4. 긴 가시 시간과 넓은 발자국은 LEO 네트워크보다 위성의 수가 더 적음
- MEO의 단점
  1. 지구로부터의 더 큰 거리 때문에, 지연 시간이 약 70-80ms로 증가
  2. LEO에 비해 더 높은 전송 파워와 특수한 안테나가 필요
  3. LEO 위성보다 더 긴 시간 지연과 낮은 전력 신호 수신

(5) 고궤도 위성(HEO)

- 고궤도 위성은 높이별 네 가지 위성 종류 중 유일하게 원형이 아닌 궤도를 회전
- 타원궤도로 작동하며, 최대 고도(극점)는 GEO와 유사하고, 최소 고도(근점)는 LEO와 유사
- HEO 위성은 고위도 지역의 커버리지가 필요한 특수한 응용 분야에 사용

(6) 극궤도 위성

- 극궤도Polar Orbit 위성은 남극과 북극을 가로질러 지구 주위를 경사각 90°로 공전함
- 남북으로 지구회전축을 포함하는 궤도를 그리므로, 지구가 자전함에 따라 지구의 모든 면을 관찰할 수 있음
- 궤도높이가 정지궤도위성의 1/30~1/40로 낮기 때문에 자세한 기상 관측 가능 지구를 1회 공전하는데 대략 100분이 소요되어 하루에 두 번 같은 장소 관측 가능
- 군사위성과 자원탐사 위성, 지구환경조사위성, 기후관측위성 등으로 사용

[표 6-1] 위성의 종류 및 특성

궤도	특성	위성
GEO	• 고도 36,000km • 적도 상공 위치 • 1회전 24시간	CS-3 BS-3 Intelsat
HEO	• 고도 40,000km(최고) • 주기 : 12~24, 최고지점 근처에서 서비스 • 8~12시간 가시범위 내에 있음 • 연속 서비스에 적어도 2~3개 위성 필요	Molniya Archimedes
MEO	• 고도 2,000/3,000~20,000km • 주기 : 5~6시간(고도 10,000km에서) • 연속 서비에 15~6개 위성 필요	Odyssey MAGSS-14
LEO	• 고도 500~2,000/3,000km(대부분 1,500km 미만) • 주기 : 1시간 45분(고도 1,000km), 12분간 가시범위 • 범위(고도 1,000km) • 연속 서비스에 20~30개의 위성 필요	Irdium Globaistar Orbcomm

6 위성 운행 이론을 위한 케플러Kepler 법칙과 위성 Launching

(1) 케플러 제1법칙 (궤도의 법칙)

- "행성의 공전 궤도는 타원 모양이며, 태양은 타원의 두 초점 중 하나에 위치한다"는 법칙으로, 위성 통신의 경우 위성의 궤도는 타원이며, 이때 지구는 지구와 위성을 잇는 직선상의 한 초점에 위치

(2) 케플러 제2법칙(면적 속도 일정의 법칙)

- 케플러의 제2법칙은 케플러 넓이 법칙Kepler's law of areas이라고도 하며, "행성과 태양을 연결하는 가상적인 선분이 같은 시간 동안 쓸고 지나가는 면적은 항상 같다"라는 법칙
- "지구 중심과 위성을 잇는 가상적인 선은 같은 시간 동안 같은 면적을 휩쓸고 지나가게"되며, 같은 시간 동안에 A1과 A2의 면적은 항상 같아진다는 법칙
- 위성이 지구와 가까울 때는 속도가 빠르고, 지구와 멀 때는 속도가 느리게 됨

(3) 케플러 제3법칙(조화의 법칙)

- 조화의 법칙 또는 주기의 법칙이라고 하며, "위성의 공전주기의 제곱은 타원궤도 장축반경(긴 반지름)의 3제곱에 비례한다."라는 법칙
- 공전주기 T는 궤도 타원궤도 장축반경 a에 의존함 ($T^2 \propto a^3$)

(4) 위성의 궤도 launching : 크게 3단계 과정을 거쳐 궤도 진입

❶ 과정 1 : 위성을 고도 150~200km 상공의 저궤도에 직접 발사

❷ 과정 2 : 근지점Perigee kick 모터를 사용하여 위성을 Hohmann 천이궤도에 진입시킴

❸ 과정 3 : 원지점Apogee kick 모터를 사용하여 위성을 원하는 정지궤도에 진입시킴

❹ 정지 궤도 위성은 지상 발사 1시간 정도 후에 근지점 1,352 km, 원지점 35,786 km의 타원궤도인 정지 천이 궤도(GTOGeosynchronous Transfer Orbit)에 진입하며, 천이궤도의 원지점에서 원지점 모터를 이용하여 원형정지궤도Circular Geostationary Orbit에 진입하게 됨

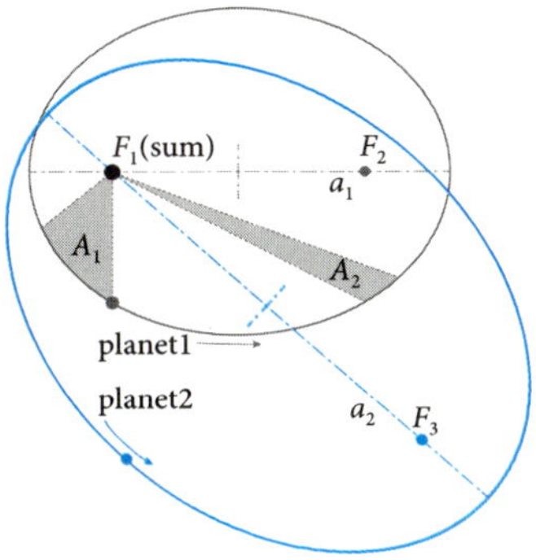

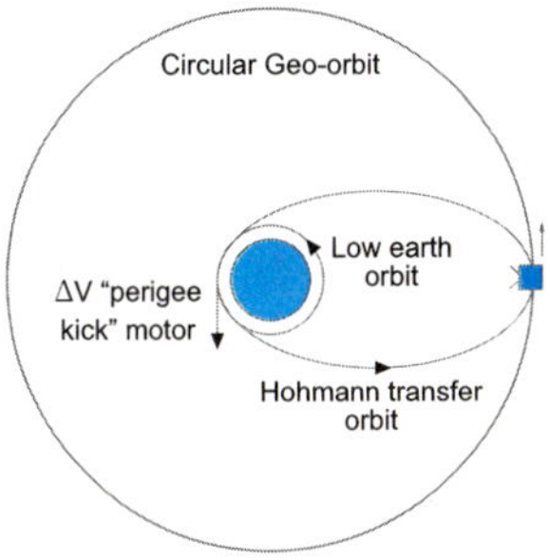

그림 6-4 Kepler 법칙[https://ko.wikipedia.org]과 위성 launching 과정

7 위성통신 영역과 통신거리

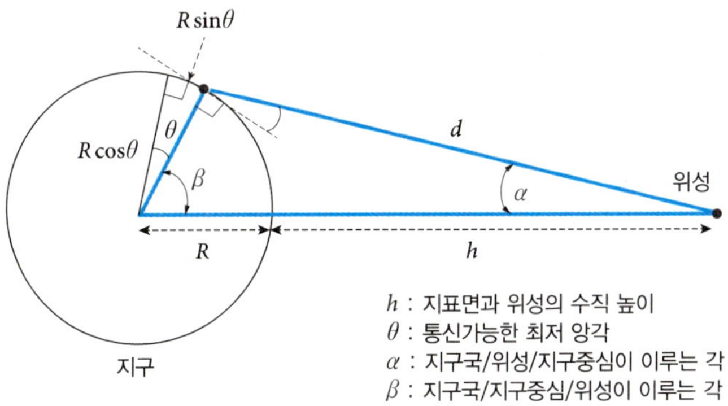

그림 6-5 위성, 지구국, 지구 중심 사이의 기하학적 관계

(1) 위성통신 영역Coverage

- 위성의 높이 h와 지구국 안테나의 통신가능한 최저 앙각Elevation Angle(위로 바라보는 각도) θ 사이의 관계(INTELSAT의 경우 $\theta = 5°$)

$$\sin\alpha = \frac{R\cos\theta}{R+h} \tag{6.1}$$

- 위성통신 영역(R: 지구반경, α : 관측자/위성/지구중심이 이루는 각)

$$\text{Coverage} = \frac{R}{R+h} = \frac{\sin\alpha}{\cos\theta} \tag{6.2}$$

(2) 위성통신 거리Range (β : 관측자/지구중심/위성이 이루는 각)

$$d = \frac{\cos\beta}{\sin\alpha}\ (\text{m}) \tag{6.3}$$

(3) 전송 지연시간Delay Time (β : 관측자/지구중심/위성이 이루는 각)

- 정지궤도 위성의 경우 전송지연시간은 최소 238(ms)~최대 278(ms)임

$$T = \frac{2d}{c} = \frac{2R\sin\beta}{c\sin\alpha}\ (\text{sec}) \tag{6.4}$$

8 정지위성의 고도

- 지구와 위성 사이의 만유인력 및 원심력

$$F_{인력} = G\times\left(\frac{m\times M_E}{r^2}\right),\quad F_{원심력} = ma = m\frac{v^2}{r} \tag{6.5}$$

$G = 6.672\times10^{-20}(\text{km}^3/\text{s}^2)$(만유인력상수)
$M_E = 5.974\times10^{24}(\text{kg})$(지구질량)
r은 지구중심과 위성과의 거리, m은 위성체 질량

- $F_{인력} = F_{원심력}$ 이어야 궤도를 유지할 수 있으며, 이때의 위성 속도는

$$v = \sqrt{\frac{GM_E}{r}} \tag{6.6}$$

- 정지궤도위성의 경우 위성체의 속도와 지구 자전속도가 같으므로 지구 자전 주기 T는

$$T = \frac{2\pi r}{v} = \frac{2\pi r}{\sqrt{\frac{GM_E}{r}}} \tag{6.7}$$

- 정지위성 고도 r은

$$r = \left(\frac{T^2 \times G \times M_E}{4\pi^2}\right)^{\frac{1}{3}} \text{(m)} \tag{6.8}$$

- 지구 자전 주기는 T = 23시간56분4.09초 = 86,164.09sec, 지구반경은 6,378(km)이므로 위성 고도는

$$r = \left(\frac{86{,}164.09^2 \times 6.672 \times 10^{-11} \times 5.974 \times 10^{25}}{4\pi^2}\right)^{\frac{1}{3}} = 42{,}164 \text{ (km)} \tag{6.9}$$

- 지구반경을 고려한 지표면으로부터의 실제 고도

$$h = 42{,}164 - 6{,}378 = 35{,}786 \text{ (km)} \tag{6.10}$$

예제 6.1

위성통신시스템의 전체 성능은 시스템 전체의 잡음온도System noise temperature에 의존하며, 시스템 잡음온도를 최소화하기 위해서는 최적의 회로 설계 및 layout을 하여야 한다. 수신기의 잡음지수를 12dB, 케이블 손실 5dB, LNA 이득 및 잡음온도가 각각 50dB 및 150K, 안테나 잡음온도는 35K이며 상온(T_0 = 290K)에서 동작한다고 가정한다. 이때 다음 그림과 같은 두 방법으로 설계할 경우 얻을 수 있는 시스템 잡음온도를 각각 계산하고 비교하라.

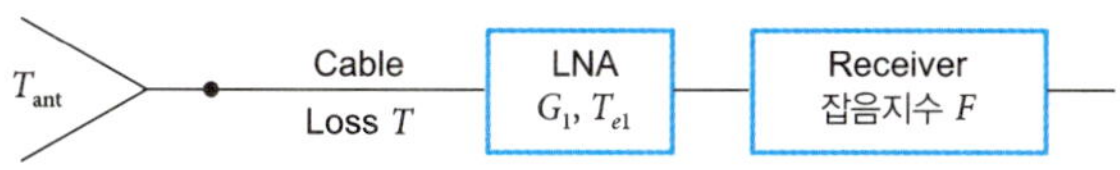

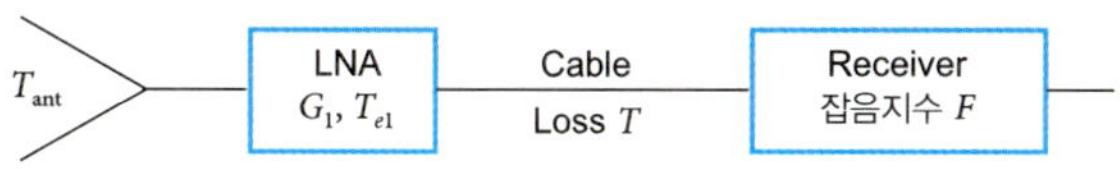

|풀이| (1) 문제로부터 $F = 10^{1.2} = 15.85$, $L = 10^{0.5} = 3.16$, $G = 10^5$이다.

Layout 구조로부터

$$\begin{aligned} T_s &= T_{ant} + (L-1)T_0 + LT_{e1} + \frac{L(F-1)T_0}{G_1} \\ &= 35 + (3.16-1)\times 290 + 3.16 \times 150 + \frac{3.16 \times (15.85-1)290}{10^5} \\ &\cong 1136K \end{aligned}$$

(2) 이를 개선하기 위해 두 번째 회로로 설계할 경우 발생되는 시스템 잡음온도

$$\begin{aligned} T_s &= T_{ant} + T_{e1} + \frac{(L-1)T_0}{G_1} + \frac{L(F-1)T_0}{G_1} \\ &= 35 + 150 + \frac{(3.16-1)290}{10^5} + \frac{3.16 \times (15.85-1)290}{10^5} \\ &\cong 185K \end{aligned}$$

예제 6.2

송수신 안테나 사이의 전력 전달은 Friis의 전력전달공식 $P_R = P_T G_T G_R \left(\frac{\lambda}{4\pi R}\right)^2$ 으로 결정된다. 송신기의 출력 100Watts, 송신안테나의 이득 35dBi, 수신안테나 이득 35dB, 송수신안테나 사이의 거리가 1,000km 떨어져있을 경우 주파수 10GHz의 송신전력에 의해 수신기에 입력되는 전력은 몇 dBm인지 계산하라.

|풀이| $P_T = 100 = 20\text{dBW},\ G_T = 30\text{dBW},\ G_R = 1000\text{W} = 30\text{dBW}$

$R = 1000\text{km} = 10^6\text{m},\ f = 10\text{GHz}$

$$\begin{aligned} P_R &= 20 + 40 + 30 + 20\log\left(\frac{3\times10^8}{4\pi\times1000\times10^3\times10\times10^9}\right) \\ &= -82.44\text{dBW} \\ &= -52.44\text{dBm} \end{aligned}$$

예제 6.3

위성통신시스템의 성능은 수신기에서 확보할 수 있는 C/N_0에 의해 좌우되며, 이는 다음과 같은 위성 통신 링크 budget 계산식을 통하여 얻을 수 있다. 이를 이용하여 사용주파수가 12GHz이고 송신 [EIRP]가 50dBW인 위성통신시스템 수신기에서 확보할 수 있는 캐리어대잡음전력밀도(carrier–to–noise spectral density) C/N_0를 구하라. 단, 12GHz에서의 자유공간 손실은 206dB, 안테나 pointing 손실은 1dB, 대기 흡수는 2dB로 주어지며, 수신기의 G/T 비는 20dBK^{-1}이고 수신기 feeder 손실은 1dB이다.

|풀이| $$\left[\frac{C}{N_0}\right] = [\text{eirp}] + \left[\frac{G}{T}\right] - [\text{losses}] + 228.6$$

주어진 조건으로부터 시스템 내의 전체 손실 성분은

$[\text{losses}] = 206 + 1 + 2 + 1 = 210\text{dB}$

$$\left[\frac{C}{N_0}\right] = 50 + 20 + 210 + 228.6 = 86.1\text{dBHz}$$

학습 Vitamins 안전한 비행기 운항을 위한 장치들

현대 사회에서 항공기는 이동수단과 전쟁 뿐만 아니라 지구촌을 하나로 연결하는 문화의 전도사로서 인류문명에서 없어서는 안되는 존재이다. 1903년 12월 17일 미국의 라이트 형제가 발명한 비행기에는 유체역학인 베르누이[Bernoulli]의 정리를 기본으로 고성능 엔진기술, 초경량 고강도 항공체 기술, 고정밀 조정기술 등의 최첨단 기술이 집약되어 있다. 스릴과 감각을 중시하는 항공 조종 매니어들이 매우 싫어하는 ILS[Instrument Landing System]는 전파를 이용하여 항공기가 야간이나 나쁜 날씨에 활주로에 접근할 수 있도록 매우 정확한 거리 및 위치 정보를 제공하는 정밀 무선 항법유도 시스템이다.

수많은 사고와 비행 경험으로 개발된 계기착류시스템 ILS는 최근 많이 사용되는 위성합법장치 GNSS[Global Navigation Satellite System]와 함께 기본적으로 널리 쓰이는 항공기 이착륙유도시스템으로, VHF 대역 108.10~111.95MHz , UHF 대역 329.15~335.00MHz 주파수를 여러 채널로 나누어 여러 항공기가 다중 이용할 수 있도록 서비스한다. 이착륙하는 항공기가 사고없이 운항될 수 있도록 정확한 수직, 수평, 거리 정보를 제공할 수 있도록 ILS는 다음 시스템으로 구성한다.

① 기본시설 : Localizer, Glide Path(Glide Slope), Marker Beacon

② 보조시설 : Compass Locator, High Intensity ALS, DME

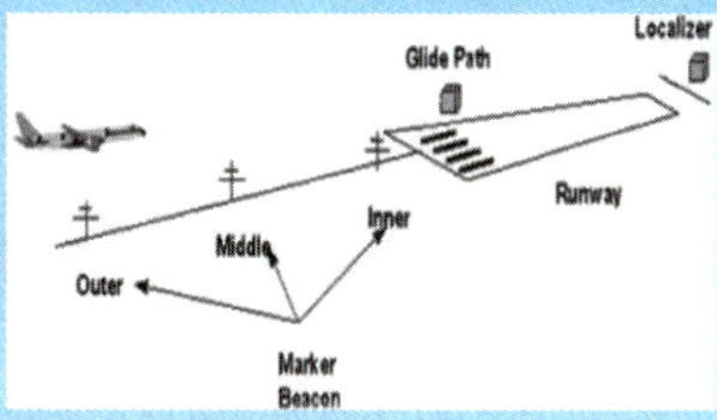

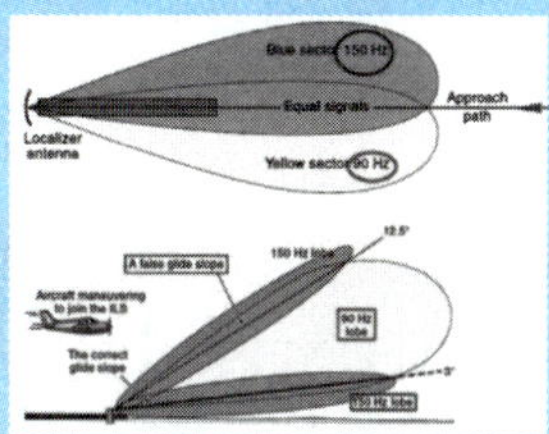

1) 로컬라이저[Localizer]

- 가로방향(거리) 안내를 제공하는 장비로, 활주로 반대편 끝에 설치되며, 108.10MHz~111.95MHz VHF 주파수를 사용하여 좌우 안내 정보를 제공한다.
- 빔폭 약 5도 정도의 전파 빔을 생성한 후, 항공기 기준 우측은 150Hz, 좌측은 90Hz로 변조하여 전송하고, 이착륙 지점의 중심 선상에는 두 전파의 세기가 같도록 하여 항공기가 정확한 중심 선상으로 진입하도록 유도
- 조종사 또는 비행기체는 두 전파의 중심선을 기준으로 이착륙하고, 궤도를 벗어날 경우 강제적 계기 조작으로 사고 방지

2) 글라이드 패스[Glide Path]

- 세로방향(고도) 안내를 제공하는 장비로, 활주로 중앙선으로부터 옆으로 250~650피트, 활주로 끝부터 750~1250피트에 설치
- 송신기는 329.15~335.00MHz UHF 대역 주파수를 40개 채널로 나누어 1.4도 폭(수직으로)의 Glide Path Beam을 발사하고, 항공기가 3도 강하각을 유지하여 안전착륙할 수 있도록 착륙 위치를 제공
- 국제적으로 인가된 ILS 접근규정인 최저 인가 결심고도(DH)까지 강하할 수 있도록 강하정보를 제공

3) 마커 비콘[Marker Beacon]

- 착륙자세에 들어간 항공기와 활주로까지의 개략적인 거리를 알려주는 장치로 Outer Marker, Middle Marker, Inner Marker 신호로 구성
- ILS 마커 비콘의 송신출력은 3와트 이하이고 안테나의 배열은 타원형 부채꼴빔패턴을 형성하며, 안테나 높이 1,000~2,400피트 폭과 4,200피트 길이로 설치
- 항공기가 MARKER 상공을 통과 할 때 OM은 항공기가 ILS Glide Path를 진입하는 지점, MM은 활주로 끝으로부터 약 3,500피트 거리, 착륙접지 표고로부터 약 200피트 고도인 지점, IM는 Glide Path상에 있는 설정된 최저결심고도점(DH) 지점을 안내

6.2 레이더 시스템

- RADAR[RAdio Detection And Ranging]는 대상물체로부터 반사되는 반사파(echo, reflected wave)를 해석하여 목표물의 거리, 방향, 각도, 속도 및 형태 등을 탐지하는 전자기 기반 감지 시스템

1 레이더의 기본 원리

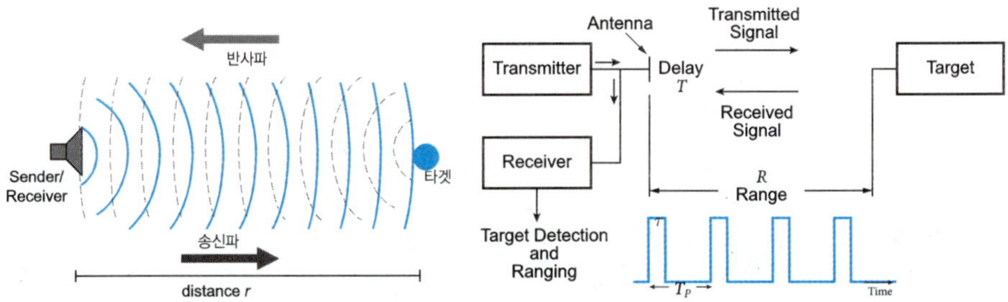

그림 6-6 레이더 동작 원리

- 강한 전자기파를 발사하여 물체에 맞고 반사되어 되돌아오는 전자파를 분석하여 대상물체의 거리, 속도, 형태 등을 측정
- 사용되는 전자기파 형태에 따라 연속파[Continuous wave] 레이더, 펄스파[Pulsed wave] 레이더, FM 변조파 레이더 등으로 구분
- 전파 감쇠현상에 따라 파장이 긴 저주파를 사용하면 장거리 탐지가 가능하지만 해상도가 떨어지며, 파장이 짧은 고주파는 장거리 탐지는 어렵지만 높은 해상도를 얻을 수 있음
- 대공 레이더, 대지 레이더 등은 저주파의 전파를 사용하고 사격 관제 레이더 등 목표의 형태나 크기 등을 정밀하게 측정할 필요성이 있는 경우에는 고주파의 전파를 사용
- 레이더는 전파발생장치(송신기)와 전파흡수장치(수신기)의 구성방법에 따라 하나의 안테나로 송수신을 수행하는 모노스태틱 레이더[Monostatic Radar](a), 송신기와

수신기가 분리된 바이스태틱Bistatic 레이더(b), 다중장치Multistatic 레이더, 전방산란형Forward Scattering 레이더(c) 등으로 구분

- 레이더는 레이더 탐지 사용 목적에 따라 다양한 주파수를 사용하여 구현함

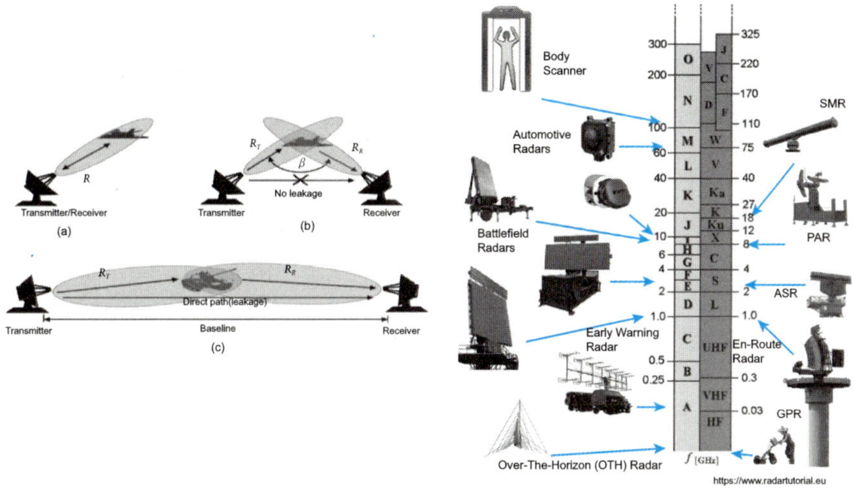

그림 6-7 레이더 구성 방식 및 다양한 레이더 시스템

2 레이더 방정식

- 목표물까지의 송수신 거리가 R_t, R_r이고 송신안테나의 이득 및 전력을 각각 G_t, P_t라 할 때, 타겟 반사에 의해 수신 안테나로 되돌아오는 수신전력 P_r은

$$P_r = \frac{P_t G_t \sigma A_e F^4}{(4\pi)^2 R_t^2 R_r^2} \text{ (Watts)} \tag{6.11}$$

A_e : 수신안테나 유효개구면적(m^2)
σ : 목표물 산란계수(레이더 반사단면적, m^2)

- F는 레이더 전자파의 전파 인자factor로 간섭이 없는 진공 상태에서는 $F = 1$이고, 경로 상에 다중경로multhpath나 쉐도윙shadowing이 있을 경우, 1 보다 적은 값임
- 송신기와 수신기가 동일한 위치에 있는 일반적인 경우(모노스태틱 레이더), $R_t = R_r$이므로 RADAR Equation은 $F = 1$일 경우 다음 식으로 표현됨

$$P_r = \frac{P_t G_t G_r \sigma \lambda^2}{(4\pi)^3 R^4} \text{ (Watts)} \tag{6.12}$$

- 반사에 의한 수신전력은 거리의 네 제곱에 반비례하게 작아지며, 먼 거리에 있는 목표물일수록 반사되는 전력이 매우 줄어듬

3 레이더 파라미터

(1) 레이더 탐지거리Range

- 레이더와 표적 사이의 거리를 표적의 범위 또는 탐지거리라고 하며, 송신파 발사 후 반사파 수신까지의 지연시간을 T라 할 때의 탐지거리는

$$R = \frac{cT}{2} \text{ (m)} \quad (c = 3 \times 10^8 \text{ m/s}) \tag{6.13}$$

(2) 펄스 반복 주파수Pulse Repetition Frequency

- 타겟 감지를 위한 전자파 송신 시간 간격(T_p) 또는 반복주파수(f_p)

$$f_p = \frac{1}{T_p} \text{ (Hz)} \tag{6.14}$$

(3) 최대 탐지 범위(모호하지 않은 최대 탐지범위)Maximum Unambiguous Range

- 반복 송신되는 펄스(반복주기 T_p)에 의해 에러 없이 측정 가능한 최대 탐지거리

$$R_{un} = \frac{cT_P}{2} = \frac{c}{2f_p} \text{ (m)} \tag{6.15}$$

(4) 최소 감지범위 (레이더 거리분해능)Range Resolution

- 최소 감지범위는 송신 펄스폭pulse width (τ)에 의해 결정됨

$$R_{\min} = \frac{c\tau}{2} \text{ (m)} \tag{6.16}$$

(5) 레이더 시스템 최대 탐지거리Maximum range of Radar

- Radar Range Equation으로부터 레이더 탐지거리

$$R = \left[\frac{P_t G^2 \sigma A_e}{(4\pi)^2 P_r} \right]^{1/4} \text{ (m)} \tag{6.17}$$

- 수신기의 최저수신가능전력(수신감도)을 $P_r = S_{\min}(W)$이라 할 때, 레이더 최대탐지거리

$$R_{\max} = \left[\frac{P_t G^2 \sigma \lambda^2}{(4\pi)^3 S_{\min}} \right]^{1/4} \text{ (m)} \tag{6.18}$$

(6) 타겟의 속도 감지(도플러 효과)Doppler Effect

- 거리 R인 지점에 있는 타겟으로부터의 반사파가 겪는 위상변화는 $\phi = \beta z = \frac{2\pi}{\lambda} z$ 이므로 전파거리 $2R$에 따른 수신주파수 변화 f_d

$$\omega_d = 2\pi f_d = \frac{d\phi}{dt} = \frac{d}{dt}\left(\frac{2\pi \times 2R}{\lambda}\right) = \frac{4\pi}{\lambda}\frac{dR}{dt} = \frac{4\pi V_r}{\lambda} \tag{6.19}$$

- 레이더와 각도 θ를 이루여 이동속도 V_r로 이동하는 타겟에 의해 주파수 f_t인 탐지파(송신주파수 f_t)의 왕복에 의한 도플러 주파수 편이 f_d

$$f_d = \frac{2V_r}{\lambda}\cos\theta = \frac{2V_r f_t}{c}\cos\theta \text{ (Hz)} \tag{6.20}$$

- 타겟이 레이더 쪽으로 다가올 경우($\theta = 0°$)의 도플러 주파수 편이 f_d 및 이동속도 V_r

$$\begin{aligned} f_d &= \frac{2V_r}{\lambda} = \frac{2V_r f_t}{c} \text{ (Hz)} \\ V_r &= \frac{\lambda f_d}{2} = \frac{c f_d}{2 f_t} \text{ (m/s)} \end{aligned} \tag{6.21}$$

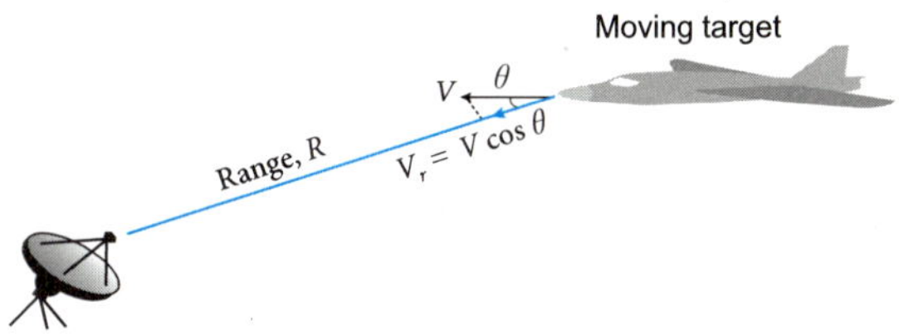

그림 6-8 Doppler 효과를 이용한 이동체의 속도 및 방향탐지(방탐) 방법

(7) 평균전력 P_m, 첨두전력 P_p인 펄스 레이더의 펄스폭 τ (반복주기 $T_p = 1/f_p$)

$$\tau = T_p \frac{P_m}{P_p} = \frac{P_m}{f_p P_p} \text{ (sec)} \tag{6.22}$$

예제 6.4

레이더의 최대 탐지거리를 2배로 늘리고자 한다. 동일한 송수신 안테나를 사용한다고 할 때, 송신전력을 몇 배로 증가시켜야 하는가?

|풀이| $P_r = \frac{P_t G_t \sigma A_e F^4}{(4\pi^2)R^4}$ (Watts)이므로 $R \mapsto 2R$로 할 경우 동일한 수신전력을 확보하려면 $P_t \mapsto 2^4 P_t$로 하여야 한다.

일반적으로 탐지거리를 n배 늘리려면 송신전력은 n^4으로 하여야 함

예제 6.5

f = 5GHz로 동작하는 레이더가 있다. 적 비행기가 100km/Hr로 접근하고 있을 때 레이더 수신 신호에서 감지되는 Doppler Frequency는 얼마인가?

|풀이|

$$V_r = 100\text{km/Hr} = \frac{100 \times 10^3}{3,600}\ (\text{m/s}) \cong 27.78\text{m/s}$$

$$f_d = \frac{2V_r}{\lambda} = \frac{2V_r f_t}{c} = \frac{2 \times 27.78 \times 5 \times 10^9}{3 \times 10^8} \cong 926\ (\text{Hz})$$

예제 6.6

레이더 송신전력 P_t = 250kW, 송신안테나 이득 G_t = 4,000, 수신안테나의 유효 개구면 A_c = 4m^2, 타겟의 레이더 반사단면적 σ = 25m^2, 레이더 수신기의 최저 수신감도 S_{min} = 10^{-12}(W)일 경우, 레이더가 탐지할 수 있는 최대 탐지거리는 얼마인가?

|풀이|

$$R_{Max} = \left[\frac{P_t G \sigma A_e}{(4\pi)^2 S_{\min}}\right]^{1/4}$$

$$= \left[\frac{250 \times 10^3 \times 4,000 \times 25 \times 4}{(4\pi)^2 \times 10^{-12}}\right]^{1/4} \cong 158\ (\text{km})$$

학습 Vitamins 레이더의 발명

자연은 인류문명 발전의 기본이 된다. 레이더 시스템은 어두운 곳을 나는 박쥐가 초음파를 발사해 그 반사음으로 부딪치지 않고 비행하는 것으로부터 힌트를 얻었다.

그렇다면 레이더는 어떻게 발명된 것일까? 레이더는 황당한 질문에서 시작되었다. 1935년 정부 연구기관에서 일하던 왓슨 와트 경Sir Robert Watson-Watt,1892~1973는 영국항공부로부터 전자파발신기로 살인광선을 쏘아 올려 적의 전투기에 피해를 줄 수 있냐는 문의를 받았다. 와트는 전파를 허공에 쏘았을 때는 사라지지만 물체가 있으면 반사되어 돌아온다는 전파의 성질에 주목했고, 그의 동료 아놀드 윌킨스는 라디오파를 쏘았을 때 반사된 전파를 탐지할 수 있을지를 계산했다. 그는 비행기의 금속부분에 전파세기의 1/1000만 닿아도 반사파를 탐지할 수 있다는 결론을 내렸고 와트는 오실로스코프를 사용해 13km밖의 비행기를 탐지하는데 성공한다. 이를 확인한 영국은 남부지역에 금속송신탑과 목재 수신용 탑을 세워 세계 최초의 레이더 시스템이 탄생하게 되었다. 이 기계장치는 특허번호 GB593017 으로 등록되었고, 1940년 미 해군에 의해 RAdio Detection And Ranging 이라고 명명되어 오늘날의 RADAR 어원이 된다.

레이더는 초기에 1930년대에 독일과 영국 등에서 실용화되어 1940년 영국은 독일 공군의 공습에 대한 요격 전투에 사용하였다. 초기의 레이더는 비가 내리면 반사되어 거의 도움이 되지 않았고, 지향성도 불충분했다. 꾸준한 성능 개선을 거쳐 레이더는 세계 2차대전에서 독일군의 잠수함을 찾아내거나 기상관제탑에서 사용되며 발전해왔으며, 그 결과 오늘날의 레이더는 수백 km 밖에서 야구공을 탐지할 수 있을 정도로 발전했고 무기 뿐만 아니라 자율주행 자동차 같은 산업분야에서도 활발하게 이용되고 있다.

신타로 우다와 히데쓰구 야기가 발명한 야기 안테나는 레이더의 지향성을 갖추는 획기적인 기술로 사용되어 유럽을 중심으로 기술개발이 급속히 진행되었다. 그 성과는 마침내 영국 본토 항공전에서 진가를 발휘했으며, 독일 공군의 공습을 영국 공군은 레이더를 사용한 방공 시스템으로 효율적으로 대처할 수 있었다. 또 시마오키 해전과 빌라 · 스탄모아 야전에서 미국 해군은 레이더를 활용해 일본 해군을 상대로 승리를 거두었다. 레이더는 전쟁을 좌우하는 중요한 정보기기가 되었으나 당시 일본군은 야기-우다 안테나를 완전히 불필요한 것으로 배제해 레이더 개발은 하지 않았으며, 미군이 야기 우다 안테나를 이용하고 있는 것을 알고 서둘러 개발했지만 이미 전세는 기울어져 있었다.

레이더의 전자파 발생은 마그네트론 또는 클라이스트론 진공관을 사용했다. 그 성능 향상에 따라서 레이더의 성능도 개선되었으며, 다위상 배열 방식의 최첨단 레이더는 반도체 증폭기를 사용하기도 한다.

현재는 전파의 집적도를 높이기 위해서 대형 파라볼라 안테나를 사용하며, 파라볼라 안테나 외에도 슬롯 도파관 안테나, 혼 안테나, 위상배열 안테나 등이 레이더 전자파의 송수신 용으로 사용된다.

그림 6-9 최초의 레이더 시스템(영국)과 고고도미사일 방어체계(THAAD)Terminal High Altitude Area Defense 용 레이더 시스템(대한민국)

6.3 GPS 시스템

1 GPS 시스템의 역사

- GPS(Global Positioning Systems)은 지상, 해상, 공중 등 지구상의 어느 곳에서나 시간 제약 없이 인공위성에서 발신하는 정보를 수신하여 정지 또는 이동체의 위치를 측정할 수 있는 항법지원시스템(공식 명칭은 NAVSTAR GPS(NAVigation System with Timing And Ranging))
- GPS의 개발에 앞서 1959년 미 해군에서 초기의 GPS 형태인 NNSS(미 해군 항법위성체계)(U.S. Navy Navigation Satellite System)을 개발하여 운용하기 시작
- NNSS는 위성이 관측자의 상공을 통과하는 시간에만 관측이 가능하고, 위치오차가 비교적 큰 수 m에서 수백 m까지 발생하는 문제점이 발생
- 1978년, NAVSTAR Block I GPS 위성이 군사용으로 발사되었으며, 1983년 KAL 007 사건 이후 1991년부터 GPS 신호의 일부인 L1, C/A 코드를 민간인에게도 개방하여 목표 지정, 차량 관리, 항법, 위치기반서비스 등에 다양하게 응용되고 있음
- GPS 시스템은 24개의 NAVSTAR(Navigation System with Time and Ranging) 궤도위성으로 구성되며, 6개의 궤도상에 있는 4개의 위성으로부터 전파를 수신함으로써 시간과 공간 제약없이 3차원적인 위치측정이 가능
- 위성들의 간격은 지구상의 모든 지점에서 최소한 4개의 위성이 보이도록 배치
- 각 위성은 해발 약 10,900 해리(20,200km)의 고도에 배치되어 있으며, 무게는 약 862kg이고 위성운행 주기는 12시간임

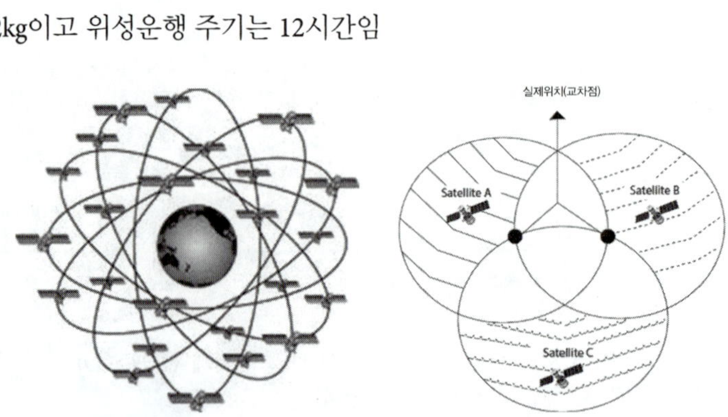

그림 6-10 GPS 위성 배치와 위치탐지용 삼각측량 기법

2 GPS 위치 탐지 원리

- GPS는 삼각측량 기법triangulation technique이라는 잘 알려진 개념에 기반하며, 세 개의 위성과 보정용 위성 1 개를 사용하여 위치 측정 및 계산
- *xyz* 좌표나 위도/경도/높이 정보는 지구중심과 위성, GPS 수신기 위치 관계로부터 $R_i = r + \rho$로 주어지며, 수신기가 신호를 수신한 시각 ToATime of Arrival와 위성이 신호를 방사한 시간 ToDTime of Departure 시간 차에 빛의 속도를 곱하면 실제 거리를 구할 수 있음
- GPS 위성은 정해진 규칙에 따른 의사잡음코드(PRN)Pseudo-Random Noise를 지속적으로 송신하며, 수신기는 PRN 코드를 수신하여 위치 계산에 필요한 정보 수집
- PRN 코드의 칩 폭Chip Width을 T_c, 위성에서 수신기에 도달할 때까지 경과한 칩 수를 N_i라고 할 경우 수신기와 위성 사이의 실제거리 R_i는

$$R_i = c \times T_c \times N_i = c \times (ToA_i - ToD_i) \tag{6.23}$$

- 위성체 탑재 원자시계가 갖는 기준 시계의 시간오차Clock Error를 고려한 포함된 거리 오차를 $b_u = c(\text{m/s}) \times \text{Error(sec)}$라 할 경우 최종 보정거리 ρ_i는

$$\begin{aligned}\rho_i &= c \times (ToA_i - ToD_i)b_u \\ &= \sqrt{(x_i - x_u)^2 + (y_i - y_u)^2 + (z_i - z_u)^2} + b_u\end{aligned} \tag{6.24}$$

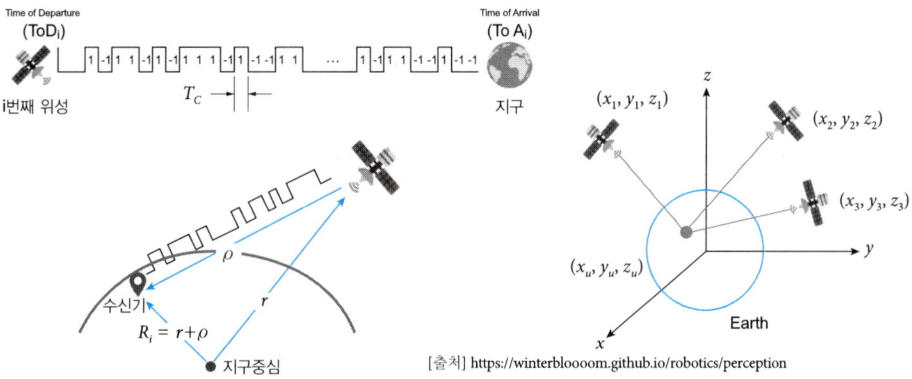

[출처] https://winterbloooom.github.io/robotics/perception

그림 6-11 삼각측량법에 의한 위치계 계산

3 GPS 구성 및 신호체계

- 각 GPS 위성에서 발신되는 신호는 2개의 반송파, 3개의 코드 및 위성 메시지 등이 있음

- 각 위성은 서로 다른 주파수의 신호를 동시에 생성하며, 기준주파수인 10.23MHz의 배수 주파수를 반송파로 사용하여 다양한 항법 코드 정보 전송

[표 6-2] GPS 신호 전송용 주파수와 송신 정보

신호	반송파 주파수	내 용	위성신호 Signaling 체계
L1	10.23 MHz×154 (1575.42 MHz)	항법메시지, C/A 코드, P(Y) 코드	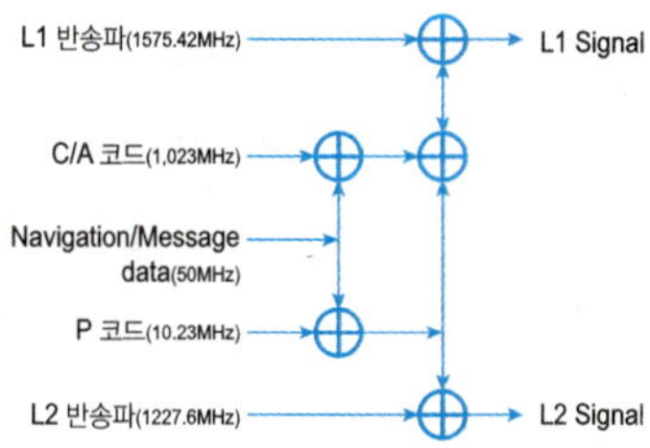
L2	10.23 MHz×120 (1227.60 MHz)	P(Y) 코드, L2C 코드	
L3	10.23 MHz×135 (1381.05 MHz)	방위 지원 프로그램에 이용됨	
L4	1379.913 MHz	추가적 전리층 보정	
L5	10.23 MHz×115 (1176.45 MHz)	ARNS Aeronautical Radio Navigation System 항공기 안전운항시스템에 사용	

- GPS는 전천후 측위 시스템으로 인공위성 부분, 지상 제어 부분, 사용자 부분(관측 시스템) 등의 3부분으로 구성

❶ 인공위성 부분 Space segment

- GPS 위성군은 6개의 궤도에 실용위성 21개와 예비위성 3개 등 총 24개로 구성
- 위성궤도의 반경은 약 20,183km의 원이고, 궤도 경사각은 적도를 기준으로 55°이며, 6개의 궤도면에 4개씩의 위성이 배치됨
- 실용위성의 공전주기는 0.5일, 개별 수명은 7.5년이며, 각 위성은 세슘 원자시계 2개, 루비듐 원자시계 2개가 탑재되어 총 무게는 845kg

❷ 지상 제어 부분 Control segment

- 지상 제어국은 위성에서 송신되는 신호의 품질 점검, 위성궤도의 추적, 위성에 탑재된 각종 기기의 동작상태 점검 및 그 밖의 각종 제어 작업 등을 수행
- Colorado Springs에 위치한 주 제어국과 적도 부근에 등간격으로 배치된 4개의 무인 제어국으로 구성

❸ 사용자 부분 User segment

- 1개 이상의 GPS 수신기와 용도에 따른 데이터 처리 및 표시 시스템으로 구성

4 GPS 시스템 종류 및 특성

- 전파의 속도가 대기(이온층과 대류층) 중에서 변화함에 따라 거리 측정 오차 발생
- GPS 정확도에 영향을 미치는 요인으로 위성 위치 및 시간 오차, 전리층 및 대류층

오차, GPS 수신기 자체 잡음, 음영효과 및 다중경로에 의한 수신 경로 오차, 위성의 제한적 선택 사용 등에 따른 오차 발생

- 정확한 위치를 알고 있는 기준국이 보정정보를 이동국에 송신하여 GPS 수신 신호를 보정하는 DGPS^Differential GPS 방식으로 오차 개선
- GPS 시스템의 종류로는 단독 측위 방식인 수신기 1대로 위치를 측정하는 표준측위시스템(SPS)^Standard Positioning System과 GPS 기준국이 제공하는 위치 보정량을 수신하여 측위의 정밀도를 향상시킨 상대측위시스템(DGPS)^Differential GPS, 두 대 이상의 측정용 수신기로 반송파 위상을 이용한 거리 측정과 정밀 의사 거리 보정 기능이 가능한 실시간 이동측위(RTK)^Real-Time Kinematic 시스템이 있음

[표 6-3] GPS 시스템 구성방법에 따른 측위 정밀도

오차 요인	오차 요인 및 정확도(meters)		
	표준측위 GPS (SPS)	상대측위 GPS (DGPS)	실시간 이동측위 (RTK)
대기상태 변화(대류층)	0.5–0.7	0.2	0.05
대기상태 변화(이온층)	5–7	0.4	0.05
다중경로 페이딩 및 감쇠	0.6–1.2	0.6	0
수신기 잡음	0.3–1.5	0.3	0.1
위성사용제한(정치적)	24–30	0	0
원자시계 오차	1.5	0	0
에피메리스^Ephemeris(편향) 에러	2.5	0	0
측정 정밀도	10~30m	1~3 m	1cm~1m

6.4 광통신 시스템

1 광통신의 정의

(1) 광파(빛)의 특성

- 단색광Monochromatic(단일파장), 코히어런트Coherent 특성
- 높은 고주파 (초고주파M/W보다 10^4 ~10^5 Hz 높은 10^{14}~10^{15}Hz)
- 광대역Large Bandwidth (전자파에 비해 10^5배 넓은 대역 가능)
- 높은 직진성High Directivity
- 에너지 전달에 전자가 아닌 광자Photon를 사용하므로 전자기 장해 영향을 받지 않음
- 광파 전달 매체 변천 : 대기Atmosphere ⇒ 렌즈도파로 ⇒ 광섬유

[표 6-4] 전송 주파수별 송수신 시스템 구성

구분	Low Frequency	RF & Microwave	Optical Comm.
Transmitter	Amplifier	Antenna	Laser Diode(LD) Light Emitting Diode(LED) Laser
Channel	Twisted-Pair, 나선반송	Space, Waveguide	Optical Fiber
Receiver	Amplifier	Antenna	Photodiode(PD), PIN-PD Avalanche PD(APD)

(2) 광통신의 역사

- 1864 Maxwell Equation (Wave Propagation)
- 1960 USA Maiman, Ruby Laser (0.54 um)
- 1961 USA Javan, He-Ne Laser (0.63 um)
- 1962 Semiconductor Laser
- 1966 USA Kao, Low Loss Optical Fiber (150 dB/Km)
- 1970 Corning Glass, Low Loss Fiber (20dB/Km at 0.6328 um)

(3) 광통신 장점

- 손실이 낮은 0.1dB/Km ⇒ 장거리 전송 가능 (리피터 간격 늘어남)

- 대역폭이 넓음 ⇒ 고속 전송 (고 데이터 전송률, bps)
- EMI에 대한 면역성 (전자기 장해에 대한 내구성)
- 통신 채널간 누화crosstalk 거의 없음
- 높은 보안성 (도청/도청 불가)
- 기계적 우위 (유연성, 낮은 무게, 작은 크기 1~2mm)
- 광섬유 재료의 풍부함
- 화학 공격/온도 변화에 대한 높은 내성

2 광섬유의 종류

(1) 광섬유의 기본구조 및 구분

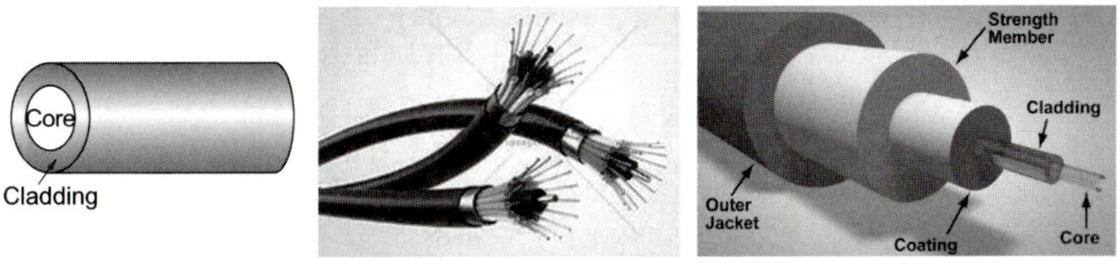

그림 6-12 광섬유의 구조

- 광섬유Optical Fiber : 실리카(SiO_2) 재질을 이용하여 광파의 전송이 가능하게 한 전송로
- 광섬유는 코어Core 와 클래딩Cladding으로 구성(동축선의 신호선과 동축선 역할과 동일)
- **굴절율 분포에 따른 구분** : 계단형Step Index(SI) 광섬유, 경사형Graded Index(GI) 광섬유
- **전송 모드에 따른 구분** : 단일모드Single Mode(SM) 광섬유 , 다중모드Multimode(MM) 광섬유

  단일모드(SM) : 통상적으로 계단형 광섬유 사용 (코어 직경 5~25um)

  다중모드(MM) : GI Profile (코어 직경 50~100um)
- SM은 고속, 장거리 통신용으로, MM 은 저속, 단거리 및 저가의 통신망 구축에 사용

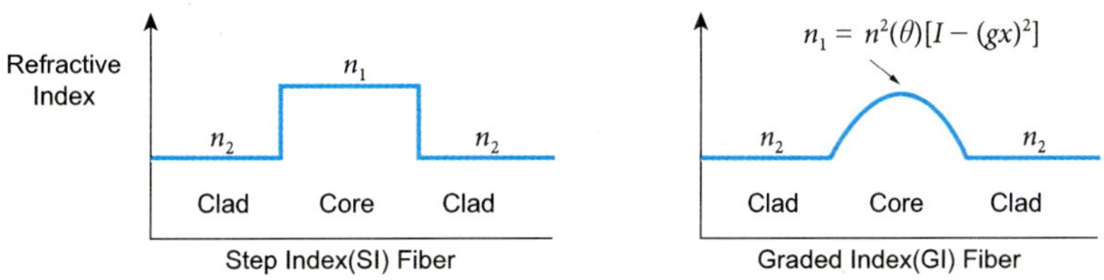

그림 6-13 계단형 광섬유와 경사형 광섬유 굴절율 분포

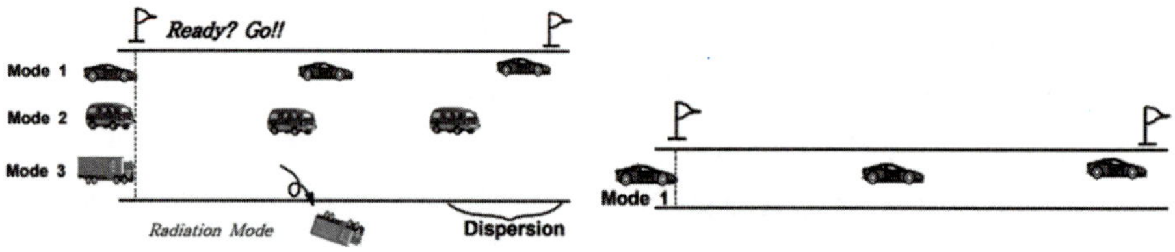

그림 6-14 다중모드 광섬유와 단일모드 광섬유의 에너지 전파

3 광섬유의 광파 전달 메커니즘

- 일반적으로 코어의 굴절률이 클래드의 굴절률보다 약간 높아 코어에 입사된 빛이 코어와 클래드의 경계면에서 전반사를 반복하면서 전파함

  단일모드 광섬유 : 코어 굴절률(n_1) 1.463~1.467, 클래드 굴절률(n_2) 1.45~1.46

  멀티모드 광섬유 : 코어 굴절률(n_1) 1.48~1.49, 클래드 굴절률(n_2) 1.46~1.47

- 광섬유 내의 빛 전파는 굴절률 분포가 다른 경계면에서의 스넬의 법칙[Snell's Law]에 따름

$$n_1 \sin\phi_1 = n_2 \sin\phi_2$$

- 실리카 재질인 코어의 굴절율을 n_1, 클래딩의 굴절률을 n_2라고 하면 $n_1 > n_2$일 경우 경계면 반사에 의해 코어 내에서만 광파가 guiding 됨

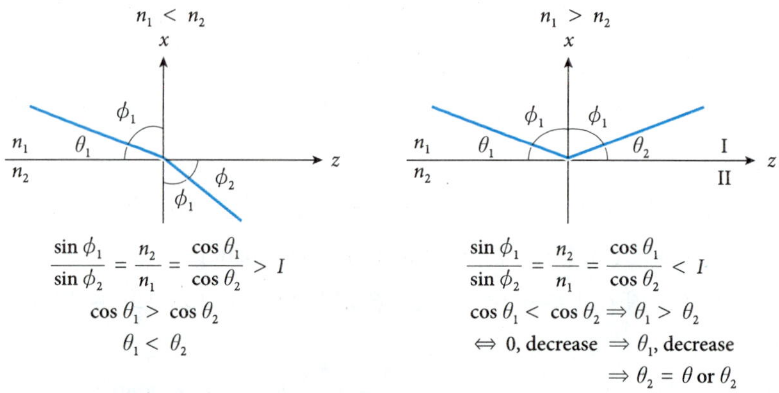

그림 6-15 스넬의 법칙에 따른 경계면에서의 굴절 및 반사

(1) 전반사[Total Reflection] 및 임계각[Critical Angle]

- 임계각 θ_c : 광파가 매질 경계면을 따라 전달되어 클래딩으로는 굴절[Refraction](에너지 전달)되지 않는 최소 각도
- 전반사 조건 : 광파가 코어 내로만 전파되기 위한 입사각 조건

$$\frac{\cos\theta_c}{\cos 0} = \frac{n_2}{n_1} \Rightarrow \text{임계각 } \theta_c = Cos^{-1}\left(\frac{n_2}{n_1}\right) \tag{6.25}$$

$$\text{전반사조건 : 입사각 } \theta_1 \geq \theta_c = Cos^{-1}\left(\frac{n_2}{n_1}\right) \tag{6.26}$$

(2) 계단형 광섬유에서의 전파

- Core-Clad 경계면에서 전반사를 일으키며, 직선형태로 전파
- θ_c 보다 적은 반사각도로 입사각을 조정하면 Ray는 Core 내에서 Guiding 됨
- 매질 내에서의 전자파의 군속도는 굴절률에 의존하며, N번째 모드의 군속도는

$$v_{gN} = \frac{c}{n_1}\cos\theta_N \ (v_{gN}|_{\text{저차모드}} > v_{gN}|_{\text{고차모드}}) \tag{6.27}$$

- 고차모드일수록 θ_N이 크므로 이동거리가 길어져 전파속도가 느려짐
- 따라서 모드 간 펄스 퍼짐현상(분산Dispersion)이 발생하여 S/N 저하 및 고속통신 불가능

(3) 경사형 광섬유에서의 전파

- Core 내의 굴절률 변화에 의해 연속적으로 굴절되며, 빛은 정현파 궤적을 그리며 전파
- 코어 중심축으로부터의 최대 이격거리

$$x_{m,N} = \sqrt{\frac{2(N+1)}{gk(0)}} \tag{6.28}$$

- 고차모드일수록 굴곡Undulation이 커져서 이동거리가 길지만, $v = c/n$이므로 속도가 빠름
- 따라서 각 모드별 군속도지연Group Delay이 비슷해져 분산효과를 줄일 수 있음
- 이론적으로는 GI-SM 형 광섬유가 가장 우수한 전송특성을 나타냄(제조 어려움, 고가)

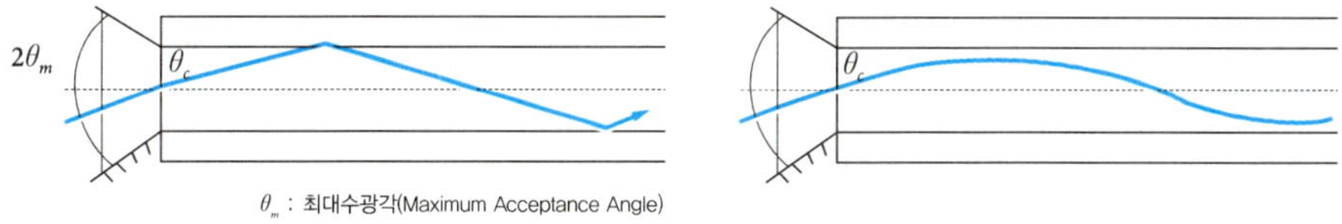

그림 6-16 계단형 광섬유와 경사형 광섬유 내에서의 빛 전파 특성

4 광섬유 특성 파라미터

- 일반적으로 코어와 클래드의 굴절률 차이는 크지 않으며, $n_1 \cong n_2$로 볼 수 있음

❶ 상대굴절율차 Relative Refractive Index Difference Δ(비굴절율)

$$\Delta = \frac{n_1^2 - n_2^2}{2n_1^2} \cong \frac{n_1 - n_2}{n_1} \ll 1 \tag{6.29}$$

❷ 임계각(전반사각) Critical Angle θ_c

$$\theta_c \equiv Cos^{-1}\left(\frac{n_2}{n_1}\right) \cong \sqrt{2\Delta} \tag{6.30}$$

❸ 최대수광각 $2\theta_m$

$$2\theta_m \equiv 2Sin^{-1}\left(n_1\sqrt{2\Delta}\right) \cong 2Sin^{-1}(NA) \tag{6.31}$$

❹ 개구수 Numerical Aperature NA

개구수는 광섬유의 수광능력을 나타내는 지표로 NA가 클수록 수광각도가 크게 되어 입사광량이 늘어나지만, 모드수가 늘어나 전송 대역폭이 줄어들고 감쇠가 커짐

$$NA \equiv n_1\sqrt{2\Delta} = \sin\theta_m \tag{6.32}$$

❺ 최대모드수 Maximum Mode Number N_m 및 모드각 θ_m

$$1 + N_m = \frac{2an_1\sqrt{2\Delta}}{\lambda}, \quad \theta_N = \frac{\lambda}{4an_1}(N+1) \tag{6.33}$$

예제 6.7

Δ = 1%일 경우 임계각 θ_c는 얼마인가?

|풀이| $\theta_c = \sqrt{2\Delta} \cong 0.141 \cong 8^\circ$

예제 6.8

Δ = 1%, n_1 = 1.5 일 경우 θ_m과 NA를 구하라.

|풀이|

$\theta_m = Sin^{-1}\left(n_1\sqrt{2\Delta}\right) = Sin^{-1}\left(1.5\sqrt{0.02}\right) \cong 12^\circ$

$NA = 1.5\sqrt{0.01} \cong 0.21$

예제 6.9

$n_1 = 1.5$, $\lambda = 0.85$um, $a = 40$um일 경우 기본모드각Fundamental Mode Angle θ_0는?

|풀이| $\theta_0 = \frac{\lambda}{4an_1}(N+1) = \frac{0.85 \times 10^{-6}}{4 \times 40 \times 10^{-6} \times 1.5}(0+1) \cong 0.8^\circ$

5 광섬유의 손실 특성

- 광섬유 물질 자체의 물성에 의한 손실은 흡수Absorption, 산란Scattering 손실이 가장 큰 원인임
- 광섬유 사용중에 발생하는 손실은 휨손실Bending Loss, 접합Joint(Splicing)손실 및 연결 손실 등임
- 광섬유의 손실은 주로 수산기(OH^-)의 흡수손실에 의존하며, 수산기 흡수손실이 적은 파장대를 전파창Propagation Window 이라고 함
- Window는 0.83~0.85μm, 1.3μm, 1.5μm에서 가장 적게 되며 이 대역을 이용하여 광통신 시스템을 운용함
- 송수신 파장이 0.83~0.85μm인 대역을 단파장대 광통신, 1.3μm 및 1.5μm을 장파장대 광통신시스템이라고 함

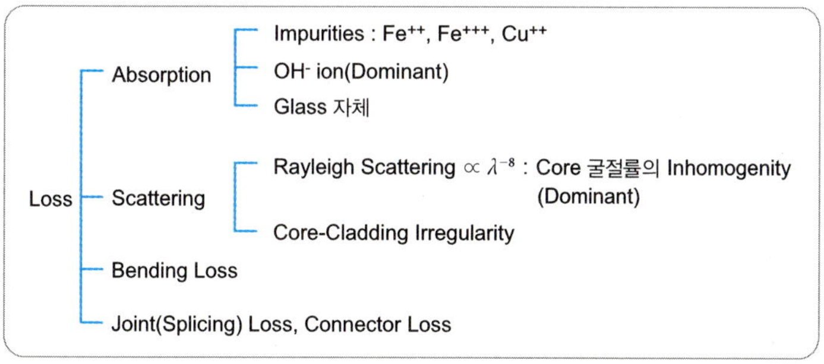

그림 6-17 광섬유에서 발생하는 손실 특성

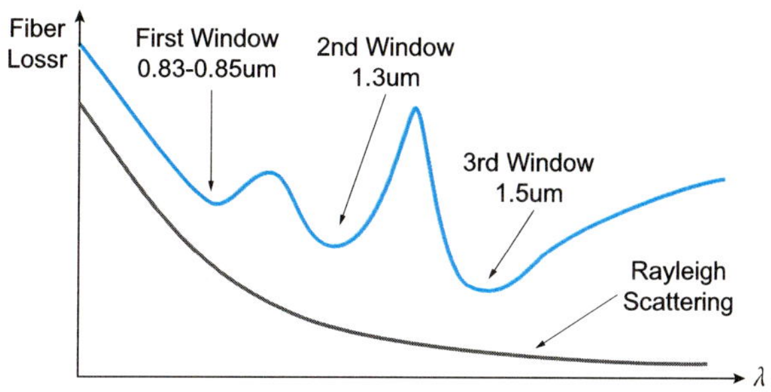

그림 6-18 파장대별 광섬유 손실특성

6 광섬유의 분산 특성

- 광섬유의 분산Dispersion 은 모드별 전파속도 차이에 따라 도착 펄스가 퍼지는 현상
- 분산특성은 광섬유의 대역폭Bandwidth(bps, Hz) 및 전송거리(중계기 간격) 등을 결정하는 중요 성능 요소임
- 광섬유에서의 분산은 파장에 따른 굴절률 변화에 의한 재료Material분산 $\Delta\tau^{(n)}$, 광섬유 구조 불균일성에 의해 발생하는 도파로 분산 $\Delta\tau^{(g)}$, 모드간 속도 차이에 의해 발생하는 모드간Modal 분산 $\Delta\tau^{(m)}$ 등으로 구분됨
- 일반적으로 $\Delta\tau^{(m)} \gg \Delta\tau^{(n)} \gg \Delta\tau^{(g)}$ 이므로 다중모드 광섬유에 비해 $\Delta\tau^{(m)}$ 이 없는 단일모드 광섬유의 전송품질이 훨씬 우수하게 됨

Dispersion
- Material Dispersion : 물질 자체 $\Delta\tau^{(n)} \propto \frac{d^2n}{d\lambda^2}\frac{\Delta\lambda}{\lambda}$
- Waveguide Dispersion : Fiber의 Nonuniformity $\Delta\tau^{(g)} \propto \Delta n_1 V$
- Modal Dispersion : Mode 간의 Dispersion $\Delta\tau^{(m)} \propto N_m$

그림 6-19 광섬유의 분산특성

[표 6-5] 광섬유 종류별 특성 비교

구 분	단일모드 광섬유	다중모드 광섬유
수광 능력 (NA)	낮음	높음
광 Coupling	어려움	쉬움
굴절률 분포	계단형	경사형, 계단형
Core Diameter	5 ~ 25 μm	50 ~ 100 μm
전송 손실 (dB/km)	0.01 ~ 1.0	2~6
Jointing, Connector 난이도	어려움	쉬움
Bandwidth x Length	수십 GHz · km 이상	1GHz · km 이하
중계기Repeater Spacing	장거리(~100km)	단거리(~30km)
시스템 가격	고가	저가
종합 성능Performance	고성능	중~저성능

7 광통신 시스템의 링크 버짓 계산

$$\begin{aligned}&\text{Link Budget Margin} = \text{TX Power} - \text{Link Loss} - \text{Receiver Sensitivity}\\&(\text{Link Loss} = \text{Fiber Loss} + \text{Splice Loss} + \text{Connector Loss})\end{aligned} \tag{6.34}$$

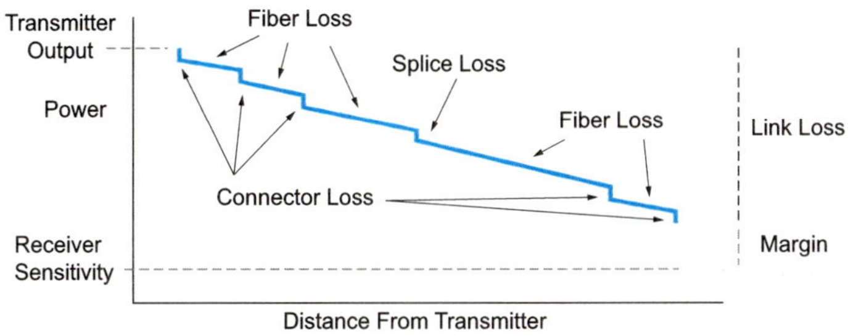

그림 6-20 광통신시스템 링크 Budget 계산

CHAPTER 6

국가고시 기출 문제

자료출처: 한국산업인력공단, www.q-net.or.kr, www.cbt.com

핵심 Hint

1. 레이더와 물체사이 거리 $R = c\left(\frac{t}{2}\right)$ (t : Roundtrip Time)

2. 능동위성은 지구상의 어떤 지점에서 보내 오는전파를 증폭시켜 지구상의 다른 지점에 중계하는 것을 목적으로 한 위성으로1962년 미국의 텔스터 1호로 현재 모든 위성은 능동위성임

3. 광섬유(실리카) 내 손실이 가장 작은 광파 Window는 0.83~ 0.85 μm, 1.3μm, 1.5μm인 적외선 파장대임

4. 도플러효과는 위성 또는지구국의 이동에 의해 송수신 주파수가 바뀌는 현상

01 국가고시2007

현재 위치에서 목표물까지의 거리를 R이라고 하고, 레이더를 이용하여 목표물까지의 거리를 추정하고자 한다. 레이더에서 보내는 신호를 $s(t)$라고 하면 레이더에서 수신된 신호를 다음과 같이 나타낼 수 있다. 레이더에서 수신된 신호를 $\Delta 1\mu$sec시간 간격으로 샘플링하면, $\tau_0 = n_0\Delta$가 되고 수신 신호를 다음과 같은 이산 신호로 나타낼 수 있다. 레이더의 신호 처리 장치를 통해 n_0가 100으로 추정되었다면, 목표물까지의 거리 R[km]은? (단, 전파의 속도는 300,000km/s라고 가정한다)

$$r(t) = s(t-\tau_0),\ 0 \le t \le T$$
$$r[n] = s[n-n_0],\ n = 0, 1, 2, \cdots, N-1$$

① 15 ② 30 ③ 1,500 ④ 3,000

02 국가고시2007

위성통신에 대한 설명 중 옳지 않은 것은?

① 네비게이션에 사용되는 GPS는 위성통신의 한 분야이다.
② 위성통신 시스템은 위성 부분, 지상관제 부분, 지구국 부분으로 구성된다.
③ 위성이 위치한 고도에 따라 저궤도 위성, 중궤도 위성, 정지궤도 위성으로 구분된다.
④ 수동위성은 중계증폭기를 탑재하여 지상에서 전송된 전파 신호를 증폭하여 전송한다.

03 국가고시2007

광통신에서 주로 사용하는 전자파는 무엇인가?

① 적외선 ② 자외선 ③ 방사선 ④ 감마선

04 국가고시2007

우주통신 및 위성통신에서 우주국과 지구국 사이의 통신에 사용되는 주파수 대역인 전파의 창(Radio Window) 범위 결정 요소가 아닌 것은?

① 도플러 효과 ② 대기에서의 전파 흡수
③ 우주 잡음의 영향 ④ 전리층의 영향

05 국가고시2008

GPS 시스템에 대한 설명 중 옳지 않은 것은?

① GPS의 측위 정밀도를 향상시킨 DGPS(Differential GPS) 방식이 있다.
② 전 세계적으로 24시간 연속적인 서비스 제공이 가능하다.
③ 위도, 경도, 고도, 시간을 정확히 측정할 수 있다.
④ 최소한 2개의 위성으로부터 정보를 수신하면 위치파악이 가능하다.

06 국가고시2008

항공기가 활주로로 진입 착륙할 때, 계기착륙장치(ILS)가 항공기에 탑재한 계기와 연동해서 안전한 진입 착륙을 돕는 계기가 아닌 것은?

① 라디오 비컨(Radio Beacon)
② 로컬라이저(Localizer)
③ 글라이드 패스(Glide Path)
④ 마커(Marker)

07 국가고시2009

GPS(Global Positioning System)에 대한 설명으로 옳지 않은 것은?

① NAVSTAR라고 부르는 24개의 위성으로 구성되어 있다.
② 모두 6개의 궤도면에서 위성이 돌고 있다.
③ 위성이 궤도를 도는 주기는 24시간이다.
④ GPS 정확도에 영향을 미치는 요인으로 다중경로 페이딩 및 섀도잉 효과가 있다.

08 국가고시2009

사용 궤도별 이동위성시스템의 특징을 설명한 것 중에 옳지 않은 것은?

① GEO(정지궤도위성)는 적도상에 위치하며 지구의 자전주기와 일치하고 전파 지연 시간이 짧다.
② 비정지궤도위성에는 저궤도(LEO), 중궤도(MEO), 타원궤도(HEO) 위성이 있다.
③ LEO(저궤도위성)는 Little LEO와 Big LEO로 구분할 수 있다.
④ LEO(저궤도위성)는 지구와 가까워 이동통신 단말기의 출력을 낮게 해도 통화품질을 상대적으로 높일 수 있다.

09 국가고시2009

레이더의 거리분해능(Range Resolution)이 30m일 때, 레이더의 펄스 폭[μs]은? (단, 전파의 속도는 3×10^8[m/s]이다)

① 2 ② 1 ③ 0.1 ④ 0.2

핵심 Hint

5. GPS는 최소 3 개 이상의 위성과 보정용 위성 1 개를 사용하여 위치 측정 및 계산

6. 라디오 비컨: 항공기의 계기착륙장치(ILS)가 항공기에 탑재한 계기와 연동해서 안전한 진입 착륙을 돕는 전파발생장치

7. NAVSTAR GPS위성은 20,200km 상공의 6개 궤도면에 운행주기 12시간 인 위성 4개씩을 배치하여 운용

8. 궤도별 위성의 종류
   - 정지궤도위성: 지구 표면에서 약 36,000km 높이의 정지위성
   - 저궤도위성: 지구 표면에서 약 500-1500km 높이의 위성
   - 중궤도위성: 지구 표면 6,000-20,000km 높이의 위성
   - 고궤도위성:고도 10,000km 이내의 고고도 타원궤도 위성
   - 극궤도 위성(Polar Orbit) : 남극과 북극을 통과하는 궤도를 도는 위성
   - 정지궤도위성은 지구자전과 동기화하기위하여 적도상공 35,786 km에 위치하며, 거리가 멀어 전파지연이 가장 크다.

9. 레이더 거리분해능
   $R_{min} = \frac{c\tau}{2}$ (m)

핵심 Hint

10. 학습비타민 참조
① 329.15~335.00MHz UHF 대의 전파를 이용한다.
② 90[Hz], 150[Hz]로 변조된 2 전파에 의해 나타낸다.
③ 비행기의 고도정보를 제공
④ 마커비콘은 부채꼴 형태의 지향성 전파로 나타낸다.

11. 레이더 방정식

$$P_r = \frac{P_t G_t \sigma A_e F^4}{(4\pi)^2 R^4} \text{ (Watts)}$$

12. 레이더 최대탐지거리

$$R_{max} = \left[\frac{P_t G \sigma A_e}{(4\pi)^2 S_{min}} \right]^{1/4} \text{ (m)}$$

13. 도플러 효과
– 일반 이동체

$$f_d = \frac{V}{\lambda} \cos\theta \text{ (Hz)}$$

– 레이더 이동체

$$f_d = \frac{2V_r}{\lambda} \cos\theta \text{ (Hz)}$$

14. 정지궤도 위성은 적도 상공 약 36,000km에 위치하며 지구의 자전 주기와 동일한 궤도 주기를 갖고, SHF대 주파수(3~30GHz) 이용

15. 갭필러의 정의
이동통신망, 위성망의 특성상 도심건물 등 장애물에 의해 발생하는 음영지역을 커버하기 위한 장치

10 국가고시2009

글라이드 패스(Glide Path)에 대한 설명으로 옳은 것은?

① UHF 대의 전파를 이용한다.
② 90[Hz], 150[Hz] 및 200[Hz]로 변조된 3 전파에 의해 나타나게 된다.
③ 활주로의 중심선의 연장면을 나타낸다.
④ 부채꼴 형태의 지향성 전파로 나타낸다.

11 국가고시2010

일반적으로 레이더 시스템의 수신 감도를 높이기 위해 사용할 수 있는 방법으로 옳지 않은 것은?

① 레이더 시스템의 안테나 이득을 높인다.
② 레이더 시스템의 출력을 높인다.
③ 높은 주파수의 신호를 사용한다.
④ 높은 효율을 갖는 안테나를 사용한다.

12 국가고시2010

레이더의 최대 탐지거리를 결정하는 요소로 옳지 않은 것은?

① 레이더 신호의 펄스폭
② 송신전력
③ 목표물의 유효 반사 단면적
④ 안테나의 이득

13 국가고시2010

3GHz의 반송파를 사용하는 송신기가 있다. 시속 36km로 송신기를 향하여 정면으로 움직이고 있는 차량용 수신기에 발생하는 도플러 주파수 편이는? (단, 전파의 속도는 3×10^8[m/s]이다)

① 10Hz
② 12Hz
③ 100Hz
④ 120Hz

14 국가고시2010

위성 통신에 대한 설명으로 옳은 것은?

① 적도 상공 약 36,000km에 위치하며 지구의 자전 주기와 동일한 궤도 주기를 갖는 위성을 중궤도 위성이라고 한다.
② 우리나라에서 발사한 무궁화 위성은 정지 위성이다.
③ 단파대 주파수(3~30MHz)를 주로 이용하여 위성의 중계를 통해 통신한다.
④ 전송 지연과 전송 손실 문제가 발생하지 않는다.

15 국가고시2010

위성망의 특성상 도심건물 등 장애물에 의해 발생하는 음영지역을 커버하기 위한 장치는?

① 갭필러(Gap-Filler)
② 저잡음 증폭기(LNA)
③ 고출력 증폭기(HPA)
④ 발진기(Oscillator)

16 국가고시2010

다음 중 위성링크의 성능을 좌우하는 요인으로 그 영향이 가장 적은 것은?

① 기지국 안테나와 위성안테나 간의 거리
② 기지국 안테나와 위성의 목표지점 간의 지상거리
③ 대기 감쇠
④ 다중 경로 전파

17 국가고시2011

레이더는 전파를 송신한 시간 t_t[s]와 전파가 목표물에서 반사된 반사파를 수신한 시간 t_r[s]을 이용해 목표물의 위치를 추정한다. 이것의 관계가 $t_r = t_t + 4$[s]일 때 레이더 기지와 목표물 사이의 거리[m]는? (단, 전파의 속도는 빛의 속도(3×10^8m/s)로 한다)

① 1.5×10^8 ② 3×10^8 ③ 6×10^8 ④ 12×10^8

18 국가고시2011

위성통신의 특징으로 옳지 않은 것은?

① 회선의 유연한 설정이 용이하지 않다.
② 광대역 통신회선의 구성이 가능하다.
③ 일반적으로 상향링크와 하향링크에서 서로 다른 주파수를 사용한다.
④ 점 대 다점(Point-to-multipoint) 통신이 가능하다.

19 국가고시2012

무선항행 보조장치로 사용되는 방향탐지기에 대한 설명으로 옳지 않은 것은?

① 고니오미터는 전파의 도래각을 측정하는데 사용된다.
② 야간오차 경감효과를 얻고자 애드콕(Adcock) 안테나를 사용한다.
③ 루프안테나를 사용하는 경우 전후방의 전파도래 방향을 결정하기 어렵다.
④ 공중선 장치는 방향탐지기의 전원을 공급하는 장치이다.

20 국가고시2012

그림과 같이 펄스폭이 1μs인 신호를 사용하는 레이더를 이용하여 목표물까지의 거리를 측정하고자 한다. 레이더의 송수신부가 동시에 동작하지 못한다고 가정할 때, 이 레이더의 최소탐지거리[m]는? (단, 전파의 속도는 300,000km/s이다)

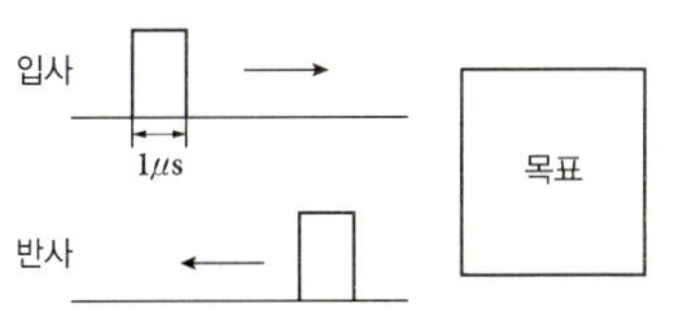

① 150 ② 300 ③ 450 ④ 600

핵심 Hint

16. 다중경로 전파는 지상 무선 및 이동통신에서 주로 발생

17. 레이더와 물체사이 거리
$R = c\left(\frac{t}{2}\right)$ (t : Roundtrip Time)

18. 위성통신의 장점
① 유연한 회선설정이 용이하다.
② 광대역 통신회선의 구성이 가능하다.
③ 전파손실특성과 위성의 전력을 고려하여 일반적으로 상향링크(고주파)와 하향링크(저주파)는 서로 다른 주파수를 사용한다.
④ 점 대 다점(Point-to- multipoint) 통신이 가능하다.

19. 방탐기기
공중선 장치는 방향탐지기의 방향을 측정하는 장치이다.

20. 레이더 최소탐지거리
$R_{un} = \frac{cT_P}{2} = \frac{c}{2f_P}$ (m)

핵심 Hint

21. 레이더 이동체 도플러효과
$f_d = \frac{2V_r}{\lambda}\cos\theta$ (Hz)

22. 레이더는 암흑 · 안개 · 우천 시와 같은 악천후 날씨와 장거리 영역에서도 표적의 거리, 방향, 속도 등을 측정할 수 있으며, 안개,우천 등의 날씨조건은 레이더 동작 성능을 저하시킬 수 있다.

23. 다원접속: 전파신호를 여러 사용자가 동시에 사용하게 하는 기술로 위성통신의 경우 한 개의 위성이 여러 기지국 또는 기지국이 수용하는 여러 사용자와 송수신할 수 있는 방식. 주요 방식으로는 FDMA, TDMA, CDMA, SDMA 등 사용

24. 레이더 최대탐지거리
$R_{max} = \left[\frac{P_t G\sigma A_e}{(4\pi)^2 S_{min}}\right]^{1/4}$ (m)

25. 위성통신의 다중화 방식
- FDMA, TDMA, CDMA, SDMA 등 사용
- 파장분할다중화(WDMA)는 광통신시스템에 사용

21 국가고시2013

15[GHz]에서 동작하는 경찰 레이더가 차량의 속도를 추적하는데 사용되고 있다. 만약 차량이 180[km/h]의 속도로 움직이고 경찰 레이더에 일직선 방향으로 접근하고 있다면, 도플러 이동 주파수[Hz]는? (단, 전파의 속도는 3×108[m/s]이다)

① 1,500 ② 1,800 ③ 5,000 ④ 8,944

22 국가고시2013

레이더에 대한 설명으로 옳지 않은 것은?

① 표적의 거리는 송신신호가 표적에 도달하고 다시 돌아오는 데 걸린 시간으로 계산할 수 있다.
② 표적의 방향은 귀환신호(Returned signal)의 도래각(Arrival angle)으로 결정한다.
③ 표적의 상대운동(Relative motion)은 귀환신호의 반송파에서 도플러 이동(Doppler shift)으로 결정할 수 있다.
④ 레이더는 표적의 거리, 방향, 속도 등을 측정할 수 있지만, 암흑 · 안개 · 우천 시와 같은 악천후 날씨와 장거리 영역에서 동작하지 못한다는 단점이 있다.

23 국가고시2013

위성통신 시스템에 대한 설명으로 옳지 않은 것은?

① 저궤도 위성과 비교하였을 때, 정지궤도 위성은 지상 기지국에서 동일한 수신 전력을 얻기 위하여 보다 큰 송신 출력이 요구된다.
② 저궤도 위성 시스템의 경우, 지상 기지국에서 위성의 위치를 추적하는 기능이 요구된다.
③ 정지궤도 위성의 경우, 3개의 위성으로 지구 대부분의 영역을 커버할 수 있다.
④ 다원접속(Multiple access)이라 함은 하나의 기지국이 여러 대의 위성에 동시 접속하는 것이다.

24 국가고시2014

펄스레이더 장치로 최대 탐지거리를 증가시키기 위한 방법으로 옳지 않은 것은?

① 펄스폭을 좁게 한다. ② 송신전력을 증가시킨다.
③ 안테나의 개구면을 크게 한다. ④ 안테나의 이득을 증가시킨다.

25 국가고시2014

다중접속방식 중 전파를 이용한 위성통신에 적합하지 않은 것은?

① 파장 분할 다중접속 ② 주파수 분할 다중접속
③ 부호 분할 다중접속 ④ 시간 분할 다중접속

26 국가고시2014

위성을 이용한 통신서비스의 특징으로 옳지 않은 것은?

① 다수의 이용자들이 동시에 이용할 수 있다.
② 도심지뿐만 아니라 벽지에도 차별 없는 통신서비스가 가능하다.
③ 산악, 도서 등 지형의 영향을 많이 받는다.
④ 지상의 통신수단보다 넓은 지역에 걸쳐 통신서비스가 가능하다.

27 국가고시2014

정지궤도 위성을 이용하여 두 지구국이 서로 통신할 때 전파의 최소 지연시간[ms]은? (단, 전파의 속도는 300,000[km/s]이고, 정지궤도 위성의 고도는 36,000[km]이다)

① 0.24 ② 2.4 ③ 24 ④ 240

28 국가고시2014

GPS(Global Positioning System)를 이용하여 위치를 계산할 때 오차를 발생시키는 원인으로 적절하지 않은 것은?

① 수신기의 증폭도와 필터의 정밀도에 의한 신호 품질 차이
② 다중경로(Multi-path)에 의한 수신 경로 차이
③ 위성과 수신기 사이의 동기 시간 차이
④ 전리층과 대기층에서의 굴절에 의한 수신 경로 차이

29 국가고시2015

레이더의 송수신 신호가 그림과 같을 때, 표적의 탐지거리[km]와 상대속도[m/s]는? (단, τ =200[μs], T = 500[μs], f_0 = 1.5[GHz], f_d = 3[kHz], 전파속도는 3×10^8[m/s]이다)(순서대로 km, m/s)

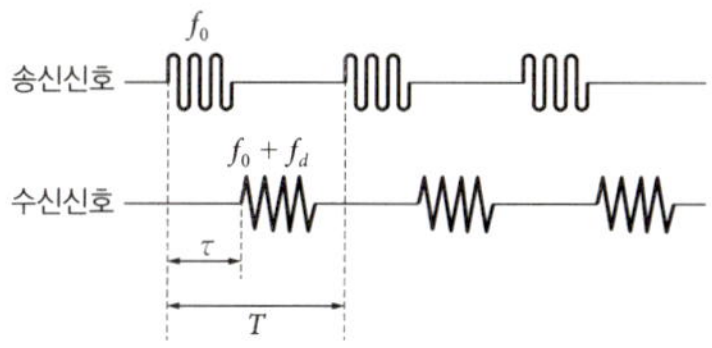

① 60, 600
② 60, 300
③ 30, 600
④ 30, 300

30 국가고시2015

레이더에 대한 설명으로 옳지 않은 것은?

① 전자기파를 방사하고 표적에서 반사된 신호를 감지하여 방향, 위치, 속도 등 표적에 대한 정보를 파악한다.
② RCS(Radar Cross Section)가 클수록 반사된 신호 전력의 양이 많다.
③ 레이더에서 보는 각도가 달라도 안테나로부터 동일거리에 동일표적이 있다면 반사된 신호전력의 양은 동일하다.
④ 표적의 상대운동속도는 반사된 신호의 도플러 천이(Doppler shift)로 알 수 있다.

핵심 Hint

26. 위성통신의 장점
① 다수의 이용자들이 동시에 이용할 수 있다.
② 도심지뿐만 아니라 벽지에도 차별 없는 통신서비스가 가능하다.
③ 산악, 도서 등 지형의 영향을 받지 않는다.
④ 지상의 통신수단보다 넓은 지역에 걸쳐 통신서비스가 가능하다.

27. 위성 전파지연시간
$R = c\left(\frac{t}{2}\right)$ (t : Roundtrip Time)

28. GPS 오차요인

오차 요인
대기상태 변화 (대류층)
대기상태 변화 (이온층)
다중경로 페이딩 및 감쇠
수신기 잡음
위성사용제한(정치적)
원자시계 오차
에피메리스[Ephemeris](편향) 에러
측정 정밀도

29. 레이더 관계식
$R = c\left(\frac{t}{2}\right)$ (t : Roundtrip Time)
$f_d = \frac{2V_r}{\lambda}\cos\theta$ (Hz)

30. 레이더 단면적(RCS) σ
레이더 단면적은 타겟의 레이더 신호 반사정도를 나타내는 지수
목표믈 반경 r, 안테나 지향성을 $G(\theta, \phi)$라 하면
$RCS\ \sigma = \pi r^2 \frac{G(\theta,\phi)}{4\pi}$

핵심 Hint

31. 저궤도(LEO) 위성은 낮은고도에서 빠르게 이동하므로 정지궤도(GEO) 위성에 비해서 도플러 효과가 크게 발생한다.

32. 1μs 이내인 셀룰러 통신 시스템에 비해 위성통신의 전파지연시간이 0.25s 로 지연시간이 길다.

33. 레이더 관계식

$$P_r = \frac{P_t G_t \sigma A_e F^4}{(4\pi)^2 R^4} \text{ (Watts)}$$

$$R = c\left(\frac{t}{2}\right) \text{ (}t\text{ : Roundtrip Time)}$$

34. 일반 이동체 도플러 효과

$$f_d = \frac{V}{\lambda}\cos\theta = \frac{Vf_t}{c}\cos\theta \text{ (Hz)}$$

31 국가고시2015

저궤도(LEO) 위성통신에 대한 설명으로 옳지 않은 것은?

① 정지궤도(GEO) 위성에 비해서 도플러 효과(Doppler effect)의 영향이 거의 없다.
② 가시가능시간이 짧아서 위성 간 핸드오버가 필요하다.
③ 정지궤도 위성보다 신호의 지연시간이 짧다.
④ 지표면으로부터 500~2,000[km] 정도의 고도에서 운용된다.

32 국가고시2015

위성통신에 대한 설명으로 옳지 않은 것은?

① 지역 내의 여러 지구국이 동시에 정보를 수집하기 용이하다.
② 지구국을 이동시키면 어디에서든 자유로이 단시간에 회선을 설정할 수 있다.
③ 셀룰러 통신 시스템보다 신호의 지연시간이 짧다.
④ 위성이 서비스할 수 있는 범위 내에서는 지상의 거리에 관계없이 원거리 통신에서 경제적이다.

33 국가고시2016

레이더에 대한 설명으로 옳지 않은 것은?

① 목표물에서 반사되어온 신호의 전력은 레이더 신호의 파장과 레이더의 단면적에 따라 달라진다.
② 레이더로부터 목표물까지의 방위는 일반적으로 무지향성 안테나를 사용하여 측정한다.
③ 레이더로부터 목표물까지의 거리는 송신신호가 목표물에 도달하고 다시 돌아오는 데 걸리는 시간으로 계산할 수 있다.
④ 레이더 시스템에서는 펄스파와 지속파(Continuous wave)가 사용될 수 있다.

34 국가고시2016

그림과 같이 이동체가 72[km/h]의 속도로 X에서 Z 방향으로 이동하고 있다. 송신기(S)가 3[GHz]의 반송파로 신호 전송 시, 세 지점 X, Y, Z에서 발생하는 이동체 수신기에서의 도플러 천이(Doppler shift)[Hz]는? (단, $\sqrt{3} = 1.73$이고, 전파의 속도는 3×10^8[m/s]이다)(순서대로 X, Y, Z)

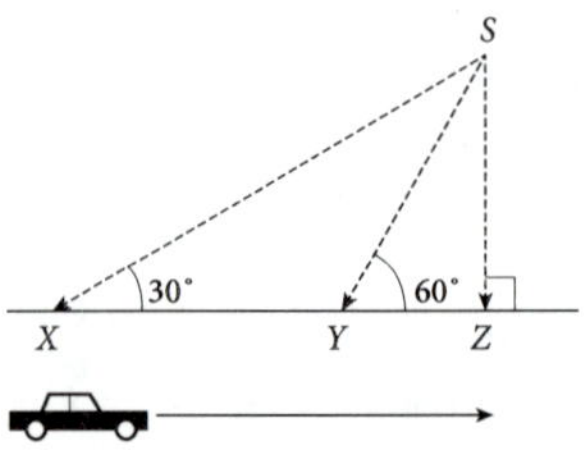

① 0, 100, 173　② 173, 100, 0　③ 100, 173, 346　④ 346, 173, 100

35 국가고시2016

10[GHz] 레이더 신호를 송신하여 10[km] 거리에 있는 목표물에서 반사되어온 신호의 전력이 1[nW]이다. 이와 동일한 조건에서 레이더 신호의 주파수를 5[GHz]로 변경하여 송신한 경우, 5[km] 거리에 있는 목표물에서 반사되어온 신호의 전력[nW]은?

① 4 ② 16 ③ 32 ④ 64

36 국가고시2016

위성통신에 대한 설명으로 옳지 않은 것은?

① 광대역 통신이 가능하다.
② 전송 지연 문제가 발생할 수 있다.
③ 통신의 보안성이 우수하다.
④ FDMA, TDMA, CDMA 등 다원접속방식이 가능하다.

37 국가고시2016

지구 표면으로부터 정지궤도(GEO) 위성의 고도[km]는?

① 약 6,000 ② 약 12,000 ③ 약 24,000 ④ 약 36,000

38 국가고시2016

지구국 안테나에 급전되는 송신 전력이 30[dBW], 송신 안테나 이득이 50[dB], 위성 수신 안테나 이득이 40[dB], 안테나 지향 오차를 포함한 전파 경로상의 총 손실이 220[dB]일 때, 위성의 수신 전력[dBm]은?

① −70 ② −100 ③ −130 ④ −140

39 국가고시2017

GPS에 대한 설명으로 옳지 않은 것은?

① 위성은 정지궤도상에 있다.
② 위도, 경도, 고도 등의 위치와 시간을 측정하는 데 사용된다.
③ 항법, 측량, 측지, 시각동기 등의 군용 및 민간용으로 사용되고 있다.
④ 수신기의 시간오차를 고려해 위치를 측정하기 위해서는 최소 4개의 위성신호가 필요하다.

40 국가고시2017

펄스파가 레이더에서 발사된 후부터 목표물에 반사되어 되돌아 올 때까지 걸린 시간이 6[μs]인 경우 목표물까지의 거리[m]는? (단, 전파의 속도는 3×10^8[m/s]이다)

① 450 ② 900 ③ 1,800 ④ 3,600

핵심 Hint

35. 레이더 수신전력방정식

$$P_r = \frac{P_t G_t \sigma A_e F^4}{(4\pi)^2 R^4} \text{ (Watts)}$$

– 레이더 반사파는 주파수 감쇠 $1/f^2$, 왕복진행에 따른 거리에 의한 감쇠 $1/R^4$을 겪는다.

36. 위성통신은 통신의 보안성이 떨어지므로 암호화 통신이 필요

37. 정지위성 고도
– 지구중심 고도 : 42,164km
– 지구표면 고도 : 35,786km

38. 무선시스템 수신전력

$$P_R = P_t + \sum \text{Gain} - \sum \text{Loss}$$

39. GPS 위성
NAVSTAR GPS 위성은 20,200km 상공의 6개 궤도면에 운행주기 12시간 인 위성 4개씩을 배치하여 운용

40. 레이더 거리 관계식

$$R = c\left(\frac{t}{2}\right) \ (t : \text{Roundtrip Time})$$

핵심 Hint

41. 일반 이동체 도플러 효과

$$f_d = \frac{V}{\lambda}\cos\theta = \frac{Vf_t}{c}\cos\theta \text{ (Hz)}$$

42. 정지위성 고도
- 지구중심 고도 : 42,164km
- 지구표면 고도 : 35,786km

43. 안테나 방사전력

$$\text{EIRP} = P_tG_t\text{(W)}$$
$$= 10\log P_t + 10\log G_t\text{(dB)}$$

44. 레이더 수신전력방정식

$$P_r = \frac{P_tG_t\sigma A_eF^4}{(4\pi)^2R^4} \text{ (Watts)}$$

- 레이더 반사파는 주파수 감쇠 $1/f^2$, 왕복진행에 따른 거리에 의한 감쇠 $1/R^4$을 겪는다.

45. 저궤도위성운행
- LEO 위성은 지구 표면으로부터 500km에서 1,500km 높이에서 운용
- LEO는 낮은 궤도 때문에, 주기가 매우 짧음 (일반적으로 95분에서 120분 사이)

41 국가고시2017

반송파 주파수가 1[GHz]인 이동통신 단말기가 108[km/h]의 속도로 이동할 때 발생하는 최대 도플러 주파수[Hz]는? (단, 전파의 속도는 3×10^8[m/s]이다)

① 30　② 36　③ 72　④ 100

42 국가고시2017

위성통신에 대한 설명으로 옳지 않은 것은?

① 정지궤도 위성은 적도상공에 떠 있으며, 3개의 위성으로 극지방을 제외한 지구 전체에 서비스할 수 있다.
② 정지궤도 위성의 공전주기는 지구의 자전주기와 같아야 하기 때문에 고도 1,000~2,000[km]의 상공에서 운용된다.
③ 극궤도 위성은 남극과 북극의 상공을 통과하며, 정지궤도 위성보다 고도가 낮아 전파 지연이 작다.
④ 저궤도 위성 이동통신은 상시 통신을 위해 수십 개의 위성과 핸드오프가 필요하다.

43 국가고시2017

다음 그림과 같은 위성통신 전송시스템에서 실효등방성방사전력(EIRP)[dBm]은?

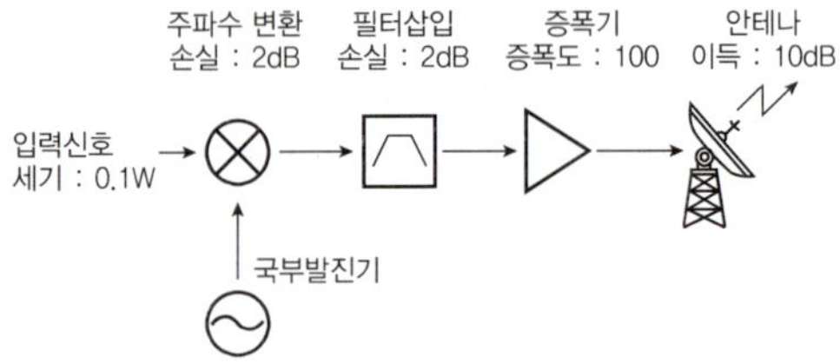

① 36　② 44　③ 46　④ 54

44 국가고시2018

레이더의 송신기와 수신기가 동일한 위치에 있는 경우, 송신한 신호가 먼 거리에 있는 목표물로부터 반사되어 수신되는 전력은 송신기와 목표물 사이의 거리(R)의 몇 제곱에 반비례하는가?

① 1　② 2　③ 3　④ 4

45 국가고시2018

위성에 대한 설명으로 옳지 않은 것은?

① 저궤도(LEO) 위성은 지구의 자전속도와 동일한 속도로 공전하며 움직인다.
② 상업용 위성에서 사용되는 주파수 대역은 C, Ku, Ka, L 등이 있다.
③ Ku 대역 위성통신에서 상향링크 주파수가 하향링크 주파수 보다 높다.
④ 정지궤도(GEO) 위성은 지표면에서 약 36,000[km]에 위치한다.

46 국가고시2018

펄스 레이더 시스템에 대한 설명으로 옳지 않은 것은?

① 펄스 반복 주파수가 작아질수록 최대 탐지 거리가 커진다.
② 듀티 사이클은 펄스 폭이 작을수록 작아진다.
③ 탐지거리의 정확성을 높이기 위해 펄스의 주기는 신호의 왕복시간보다 작아야 한다.
④ 평균 전력과 피크 전력의 관계는 펄스 폭과 펄스 반복 주기에 따라 결정된다.

47 국가고시2019

레이더의 성능에 대한 설명으로 옳은 것은?

① 빔의 폭이 좁을수록 방위분해능이 좋아진다.
② 최대 탐지거리를 2배로 하려면 송신전력을 4배로 해야 한다.
③ 유효반사면적이 작을수록 탐지거리가 증가한다.
④ 펄스폭이 넓을수록 거리분해능이 좋아진다.

48 국가고시2019

정지궤도 위성과 극궤도 위성에 대한 설명으로 옳은 것은?

① 극궤도 위성의 공전주기는 지구의 자전주기와 같다.
② 극궤도 위성은 적도 상공에 궤도를 유지하면서 지구 주위를 회전한다.
③ 정지궤도 위성은 남극과 북극을 통과하는 궤도를 따라 지구 주위를 공전한다.
④ 정지궤도 위성의 고도는 극궤도 위성의 고도에 비해 높다.

49 국가고시2019

지구국과 위성 사이의 거리가 22,500[km] 떨어져 있을 때, 지구국에서 전파를 발사하여 지구국으로 되돌아올 때까지 걸리는 시간[ms]은? (단, 위성에서의 지연시간은 무시하고, 전파의 속도는 3×10^8[m/s]이다)

① 100　　② 150　　③ 200　　④ 250

50 국가고시2020

레이더에 대한 설명으로 옳지 않은 것은?

① 표적까지의 거리는 신호가 표적에 도달하고 귀환하는 데 걸린 시간으로 구할 수 있다.
② 표적의 방향은 귀환신호의 도착 각도로 구할 수 있다.
③ 표적의 방향을 찾기 위하여 일반적으로 광대역 지향성 안테나를 사용한다.
④ 표적의 속도는 귀환신호에 발생된 도플러 천이로 구할 수 있다.

핵심 Hint

46. 펄스 레이더 관계식
모호하지않은 최대탐지거리
$$R_{un} = \frac{cT_P}{2} = \frac{c}{2f_P}\ (\text{m})$$

47. 레이더 관계식
$$R_{\min} = \frac{c\tau}{2}\ (\text{m})$$
$$R = \left[\frac{P_t G^2 \sigma A_e}{(4\pi)^2 P_r}\right]^{1/4}\ (\text{m})$$
$$R_{\max} = \left[\frac{P_t G^2 \sigma \lambda^2}{(4\pi)^3 S_{\min}}\right]^{1/4}\ (\text{m})$$

48. 정지궤도 위성의 고도는 극궤도 위성의 고도에 비해 높다.

49. 위성전파 관계식
$$R = c\left(\frac{t}{2}\right)\ (t : \text{Roundtrip Time})$$

50. 레이더 안테나 특성
고지향 특성이 되도록 협대역 전파신호를 위상배열안테나로 방사

핵심 Hint

51. 레이더 이동체 도플러효과
$f_d = \frac{2V_r}{\lambda}\cos\theta$ (Hz)

52. LEO 위성 특징
- LEO 위성은 지구 표면으로부터 500km에서 1,500km 높이에서 운용
- LEO는 낮은 궤도 때문에, 주기가 매우 짧음 (일반적으로 95분에서 120분 사이)

53. 위성 운용 주파수 plan
- 기지국이 위성보다 운용환경(전력, 제어 등)이 좋으므로 상향링크는 전파특성이 나쁜 고주파, 하향링크는 전파특성이 좋은 저주파대역 할당

54. 위성통신 전력 관계식
$P_R = P_T G_T \left(\frac{\lambda}{4\pi R}\right)^2 G_R$

55. (1) 제1법칙 (궤도의 법칙)
(2) 제2법칙(면적속도 일정법칙)
(3) 케플러 제3법칙(조화의 법칙)

51 국가고시2020

차량의 속도를 측정하기 위해 10[GHz]에서 동작하는 레이더가 있다. 차량이 10^8[km/h]의 속도로 레이더에 일직선 방향으로 접근하고 있을 때, 레이더에서 측정된 도플러 천이[Hz]는? (단, 레이더 전파의 속도는 3×10^8[m/s]이다)

① 100 ② 200 ③ 1,000 ④ 2,000

52 국가고시2020

저궤도 위성을 정지궤도 위성과 비교한 설명으로 옳지 않은 것은?

① 핸드오버 복잡도가 정지궤도 위성에 비해 높다.
② 신호 송수신 지연 시간이 정지궤도 위성에 비해 짧다.
③ 예상 수명이 정지궤도 위성에 비해 길다.
④ 서비스를 위한 위성의 수가 정지궤도 위성에 비해 많다.

53 국가고시2020

위성통신에서 사용되는 주파수 대역에 대한 설명으로 옳지 않은 것은?

① 상향 링크와 하향 링크의 대역을 분리해 양방향 통신이 가능하다.
② 전리층에서 반사나 흡수가 문제되지 않는 대역을 사용한다.
③ 정지궤도 위성에서는 도플러 천이 특성이 거의 나타나지 않는다.
④ 일반적으로 지구국보다 위성이 높은 주파수로 신호를 송출한다.

54 국가고시2020

위성으로부터 지구국으로 전파된 신호의 수신전력에 대한 설명으로 옳지 않은 것은?

① 수신 안테나의 이득에 비례한다.
② 송신 안테나의 이득에 비례한다.
③ 송수신기 간 거리의 제곱에 비례한다.
④ 신호 파장의 제곱에 비례한다.

55 국가고시2020

지구 주위를 선회하는 인공위성에 적용된 케플러 법칙(Kepler's laws)에 대한 설명으로 옳지 않은 것은?

① 위성의 궤도는 타원이며, 이때 지구는 한 초점에 위치한다.
② 위성과 지구 사이의 거리에 따라 위성의 속도는 달라진다.
③ 위성의 궤도주기의 제곱은 타원 반장축의 세제곱에 반비례한다.
④ 지구 중심과 위성을 잇는 가상적인 선은 같은 시간동안 같은 면적을 휩쓸고 지나간다.

56 국가고시2021

자유공간에서 동작하는 레이더 시스템의 송신출력이 10[kW]일 때 탐지거리가 2[km]라면, 송신출력을 20[kW]로 증가시킬 경우의 탐지거리[km]는? (단, 레이더 시스템 및 전파 환경은 모두 동일하다)

① 2　② $2\times\sqrt{2}$　③ $2\times\sqrt[4]{2}$　④ 4

57 국가고시2021

다음과 같은 변수를 갖는 디지털 위성통신에서 요구되는 비트에너지 대 잡음전력밀도$(E_b/N_0)_q$가 10.0[dB]일 때, 수신된 비트에너지 대 잡음전력밀도$(E_b/N_0)_r$와 $(E_b/N_0)_q$의 차이인 링크마진(link margin)[dB]은? (단, $\log_{10}2=0.3$이고, 주어진 변수 외의 영향은 고려하지 않는다)

– 송신전력 P_0	: 18.0[dBW]
– 송신안테나 이득 G_t	: 51.6[dBi]
– 전파 경로 상의 총 신실 L	: 214.7[dB]
– 수신안테나 이득 G_r	: 35.1[dBi]
– 잡음전력밀도 N_0	: – 192.5[dBW/Hz]
– 비트전송률 R	: 2[Mbps]

① 9.5　② 10　③ 10.5　④ 11

58 국가고시2022

레이더에서 펄스가 발사된 후 목표물에 반사되어 되돌아오기까지 총 2[ms]의 시간이 소요되었을 때, 레이더에서 목표물까지의 거리[km]는? (단, 레이더 전파의 속도는 3×10^8[m/s]이다.)

① 30　② 60　③ 300　④ 600

59 국가고시2022

위성통신의 특징을 나타내는 용어에 대한 설명으로 옳지 않은 것은?

① 접속 용이성: 동일 내용의 정보를 복수 지점에서 동시에 수신할 수 있음을 의미한다.
② 회선구성의 융통성: 유연한 회선의 설정이 가능하고 구성이 용이함을 의미한다.
③ 광역성: 소수의 위성으로 넓은 영역에 통신을 지원할 수 있음을 의미한다.
④ 광대역성: 넓은 주파수 대역을 사용하여 대용량 정보 전송이 가능함을 의미한다.

60 국가고시2022

정지위성에서 지구국으로 보내는 신호의 감쇠가 심해지는 경우가 아닌 것은?

① 위성과 지구국과의 거리가 멀수록
② 대기가 건조할수록
③ 신호의 파장이 짧을수록
④ 위성과 지구국의 앙각이 작을수록

핵심 Hint

56. 레이다 방정식

$$P_r = \frac{P_t G_t G_r \sigma \lambda^2}{(4\pi)^3 R^4} \text{ (Watts)}$$

탐지거리는 송신전력, 거리의 $1/R^4$에 비례

57. Link Budget 계산

Margin = P_t + 이득–손실–수신감도
= 수신전력–최저수신감도

$$= \left(\frac{E_b}{N_0}\right)_{r,\,dB} - \left(\frac{E_b}{N_0}\right)_{q,\,dB}$$

58. 레이더 관계식

$$R = c\left(\frac{t}{2}\right) \ (t : \text{Roundtrip Time})$$

59. 위성통신특징

접속 용이성: 지구국 가시거리에 있는 위성과는 임의로 접속가능

60. 위성통신 전력 관계식

$$P_R = P_T G_T \left(\frac{\lambda}{4\pi R}\right)^2 G_R$$

핵심 Hint

61. GPS 오차요인

오차 요인
대기상태 변화 (대류층)
대기상태 변화 (이온층)
다중경로 페이딩 및 감쇠
수신기 잡음
위성사용제한(정치적)
원자시계 오차
에피메리스[Ephemeris](편향) 에러
측정 정밀도

62. 레이더 거리분해능

$R_{\min} = \frac{c\tau}{2}$ (m)

$R_{un} = \frac{cT_P}{2} = \frac{c}{2f_P}$ (m)

63. 위성 운용 주파수 plan

– 기지국이 위성보다 운용환경(전력, 제어 등)이 좋으므로 상향링크는 전파특성이 나쁜 고주파, 하향링크는 전파특성이 좋은 저주파대역 할당

64. 도플러 효과

$f_d = \frac{V_s}{\lambda}\cos\theta = \frac{V_s f}{c}\cos\theta$

65. 도플러 효과

$f_d = \frac{V_s}{\lambda}\cos\theta = \frac{V_s f}{c}\cos\theta$

61 국가고시2022

민간용 GPS(global positioning system)를 사용할 때 위치 측정의 오차가 발생하는 원인으로 옳은 것만을 모두 고르면?

ㄱ. 위성들의 근접한 배치 형태
ㄴ. 대기층에서의 전파 지연
ㄷ. D GPS(differential GPS)의 사용
ㄹ. 위성의 제한적 선택 사용

① ㄱ, ㄴ, ㄷ ② ㄱ, ㄴ, ㄹ ③ ㄱ, ㄷ, ㄹ ④ ㄴ, ㄷ, ㄹ

62 국가고시2023

펄스폭이 1[μs]이고 펄스 반복 주파수가 300[Hz]인 펄스 레이더의 거리 분해능[m]은? (단, 전파 속도는 3×10^8[m/s]이다)

① 100 ② 150 ③ 200 ④ 250

63 국가고시2023

위성통신에 대한 설명으로 옳지 않은 것은?

① 위성과 지구국의 앙각이 증가할수록 왕복지연시간이 짧아진다.
② 저궤도 위성통신은 정지궤도 위성통신보다 왕복지연시간이 짧아 신호 감도가 좋다.
③ 위성통신에서 사용되는 C밴드는 4~8[GHz] 주파수 범위를 갖는다.
④ 일반적으로 상향링크보다 하향링크에서 더 높은 주파수를 사용한다.

64 국가고시2023

지구국과 12[GHz]의 주파수로 통신하는 정지궤도위성이 최대 10[kHz]의 주파수 편이를 허용할 때, 위성과 통신 연결을 유지할 수 있는 지구국의 최대 이동속도[m/s] 는? (단, 전파속도는 3×10^8[m/s]이다)

① 100 ② 150 ③ 200 ④ 250

65 국가고시2024

그림과 같이 수신기가 v의 속도로 화살표 방향으로 이동하면서 정지된 송신기로부터 주파수가 f_0인 신호를 받고 있다. θ = 30°일 때, 도플러 주파수[Hz]는? (단, 전파속도는 3×10^8[m/s]이다)

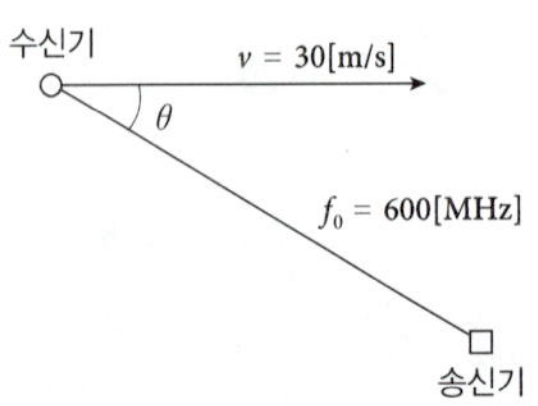

① $60\sqrt{3}$
② $30\sqrt{3}$
③ 60
④ 30

66 국가고시2024

펄스 레이더 시스템에서 평균 송신전력이 200[W]이고 펄스 폭이 0.1[μs]이며 펄스 반복 주파수가 2[kHz]일 때, 첨두 송신전력[kW]은?

① 100 ② 400 ③ 1,000 ④ 4,000

67 국가고시2024

수동형 무선항법 시스템에서 편도 전파시간 측정오차가 2[μs]일 때, 거리 불확실성[m]은? (단, 전파속도는 3×10^8[m/s]이다)

① 300 ② 600 ③ 1,200 ④ 2,400

68 국가고시2024

다음 인공위성들이 지구국으로부터 전파를 수신할 때, 전파 지연시간이 큰 것부터 순서대로 바르게 나열한 것은?

(가) 정지궤도위성 (나) 중궤도위성 (다) 저궤도위성

① (가) – (나) – (다) ② (나) – (가) – (다)
③ (나) – (다) – (가) ④ (다) – (나) – (가)

핵심 Hint

66. 펄스 레이더 펄스폭 관계식

$$\tau = T_p \frac{P_m}{P_p} = \frac{P_m}{f_p P_p} \text{(sec)}$$

67. 레이더 관계식

$$R = \frac{cT}{2} \text{(m)}$$

측정오차는 편도오차의 2배 발생

68. 전파지연시간: 위성고도에 비례
[지표면으로부터의 위성고도]
– 정지궤도위성: 약 36,000km
– 중궤도위성: 6,000-20,000km
– 저궤도위성:500-1500km

[6장 정답]

1. ❶ 2. ❹ 3. ❶ 4. ❶ 5. ❹ 6. ❶ 7. ❸ 8. ❶ 9. ❹ 10. ❶ 11. ❸ 12. ❶
13. ❸ 14. ❷ 15. ❶ 16. ❹ 17. ❸ 18. ❶ 19. ❹ 20. ❶ 21. ❸ 22. ❹ 23. ❹ 24. ❶
25. ❶ 26. ❸ 27. ❹ 28. ❶ 29. ❹ 30. ❸ 31. ❶ 32. ❸ 33. ❷ 34. ❷ 35. ❹ 36. ❸
37. ❹ 38. ❶ 39. ❶ 40. ❷ 41. ❹ 42. ❷ 43. ❸ 44. ❹ 45. ❶ 46. ❸ 47. ❶ 48. ❹
49. ❷ 50. ❸ 51. ❹ 52. ❸ 53. ❹ 54. ❸ 55. ❸ 56. ❸ 57. ❶ 58. ❸ 59. ❶ 60. ❷
61. ❷ 62. ❷ 63. ❹ 64. ❹ 65. ❷ 66. ❸ 67. ❷ 68. ❶

CHAPTER

07

이동통신 시스템

Mobile Communication Systems

학습목표

- 이동통신 시스템 구성을 위한 전파 환경을 이해하고 모델링 할 수 있게 한다.
- 이동통신 채널 환경에서 발생하는 페이딩의 특성과 해결 방안을 학습한다.
- 셀룰러 이동통신 방식의 원리와 장단점을 학습한다.
- 차세대 이동통신 시스템 구현을 위한 핵심 기술들을 이해한다.
- 미래의 6G 이동통신 전망과 중요 기술 목표들을 학습한다.

학습목차

7.1 이동통신 전파 환경 모델링

1 이동통신 채널 환경의 구분

- 이동통신환경은 이동국(MS)과 기지국(BS)의 위치가 수시로 변화하므로 전체 시스템 성능은 통계적 기법으로 해석하여야 함
- 이동통신 채널 환경은 지형지물 특성이나 인공적 구조물 밀도에 따라 구분함
- 이동통신은 주로 생활지역에서 이루어지므로 인공구조물에 의한 분류 방식을 사용함

[표 7-1] 이동통신 채널 환경의 구분

구분	지역 종류	수신신호 영향 및 신호 변동
지형지물 특성에 따른 구분	개활지역Open Area 평탄지역Flat Terrain 언덕지역Hilly Terrain 산악지역	– 수신 신호의 평균 전계레벨 결정 – 긴 주기의 신호 변화 초래 – 장기 페이딩Long-Term Fading 발생시킴
인공적 구조물 밀도에 따른 구분	시골지역Rural 준교외지역Quasi-Suburban 교외지역Suburban 도시지역Urban	– 수신 신호의 순간 전계레벨 결정 – 짧은 주기의 신호 변화 초래 – 단기 페이딩Short-Term Fading 발생시킴

- 이통통신채널에서의 발생하는 전파 경로손실Path Loss은 (건물 감쇠 + 지형 감쇠 + 기후 감쇠) 등의 요인에 의함
- 건물, 지형지물 등의 전파방해물에 의해 난반사된 신호는 통계 모델을 이용하여 해석함

❶ 라이시안 모델Rician Model

기지국과 가깝거나 가시거리(LOS)Line-of-Sight인 경우 한 개의 강한 신호와 약한 다중경로 신호가 존재하는 영역

❷ 레일리이 모델Rayleigh Model

기지국과 떨어진 지역이나 LOS가 아닌 지역으로 여러 개의 약한 다중신호가 존재하는 지역(일반적인 이동통신 영역)

- 일반적인 경계 지역은 대부분 약전계 지역으로 이동통신 환경의 전파모델은 Rayleigh Statistic Model로 해석함

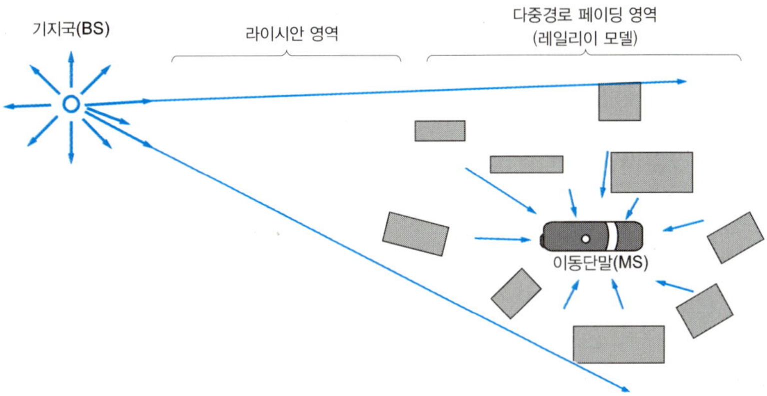

그림 7-1 이동통신 전파 환경 구분

2 이동통신 경로손실 예측모델

- 이동통신 채널의 손실특성을 예측하기 위한 모델은 고려지역 크기에 따라 대형셀 모델Macrocell Model과 소형셀 모델Microcell Model, 피코셀Pico Cell 모델 등을 이용하여 예측
  ❶ 매크로셀 모델 : 자유공간전파손실FSPL 모델, Okumura 모델, Hata 모델, Lee 모델 등
  ❷ 마이크로셀 모델 : Cost-231 Hata 모델, Walfisch-Ikegami Model, Ray-tracing 모델
  ❸ 피코셀 모델 : 통계적 모델Statistic Model, JTCJoint Transmission and Reception 모델 등 사용

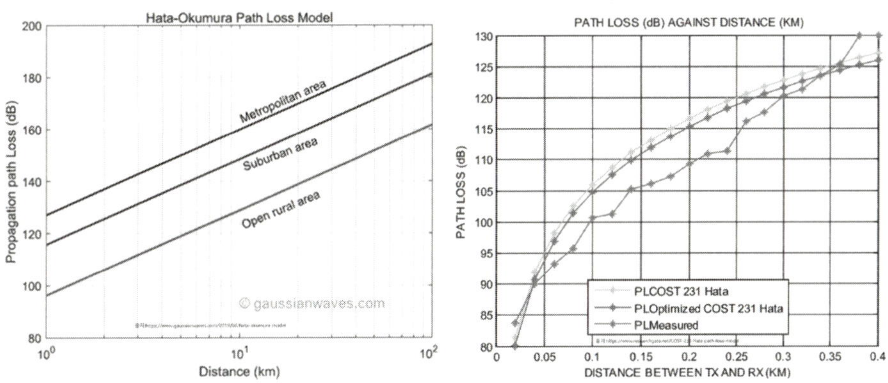

그림 7-2 이동통신 경로손실 예측 모델(Okumura-Hata 및 COST231-Hata 모델)

[표 7-2] 이동통신 채널의 대표적인 경로손실 예측 모델

모델 종류	예측 식	특성 및 적용
자유공간 경로손실모델 (FSPL)	$FSPL = \left(\frac{4\pi d}{\lambda}\right)^2$	• LOS에서의 전파 감쇠를 설명함 • 전파 감쇠는 주파수와 거리의 제곱에 비례 • 장거리 통신 및 공간 전파 예측에 사용
지표면반사 모델 (Two-Ray Ground Reflection Model)	$TGRL = \frac{(h_t h_r)^2}{d^4}$ (h_t, h_r : 송신, 수신안테나 높이)	• 직접파와 지표 반사파를 합한 전파 모델 • 개방 지역에서의 전파 강도를 설명 • 장거리 통신 및 지표반사 영향 분석에 사용
Hata Model	$PL = A + B\log d + C + D\log f$	• 도시 및 외곽 지역의 전파 손실 예측모델 • 안테나 높이, 거리, 주파수 및 도시특성 고려 • 주로 도시 통신 및 기지국 배치에 사용됨
Okumura-Hata Model	$PL = A + B\log d + C(f) + D\log h$	• 도시와 외곽지역의 전파 특성을 분리 예측 • 도시에서의 전파 강도를 상세하게 분석 • 도심 및 외곽지역 무선망 설계에 사용
COST-231 Model	$PL = A + B\log d + C\log f$	• 도시 및 근거리 환경에서의 전파 손실 예측 • 안테나 높이, 거리, 주파수 및 환경 고려 • 도심 근거리 무선망 설계 최적화에 사용
Walfisch-Ikegami Model	$PL = A + B\log d + C\log f + \log f + E$	• 도시 지역에서의 전파 손실을 모델링 • 효과적인 안테나 높이 및 거리 결정에 사용 • 도심 통신 네트워크 설계 및 최적화에 사용

7.2 이동통신 채널의 페이딩 특성

1 페이딩의 원인

- 페이딩Fading 현상은 수신기에 수신되는 전파가 경로 상의 전파환경 및 매질의 변화에 따라 수신전계 강도가 시간적으로 변화하는 현상
- 페이딩 발생 원인 및 수신신호 크기 변화 유형(변화 주기)에 따라 대규모 페이딩Large-Scale Fading(또는 장기 페이딩Long Term Fading)과 소규모 페이딩Small-Scale Fading(또는 단기 페이딩Short-Term Fading)으로 구분됨

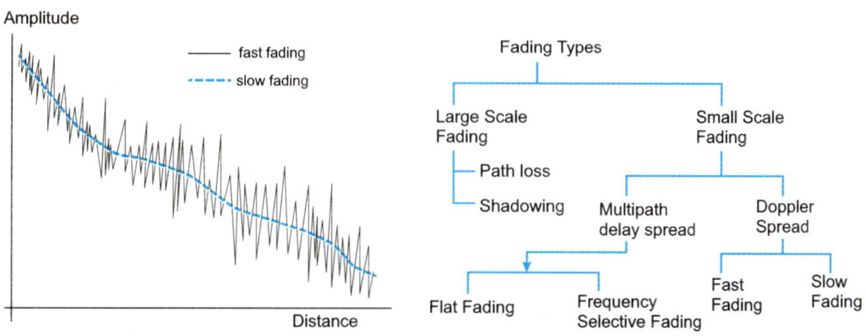

그림 7-3 거리에 따른 수신전계 레벨 변동과 페이딩 현상의 종류

- 대규모 페이딩은 규모가 큰 산, 건물 등 큰 규모의 방해물에 의해 발생하는 변화주기가 큰 페이딩으로 전계의 평균 수신레벨을 의미하며, 자유공간 전파 손실 페이딩과 음영 페이딩Shadowing으로 구분
- 소규모 페이딩은 이동단말 또는 주변 물체 이동에 의한 다중반사에 의해 발생하는 변화주기가 짧은 페이딩으로 전계의 순간 수신레벨을 의미하며, 다중 경로Multipath에 의한 페이딩과 도플러 천이Doppler Shift에 의한 페이딩으로 구분함
- 소규모 페이딩은 신호 대역폭 및 채널 우수성(코히어런트 대역폭Coherent Bandwidth B_c)에 따라 주파수 선택성 페이딩Frequency Selective Fading 채널과 주파수 비선택성 페이딩Non-Selective Fading(주파수 균일 페이딩Frequency Flat Fading) 채널로 구분함

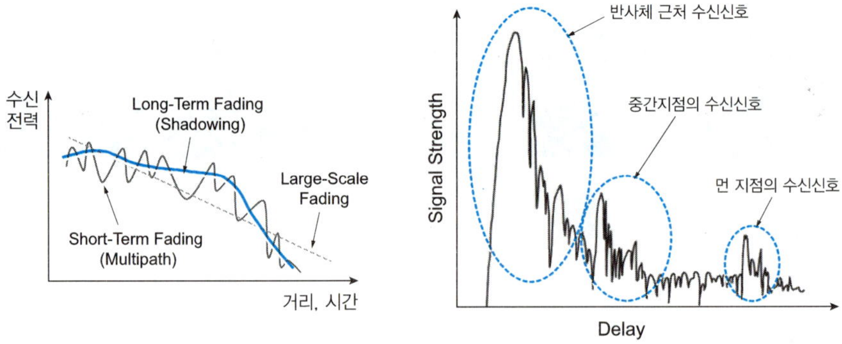

그림 7-4 페이딩 현상 및 수신파형 변화

- 아날로그/디지털 신호가 다중경로 페이딩 채널(또는 도플러 페이딩)이나 대역제한된 채널을 통과하면 수신신호의 시간지연 확산Delay Spread 또는 퍼짐현상spreading을 초래하여 심볼간 간섭(ISIInter-Symbol Interference) 현상을 일으킴
- ISI 현상은 궁극적으로는 수신신호의 S/N비 저하 및 최대 전송속도(대역폭)를 제한하는 결정적인 요인으로 작용하므로 필수적으로 개선하여야 함
- ISI 해결방법 : 채널 등화기Channel Equalizer, 펄스 성형Pulse Shaping, 다이버시티 등 사용

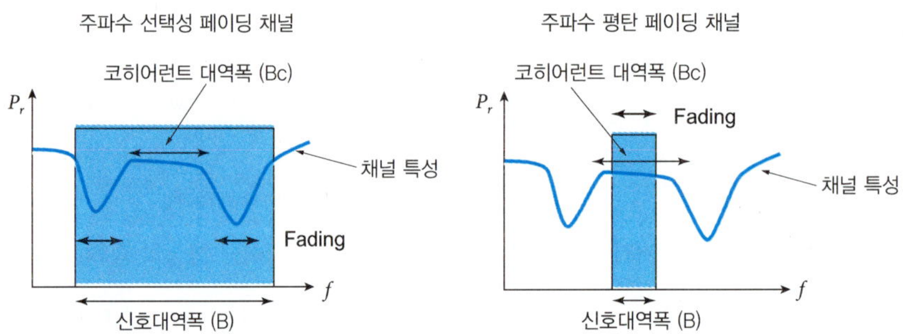

그림 7-5 신호 대역폭과 채널 변화율에 따른 주파수 선택성, 주파수 평탄 페이딩 특성

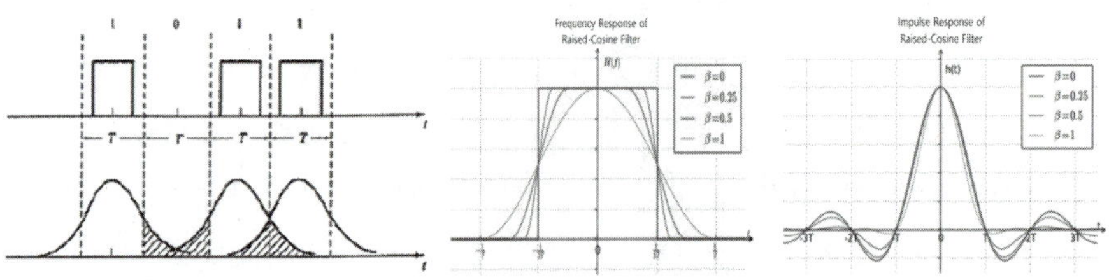

그림 7-6 ISI 현상과 Raised-Cosine Filter를 사용한 Pulse-shaping 방법

[표 7-3] 이동통신 채널의 페이딩 현상 및 특성 요약

<table>
<tr><th>페이딩 형태</th><th>페이딩 종류</th><th>페이딩 현상 및 특성</th></tr>
<tr><td>대규모 페이딩
(장기 페이딩)</td><td>① 자유공간 전파 손실 페이딩
② 큰 방해물에 의한 음영 페이딩</td><td>• 넓은 범위에서 수신 신호의 느린 출렁임
• 산, 건물 등 큰 규모의 방해물에 의해 발생
• 페이딩 주기가 긴 수신 신호의 평균 레벨 변화
해결책: Cell Planing, 전력 제어 등</td></tr>
<tr><td>소규모 페이딩
(단기 페이딩)</td><td>① 다중 경로에 의한 페이딩
– 주파수 선택성 페이딩
– 주파수 비선택성 페이딩
② 도플러 천이에 의한 페이딩
– 고속 페이딩Fast Fading
– 저속 페이딩Slow Fading</td><td>• 페이딩 주기가 짧은 신호의 순간적인 급격한 수신 레벨 변화 현상
• 다중경로 페이딩은 지형지물, 건물 등에 의한 다중반사에 기인
• 도플러 천이 페이딩은 이동 단말 또는 주변 물체 이동에 의해 발생
• 신호 주파수 및 시스템 사용 대역폭에 따라 변화
• 시간지연확산Delay Spread에 의해 ISI 현상으로 S/N비
• 저하 및 최대 전송속도(대역폭) 제한 요인으로 작용
해결책: 다이버시티/합성수신, 채널 등화기 등 사용</td></tr>
</table>

2 페이딩의 해결 및 대응 방안

- 대규모 페이딩은 지형지물 또는 기지국 위치에 따른 수신 전계 변화 현상으로 ① 적절한 기지국 위치 선정 등의 셀 planing ② 기지국 다이버시티Base Station Diversity 사용 ③ 송수신 단말기 사이의 송신 전력 실시간 제어 등으로 해결
- 소규모 페이딩은 이동 단말 또는 주변 물체의 이동에 의한 순간적인 수신전계 변화를 의미하며, 다중경로 전파에 의해 주파수에 따라 페이딩 크기가 다른 주파수 선택성 페이딩(Multipath Fading)과 시간에 따라 페이딩 크기가 다른 시간 선택적 페이딩(Dopper Fading)이 존재함
- 소규모 페이딩은 다양한 발생 원인으로 인해 예측이 불가능하고, 신호 품질을 급격히 저하시키는 요인이므로, 변조 및 코딩 이외의 페이딩 종류에 따른 대응 및 개선이 필요
- 일반적으로 송신 측에서는 다이버시티(송신측에서 수신단에 동일 정보를 실은 두 개 이상의 신호를 제공하는 방법), 수신측에서는 합성수신(여러 개 수신기로부터의 신호를 조합 또는 합성) 방법을 사용하여 효율적으로 개선함

(1) 다이버시티Diversity

- 송신측에서 서로 독립적인 페이딩의 영향을 받는 2개 이상의 여러 개의 신호를 수신측에 제공하여 페이딩 현상을 적게 받은 신호를 수신할 수 있도록 하는 방식
- 장기 페이딩을 극복하기 위한 대규모Macroscopic 다이버시티와 단기 페이딩 극복을 위한 소규모Microscopic 다이버시티로 구분하며, 다이버시티 종류로는 다중 기지국, 공간, 편파, 각, 주파수, 시간 다이버시티 등이 있음

[표 7-4] 페이딩 형태별 다이버시티 종류 및 방법

페이딩 형태	다이버시티 종류 및 방법	대표적 응용 사례
대규모 페이딩 (장기 페이딩)	• 최적 Cell Planing (기지국 및 중계기 위치 최적화) • 기지국 다이버시티 (여러 기지국으로부터 신호 수신)	• Micro/ Pico Cell
소규모 페이딩 (단기 페이딩)	• 공간 다이버시티Space Diversity 공간적으로 10λ 이상 떨어진 2개 이상의 송신 안테나로 다중 신호 전송	• 전리층 이용 무선방송 • MIMO 시스템 • 이동통신 송수신 안테나
	• 편파 다이버시티Polarization Diversity 수직 편파와 수평 편파를 따로 송신하는 방법	• 위성통신 (도약성페이딩 대응)
	• 시간 다이버시티Time Diversity 일정한 간격으로 동일 정보를 여러 번 전송하여 페이딩을 적게 받은 양호한 다중 신호 제공	• CDMA • 대부분의 이동통신
	• 주파수 다이버시티Frequency Diversity 코히어런트 대역폭 이상으로 주파수 이격된 신호를 전송하여 서로 다른 페이딩을 겪은 다중신호 제공	• OFDM • 위성통신 및 방송
	• 각도 다이버시티Angle Diversity 지향성이 다른 안테나를 이용하여 다중 전파 전송	• 위성통신 • MIMO 시스템

(2) 합성수신Combining 방식

- 페이딩의 영향을 경감시키기 위해, 서로 다른 페이딩을 겪은 다른 여러 개의 다중 수신 신호를 조합하여 전계 세기 또는 신호대잡음비가 우수한 성능의 수신신호를 추출하는 방법
- 합성수신은 전송된 신호를 여러 개의 브랜치Branch(안테나 또는 수신기)로 수신하고, 수신 신호별 가중치Weighting를 부여하여 최대 S/N 비가 되도록 합성함
- 합성 수신기의 대표적인 예는 IS-95A(CDMA) 이동통신 송신기 및 수신기에 사용하는 레이크 수신기Rake Receiver 임

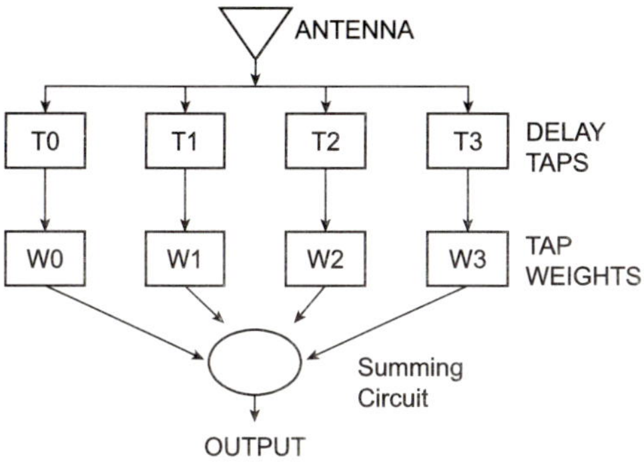

그림 7-7 4개의 브랜치(tap)을 갖는 IS-95A CDMA 레이크 수신기 구성도
(3개 tap은 신호수신용, 1개 tap은 채널 상태 탐지용 searcher로 사용)

❶ 선택 합성법Selective Combining

- 서로 다른 Branch에서 수신된 모든 신호를 비교하여 가장 좋은 신호를 선택하는 방식
- 여러 개의 수신기가 필요하며, 약 2.2dB 이득 개선 효과 있음

❷ 스위칭 합성법Switched Combining

- 수신 Threshold L 설정 후 신호 A가 L 이상이면 A 수신, L 이하이면 B로 switching
- 성능은 Selective combining보다 떨어지나 수신단이 1개이므로 저렴

❸ 동일 이득 합성법Equal Gain Combining

- 모든 가지branch가 동일한 이득을 갖도록 동일 가중치weighting ratio를 부여하여 신호 수신
- 약 2.6dB 이득 개선 효과 있음
- 성능은 Maximum-Ratio combining보다 1dB 떨어지나 회로 간단(저렴)

❹ 최대비 합성법Maximum Ratio Combining

- 각 가지에 가중치를 가진 정합기를 설치하여, 여러 가지로부터 입력된 신호를 최적의 성능(S/N 비)을 얻을 수 있도록 조정하여 합성하는 방식
- 페이딩 영향이 적은 신호에 큰 가중치를 부여하여 기여도를 크게 하여 합성 효과 증대
- 성능은 가장 우수(약 3dB 이득 개선 효과)하나 장비 복잡(고가)
- 고집적 신호처리 IC 구현으로 저가의 합성 수신기 구성이 가능하여 현재 대부분의 이동통신 시스템에서 사용

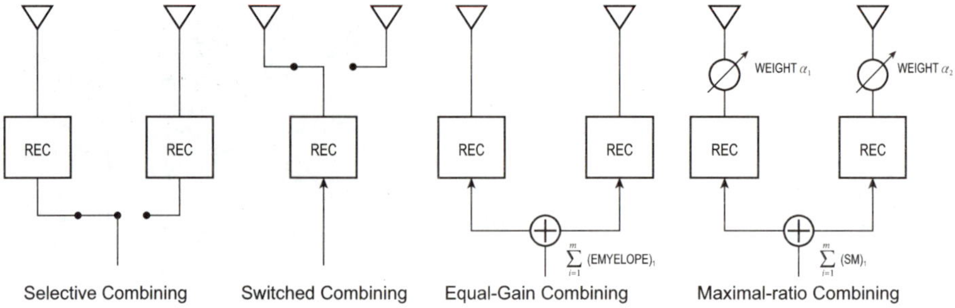

그림 7-8 합성 수신 방식의 종류 및 구성 및 성능 특성

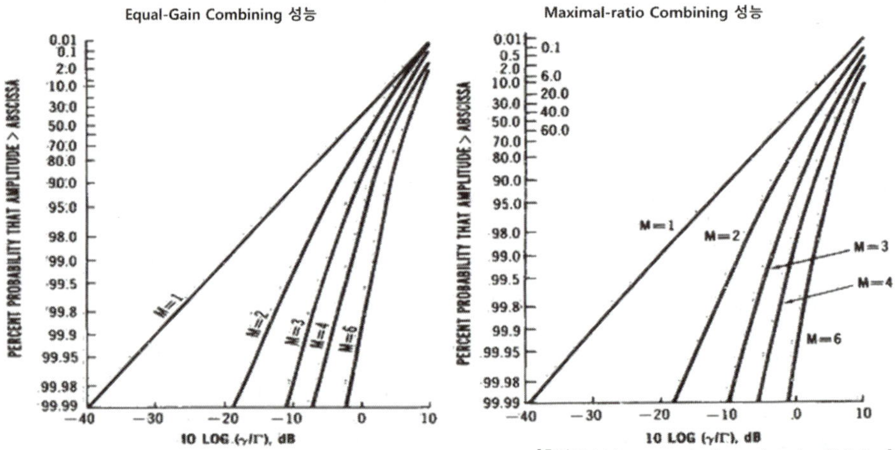

[출처 : Mobile communication engineering, C. Y. Lee]

그림 7-9 동일이득 합성 및 최대비 합성 방식의 브랜치 수에 따른 성능개선 특성

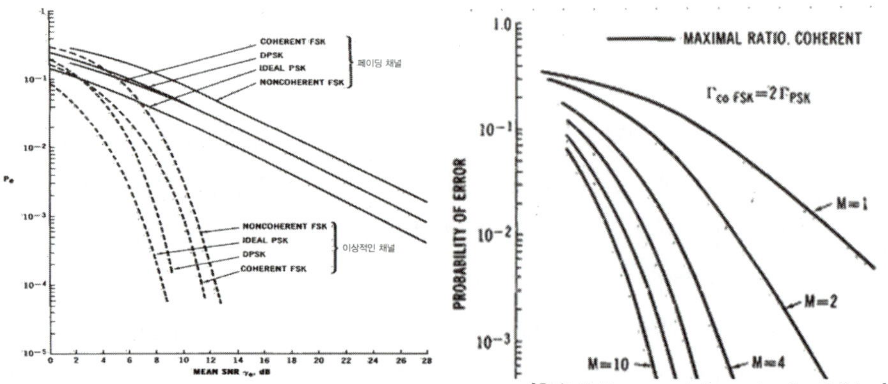

[출처 : Mobile communication engineering, C. Y. Lee]

그림 7-10 페이딩 성능저하와 최대비 합성수신에 의한 성능 개선(Coherent FSK의 경우)

3 새로운 페이딩 해결 기술

(1) 참조 신호Reference sounding 전송

- Frequency Flat 페이딩 채널일 경우 참조 신호를 전송하여 페이딩 특성을 미리 파악하여 수신신호에 반영하도록 하는 방식 예 파일럿 톤 기반의 감쇄 보정

(2) 병렬 전송Parallel transmission

- Frequency Selective 페이딩 채널일 경우, 동일 정보이면서 여러 주파수 성분을 갖는 병렬 데이터 채널을 사용하여 데이터를 전송하여 페이딩 영향을 최소화하는 방법 예 직교 주파수 분할 다중화(OFDM) 방식

(3) 스펙트럼 확산Spectral spreading

- Frequency Flat 또는 Frequency Selective 페이딩 채널일 경우, 데이터 전송에 필요한 대역폭을 증가시켜 정보 에너지를 분산함으로써 주파수 대역별 페이딩 영향을 감소시키는 방법

  예 직접 시퀀스 확산 스펙트럼 및 주파수/시간 Hopping 확산 방식

  [1903년, 니콜라 테슬라Nikola Tesla가 자신의 미국 특허 '시그널링 기법(Method of signaling)'에서 처음으로 언급]

(4) 채널 등화기Channel equalizers

- 채널 상태를 예측하기 위한 참조신호Reference sounding를 별도로 전송하여 각 전송 경로에서 일어난 다중신호의의 레벨, 위상 및 시간 지연을 측정하고, 이 정보를 신호 수신 과정에서 보상, 등화Equalization하여 최적의 신호를 복구하는 방법

  예 GSM 디지털 휴대전화의 경우 데이터 시퀀스 4.615ms 마다 참조 신호를 전송하여 채널 등화 수행)

(5) 방향성 안테나Directional antenna

- 방향성 안테나(고정, TV 등) 및 적응형 방향성 안테나(이동통신)을 사용하여 다중 경로에 의한 페이딩을 미리 차단

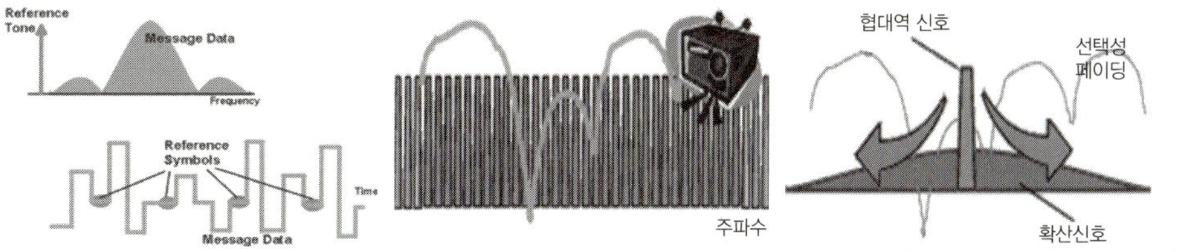

[출처 : Digital Communications, Andrew Bateman]

Reference Sounding 방식　　Parallel Transmission 방식　　Spectral Spreading(DS) 방식

그림 7-11 대표적인 이동통신용 페이딩 개선 기법

학습 Vitamins

Pop 속의 페이딩과 페이딩 특성 해석

1967년도에 발표된 5인조 밴드 Procol Harum 그룹의 "A Whiter Shade of Pale"은 라디오 페이딩Fading 현상에 실려 아련하게 들려오는 Hamond Organ 연주의 오묘한 음감으로 인해 팝 역사상 몇 안되는 천만장 이상 판매된 앨범이다.

팝 음악사에 길이 남을 환상적인 이 곡의 오르간 연주는 오르간 연주자였던 메튜 피셔Matthew Fisher가 저작권료의 50%를 요구한 소송으로 더 유명해졌으며, 오르간 음율의 페이딩 변화(소리가 커졌다 작아졌다 하는 현상)가 만들어내는 환상적인 음율은 아직까지도 수많은 음악 애호가들의 심금을 울리는 명곡이다. 같은 해 발표된 스캇 메켄지Scott McKenzie의 '샌프란시스코(San Francisco)' 와 함께 역사상 가장 상업적으로 성공한 싱글앨범 중 하나로 꼽힌다.

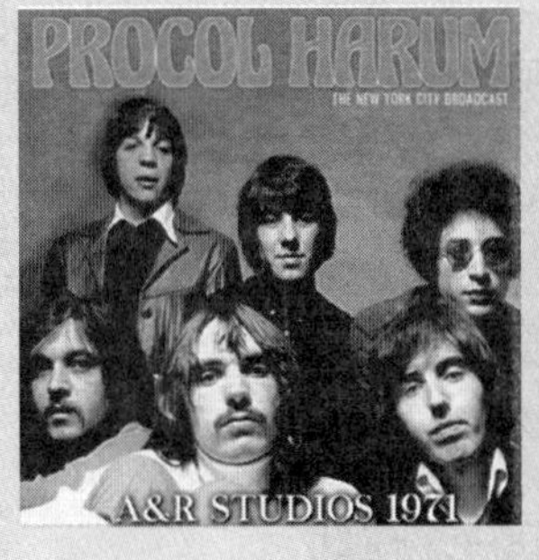

https://m.blog.naver.com/5082/223468028468

https://msoso.tistory.com/entry/Scott-Mckenzie

페이딩은 수신되는 전파가 시간, 공간에 따라 전계강도의 크기가 변화하는 현상으로 다중경로 반사와 이동체의 속도에 의해 위상 변화된 수신전계들이 보강 또는 상쇄간섭을 일으켜 발생한다. 전파가 도달하는 경로는 산, 건물 등의 지형지물에 따라 다양한 경로와 전송시간을 겪으며 수신단에 도달하므로 긴 주기의 신호 변화를 보이며(장기간 페이딩Long-Term Fading), 송수신기의 이동이나 주변물체의 이동, 날씨변화 등에 의해서 짧은 주기의 수신신호 변화(단기 페이딩Short-Term Fading)를 일으킨다.

이러한 페이딩은 예측이 매우 어려우며, 지연 확산Delay Spread에 의해, 신호의 왜곡 현상과 전송속도를 제한하는 요인으로 작용하므로 다이버시티Diversity 또는 채널 예측 기법을 사용하여 해결하여야 한다.

도착 전파의 전력지연프로파일Power Delay Profile에 나타난 전파의 퍼짐현상Time dispersion,Delay Spread 정도를 분석하면 이동통신 채널의 페이딩 특성을 평가할 수 있으며, 채널을 통해 최대로 전송할 수 있는 속도를 결정할 수 있다. 페이딩 채널 파라미터는 다음 세 종류로 평가한다.

1) 평균초과지연Mean excess delay $\bar{\tau}$: 각 도착펄스의 크기와 지연시간 평균값
2) RMS 지연확산Delay spread σ_τ : 도착 펄스의 RMS 지연 특성
3) 최대초과지연Max excess delay $\overline{\tau^2}$: 특정수신레벨 이하로 수신되는 펄스 지연시간

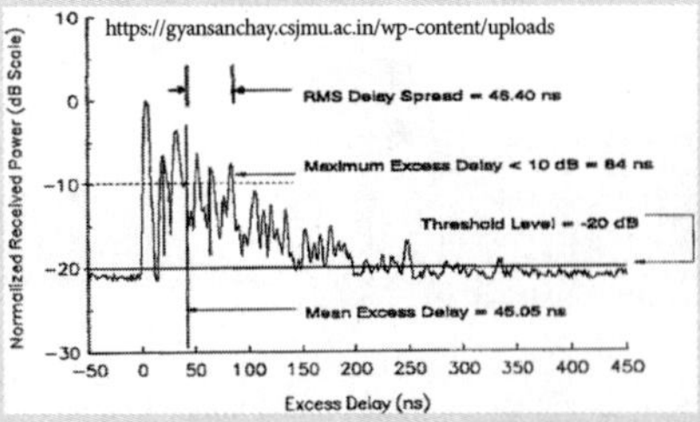

$$\bar{\tau} = \frac{\sum_k a_k^2 \tau_k}{\sum_k a_k^2} = \frac{\sum_k P(\tau_k)\tau_k}{\sum_k P(\tau_k)}$$

$$\sigma_\tau = \sqrt{\overline{\tau^2} - (\bar{\tau})^2}$$

$$\overline{\tau^2} = \frac{\sum_k a_k^2 \tau_k^2}{\sum_k a_k^2} = \frac{\sum_k P(\tau_k)\tau_k^2}{\sum_k P(\tau_k)}$$

$$M.E.D(X\,dB) = \tau_x - \tau_0$$

τ_0 : *First Arrival Time*

[수신 전계의 페이딩 파형과 페이딩 평가 특성 파라미터]

7.3 셀룰러 이동통신 기술

- 일반적인 무선통신과는 달리 이동통신에서는 수많은 이동국(MS^Mobile Station)이 끊임없이 위치를 이동하므로 이에 따른 전파 특성 변화 대응과 가입자 수용 및 단말기의 전력절감 등을 위하여 셀룰러^Cellular 기술을 도입하게 됨
- Cellular 이동통신 역사
  - 1900년 초 : 해상에서 선박의 안전 운행, 긴급 통신용 무선전신 시작,
  - 1,2차 세계대전 : 무선전신에서 무선전화로, 해상용에서 육상용으로 발전
  - 1921년 : Detroit 경찰이 세계최초 차량전화^Mobile Radio 시작(교환원 연결필요)
  - 1978년 : 셀룰라 방식 이동전화 최초 실용화(AT&T, 800MHz 대역에 2,000명 가입자 수용)

    Analog Cellular 표준명칭: AMPS(Advanced Mobile Phone Service)
  - 1984년 : (우리나라) AMPS 방식의 셀룰라 이동전화 도입
  - 1996년 : (우리나라) CDMA 방식의 디지털 이동전화 서비스 세계 최초 상용화

[표 7-5] 세대별 이동전화 방식 및 특성

세대	시기	핵심기술동향 및 특징	전송 속도
1세대	~1980년대	Analog Cellular(FDMA) • AMPS^Advanced Mobile Phone Service • NMT^Nordisk Mobil Telefcni	음성 전용
2세대	1990년대	Digital Cellular(CDMA/TDMA) • 2.5세대 : IS-95B(56k), CDMA/EVDO	음성, 저속데이터 (~14.4kbps)
3세대	~2000년대	광대역 CDMA(IMT-2000) • 유럽 : W-CDMA(UMTS, 비동기식 광대역 CDMA) • 북미 : CDMA 2000x(IS-2000, 동기식)	음성, 데이터, 영상 (~2Mbps)
4세대	~2010년대	IMT-advanced(Beyond 4G) • OFDM 방식(페이딩 성능 향상) • Packet 데이터 전용	~1Gbps LTE-Advanced
5세대	2020~	5G NR^New Rdio (초연결성, 초고용량, 초반응성, 초저전력)	수십 Gbps
B5G(6G)	2025~	(개발중)	수백 Gbps

1 Cellular 기술의 기본 개념

- 무선통신 서비스 권역을 Cell 단위로 나누어 서비스하는 기술(Cellular)
- 일정 거리 이상 떨어진 셀의 채널(주파수)를 반복 재사용하여 주파수 사용 효율과 가입자 용량 증대 가능(Frequency Reuse)
- Cell을 Cluster 단위로 그룹화하여 사용(K=7)
- 이동전화 교환국(MSC Mobile Switching Center, MTSO Mobile Telephone Switching Office)에서 MS 위치등록 및 셀간/지역간/국가간 핸드오프 수행으로 공간적 제약 탈피

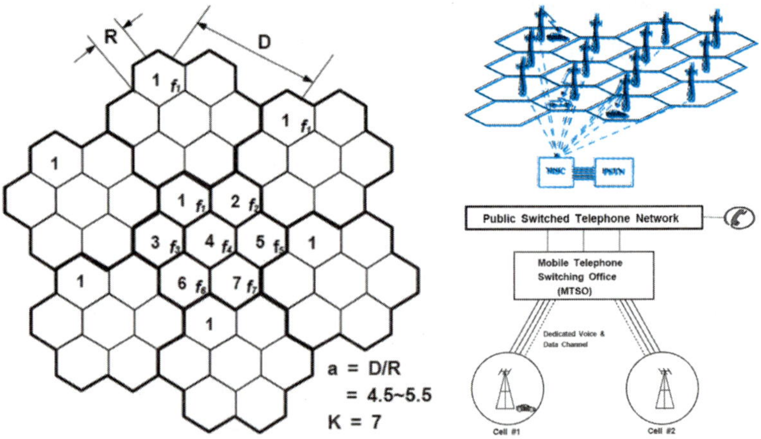

그림 7-12 Cellular 방식의 구성과 운영

- 지역 내 가입자 수, 정보전송 속도 등을 고려하여 다양한 Cell 형태로 운용

셀 형태(이름)	셀 반경	적용지역	사용 서비스 예
글로벌 셀(Global cell)	>700km	대륙(Continents)	위성 통신, 우주 통신
메가 셀(Mega cell)	5km~	시골(외곽)지역(Rural)	셀룰러 통신
매크로 셀(Macro cell)	2~5km	도시(Urban)/외곽지역	셀룰러 통신
마이크로 셀(Micro cell)	200~2km	과밀집 도심(Dense Urban)	셀룰러/근거리무선통신
피코 셀(Pico cell)	~200m	사무실, 건물 내, 가정 등	근거리무선통신(WiFi, Bluetooth 등)

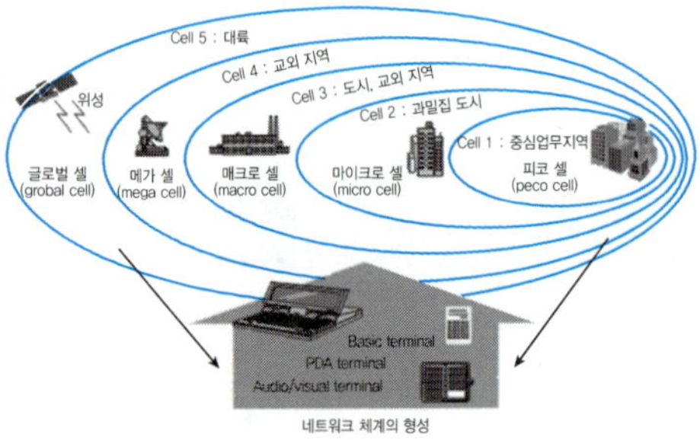

그림 7-13 Cell 규모별 구분과 사용 서비스 사례

2 Cellular 방식의 핵심 기술 및 장단점

- Cellular Topology 사용 : 서비스 권역Coverage를 Cell 형태로 구성하고 서비스 권역 확장은 기본 cell 또는 cluster 수를 증가시킴

- **주파수 재사용**Frequency Reuse : 일정거리 이상 떨어진 Cell(조건: C/I 비=18dB 이상)에 주파수를 재할당함으로써 주파수 사용 효율 극대화와 무선용량Radio Capacity 증대 가능
- **핸드오프**Hand-off (핸드오버Hand-over) **및 로밍**Roaming : 이동단말의 위치를 실시간으로 위치등록함으로써 cell 사이의 호Call 자동 연결과 공간상의 제약 극복(국제로밍까지 가능)
- **셀 분할 방법 사용** : Cell split/Cell Sectoring/MicroCell Zoning 등 가입자 수에 따른 셀 크기 조정으로 이론상 무한대 가입자 수(전송속도) 수용 가능
- **실시간 전력제어 기술** : 고성능 전력제어Power Control 기술을 사용하여 실시간으로 단말기 전력을 제어하여 전력소모를 최소화함으로써 배터리 사용시간 증대 가능
- 셀 증가에 따른 기지국 설치 및 운용비용 증가

3 Cellular 시스템의 가입자 용량

(1) 셀룰러 시스템 용량 C

- Cell 당 가용 가능한 채널수 S가 일정할 때, 클러스터 M을 증가시키면 전체 셀룰러 시스템의 가입자 수용 용량 C를 증가시킬 수 있음

$$C = M \times S = M \times k \times N \tag{7.1}$$

M (권역 내 총 클러스터의 수), N (클러스터 내 셀 수, N = 4, 7, 12, ..),
S (가용 가능한 총 채널수), k (Cell 당 가용 채널수)

- 셀 당 가용 채널 수 k = 총 채널수/cluster 내 셀 수 = S/N

(2) 동일채널재사용비Co-channel Reuse Ratio Q와 동일채널 간섭비(CCICo-channel Interference)

- 용량 증대를 위해 클러스터(N)을 늘려 주파수 재사용 비율을 증가시키면 동일 셀 거리(D)가 줄어들어 CCI가 늘어나 통화품질이 떨어지므로 이를 규격화하여야 함
- 육각형 구조를 갖는 Cell일 경우, 동일채널간섭비(CCI) 크기는 셀 반경 R과 동일채널 셀과의 거리 D의 비율인 동일채널재사용비 Q와 채널 손실지수 n에 의해 결정됨

$$Q = \frac{D}{R} = \sqrt{3N}$$

$$CCI = \frac{S}{I} = \frac{R^{-n}}{\sum^{N} (D_i)^{-n}} = \frac{(DR)^n}{N_i} = \frac{(\sqrt{3N})^n}{N_i} = \frac{(Q)^n}{N} \tag{7.2}$$

$$Q = \left(N \times \frac{S}{I}\right)^{\frac{1}{n}} = \left(6 \times \frac{S}{I}\right)^{\frac{1}{n}}$$

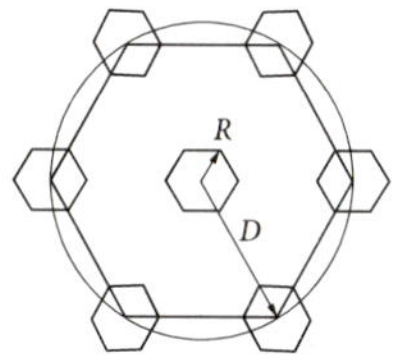

- 이동통신 모델의 거리에 따른 손실지수를 $n = 4$라 할때 주파수 재사용 지수 및 클러스터 수 N은 다음과 같음(Analog AMPS 기준 : 음성전화의 경우 CCI ≥ 18dB, FCC 규격)

$$Q = (6 \times 10^{1.8})^{\frac{1}{4}} \cong 6.41$$
$$N = \frac{Q^2}{3} \cong 6.49 \ (\text{통상적으로 } N = 7 \text{ 사용}) \tag{7.3}$$

4 Cellular 시스템의 용량 증대 기술

(1) 셀 분할Cell Splitting 기술

- 가입자 과밀 지역 또는 가입자가 급증하는 셀을 작은 셀들로 분할 운영하여 가입자 수용 용량을 증대시킴과 동시에 송수신 전력 절감 가능(기지국 수 증가하여야 함)
- 모 셀Mother Cell을 여러 개의 작은 subcell로 분할한 후 주파수(또는 코드) 할당(→ 채널 재사용 횟수에 비례하여 전체 용량 증가)
- 셀 반경을 1/2로 할 경우 4배 이상의 셀 증설 가능
- 셀 당 가입자 수는 셀 크기와 무관하게 동일하므로 셀 개수 증가 만큼의 용량이 증대되며, 새로운 셀들의 송신 전력을 줄여도 되므로 배터리 소모 절감 가능
- 기지국의 수 증가, 셀 반경 감소로 빈번한 핸드오프가 발생되어 시스템 부하가 커지며, 이에 따른 호 단절 등의 통화품질 저하 가능

  → Umbrella Cell : Handoff가 빈번히 일어나는 경우, 모 셀 내에 간이 기지국을 두어 핸드오프 등의 통화품질관리를 자체 처리하여 과부하 문제 해결

(2) 셀 섹터링Sectoring 기술

- 전방향Omnidirectional 안테나 대신 지향성Directional 안테나를 사용하여 모 셀을 Sector로 분할하여 sector 별로 독립적으로 통화 채널 운영
- 클러스터 수 증가(클러스터 내 셀 개수 감소)로 주파수 재사용 증가 및 용량 증대 가능
- 3 sector(120°) 일 경우, 기존의 옴니 안테나보다 용량이 1.74배 증가
- Sector 간, Cell 간 동일채널 간섭비를 엄격하게 관리하여야 S/N 비 확보 가능
- 기지국 안테나 증설이 필요(3배)하며, 서비스 영역의 감소로 핸드오프 빈도수 증가

(3) 마이크로 셀 존Micro-cell Zoning

- 섹터링보다 간섭 및 채널 유용성이 향상된 방식으로 3개 이상의 존을 하나의 셀로 구성

- CCI 확보를 위해 zone 안테나는 셀의 경계 부분에 위치하며, 셀 내의 가장 큰 신호의 존에서 통화 관리(Umbrella Cell)
- 이동교환국(MSC)으로부터 Hand off가 불필요하므로 통신망 확장 용이
- $N = 7$일 경우, 기존의 옴니안테나보다 2.33배 용량이 증대되며, 2dB의 S/I 마진을 가짐

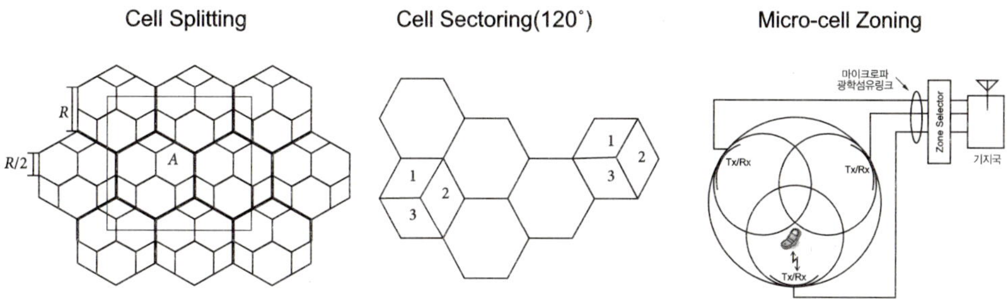

그림 7-14 가입자 용량 증대를 위한 기술

예제 7.1

전체 서비스 대역이 33MHz인 FDD[Frequency Division Duplex] 방식의 AMPS 셀룰러 시스템의 1개 채널이 송수신용으로 25KHz 대역폭을 사용할 때 $N = 7$일 경우의 채널 수를 계산하라.

|풀이| 총 주파수대역 = 25MHz

채널당 소요 주파수대역폭 = 25KHz × 2채널(송/수신) = 50kHz/duplex 채널

총 가용 채널 수 = 25,000/50 = 500 채널

주파수 재사용 개수 $N = 7$인 경우 셀 당 가용 총 채널 수 = 500/7 ≅ 71 채널

7.4 차세대 이동통신을 위한 핵심 기술

1 대역확산기술(CDMA[Code Division Multiple Acess])

(1) 대역확산 통신방식의 정의 및 원리

- Shannon의 정리로부터 정보용량 C가 일정할 경우 대역폭 B를 증가시키면 S/N 비를 줄여도 되는데 착안 (대역확산[Spread Spectrum])

$$\boxed{C = B\log_2(1 + S/N)} \tag{1.5}$$

- 대역확산에 의해 S/N 비 및 Fading 성능 개선, 송수신 전력 절약에 의한 단말기 사용시간 연장, 단일주파수망 구축 등의 장점을 얻을 수 있음
- 대역확산 방법으로는 직접확산방식(DS-SS[Direct Sequence SPread Spectrum]), 주파수 도약방식(FH-SS[Frequency Hopping]), 시간 도약방식(TH-SS[Time Hopping]) 등이 있음
- DS-SS 방식의 경우, 각 기지국 및 단말기는 확산에 필요한 자신만의 확산용 의사잡음코드(PN[Pseudo-Noise]코드)를 부여받으며, 매우 짧은 주기의 PN 코드로 대역폭을 확산시킴
- 각 User(Channel,기지국)마다 고유의 확산코드(PN)를 할당받아 대역확산을 하므로 코드분할다중화(CDMA)[Code Division Multiple Access] 라고 함
- 대역확산이득(Processing Gain) (원신호 및 확산신호 대역폭 B_s, B_{ss})

$$\boxed{G_P = 10\log\frac{B_{ss}}{B_S}\ (\text{dB})} \tag{1.6}$$

- 직접확산 방식의 대역확산 예

```
> Input Data Bits Stream       1  0  1  0  1  1 ..........
  ==> PN Code 발생기를 이용하여 정보비트를 Chips 배열로 변환(Bit Rate ↦ Chip Rate)
> Output  CH1 (사용자 1)  "1"    PN(t) = " 1010101010101010...0"
                          "0"    PN(t) = " 0101010101010101...1"
          CH2 (사용자 2)  "1"    PN(t) = " 11001100110011...00"
                          "0"    PN(t) = " 00110011001100...11"
                 ..........................................................
```

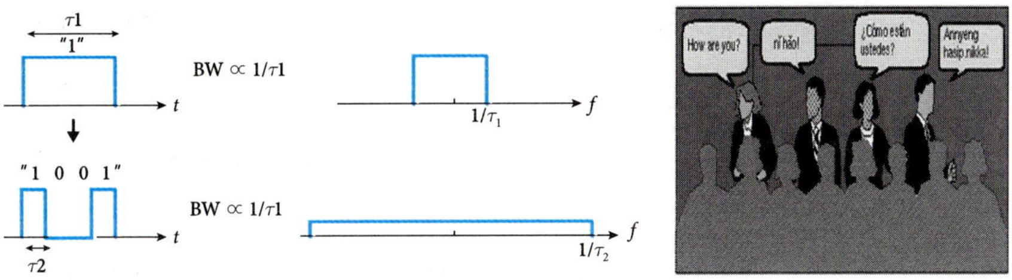

그림 7-15 대역확산 기술 개념

(2) 대역 확산 방식의 장단점(DS-SS 기준)

- ⊞ 무선환경의 페이딩, Jamming 특성 우수
- ⊞ 사용자의 가변적인 데이터 용량 수용으로 시간 다이버시티 가능
  (Rate set 1 : 1.2, 2.4, 4.8, 9.6 kbps, Rate set 2 : 1.8, 3.6, 7.2, 14.4 kbps)
- ⊞ Rake Receiver를 이용한 합성수신으로 S/N비 개선
- ⊞ 무선환경의 페이딩, Jamming 특성 우수
- ⊞ 동일주파수를 사용하므로 Make before break 형태인 Soft & Softer Handoff 가능
  Softer 핸드오프(기지국 내 여러 sector간 H/O), Soft 핸드오프(기지국 간 H/O)
- ⊞ Spectrum 사용효율 (주파수 재사용 효율) 매우 큼 (동일주파수 자원 사용)
- ⊞ 송수신 전력밀도가 낮아 장시간 배터리 수명 가능
- ⊞ 이용효율이 기존 아날로그의 9~10배, GSM보다 3~5배
- ⊞ 통신 보안성 측면에서는 GSM보다 월등히 우수함
- ⊟ 확산 신호 및 전송 chip은 고속 & 광대역으로 신호 처리 어려움
- ⊟ 많은 수용자를 수용하기 위해 고도의 전력 제어 기술 필요

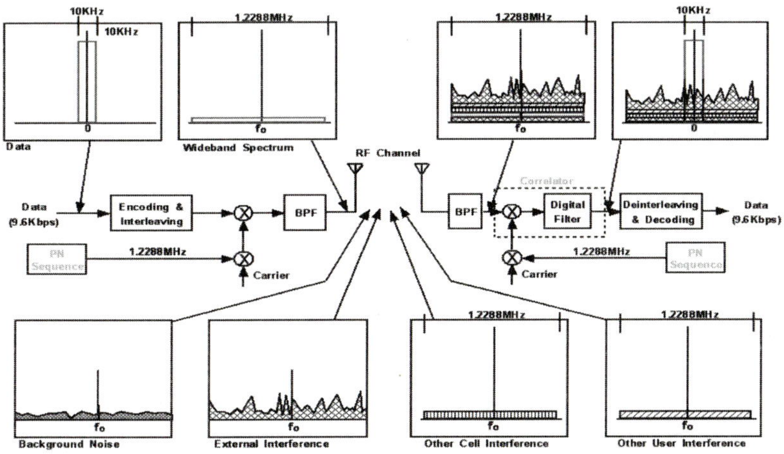

그림 7-16 IS-95A CDMA 시스템 동작 개념도

2 직교주파수분할다중화(OFDM)Orthogonal Frequency Division Multiplexing

(1) OFDM 방식의 정의 및 원리

- 하나의 정보를 여러 개의 협대역 부반송파Sub-Carrier로 분할하고, 분할된 반송파 간의 간격을 최소로 하기 위해 직교성을 부가하여 다중화시키는 변조기술
- 데이터를 여러 개의 부 채널Sub-Channel로 동시에 병렬로 전송하여 전력 효율과 주파수 사용효율을 높임
- 다중 캐리어Multicarrier 전송 또는 병렬 전송Parallel Transmission 방식이라고 함
- 데이터율이 높은 단일 데이터를 데이터율이 낮은 여러 개의 부반송파로 나누어 전송
- 무선 통신에서 널리 사용되며, 주파수 대역 효율과 다중 경로 환경에서의 강점을 지님

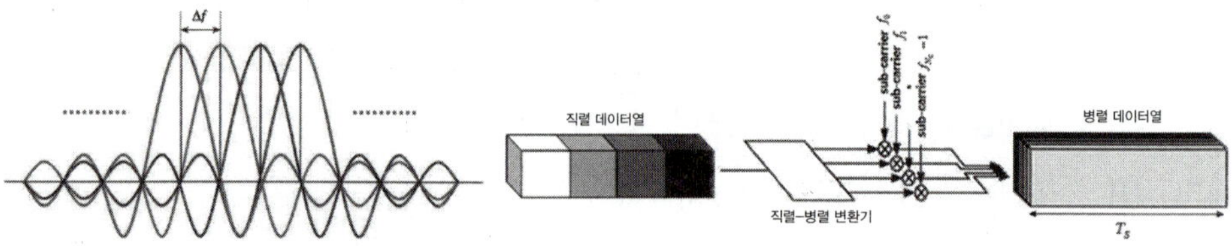

그림 7-17 직교 부반송파를 사용한 OFDM 개념도

(2) OFDM 방식의 장단점

⊞ 부채널들을 주파수 상에서 중첩하여 사용하므로 주파수 대역 효율이 매우 높음

⊞ 산란 반사파에 취약한 고속 데이터를 반사파에 강한 저속 데이터들로 병렬 전송하므로 다중 경로 페이딩 환경에서도 효과적임

⊞ FFT를 이용하여 변복조 등의 고속 신호 처리 및 구현이 용이함

⊞ 부반송파 간에 직교성이 유지되므로 셀 간 간섭이 매우 낮음

⊟ 수신되는 부반송파의 위상 잡음 및 반송파 주파수 옵셋 요인으로 직교성이 상실되면 SNR 등의 시스템 성능이 저하됨

⊟ 단일 반송파 변조 방식에 비해 상대적으로 큰 첨두 전력 대 평균 전력비(PAPR)Peak to Average Power Ratio 특성을 지녀 송신기 출력이 커짐

⊟ 프레임 동기와 심볼 동기에 민감하기 때문에 고정밀 Timing 수신단 구현 필요

3 MIMOMultiple-Input Multiple-Output

(1) MIMO 방식의 정의

- 무선 통신에서 다중 안테나를 활용하여 링크 용량을 증대시키는 기술로 여러 안테나를 사용하여 기지국과 단말기 간의 통신 성능(전송속도, 다이버시티, 신호품질 등)을 개선시킴

- 송신기 및 수신기 구성 및 개수에 따라 SISO, SIMO, MISO, MIMO 방식으로 구분함
- 5G와 같은 차세대 무선통신의 핵심 기술로 OFDM 변조기술과 MIMO 송수신다이버시티를 조합하여 고성능 시스템 구성 가능

(2) MIMO 방식의 장단점

⊞ 동시에 다수의 신호를 전송하므로, 단일 안테나를 사용하는 시스템보다 더 높은 데이터 전송 속도를 제공

⊞ 데이터 전송 중 손실이 발생할 경우 다른 안테나에서 수신된 신호를 사용하여 데이터를 복원할 수 있어 더 높은 신뢰성을 제공

⊞ 단일 안테나를 사용하는 시스템보다 주파수 대역폭을 더 효율적으로 사용

⊞ 다수의 안테나를 사용하므로, 다른 장비에서 발생하는 간섭을 줄일 수 있음

⊟ 다수의 안테나 및 송수신 회로가 필요하므로, 하드웨어의 복잡성 및 전력 소비 증가

⊟ 다수의 신호를 송수신하여 다양한 잡음과 간섭을 줄이기 위한 적응Adaptive 데이터 처리기술 필요

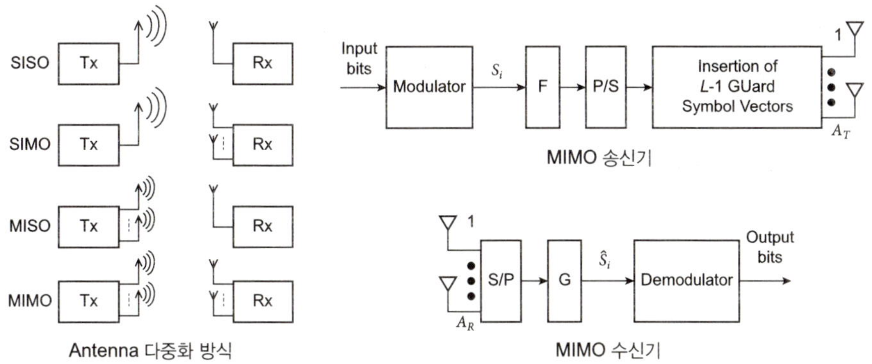

그림 7-18 안테나 다중전송 방법과 MIMO 송수신기 구성

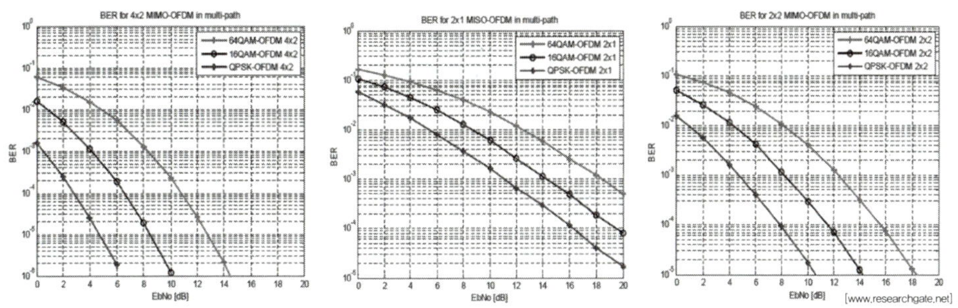

그림 7-19 페이딩 환경에서 MIMO 갯수에 따른 BER 개선 (2x1 MISO, 2x2, 4x2MIMO)

4 Beam-Forming 기술

(1) Beam-Forming 기술의 정의

- 빔포밍beamforming 은 스마트 안테나smart antenna 기술의 한 방식으로 안테나의 빔을 특정한 단말기(수신기기)에 집중시키는 기술
- 2개 이상의 안테나를 이용해 신호를 특정 방향으로 증폭시켜 원하는 신호 방향으로 신호 강도를 향상시키고 다른 소스로 인한 간섭을 줄이는 방식
- 신호 전력을 한 방향으로 집중함으로써 수신된 신호의 신호 대 잡음비(SNR)를 향상시키고 신호의 출력을 집중하여 커버리지를 넓히는 데에도 큰 역할을 함
- 아날로그 빔포밍 기술은 위상 시프터(위상 변환기)를 사용하여 배열안테나의 각 안테나에서 수신되는 신호의 위상을 조정하는 간단한 형태의 빔포밍
- 디지털 빔포밍은 디지털 신호 처리 알고리즘을 이용하여 원하는 방향으로 복수의 빔을 생성하거나 전파 강도를 향상시킴
- 레이더, 5G/LTE 무선통신, 위성 통신, 와이파이 공유기 등의 다양한 통신 시스템에 사용

(2) Beam-Forming 기술의 장단점

⊞ 신호를 특정 방향으로 집중시켜 같은 전력으로 수신기에 전달되는 신호 품질 향상
⊞ 전파환경 개선으로 더 빠른 정보 전송과 더 적은 오류 가능
⊞ 다양한 MIMO 구성에 필요한 기술 구현 가능
⊟ 빔포밍 계산을 위한 시간 및 전력 자원 추가적으로 필요

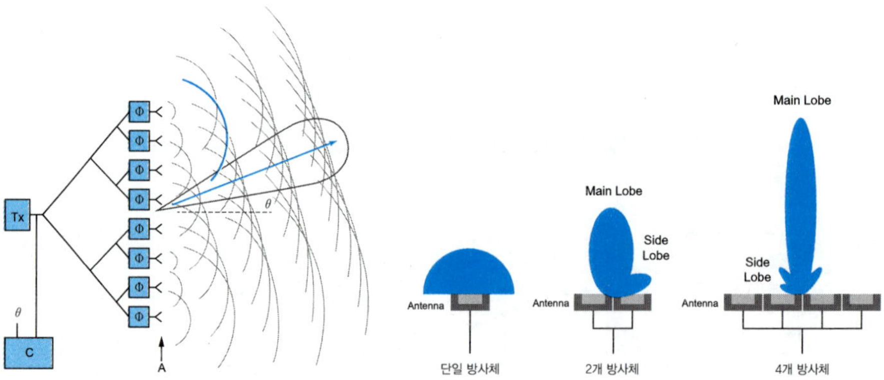

그림 7-20 Beam Forming 방식의 원리

[표 7-6] 빔 포밍의 방식과 장단점

종 류	장 점	단 점
아날로그 빔포밍	• 빔 방향과 모양을 형성하는데 유용 • 기지국 설계에서 적용 가능	• 위상 천이기 구현이 어렵고 고가임 • 낮은 빔포밍 정밀도와 제어 어려움
디지털 빔포밍	• 유연하고 복수의 빔 생성 가능 • 주파수 선택적인 채널 지원 가능	• 구현이 복잡하고 비용이 많이 듦
하이브리드 빔포밍	• RF 체인 수를 줄이는 이점 • 주파수 선택적인 채널 지원 가능	• 아날로그/디지털 방식 장점

5 주파수 결합(CA)Carrier(Spectrum) Aggregation 기술

- 현재 사용되지 않거나 임시로 사용되지 않는 유휴 주파수 신호를 활용하여 고속 정보전송 및 전송효율 증가
- 여러 무선 주파수를 묶어서 사용자 한 명당 더 많은 스펙트럼 리소스를 할당하여 열악한 환경에서도 네트워크 속도와 최고/평균 데이터 속도를 높이고, 증대된 네트워크 용량을 제공하기 위한 기술

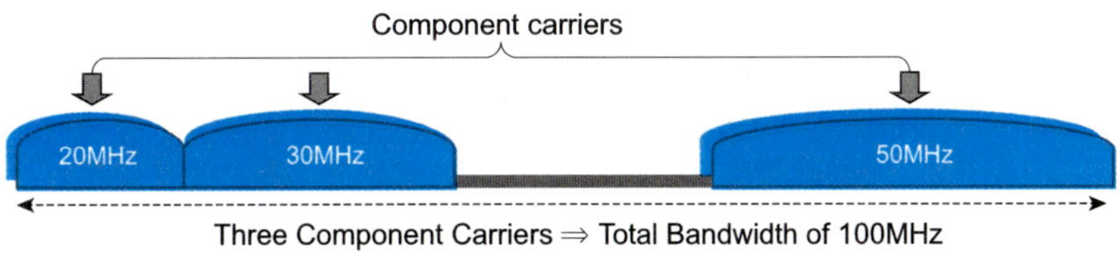

그림 7-21 빔 결합 방식의 원리(산재된 3개 자원으로 100MHz 대역폭 확보)

7.5 6세대 이동통신 기술 전망

1 6G 이동통신 주요 특징 및 개발 목표

- 6세대 이동통신 기술은 현재 개발 진행 중인 기술로 예상되는 중요 특징은 다음과 같음

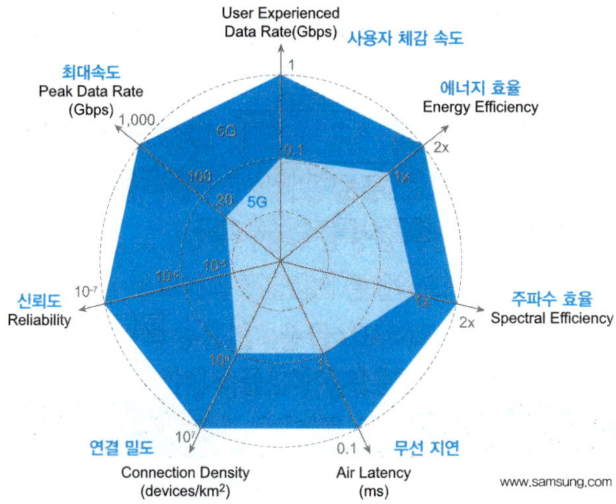

그림 7-22 주요 목표별 5G와 6G 비교

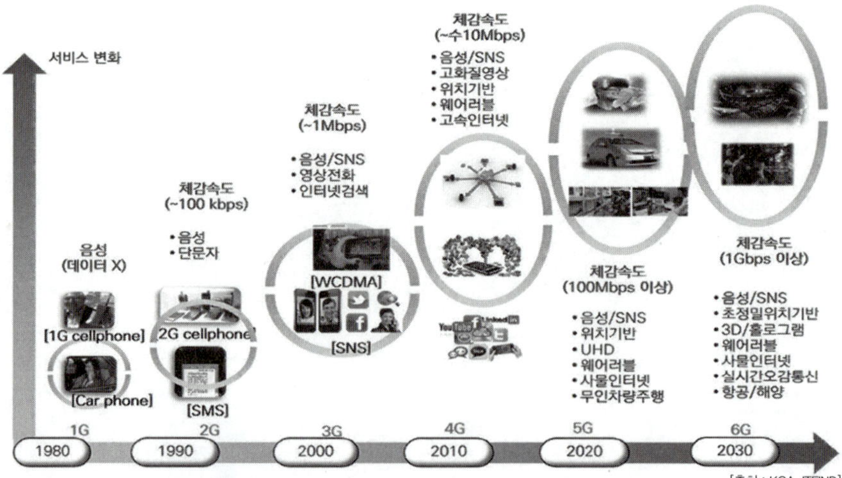

[출처 : KCA, ITFIND]

그림 7-23 세대별 중요 서비스와 6G 구현 서비스 목표

2 6G 중요 기술 개발 목표

- 6G는 5G의 광대역(20Gbps), 초연결(1device/m^2), 저지연(1ms@무선구간)의 기술 수준을 확대하여 초광대역(1000Gbps), 초연결(100device/m^2), 초저지연(6ms@1000km 범위)의 기술 목표로 개발 추진됨
- 초공간(지상 및 공중 10km 범위), 초절감(에너지 효율 50배 향상), 초정밀 측위(10cm 이내 측위 정확도) 및 편재지능(인공지능 기반 네트워크 자동화 · 최적화) 같은 차별화된 기술 목표들을 추가

(1) 초광대역화 기술

- 3.5GHz(main), 28GHz(sub)인 5G 주파수 대역을 7GHz~24GHz 대역과 100GHz ~1,000GHz 범위의 테라헤르츠 이하의(Sub-Terahertz) 광대역을 할당하여 고속통신 지원

(2) 초저지연을 위한 무선 액세스 기술과 유선 전달망 기술

- 5G 보다 10배 향상된 0.1ms의 무선 구간 지연 목표와 서비스 종단 간 데이터 전달 지연을 1,000km 범위에서 6ms 이내로 보장할 수 있도록 구현

(3) 고정밀 측위 기술

- 5G의 측위수준(실외 10m · 실내 3m 이하, 측정 지연 1초 수준) 정밀도를 실내외 10cm 이하, 측정 지연 10ms 이내로 향상

(4) 초공간 입체통신 기술

- 드론이나 에어택시 · 항공기까지 커버할 수 있도록 지상 10km 높이까지 이동통신의 무선 액세스 공간을 확장
- 600~700km 구간의 위성인 저궤도 위성을 이용하여 초공간에서 끊김이 없는 통신이 가능한 기술 확보

(5) 초연결을 위한 대규모 IoT 디바이스 연결 기술

- 어느 공간에서도 저지연으로 1Gbps 속도를 보장하는 IoT 연결 기술을 확보하여 인체영역 네트워크Human Body Area Network, 정밀 산업 제어, 자율 기기Autonomous Things의 정확성 보장

(6) 초절감 기술

- 에너지 효율적 통신을 위해 소형 IoT 장비들은 별도의 배터리 · 전력 없이 주변 주

파수에서 발생하는 RF 에너지를 모아서 송신 전력으로 사용하며, 필요한 기지국 만 전원을 제어하는 식으로 전체 에너지 효율을 50배 이상 향상시킴

(7) 편재지능 기술

- 전 세계의 사람과 사물을 대상으로 홀로그래픽 통신, 원격의료, 원격제어와 같은 고속 · 대용량 · 저지연 · 초연결 · 초공간의 복합적 통신 요구사항 제어를 위해 인공지능에 의한 예측 · 제어 및 최적화 기술 도입

CHAPTER 7

국가고시 기출 문제

자료출처: 한국산업인력공단, www.q-net.or.kr, www.cbt.com

01 국가고시2007

하나의 정보를 여러 개의 반송파로 분할하고, 분할된 반송파 사이의 주파수 간격을 최소화하기 위해 직교 다중화해서 전송하는 통신방식으로, 와이브로 및 디지털 멀티미디어 방송 등에 사용되는 기술은?

① OOK　② FHS　③ DSSS　④ OFDM

02 국가고시2007

이동 통신 시스템은 셀(cell)을 기본 서비스 단위로 하여 이동성을 제공하는 시스템이다. 현재 사용하는 이동전화에서의 매크로 셀(macro cell)의 반지름은 몇 km인가?

① 0.2이내　② 0.5~1　③ 5~30　④ 100이상

03 국가고시2009

무선통신방식의 종류인 FDMA, TDMA, CDMA의 특징 중 옳지 않은 것은?

① TDMA는 주파수대역과 타임슬롯 수에 의해 용량이 제한되지 않는다.
② FDMA는 음성부호화가 불필요하다.
③ CDMA는 사용자별로 의사잡음부호(PN:Pseudo Noise)를 할당하여 준다.
④ FDMA는 망의 동기화가 필요하지 않다.

04 국가고시2008

부호분할 다중접속(CDMA) 방식을 이용하는 셀룰러 이동통신망에 대한 설명으로 옳은 것은?

① 주파수 이용효율을 극대화하기 위해 서로 다른 주파수 채널을 할당해야 한다.
② 상향 링크에서는 사용자 부호 간의 직교성이 유지되지 않을 수 있기 때문에 수신 단에서 다른 사용자 간섭이 존재할 수 있다.
③ 셀 간의 핸드오프를 수행할 때, 현재 통신하고 있는 기지국과의 연결을 끊은 후에 새로운 기지국으로 연결이 이루어 진다.
④ 단말의 위치와 채널 상태에 상관없이 통화 품질을 극대화하기 위해 단말기에서 송출할 수 있는 최대 전력으로 송신해야 한다.

핵심 Hint

1. OFDM: 직교하는 여러개의 부반송파에 정보를 분산하여 보냄으로써 페이딩 특성과 전송속도 개선

2. 이동통신시스템 셀 크기

셀 형태(이름)	셀 반경	적용지역	사용 서비스 예
글로벌 셀(Global cell)	>700km	대륙(Continent)	위성 통신, 우주 통신
메가 셀(Mega cell)	5km~	시골(외곽)지역(Rural)	셀룰러 통신
매크로 셀(Macro cell)	2~5km	도시(Urban)/외곽지역	셀룰러 통신
마이크로 셀(Micro cell)	200~2km	과밀집 도심(Dense Urban)	셀룰러/근거리무선통신
피코 셀(Pico cell)	~200m	사무실, 건물 내, 가정 등	근거리무선통신(WiFi, Bluetooth 등)

3. TDMA는 타임슬롯에 가입자 수용하므로 타임슬롯 수에 의해 용량이 제한된다.

4. CMDA 방식의 특징
   - 하향링크 : coherent 전송
   - 상향링크 : 비동기전송

핵심 Hint

05 국가고시2008

다중화와 다원접속에 대한 용어 설명으로 옳지 않은 것은?

① FDMA는 보호대역(Guard Band)을 필요로 한다.
② TDMA는 보호시간(Guard Time)을 필요로 한다.
③ TDD는 듀플렉스 여파기(Duplex Filter)를 사용한다.
④ FDD는 송신과 수신에 각각 다른 주파수를 사용한다.

5. CMDA 방식의 특징
   - FDMA(FDD) : 주파수로 송수신 분리
   - TDMA(TDD) : 시간으로 송수신 분리

06 국가고시2008

혼합 대역확산(Hybrid Spread Spectrum) 방식에 대한 설명 중 옳지 않은 것은?

① 직교신호에 의한 많은 통화 채널을 구성한다.
② FH/DS방식이란 반송파가 비주기적으로 도약(Hopping)하는 DS방식이다.
③ 부분대역 간섭을 극복할 수 있다.
④ 수신기에서 부호동기를 포착하는 시간이 짧아진다.

6. 혼합 대역확산방식
   대역확산방식인 DS, FH, TH 세 방식을 혼합하여 대역확산하는 방식으로
   FH/DS, TH/DS, TF/FH 방식이 있음
   이중 FH/DS 방식을 가장 많이 사용

07 국가고시2008

무선통신에서 채널 모델을 정의할 때 사용되는 확률용어와 관계가 적은 것은?

① 백색 가우시안 잡음(White Gaussian Noise)
② 레일리 분포(Rayleigh Distribution)
③ 라이시안 분포(Rician Distribution)
④ 이항 분포(Binomial Distribution)

7. 다양하게 변하는 이동통신 신호 해석을 위해 확률분포 활용 필요

08 국가고시2008

이동통신시스템에 대한 설명으로 옳지 않은 것은?

① 1세대 이동통신시스템의 하나인 AMPS는 아날로그 통신 시스템이다.
② 셀룰러 개념은 주파수 재사용을 통해 시스템 용량을 획기적으로 증가시킬 수 있다.
③ 셀과 셀 간에 핸드오버 기능이 없이도 이동성을 보장할 수 있다.
④ W-CDMA는 3세대 이동통신시스템의 하나이다.

8. 셀과 셀 간에 사이에는 서로다른 주파수 또는 코드들이 사용되므로 위치 이동시 H/O(핸드오버) 기능이 있어야 이동성을 보장할 수 있다.

09 국가고시2009

광대역 무선 채널에서 다중경로 시간 지연확산(delay spread)으로 인한 페이딩으로 옳은 것은?

① 느린 페이딩(Slow Fading)
② 주파수 선택적 페이딩(Frequency Selective Fading)
③ 라이시안 페이딩(Rician Fading)
④ 빠른 페이딩(Fast Fading)

9. 이동통신채널 페이딩 특성

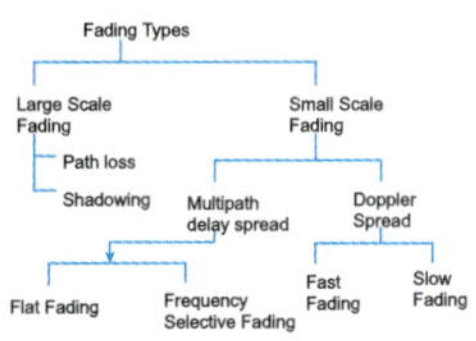

10 국가고시2009

스펙트럼 확산(Spread Spectrum) 통신의 장점에 대한 설명 중 옳지 않은 것은?

① 재밍(Jamming)에 강하다.
② 사용자마다 고유한 코드를 사용해 암호화함으로 통화비밀을 유지할 수 있다.
③ 페이딩(Fading) 채널 전파환경에서 영향이 적다.
④ TDMA에 비해 정확한 전송시간 조정이 필요하다.

11 국가고시2010

페이딩이 생기면 수신 전력이 저하되거나 파형의 일그러짐이 발생하여 통신 에러가 증가한다. 이러한 점을 개선하기 위한 방법으로 적당하지 않은 것은?

① 송수신 안테나 수를 증가시킨다.
② 여러 주파수를 사용하여 송수신한다.
③ 같은 정보를 반복하여 송신한다.
④ 고밀도 성상도(constellation)를 갖는 변조 방식을 사용한다.

12 국가고시2010

코드분할 다중접속(CDMA) 방식에서 통신 사용자 간의 구별을 위하여 사용되는 코드는?

① 길쌈 코드(Convolutional code)
② RS 코드(Reed-Solomon code)
③ PN 코드(Pseudo-Noise code)
④ 터보 코드(Turbo code)

13 국가고시2010

다음 이동통신 방식들 중 사용하는 다중접속방식이 다른 하나는?

① IS-95　　② WCDMA
③ WiBro　　④ HSDPA

14 국가고시2010

코드분할 다중접속(CDMA) 이동통신 시스템의 특성으로 옳지 않은 것은?

① 원근문제(near-far problem)는 근거리에서 전송된 강한 신호에 의해 원거리에서 전송된 약한 신호가 영향을 받는 현상이다.
② CDMA에서 성능을 열화시키는 주된 요소는 잡음과 타사용자에 의한 간섭신호이다.
③ 단말기는 기지국으로부터의 거리와 무관하게 동일한 전력으로 송신한다.
④ 단말기가 셀 간을 이동할 때 소프트 핸드오프를 지원한다.

핵심 Hint

10. 대역확산통신의 장점
① 재밍(Jamming)에 강함
② 통신보안 우수
③ 페이딩(Fading) 특성 우수
④ 코드간 직교성 확보될 경우 많은 가입자 수용 가능
⑤ Soft H/O, Softer H/O 기능로 로 통화단절 없음

11. 페이딩 대응방법[표7-4]
– 송신단 : 다이버시티 기법
– 수신단 : 합성수신 방법

12. CDMA 방식
다중 가입자 수용을 위해 직교성을 갖는 PN 코드 사용

13. CDMA 와 OFDM 다중화
WiBro는 OFDM(직교주파수분할방식)을 사용

14. 셀 내에서 수용된 모든 가입자는 동일한 주파수를 사용하는 사용하므로 단말기는 기지국으로부터의 거리에 따라 실시간으로 Power control 하여 가입자간 간섭 방지

핵심 Hint

15. 대역확산을 크게 할수록 협대역 간섭신호의 영향이 분산되므로 간섭억제효과가 커진다.

16. 이동통신시스템 구성
 - 교환국, 기지국, 무선단말로 구성

17. 스마트 안테나
 - 안테나 빔 방사방향이나 방사 전력을 시스템 요구에 따라 임의 조정가능한 안테나

18. DGPS: GPS위치오류를 보정하기 위해 사용
FDMA, TDMA는 주파수 또는 시간 제한적 다중화 기법임

19. 채널코딩: 채널에서 발생하는 에러를 정정하기 위한 코딩
소스코딩: 전송신호의 전송속도를 줄이기 위한 코딩

15 국가고시2010

확산대역 변조방식에 대한 설명으로 옳지 않은 것은?

① 전송하고자 하는 본래 신호에 비해 변조 후 전송신호의 대역폭이 크게 증가한다.
② FH/SS 시스템 중 빠른 주파수 도약(fast-frequency hopping)에서는 데이터 심볼률(symbol rate)이 주파수 도약률(hop rate)보다 느리다.
③ DS/SS 시스템은 협대역 간섭신호를 수신단에서 넓은 주파수대역으로 확산시켜 간섭의 영향을 최소화한다.
④ 협대역 간섭신호 억제 효과는 대역 확산율과 무관하다.

16 국가고시2010

이동통신 시스템에서 이동전화 교환국(MTSO)의 기능이 아닌 것은?

① 통화 회선의 수용과 상호 접속에 의한 교환기능
② 회선구간별 통화량 감시 및 분석
③ 일반 공중 전화망과 이동 통신망 접속 기능
④ 통화 채널 지정 및 감시 기능

17 국가고시2010

와이브로(Wibro) 시스템에 사용되고, MIMO(다중입력 다중출력) 신호처리 기술과 결합하여 안테나 빔 방사 방향을 컴퓨터 프로그램으로 자유롭게 제어할 수 있는 안테나는?

① 슬롯 안테나 ② 루프패치 안테나 ③ 스마트 안테나 ④ 접시 안테나

18 국가고시2010

통신시스템 기술에 대한 설명으로 옳지 않은 것은?

① GPS 시스템에서 위성까지의 거리를 구하기 위해서 PN 코드의 자기상관 특성을 이용한다.
② DS-CDMA 시스템에서 다중접속을 위해서 PN 코드의 상호상관 특성을 이용한다.
③ DGPS는 알려진 위치의 기준 수신기에서 오차를 계산하여 수신기에 대한 오차를 보정한다.
④ FDMA, TDMA, CDMA는 대표적인 대역확산 기법이다.

19 국가고시2012

통신 시스템에서 사용하는 채널 오류 정정기술이 아닌 것은?

① 길쌈 부호(Convolutional Code)
② LDPC(Low Density Parity Check Code)
③ CELP(Code Excited Liner Predictive Coding)
④ 터보 부호(Turbo Code)

20 국가고시2012

LTE(long-term evolution)에 사용되는 직교주파수분할다중화(OFDM) 방식에 대한 설명으로 옳지 않은 것은?

① 단일반송파 전송 방식에 비해 일반적으로 피크 대 평균전력비(peak to average power ratio)가 크다는 단점이 있다.
② 고속 푸리에 변환(FFT)을 사용하여 구현을 간단히 할 수 있다.
③ 페이딩을 극복하기 위해 등화기를 사용할 수 있다.
④ 직교주파수분할다중화(OFDM)는 직렬 전송 기술이다.

21 국가고시2013

MIMO(Multi Input Multi Output) 안테나 기술에 대한 설명으로 옳지 않은 것은?

① 다수의 송수신 안테나를 사용하여 전송률을 높일 수 있다.
② 송수신 다이버시티를 기대하기 힘들다.
③ 송수신 안테나를 다수의 사용자에게 할당할 수도 있으며 한 사용자에 모두 할당할 수도 있다.
④ 무선통신 시 다중경로 페이딩과 같은 현상으로 인한 전송률 저하를 개선시킬 수 있다.

22 국가고시2013

무선 멀티미디어 통신을 위한 OFDM 전송방식에 대한 설명으로 옳지 않은 것은?

① 다중경로에 효율적인 전송방식이다.
② CP(Cyclic Prefix)의 삽입으로 대역폭 효율이 증가한다.
③ 단일주파수망이 가능하여 방송용에도 장점으로 작용한다.
④ 협대역 간섭이 일부 부반송파에만 영향을 주기 때문에 협대역 간섭에 강하다.

23 국가고시2013

셀룰러 이동통신의 핵심기술에 해당하지 않는 것은?

① 핸드오프 기술 ② 동기 검파 기술
③ 주파수 재사용 기술 ④ 셀 분할 기술

24 국가고시2013

광대역 무선 액세스 시스템을 설계할 때, 무선 채널의 페이딩 현상에 대처하기 위한 수단으로서 적합하지 않은 것은?

① 다수의 수신 안테나를 사용한다.
② 변조지수를 증가시킨다.
③ 채널 부호화(Channel coding)를 적용한다.
④ 다수의 송신 안테나를 사용하고, 시공간 부호(Space-time code)를 적용한다.

핵심 Hint

20. OFDM
부반송파에 정보를 분산, 병렬 전송하여 페이딩 특성을 향상시키는 변조방법

21. 다수의 송수신 안테나를 사용하여 전송률을 높일 수 있으며, 송수신 다이버시티 얻을 수 있다.

22. CP(Cyclic Prefix): 다중경로 채널을 통해 이전 심볼에 의한 영향을 받으며, 이를 해소하기위해 심볼간 보호구간을 둠. 보호구간에는 직교성 유지를 위해 마지막 구간 신호를 복사, 삽입하여 전송하는 방식

23. 이동통신 주요 특징
- Cellular
- Frequency Reuse
- Power Control
- Cell Split/Cell Zoning
- H/O 기술

24. 페이딩 대응방법[표7-4]
- 송신단 : 다이버시티 기법
- 수신단 : 합성수신 방법

핵심 Hint

25. RF 중계기 :전파음영지역 또는 서비스영역 확대를 위해 신호증폭 후 재전송

26. 표 7-5 참조
- 1세대 : 아날로그방식(AMPS, NMT)
- 2세대: 디지털 방식 (CDMA,TDMA)
- 3세대: WCDMA
- 4세대: OFDM

27. 다중입력 다중출력(MIMO)
- 링크 용량을 증대시키는 기술로 여러 안테나를 사용하여 기지국과 단말기 간의 통신 성능 (전송속도, 다이버시티, 신호품질 등)을 개선
- 송신기 및 수신기 구성 및 개수에 따라 SISO, SIMO, MISO, MIMO 방식으로 구분

28. 이동통신 채널 특성
무선채널은 유선채널에 비해 신호의 시간적, 지역적 변화가 큼

29. 이동통신 채널은 유선채널에 비해 신호의 시간적, 지역적 변화가 큼

25 국가고시2013

셀룰러 이동통신에서 RF 중계기의 사용목적에 대한 설명으로 옳지 않은 것은?

① 신호 품질을 향상시킬 수 있다.
② 다수의 중계기를 설치함으로 인해 전송 커버리지가 확대된다.
③ 기지국 설치비용이 절감된다.
④ 전계 강도가 부족하여 발생하는 부분적인 음영지역을 해소할 수 있다.

26 국가고시2014

이동통신 시스템에 대한 설명으로 옳지 않은 것은?

① 1세대 이동통신 시스템의 하나인 AMPS는 아날로그 통신시스템이다.
② 부호 분할 다중접속 기술은 3세대 이동통신 시스템인 W-CDMA 시스템에서 처음 사용되었다.
③ 핸드오버는 이동성을 보장하기 위한 중요한 기술 중 하나이다.
④ FDD(Frequency Division Duplexing)방식을 사용하는 이동통신 시스템의 단말기는 송수신을 동시에 수행할 수 있다.

27 국가고시2014

다중 안테나를 사용하는 MIMO(Multiple Input and Multiple Output)에 대한 설명으로 옳지 않은 것은?

① 다중경로 페이딩 특성을 이용하여 공간 다중화(Spatial Multiplexing) 구현이 가능하다.
② 전체의 전송속도는 낮추고 각 안테나에서의 전송속도는 높여 전체의 채널용량을 증가시킨다.
③ 통신 링크의 채널 상태를 송 · 수신기 모두가 아는 경우, 송신기에서 안테나별 송신전력을 적절히 조절하여 더 높은 채널용량을 얻을 수 있다.
④ 송신 안테나들을 통하여 전송되는 신호들은 서로 다른 디지털 변조방식을 사용할 수 있다.

28 국가고시2015

이동통신에서 수신신호의 크기가 불규칙적으로 변하는 것은 무선채널의 어떤 특성으로 인한 것인가?

① 페이딩 ② 경로손실 ③ 백색잡음 ④ 다이버시티

29 국가고시2015

이동통신 채널의 특성에 대한 설명으로 옳지 않은 것은?

① 시간에 따른 채널특성의 변화가 적어 유선통신보다 안정적인 통신이 가능하다.
② 다중경로에 따른 페이딩 채널 특성을 가진다.
③ 도플러 확산(Doppler spread)이 클수록 채널 변화가 심하다.
④ 다이버시티 기법을 통해 성능을 개선할 수 있다.

30 국가고시2015

CDMA 방식으로 한 단말기에 부호 [−1 +1 −1 +1 −1 +1]를 배정하였을 때 다른 단말기에 배정할 수 있는 부호는? (단, 서로 직교하는 부호를 동일 시간, 동일 주파수 대역을 사용하는 단말기에 부여한다)

① [−1 −1 +1 +1−1 +1]　② [+1 −1 +1 +1 +1 +1]
③ [+1 +1 −1 +1 −1−1]　④ [−1 +1 +1 −1 +1 +1]

31 국가고시2015

OFDM(Orthogonal Frequency Division Multiplexing)에 대한 설명으로 옳지 않은 것은?

① 부반송파간의 직교성을 이용해 주파수 스펙트럼을 효율적으로 이용할 수 있다.
② 광대역 전송 시에 나타나는 주파수 선택적 채널이 심벌간 간섭이 없는 주파수 비선택적 채널로 근사화된다.
③ FFT(Fast Fourier Transform) 기술을 사용한다.
④ PAPR(Peak-to-Average Power Ratio)이 작아 증폭기의 전력 효율이 높다.

32 국가고시2016

무선 채널에 대한 설명으로 옳지 않은 것은?

① 송신된 전파가 다중경로로 진행하여 수신시간이 퍼지는 현상을 지연확산(Delay spread)이라고 한다.
② 지연확산으로 인하여 주파수 선택적 페이딩 현상이 발생한다.
③ 이동체의 속도가 느릴수록 도플러 확산(Doppler spread)이 커진다.
④ 도플러 확산은 시간 선택적 페이딩을 발생시킨다.

33 국가고시2016

이동통신 시스템에 대한 설명으로 옳지 않은 것은?

① 셀룰러 시스템에서 셀 크기를 줄이면 전체 가입자 용량을 증대시킬 수 있다.
② TDMA 시스템에서는 레이크 수신기(Rake receiver)를 사용하여 다중경로 페이딩의 영향을 극복할 수 있다.
③ CDMA 셀룰러 시스템에서는 FDMA 셀룰러 시스템과 달리 인접한 셀에서 동일한 주파수를 사용할 수 있다.
④ 동기식 DS-CDMA 셀룰러 시스템에서는 PN 코드의 오프셋 값에 의해 기지국을 구별하며 멀리 떨어진 기지국에서는 PN 코드의 오프셋 값을 재사용할 수 있다.

34 국가고시2017

마이크로웨이브 전송 시스템에서 사용할 수 있는 페이딩 대처 기술로 옳지 않은 것은?

① 암호화　② 등화　③ 공간 다이버시티　④ 주파수 다이버시티

핵심 Hint

30. 직교코드의 정의
- CDMA의 PN 코드는 코드간 직교성이 확보되어야 하며,
- 두 코드를 XOR(또는 NXOR) 하였을 경우 +1과 -1의 숫자가 같아야 직교함

31. 다중부반송파를 사용하여 전송 데이터를 분산하여 전송속도를 줄여 페이딩 영향과 ISI를 줄임 (단점: PARR(최대전력대평균전력비)가 커 송신출력이 커짐)

32. 이동통신 채널 페이딩 특성
- 시간선택성 페이딩: 단말기의 이동속도에 따른 도플러 천이로 발생
- 주파수선택성 페이딩: 채널의 다중반사에 기인하며 레일리히 분포를 갖음

33. CDMA 이동통신시스템 특성 PN code, 시간 다이버시티 및 Rake 수신기 사용

34. 페이딩 대응기술
- 대역확산, 다이버시티, 채널코딩, 채널 Equalizer 사용 등

핵심 Hint

35. Multicarrier 방식
PAPR(Peak-to-Average Power Ratio)이 커서 증폭기의 전력 효율이 낮다.

36. LTE 주요특성
- 대역폭 : 1.4, 3, 5, 10, 15MHz)
- 변조 방식 : QPSK, 16QAM, 64QAM, 256QAM 중 하나
- 다중화 방식 : FDD의 경우 OFDMA (순방향) / SC-FDMA (역방향)
- 경로 다중화 : 최대 4 × 4 MIMO

37. 이동통신 시스템 구성
기지국, 교환국(MTSO), 단말

38. 무선채널 손실 특성
$L_p = \left(\frac{4\pi R}{\lambda}\right)^2 = \left(\frac{4\pi fR}{c}\right)^2$

39. 부반송파에 정보를 분산, 병렬 전송하여 페이딩 특성을 향상시키는 변조방법각 부반송파 파형은 시간축상으로 서로 겹치지않게 하여 직교성을 유지하며, 주파수 축에서는 일부 파형이 겹치게 됨

35 국가고시2017

단일 반송파 변조와 비교되는 다중 반송파 변조의 특징으로 옳지 않은 것은?

① 더 긴 심벌시간으로 동일한 전송률을 달성할 수 있다.
② PAPR(Peak-to-Average Power Ratio)이 낮다.
③ 주파수 선택적 페이딩을 평탄(flat) 페이딩으로 근사화할 수 있다.
④ 다중 경로로 인한 심벌 간 간섭의 영향이 더 작다.

36 국가고시2018

LTE 시스템의 상향 링크에서 사용되는 다중접속 방식은?

① OFDMA ② SC-FDMA ③ TDMA ④ CDMA

37 국가고시2018

셀룰러 이동통신에 대한 설명으로 옳지 않은 것은?

① 기지국에서 단말기로의 통신 채널을 하향 링크라고 한다.
② 지향성 안테나를 사용하여 셀을 섹터로 분할하면 동일채널 간섭이 감소한다.
③ 주파수 재사용은 거리가 먼 기지국 간에 동일 주파수를 사용하는 기술을 말한다.
④ 단말기 대 단말기 간 직접적인 무선통신을 기반으로 한다.

38 국가고시2018

무선채널의 전파 특성에 대한 설명으로 옳은 것만을 고른 것은?

ㄱ. 경로손실은 주파수가 높아질수록 증가한다.
ㄴ. 페이딩은 수신 신호의 세기가 공간 혹은 시간에 따라 변하는 현상을 말한다.
ㄷ. 무선채널의 전파 특성은 주파수의 영향을 받지 않는다.
ㄹ. 수신단이 움직이지 않을 경우 페이딩은 발생하지 않는다.

① ㄱ, ㄴ ② ㄱ, ㄹ ③ ㄴ, ㄷ ④ ㄷ, ㄹ

39 국가고시2019

직교 주파수 분할 다중화(OFDM) 전송방식에 대한 설명으로 옳지 않은 것은?

① PAPR(Peak-to-Average Power Ratio)이 높아 송신기의 전력효율이 낮아진다.
② 인접심벌 간 간섭을 제거하기 위해 보호구간(guard interval)을 추가한다.
③ 전송할 직렬스트림 형태의 입력데이터를 병렬데이터스트림으로 나누어 각각에 부반송파를 할당한다.
④ 직교성이 유지되기 위해 각 부반송파의 주파수 스펙트럼이 중첩되지 않아야 한다.

40 국가고시2019

무선통신 시스템의 다이버시티(diversity) 기법에 대한 설명으로 옳지 않은 것은?

① CDMA 시스템의 경우 RAKE 수신기를 활용하여 다이버시티 이득을 얻을 수 있다.
② 다수의 수신안테나들을 파장의 1/2 크기 미만으로 가깝게 위치시키면 공간다이버시티를 얻기 쉽다.
③ 동일 신호를 서로 다른 시점에서 송신하고, 이를 결합하여 시간다이버시티를 얻을 수 있다.
④ 동일 신호를 서로 다른 주파수 대역에서 송신하고, 이를 결합하여 주파수다이버시티를 얻을 수 있다.

41 국가고시2019

다중입출력안테나(MIMO) 통신시스템에 대한 설명으로 옳은 것은?

① 여러 개의 안테나를 사용해 데이터를 여러 경로로 전송한다.
② 공간 다중화 기법에서 복호 가능한 공간 스트림의 최대 개수는 송신기와 수신기 안테나 개수 중 큰 수이다.
③ 다이버시티 기법에서 페이딩의 영향을 증가시킨다.
④ 빔형성 기법에서 수신신호의 전력이 최소가 되도록 전송한다.

42 국가고시2020

5G 이동통신시스템에 대한 설명으로 옳지 않은 것은?

① 모바일 환경에서 LTE보다 높은 데이터 전송률을 제공하여 UHD급 콘텐츠와 AR/VR 등의 실감 미디어서비스가 가능하다.
② 여러 서비스들이 요구하는 상이한 요구사항을 충족하기 위해 각 서비스별로 별도의 네트워크를 물리적으로 구축하여 서비스를 제공한다.
③ 대량의 디바이스가 연결되는 초연결성 제공으로 IoT 인프라 구축이 가능하다.
④ 초저지연 및 초신뢰성 제공으로 자율주행자동차 등의 서비스가 가능하다.

43 국가고시2020

주파수 선택적 페이딩(frequency selective fading)이 발생하는 조건은?

① 지연 확산(delay spread) > 심벌지속시간
② 지연 확산(delay spread) < 심벌지속시간
③ 최대 도플러 주파수 > 심벌률
④ 최대 도플러 주파수 < 심벌률

44 국가고시2022

셀룰러 통신시스템에 대한 설명으로 옳지 않은 것은?

① 주파수 재사용 기술을 사용한다.
② 사용자 위치 추적 기술을 사용한다.
③ 셀 반경을 크게 함으로써 시스템 사용자 용량을 증가시킬 수 있다.
④ 셀 간을 이동하는 단말기에 끊김없는 서비스를 제공하기 위하여 핸드오프(handoff) 기술이 필요하다.

핵심 Hint

40. 다수의 수신 안테나들을 파장의 1/2 크기 이상으로 이격하면 공간다이버시티를 얻는다.

41. 다중입력 다중출력(MIMO)
링크 용량을 증대시키는 기술로 여러 안테나를 사용하여 기지국과 단말기 간의 통신 성능(전송속도, 다이버시티, 신호품질 등)을 개선

42. 5G 이동통신시스템 특징
- 모든 서비스를 통합하여 운영
- MIMO, Beam-forming 기술
- 주파수 결합(CA)기술

43. 페이딩 원인과 조건
- 시간선택성 페이딩: 단말기의 이동속도에 따른 도플러 천이로 발생(도플러 천이)
- 주파수선택성 페이딩: 채널의 다중반사에 기인하며 레일리히 분포를 갖음(지연확산)

44. 셀룰러 기술의 특징
- Cell 형태의 커버리지
- Frequency Reuse
- 위치등록 및 Roaming(H/O)
- Power Control
- Cell Split/Cell Zoning

45 국가고시2022

이동통신에서 사용하는 FDD(frequency division duplex)와 TDD(time division duplex) 방식에 대한 설명으로 옳은 것은?

① FDD는 기지국의 송수신 주파수 채널을 분리하지 않는다.
② FDD는 상향 링크와 하향 링크의 주파수 대역폭을 비대칭으로 설계한다.
③ TDD는 상향 링크와 하향 링크 간 보호 주파수 대역이 필요하므로 주파수 효율성이 떨어진다.
④ TDD는 송수신기 간에 시각을 동기시켜야 한다.

46 국가고시2022

무선이동통신의 채널 환경에 대한 설명으로 옳지 않은 것은?

① 자유공간에서 송수신기 사이의 경로손실은 거리의 제곱에 비례한다.
② 건물이나 터널 등으로 인해 전파의 음영지역이 발생할 수 있다.
③ 라이시안(Rician) 페이딩은 레일리(Rayleigh) 페이딩보다 LOS(line-of-sight) 신호 성분이 더 강하다.
④ 단말기가 고속으로 이동할수록 채널이 더 시불변(time-invariant)해진다.

47 국가고시2023

OFDM(orthogonal frequency division multiplexing)을 사용하는 시스템에 대한 설명으로 옳지 않은 것은?

① 다수 개의 부반송파를 사용하여 데이터를 전송한다.
② 심벌 간 간섭을 완화하기 위해 보호구간을 삽입한다.
③ 단일반송파 전송 방식에 비해 최대전력 대 평균전력비(peak-to-average power ratio)가 낮다.
④ 고속 푸리에 역변환(IFFT)을 사용하여 OFDM 변조 기능을 구현할 수 있다.

48 국가고시2024

그림은 이동통신 시스템에서 주파수 재사용을 위해 인접한 3개의 셀을 하나의 클러스터로 구성한 것이다. 셀 반경이 2[km]이고 각 셀에 주파수 대역폭을 균등하게 할당할 때, 동일 주파수 대역을 사용하는 셀 중심 간 최소거리[km]는? (단, 셀은 그림에 도식된 6각형 1개를 의미한다)

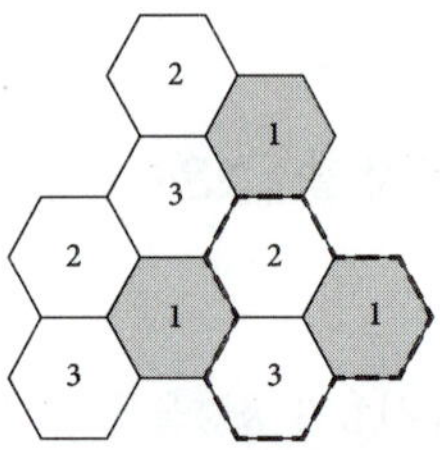

① 6 ② 7 ③ 8 ④ 9

핵심 Hint

45. FDD(TDD) 방식
송신, 수신을 별도 주파수(시간)로 분리하여 양방향 전송 기시켜야 한다.

46. 무선채널 특성
$$L_p = \left(\frac{4\pi R}{\lambda}\right)^2 = \left(\frac{4\pi f R}{c}\right)^2$$
– 기지국근처 : 라이시안 페이딩
– 셀 경계 : 레일리히 페이딩

47. OFDM
부반송파에 정보를 분산, 병렬 전송하여 페이딩 특성을 향상시키는 변조방법으로 단일반송파 전송 방식에 비해 일반적으로 피크 대 평균전력비(PARR)가 크다.

48. 이동통신시스템
Cellular 방식을 이용하여 일정 거리 이상 떨어진 셀에서 주파수 재사용하여 주파수 사용효율 극대화

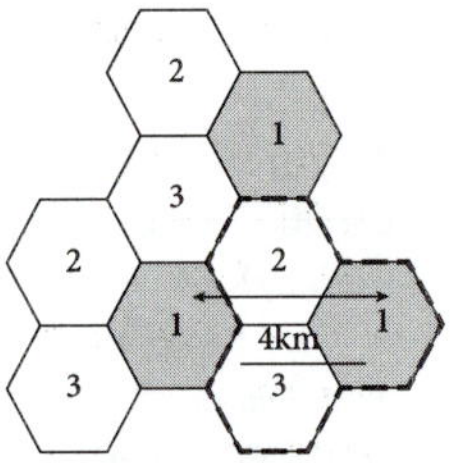

49 국가고시2024

페이딩(fading)에 대한 설명으로 옳지 않은 것은?

① 주파수 선택적 페이딩 환경에서는 주파수 성분 간의 페이딩 특성이 달라질 수 있다.
② 다중경로 채널의 시간 지연 확산은 주파수 선택적 페이딩을 일으킬 수 있다.
③ 도플러 확산으로 수신 신호의 시간 지연 확산을 나타낼 수 있다.
④ 도플러 확산으로 인해 시간 선택적 페이딩이 발생할 수 있다.

50 국가고시2024

다중경로 페이딩(multipath fading)으로 인한 무선 채널의 전력지연 프로파일(power delay profile)이 다음 그림과 같을 때, 이 채널의 평균초과지연(mean excess delay)[μs]은? (단, $P(\tau)$는 지연시간 τ에서의 전력이고, $\log_{10}2=0.3$이다)

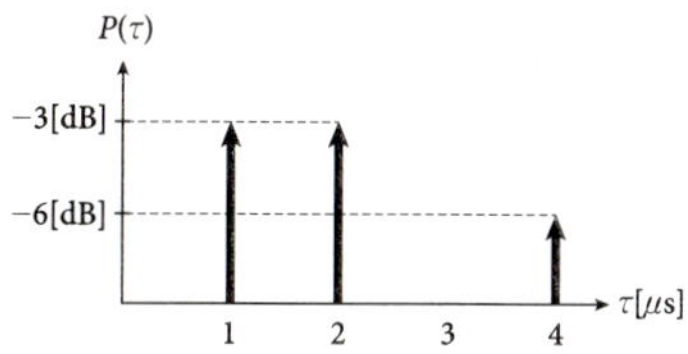

① 1 ② 1.5 ③ 2 ④ 2.5

51 국가고시2024

총 주파수 대역폭이 30[MHz]인 FDD(frequency division duplex) 방식의 셀룰러 시스템이 송수신을 위해 채널당 25[kHz] 대역 두 개를 사용하고 있다. 클러스터(cluster)당 4개의 셀이 사용될 때, 셀당 가용 채널 수는? (단, 채널 간 및 송수신 대역 간 보호대역은 없다고 가정한다)

① 75 ② 150 ③ 300 ④ 600

[7장 정답]

1. ❹ 2. ❸ 3. ❶ 4. ❷ 5. ❸ 6. ❷ 7. ❹ 8. ❸ 9. ❷ 10. ❹ 11. ❹ 12. ❸
13. ❸ 14. ❸ 15. ❹ 16. ❹ 17. ❸ 18. ❹ 19. ❸ 20. ❹ 21. ❷ 22. ❷ 23. ❷ 24. ❷
25. ❶ 26. ❷ 27. ❷ 28. ❶ 29. ❶ 30. ❹ 31. ❹ 32. ❸ 33. ❷ 34. ❶ 35. ❷ 36. ❷
37. ❹ 38. ❶ 39. ❹ 40. ❷ 41. ❶ 42. ❷ 43. ❶ 44. ❸ 45. ❹ 46. ❹ 47. ❸ 48. ❶
49. ❸ 50. ❸ 51. ❷

핵심 Hint

49. 페이딩 원인과 조건
- 시간선택성 페이딩: 단말기의 이동속도에 따른 도플러 천이로 발생(도플러 천이)
- 주파수선택성 페이딩: 채널의 다중반사에 기인하며 레일리히 분포를 갖음(지연확산)

50. 페이딩의 Delay Spread
학습비타민 참조
Mean Excess Delay
$$\bar{\tau} = \frac{\sum P(\tau_k)\tau_k}{\sum P(\tau_k)}$$

51. 셀룰러 시스템 용량 C
$C = M \times S = M \times k \times N$
가용 채널 수 k = 총 채널수/cluster 내 셀 수 = S/N

CHAPTER

08

근거리 무선통신망

Local Area Wireless Network

학습목표

- 근거리 무선통신망 정의를 위한 표준화 기관들의 역할을 알아본다.
- 무선 LAN을 위한 Wi-Fi 특성들을 학습한다.
- 개인용 근거리 통신방식 WPAN의 종류와 특성들을 이해한다.
- 사물인터넷 IoT와 진보된 AIoT의 특성과 발전방향을 학습한다.

학습목차

8.1 근거리 무선통신망

1 근거리 무선통신망 정의

- 무선통신망은 근거리 무선망과 중장거리 무선망으로 구분되며, 서비스 권역에 따라 PAN(개인용통신망)Personal Area Network, LAN(근거리 통신망)Local Area Network, MAN(도시권통신망)Metropolitan Area Network, WAN(광역통신망)Wide Area Network 등으로 구분함
- 통상 100m 이하의 무선망을 근거리 무선통신망이라 함

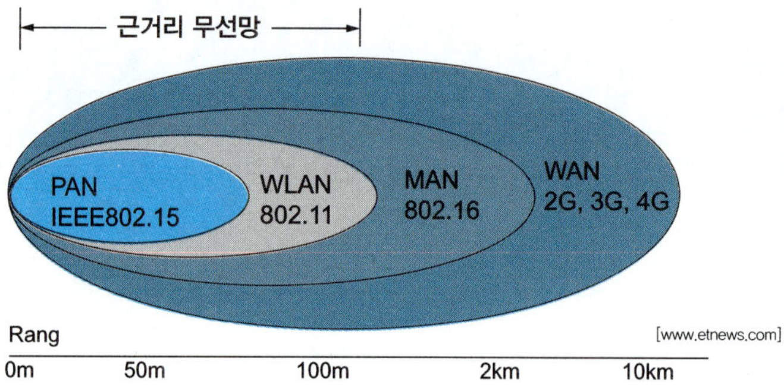

그림 8-1 서비스 영역에 따른 근거리 무선통신망 및 국제표준 구분

- 근거리 무선통신망은 국제학술표준화 단체인 IEEEInstitute of Electrical and Electronics Engineers에서 주도하며, IEEE 802 표준화 위원회에서 표준안를 관리함
- IEEE 802에는 IEEE 802.11WGWorking Group(실무단)의 무선랜(WiFi) 표준과 IEEE 802.15WG에서 주관하는 WPAN(개인용무선통신망)으로 구분됨
- 주로 허가가 필요 없는 ISM 대역 주파수를 활용하여 소출력 무선기기 형태로 구성함

- 4G, 5G cellular 등의 WAN은 PSTN,PSDN, IPv6 등의 유선데이터전화망을, WLAN인 Wi-Fi는 유선 이더넷[Ethernet]을, Bluetooth 등의 WPAN은 유선 RS-232 및 USB 등을 무선으로 대체하는 개념임

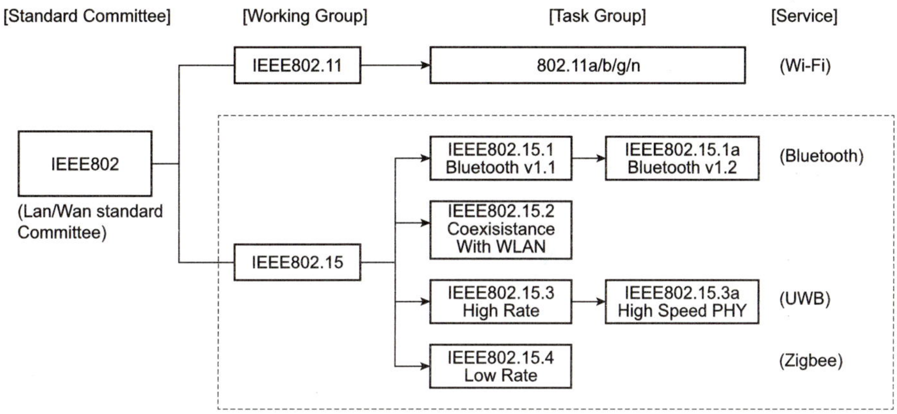

그림 8-2 근거리 무선통신망 표준화 기관 체계도

2 와이파이(Wi-Fi) (Wireless LAN)

- 와이파이는 Wireless Fidelity의 약자로 무선 환경에서도 유선 인터넷과 같은 높은 수준의 통신 품질을 제공하기 위해 개발된 기술
- 1990년대 10Mbps의 속도를 제공하던 유선 이더넷의 속도와 품질을 무선 환경에서 구축
- 최초의 와이파이는 1997년 IEEE 802.11 표준으로 규정되었으며, 2.4GHz ISM 대역에서 CSMA/CA 기술을 이용하여 최대 2Mbps까지 서비스 가능
- 이후 802.11b, 802.11a 등으로 개선되었으며, 현재의 Wi-Fi 6은 9.6 Gbps까지 정보 전송 가능한 수준으로 발전함
- 우리나라는 2.4GHz 대역(대역폭 83MHz, 802.11b/g/n 규격, 채널 BW 22MHz)과 5GHz 대역(대역폭 380Hz, 802.11a/n 규격, 채널 BW 20MHz)을 사용하여 서비스함
- 통상 2.4GHz 대역은 2.4~2.4835GHz 대역 주파수를 사용하여 장거리, 저속 통신용으로, 5GHz 대역은 5.15~5.825GHz 대역 주파수를 사용하여 단거리, 고속 통신용 주파수 대역으로 사용함

[표 8-1] Wi-Fi 시스템 세대별 특성

구 분	Wi-Fi 4	Wi-Fi 5	Wi-Fi 6	Wi-Fi 6E	Wi-Fi 7
출시연도	2007	2013	2019	2021	2024
IEEE 표준	802.11n	802.11ac	802.11ax		802.11be
최대전송속도(Gbps)	1.2	3.5	9.6		46
주파수(GHz)	2.4 / 5	5	2.4 / 5	2.4 / 5 / 6	
보안	WPA2		WPA3		
채널 크기(MHz)	20, 40	20, 40, 80, 80+80, 160			최대 320
변조 기술	64-QAM OFDM	256-QAM OFDM	1024-QAM OFDMA		4096-QAM OFDMA
MIMO	4x4 MIMO	4x4 MIMO, DL MU-MIMO	8x8 UL/DL MU-MIMO		16x16 MU-MIMO
Duplex	반이중 통신				전이중 통신

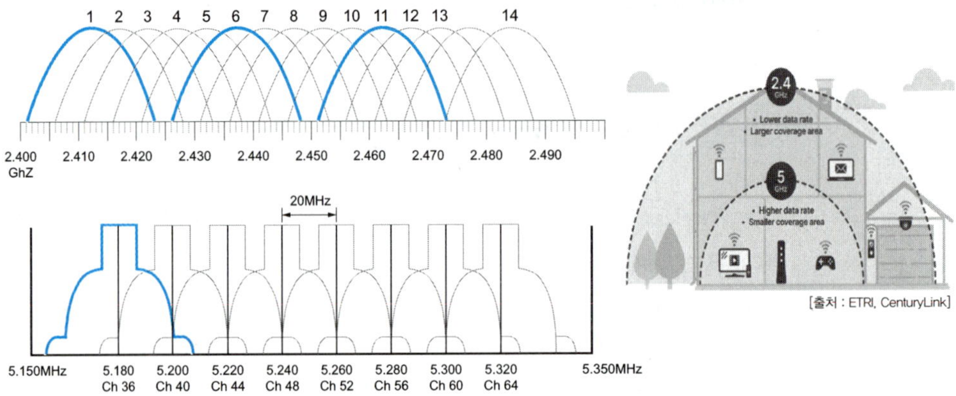

[출처 : ETRI, CenturyLink]

그림 8-3 2.4GHz 대역과 5GHz 대역 와이파이 채널 배치와 서비스 영역

학습 Vitamins 대표적인 무선통신 국제 표준화 기구와 ISM 주파수

[출처 https://www.ksa.or.kr/img/2021/worldstandards_brosure.pdf]

[무선통신 관련 국제표준화 기구]

ISO(국제표준화기구)International Standard Organization http://www.iso.org

설립: 1947년, 비정부기구(NGO)
역할: 지적, 과학, 기술, 경제 등 일반 분야의 국제표준 제정, 보급
회원: 163개국(2016년 기준, 연차보고서)

IEEEThe Institute of Electrical & Electronics Engineers http://www.ieee.org

설립: 1912년, 비정부기구(NGO)
역할: 공업 표준의 개발 및 보급 선두주자, 용어 및 측정, 국제무역 및 통신 관련
회원: 세계 160개국의 약 40만 명의 회원으로 구성

ITU(국제전기통신연합)International Telecommunication Union http://www.itu.int

설립: 1865년, UN 산하 전문기구
역할: 유무선 통신, 전파, 방송 등에 대한 기술기준 및 표준의 개발, 보급과 국제협력 수행
회원: 193개국(2017년 기준, 웹사이트)

FCC(연방 통신 위원회)Federal Communications Commission https://www.fcc.gov/

설립: 1934년의 통신법에 따라 제정, 미국 연방 정부 소속
역할: 라디오 스펙트럼,전자 통신(유선, 위성, 케이블) 및 미국 안에서 시작되고 끝나는 모든 국제 유무선 통신 산업을 비연합정부의 자격으로 규제

[ISM 주파수 대역]

- ISM Band는 산업Industry, 과학Science, 의료Medical 등에 쓰이는 주파수 대역으로 허가 없이 누구나 사용할 수 있는 비면허Unlicensed 주파수 대역을 의미
- 국제 전기 통신 연합(ITU)이 전파를 전기통신 이외에 산업용, 과학용, 의료용, 가정용 등의 용도로 사용할 수 있도록 허가한 대역으로 사용 시 과금이 발생하지 않음
- 우리나라는 전파법 제58조 1항 (산업 · 과학 · 의료용 전파응용설비 등)에 '전파에너지를 발생시켜 한정된 장소에서 산업, 과학, 의료, 가사 기타 이와 유사한 목적에 사용하도록 설계된 설비로서 대통령령이 정하는 기준에 해당하는 설비'로 규정하고 있음

[표] ISM 주파수 대역 및 주요 활용 서비스

주파수 범위		중심 주파수	대역폭	이용 가능
6.765MHz	6.795MHz	6.78MHz	30kHz	지역이 직접 수용 여부를 결정
13.553MHz	13.567MHz	13.56MHz	14kHz	전 세계
26.957MHz	27.283MHz	27.12MHz	326kHz	전 세계
40.66MHz	40.7MHz	40.68MHz	40kHz	전 세계
433.05MHz	434.79MHz	433.92MHz	1.74MHz	지역이 직접 수용 여부를 결정
902MHz	928MHz	915MHz	26MHz	RFID/USN
2.4GHz	2.5GHz	2.45GHz	100MHz	IEEE 802.11, 802.11b, 802.11g, 802.11n
5.725GHz	5.875GHz	5.8GHz	150MHz	IEEE 802.11a, 802.11n, 802.11ac
24GHz	24.25GHz	24.125GHz	250MHz	전 세계
61GHz	61.5GHz	61.25GHz	500MHz	지역이 직접 수용 여부를 결정
122GHz	123GHz	122.5GHz	1GHz	지역이 직접 수용 여부를 결정
244GHz	246GHz	245GHz	2GHz	지역이 직접 수용 여부를 결정
공통 사항	– 송출 출력 1,000mW 이하 (유럽은 100 mW 이하) – 아날로그 방식이 아닌 디지털 대역확산 기술을 사용하여야 함 – 안테나 이득 6 dBi, 유효 출력 1 [Watt] 이하			

3 개인무선통신망 WPAN

- WPAN Wireless Personal Area Network은 10m 이내의 짧은 거리에 존재하는 컴퓨터 및 주변기기, 휴대폰, 가전제품 등 디지털 장치를 식별하고 기기 사이의 데이터 전송 및 제어가 가능한 무선 네트워크 기술
- 대표적인 WPAN 기술로는 Bluetooth, UWB, ZigBee, Z-Wave 등이 있음

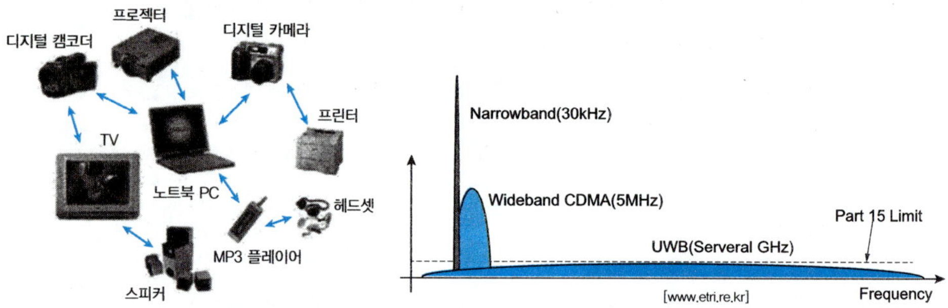

그림 8-4 개인 무선통신망 주요 응용 서비스 예

[표 8-2] WPAN 기술기준 및 특성 비교표

표준명	Bluetooth	HR-WPAN	LR-WPAN
표준번호	802.15.1	802.15.3a	802.15.4
서비스 이름	Bluetooth	UWB	ZigBee
주파수 대역	2.4GHz(ISM Band)	2.402~2.480GHz	868MHz/915MHz/2.4GHz
변조	FHSS	QPSK, QAM	DSSS
채널접속(MAC)	TDMA	CDMA/OFDM	CSMA/CA
전송속도	24Mbps (Bluetooth 4.0)	500Mbps	20kbps/40kbps/250kbps
전송거리	10M~100m	20m	10~100m
노드수	8	1	64000
전송전력	1mW	0.1mW	−4~20(dBm)
네트워크구성	점대점, 점대다중점	점대점Point-to-point	Cluster-tree, Star, Mesh
비용/가격	중저가	중가	초저가
특 징	WiFi와 간섭 현상 (동일 ISM 주파수 사용)	초고속전송, 저소비전력	저속, 저전력망, 긴 배터리 수명
활용 분야	• 디지털음성전송분야 (PC 주변기기, PDA, Phone) • 모바일, 헬스, 의료분야로 확대	• 영상시스템 • 통신 및 계측기기 • Radar system	• 센서간 통신 • 홈 자동화(HA) 및 공장 자동화(FA)

1 블루투스Bluetooth

- 블루투스Bluetooth는 1994년에 스웨덴의 에릭슨이 최초로 개발한 디지털 통신 기기를 위한 개인 근거리 무선 통신 산업 표준
- ISM 대역인 2.4~2.485GHz 전파를 이용하여 짧은 거리의 비교적 낮은 속도로 디지털 정보를 무선 통신을 통해 주고받는 용도로 사용
- 컴퓨터 마우스, 키보드, 휴대전화 및 스마트폰, 태블릿, 스피커 등의 저속 문자 정보 및 음성 정보
- 노르웨이와 덴마크를 통합한 하랄드 블라톤 국왕의 이름 글자 ᚼ(H)와 ᛒ(B)를 결합한 모양에서 유래
- 초기 모델인 버전 1.1은 723.1kbps, 버전 2.0은 2.1Mbps의 속도를 낼 수 있었으며, 이후 다양한 고성능 버전 출시됨
- Wi-Fi는 유선 이더넷Ethernet을, Bluetooth는 유선 RS-232 및 USB를 무선으로 대체하는 개념으로 현재 널리 사용되는 대표적인 근거리 무선통신 기술임

[표 8-3] 블루투스 버전별 주요 특성

버전	출시년도	최대 속도	전송 거리	특징
~3.0	2009년	24Mbps	10~30m	전력소모 15~20mW, 최대 전송속도는 720kbps ~ 3Mbps
4.0	2010년	24Mbps	60~100m	배터리 소모 감소(1.5~2mW)
4.2	2014년	25Mbps	60~100m	IPv6 프로토콜로 IoT 활용 가능
5.0	2016년	50Mbps	240~400m	전송속도 및 전송거리 개선
5.1	2019년	50Mbps	240~400m	신호 방향 탐색 기능
5.2	2020년	50Mbps	240~400m	오디오코덱 LC3 강화(이어폰)
5.3	2021년	50Mbps	240~400m	Connection Subrating으로 전력 절감
5.4	2021년	50Mbps	240~400m	보안 특성 개선

- 블루투스는 마스터Master와 슬레이브Slave 방식으로 링크를 설정하며, 한 개의 마스터는 7개까지의 슬레이브를 연결하여 피코넷Piconet 네트워크를 구성하고, 여러 개의 피코넷으로 스캐터넷을 구성하여 사용
- 수신부의 수신 감도는 BER 0.1% 기준으로 −70dB 이상이며, 변조방식은 GFSKGaussian FSK을 사용
- 블루트스는 대역확산 방식으로 주파수 호핑 방식을 사용하며, 마스테와 슬레이브 사이에는 시분할 다중화 TDD Time Division Duplex를 사용하여 여러 개의 슬레이브를 동시에 수용함

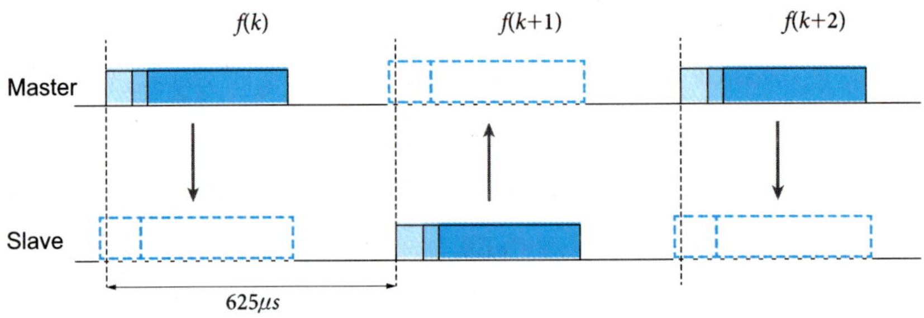

그림 8-5 블루투스의 TDD 다중화 방식

2 지그비(ZigBee)

- 지그비 혹은 IEEE 802.15.4 표준은 저전력 센서 네트워크를 위한 통신 기술로 IEEE 802.15 표준을 기반으로 만들어짐
- 메시(mesh) 네트워크 방식을 이용하여, 여러 중간 노드들을 거쳐 목적지까지 데이터를 전송함으로써 저전력 기술임에도 불구하고 넓은 지역을 커버
- 낮은 수준의 전송 속도만 가능하지만, 긴 배터리 수명과 보안성을 요구하는 산업 분야에 주로 사용
- 주기적 혹은 간헐적인 데이터 전송이나 센서 및 입력 장치 등의 단순 신호 전달을 위한 데이터 전송에 적합
- 주요 응용 분야는 무선 조명 스위치, 전력량계, 교통 관리 시스템, 환경 관리 시스템 등 근거리 저속 통신을 해야 하는 다양한 산업 분야에 주로 사용
- 최대 통신 거리는 LOS[Line-of-Sight](가시거리통신)에서는 200미터까지 가능하지만 20~30미터 내외로 주로 사용
- 지그비 네트워크는 스타, 트리, 메시와 같은 네트워크 토폴러지를 사용

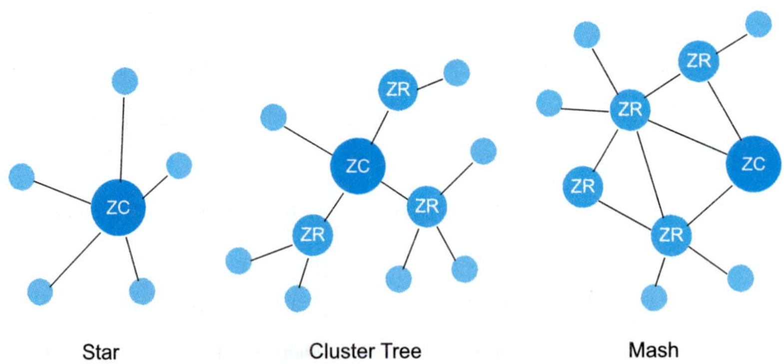

그림 8-6 지그비 무선통신망 구성

3 UWB

- UWB(Ultra Wide Band)은 802.15.3a 표준인 근거리 무선통신 기술로, 기존의 스펙트럼보다 매우 넓은 대역폭에서 낮은 전력으로 대용량의 정보를 전송
- 2002년 미국 FCC로부터 인가를 받은 통신 기술로 3.1~10.6GHz 대역 사용
- 고정도 거리측정이나 레이더, 센서 등에 응용되며, 고속 데이터 통신도 수행할 수 있음
- 초고속 데이터 전송, 정밀한 공간 인식, 방향성 등 넓은 면적의 공간에서 정확한 탐색이 가능
- UWB 기술의 주요 특징

❶ 수 GHz 대의 넓은 주파수 대역 사용

❷ 수 나노초 혹은 수 피코초의 매우 짧은 펄스를 사용하여 통신

❸ 낮은 스펙트럼 전력 밀도를 사용하므로 높은 통신 보안성 확보

❹ 반송파를 사용하지 않고 기저대역에서 통신하므로 송수신기의 구조가 간단

❺ 정확한 거리 및 위치 측정, TH 방식에 따른 다중 경로 페이딩에 강한 특성을 제공

❻ TH-PPM(시간호핑 펄스위치변조)(Time Hopping Pulse Position Modulation) 사용

8.2 지능형 사물인터넷 AIoT

1 사물 인터넷의 정의

- 사물 인터넷(IoT[Internet of Things])은 표준화기구 ISO/IEC JTC 1/SWG 5에서 정의한 국제 표준으로, 각종 사물에 센서와 통신 기능을 내장하여 인터넷에 연결하고 무선 통신을 통해 각종 사물을 연결하는 기술
- 사물, 사람, 시스템 및 정보 자원이 상호 연결된 인프라와 지능형 서비스를 통해 물리적 및 가상 세계의 정보를 처리하고 대응할 수 있는 시스템
- 사물 인터넷에서의 인터넷은 컴퓨터뿐만 아니라 다양한 종류의 디바이스들이 항시 연결되어 서로 통신하며 데이터를 공유하는 네트워크 기능을 제공함
- 1991년 Xerox 의 마크 와이저 박사가 유비쿼터스 컴퓨팅[Ubiquitous Computing]이라는 개념을 발표하였으며, 사물인터넷(IoT))이라는 용어는 1999년 P&G 사의 케빈 애쉬턴[Kevin Ashton]에 의해 처음 사용
- 이후 여러 기관에서 비슷한 개념의 서비스를 제안하였으며, IoT와 이의 발전된 개념인 AIoT 네트워크로 진화함

[표 8-4] 사물인터넷 개념 제안단체 및 핵심 정의

기술	제안(사용)단체	Access 방식 정의
USN	ITU-T	센서가 수집한 정보를 처리한 후 장소, 대상과 관계없이 지식서비스 네트워크로 제공
M2M	ETSI	인간의 직접적인 개입 없이 둘 이상의 객체 간에 정보교환 이루어짐
	IEEE	가입자 장치 간 또는 가입자 장치와 기지국 간 인간의 개입 없이 정보교환
MTC	3GPP	인간의 개입이 필요하지 않은 하나 이상의 디바이스 간 통신
IoT	ITU-T	ahems 디바이스에 연결성을 제공하는 네트워크
	EU FP7	데이터 수집과 통신기능을 통하여 물리적 객체와 가상의 객체 연결성 보장
AIoT	ITU SG20	인공지능 AI와 IoT를 결합한 개념으로 처리 및 연산기능이 개별 디바이스에게 인공지능 형태로 구축되어 지연시간 단축 및 기밀성 제공

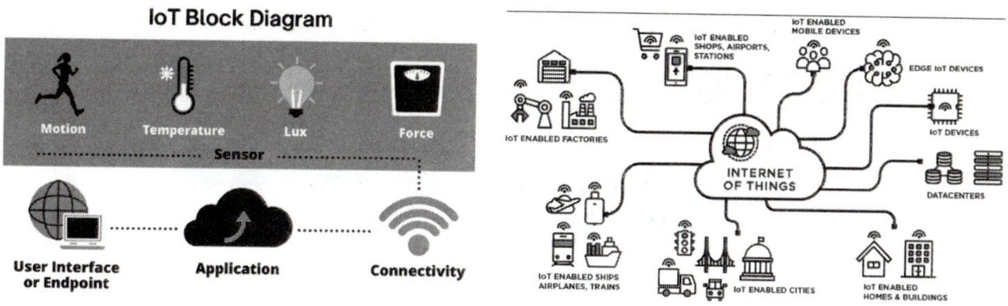

[www.etnews.com]

그림 8-7 사물 인터넷 구성

2 사물 인터넷의 특성 및 시스템 구성 기술

- 사물 인터넷의 특징
  1. 수백억 개가 넘는 사물과 사람, 시스템을 구분하기 위해 IPv6 주소 사용
  2. 클라우드 서비스, 개방통신망으로 모든 사물과 연결되어 정보를 주고받을 수 있음
  3. 상대적으로 보안에 취약
  4. 시공간의 제약으로부터 자유로워지고, 다양한 편리와 가치 제공
  5. 쌍방향 데이터 공유 : 사물과 사람 또는 다른 사물들이 쌍방향으로 데이터 공유
  6. 정보통신기술(IT)와의 접목 및 융합을 통한 무한한 새로운 비즈니스 모델 가능
- IoT 주요 기술 요소
  1. **센서/엑튜에이터** : 온도, 습도, 열, 가스, 조도, 헬스 정보 등을 센서를 통해 수집하고, 엑튜에이터Actuator를 통해 디바이스를 제어
  2. **통신 및 네트워크 인프라** : 저전력 무선 통신을 통해 사물들을 연결하고 데이터를 송수신하기 위한 것으로 이더넷이나 LTE/5G와 같은 이동통신 기술과 WiFi, WPAN 등을 망라하여 사용
  3. **데이터 처리 및 저장 인프라** : 시스템으로 전송된 센서 및 디바이스 데이터를 수집하고, 저장, 분석, 가공하고, 이로부터 필요한 서비스를 결정하는 장비
  4. **클라우드 기반기술** : 데이터를 분석하고 관리하기 위해 클라우드 기반 서비스를 활용
  5. **사용자 인터페이스(UI)** : 사용자가 IoT 기기와 상호작용할 수 있는 인터페이스를 제공하며, 사물을 대상으로 하는 경우, 센서나 디바이스 혹은 액추에이터에 직간접적으로 피드백을 제공

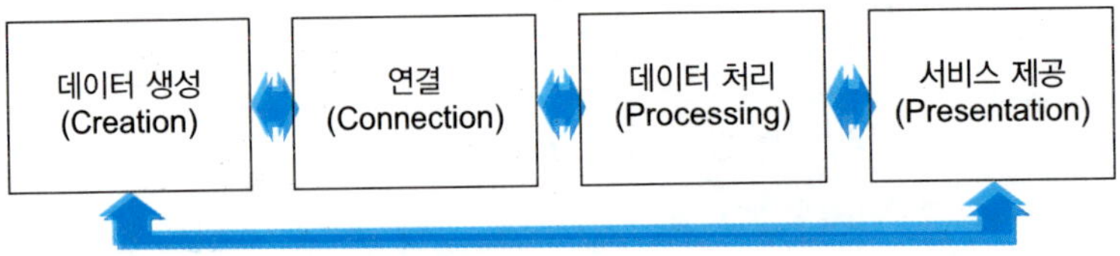

그림 8-3 IoT 시스템 구성 개념도

3 지능형 사물인터넷(AIoT)

- 인공지능(AI)과 사물인터넷(IoT)을 결합한 지능형 사물인터넷(AIoT) Artificial Intelligence of Things 은 인공지능을 물리적 사물, 디지털 사물 및 생물학적 존재에 탑재 또는 융합하여 활용하는 기술과 시스템을 의미함
- 국제전기통신연합(ITU) SG 20과 CG-AIoT에서 관련 표준 제안 및 제정
- AIoT는 인공지능융합기술 AI Convergence Technology 의 하나로 정보기술을 기반으로 연결성과 지능성을 확장하고 융합하는 4차 산업혁명의 초연결성 Hyperconnectivity, 초지능성 Superintelligence, 초융합성 Hyperconvergence 을 가능하게 하는 핵심 기술
- AIoT의 Things(사물)은 자동차나 로봇과 같은 물리적 사물, 소프트웨어나 플랫폼 등의 디지털 사물 그리고 사람과 동식물을 일컫는 생물학적 존재를 모두 포함함

[표 8-5] 사물인터넷 IoT와 AIoT의 기능 비교

구분	IoT	AIoT
실시간 대응 능력	데이터 수집 후 일정한 주기로 분석하거나 인간의 개입에 의해 대응	머신러닝, 딥러닝 등의 AI 기술을 이용하여 실시간으로 분석하며 대응
데이터 분석능력	단순 데이터 수집 및 저장	수집 데이터 분석 후 예측/제어/최적화 작업 등을 스스로 수행
자율 동작 능력	사용자(인간)이 사전에 프로그래밍한 동작만 수행	AI 기술을 이용해 학습하고 자체적으로 판단하여 동작할 수 있는 자율 동작능력 보유
정확도와 시스템 효율성	인간(사용자)의 개입이 필요하므로 지연시간이 발생하고, AIoT에 비해 정확도가 떨어질 수 있음	AI 기술을 이용하여 데이터 수집/처리/반영과정을 빠르고 정확하게 수행 가능

- AIoT 시스템은 주로 클라우드 기반 Clouded-based 또는 엣지 기반 Edge-based 으로 구성됨
- IoT 클라우드로도 알려진 클라우드 기반 IoT는 클라우드 컴퓨팅 플랫폼을 사용하여 IoT 장치에서 데이터를 관리하고 처리하는 시스템 구성방법으로 다음 네 가지 레이어로 구성

❶ **장치 레이어 :** 태그, 비콘, 센서, 자동차, 생산 장비, 임베디드 장치 및 건강 및 피트니스 장비와 같은 여러 유형의 하드웨어 및 디바이스

❷ **연결성 레이어 :** 하드웨어 또는 소프트웨어 요소로 구성된 필드 및 클라우드 게이트웨이로, 클라우드 스토리지를 컨트롤러, 센서 및 기타 지능형 장치에 연결

❸ **클라우드 레이어 :** AI 엔진을 통한 데이터 처리, 데이터 저장, 데이터 시각화, 분석 및 API를 통한 데이터 액세스로 구성

❹ **사용자 통신 레이어 :** 웹 포털 및 모바일 애플리케이션으로 구성

- 엣지 기반 AIoT는 IoT 장치에서 생성된 데이터를 가능한 한 가까운 곳에서 처리하여 데이터 이동에 필요한 대역폭을 최소화하고 데이터 분석을 위한 지연을 방지할 수 있는 시스템으로 다음 세 가지 레이어로 구성됨

❶ **수집 단말 레이어 :** 임베디드 장치, 자동차, 제조 장비, 태그, 비콘, 센서, 이동 장치 및 건강 및 피트니스 장비와 같은 하드웨어 장치로 통신망을 통해 게이트웨이에 연결됨

❷ **연결성 레이어 :** 수집 단말 레이어가 통신망을 통해 연결된 필드 게이트웨이로 구성

❸ **엣지 레이어 :** 데이터 저장, 데이터 처리 및 인사이트 생성을 위한 장치들로 구성

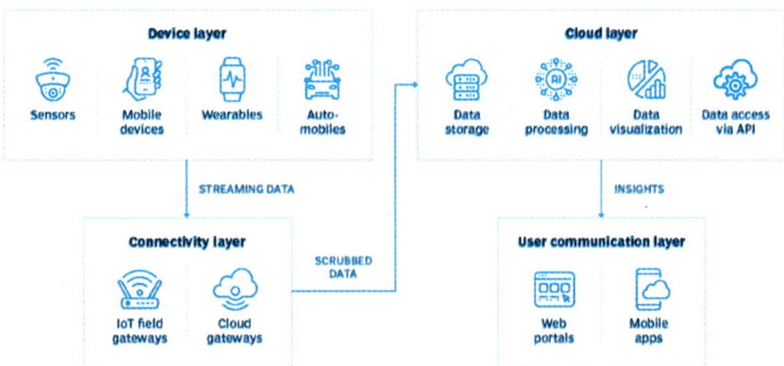

Cloud-based AIoT 구조

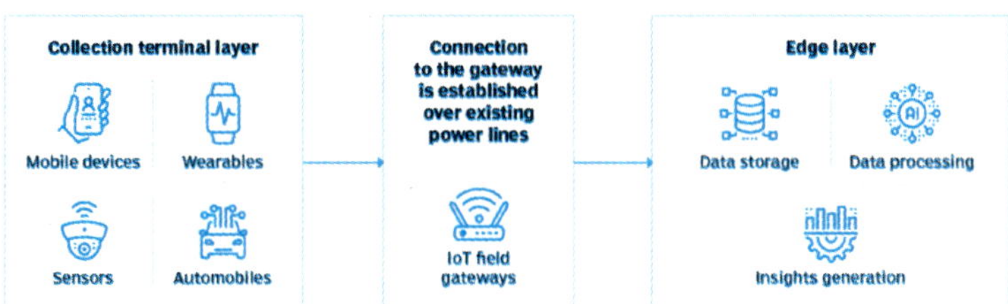

[출처 : www.etri.re.kr]

Edge-based AIoT 구조

그림 8-9 AIoT 시스템 구성 방법

CHAPTER 8

국가고시 기출 문제

자료출처: 한국산업인력공단, www.q-net.or.kr, www.cbt.com

핵심 Hint

1. WAP 프로토콜
   휴대전화에서 무선 통신을 사용하여 인터넷을 하기위한 응용 프로그램의 국제 표준. WAP은 피처폰에 웹 브라우저와 같은 서비스를 제공하기 위해 설계되었으나 현재는 사용하지 않음

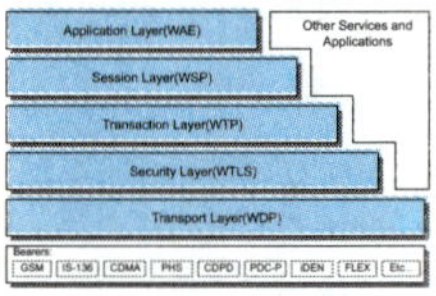

2. WiMAX
   WirelessMAN IEEE 802.16 표준에 기반을 둔 고속의 휴대 인터넷 서비스

3. 근거리 무선통신망 표준

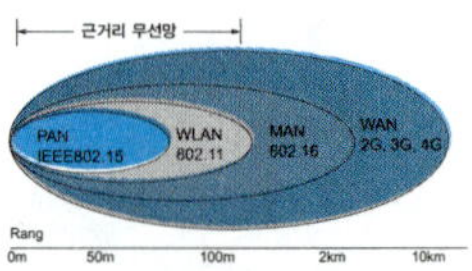

4. WLAN 특징
   IEEE 802.11 표준안에서 규정하며, 무선 LAN은 ad hoc 방식으로 AP를 통하여 또는 AP 없이도 네트워크 구성 가능

01 국가고시2007

무선인터넷 표준인 WAP(Wireless Application Protocol) 프로토콜 구조가 아닌 것은?

① WTLS(Wireless Transport Layer Security)
② WAE(Wireless Application Environment)
③ Bearers
④ WML(Wireless Markup Language)

02 국가고시2008

저속 및 고속으로 이동 중에도 고속의 휴대 인터넷 서비스가 가능한 기술은?

① Bluetooth　　② Zigbee
③ WPAN　　④ WiMAX

03 국가고시2008

무선 LAN의 물리계층 및 MAC 계층에 대한 표준규격은?

① IEEE 802.16　　② IEEE 802.11
③ IEEE 802.15.1　　④ IEEE 802.15.4

04 국가고시2008

무선 LAN 시스템에 대한 설명 중 옳지 않은 것은?

① AP(Access Point)는 무선접속을 통해 이동단말과의 무선링크를 구성하는 무선 기지국의 일종이다.
② 무선 LAN은 CSMA/CA와 같은 방법으로 매체를 공유하여 사용한다.
③ 무선 LAN에서 단말은 AP만을 통해서 통신연결이 가능하다.
④ AP는 기존 유선망과 연결되어 무선 단말이 인터넷 서비스를 제공한다.

05 국가고시2009

무선 네트워크 기술에 관한 설명으로 옳지 않은 것은?

① 초광대역(UWB)기술은 임펄스 라디오 또는 무반송파 무선통신기술이라고 부른다.
② Zigbee는 저전력, 저비용의 장점을 가진 무선통신기술이다.
③ 블루투스는 2.4 [MHz] ISM 대역을 사용하는 무선통신기술이다.
④ 전자태그(RFID)는 전원의 공급 여부에 따라 능동형 태그와 수동형 태그로 크게 나눌 수 있다.

06 국가고시2010

다음 설명 중 옳지 않은 것은?

① HSDPA는 핫스팟(hot spot)이라고 불리는 특정한 공공장소에서 제공되는 광대역 무선인터넷 접속 서비스이다.
② WiBro는 핸드셋, 노트북, PDA 또는 스마트폰 등 다양한 단말기를 이용하여 이동 중에도 고속으로 무선 인터넷이 가능한 서비스이다.
③ WIPI는 한국형 무선 인터넷 플랫폼이다.
④ UWB는 광대역화와 저전력을 통해서 협대역 무선기술보다 낮은 간섭을 갖는 기술이다.

07 국가고시2012

무선랜(WLAN)에 대한 설명으로 옳지 않은 것은?

① IEEE 802.11 규격으로 a, b, g, n이 있으며, 물리계층과 MAC계층에 대해서 규격을 정하고 있다.
② IEEE 802.11과 802.11b를 제외하고 직교주파수분할다중화(OFDM) 기술을 적용하고 있다.
③ 사용 주파수대역은 2.4GHz대이며, 점유 대역폭은 20MHz로 모든 규격이 동일하다.
④ 직교주파수분할다중화(OFDM)에 적용되는 변조방식으로 BPSK, QPSK, 16QAM, 64QAM을 지원한다.

08 국가고시2013

무선 도시지역 통신망 기술인 WMAN(Wireless Metropolitan Area Networks)의 기술을 규정한 국제 표준명은?

① IEEE 802.11　　② IEEE 802.15
③ IEEE 802.16　　④ IEEE 802.21

09 국가고시2017

지능화된 사물 간 통신과 인터넷을 기반으로 하는 사물인터넷을 지칭하는 용어는?

① UWB　　② MIMO　　③ IoT　　④ OFDM

핵심 Hint

5. 근거리 무선통신망 종류
Bluetooth는 ISM 대역인 2.4~2.485GHz 전파를 이용

6. 근거리 무선통신망 종류
HSDPA는 이동통신용 W-CDMA 표준규격임

7. WLAN 특징
IEEE 802.11 표준안에서 규정하며,우리나라는 2.4GHz 대역(대역폭 83MHz, 802.11b/g/n 규격, 채널 BW 22MHz)과 5GHz 대역(대역폭 380Hz, 802.11a/n 규격, 채널 BW 20MHz)을 사용하여 서비스함

8. 근거리 무선통신망 표준

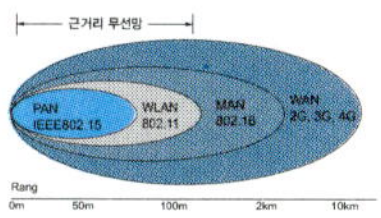

① IEEE 802.11 : WLAN
② IEEE 802.15 : WPAN
③ IEEE 802.16 : WMAN
④ IEEE 802.21 : 다양한 이종 망 간 연동을 위한 표준

9. 이동통신 방식
사물인터넷(IoT): 지능화된 사물 간 통신과 인터넷망을 통칭하는 것으로 현재는 AIoT라고 함

핵심 Hint

10. 근거리 무선통신망 전송속도
표 8-3 참고
ZigBee < Bluetooth < UWB
< LTE < WLAN

11. 근거리 무선통신망 표준
① IEEE 802.11 : WLAN
② IEEE 802.15 : WPAN
③ IEEE 802.16 : WMAN

12. Wireless LAN
IEEE 802.11 표준으로 규정
알파벳 순서가 표준채택 순서임
IEEE 802.11a: 5GHz,OFDM, 최대 54Mbps 서비스

13. 근거리 무선통신망 표준
표 8-3 참고
– Zigbee : DSSS-CSMA/CA
– Bluetooth : FHSS-TDMA

14. OFDM 특징
부반송파에 정보를 분산, 병렬 전송하여 페이딩 특성을 향상시키는 변조방법으로 이동통신에서는 4G 통신부터 적용되고 있다.

10 국가고시2018

다음 무선통신 기술 중 최대 전송속도가 가장 낮은 것은?

① 무선 랜(WLAN) ② 지그비(ZigBee)
③ 블루투스(Bluetooth) ④ LTE(Long Term Evolution)

11 국가고시2018

무선 근거리 통신망인 무선 랜(WLAN)의 기술을 규정하고 있는 국제 표준은?

① IEEE 802.11 ② IEEE 802.15
③ IEEE 802.16 ④ IEEE 802.21

12 국가고시2021

2.4[GHz] 대역의 주파수를 사용하지 않는 무선랜 표준은?

① IEEE 802.11a ② IEEE 802.11b
③ IEEE 802.11g ④ IEEE 802.11n

13 국가고시2021

지그비(Zigbee)와 블루투스(Bluetooth)의 표준에 대한 설명으로 옳지 않은 것은?

① 지그비는 변조 방식으로 DSSS(direct sequence spread spectrum) 방식을 사용한다.
② 지그비는 다중접속 방식으로 CSMA-CA(carrier sense multiple access-collision avoidance) 방식을 사용한다.
③ 블루투스는 변조 방식으로 FHSS(frequency hopping spread spectrum) 방식을 사용한다.
④ 블루투스는 다중접속 방식으로 CDMA(code division multiple access) 방식을 사용한다.

14 국가고시2021

OFDM에 대한 설명으로 옳지 않은 것은?

① 이동통신에서는 5G 통신부터 적용되고 있다.
② 전송채널의 영향에 의한 심볼 간 간섭을 피하기 위해 시간영역의 보호구간이 필요하다.
③ 다수 부반송파 신호를 변복조하기 위하여 고속 푸리에변환(FFT, fast Fourier transform) 알고리즘을 이용한다.
④ 단일반송파 변조방식에 비해 다중경로 페이딩에 강인한 특성이 있다.

[8장 정답]

1. ❹ 2. ❹ 3. ❷ 4. ❸ 5. ❸ 6. ❶ 7. ❸ 8. ❸ 9. ❸ 10. ❷ 11. ❸ 12. ❶ 13. ❹ 14. ❶

부록

학습목차

A.1 물질상수와 단위계

무선공학 학습을 위해 필요한 상수들을 여러 참고자료에서 발췌하여 요약, 수록하였다.

- 표 A.1.1에는 무선공학에서 자주 사용되는 일반적인 물리량에 관한 것으로 전자의 전하량과 정지질량, 자유공간의 특성 등을 요약한 표이다.
- 표 A.1.2는 MKS 단위계에서 많이 사용되는 십진지수 단위의 표준접두어와 약자 표이다. 약자의 경우, 대문자와 소문자를 구분하여 사용하여야 한다.
- 표 A.1.3에는 산업용으로 많이 사용되는 물질들의 도전율을 도전율이 큰 순서대로 나타내었다. 물질은 도전율에 따라 도체, 반도체, 부도체의 성질을 띤다.
- 표 A.1.4에는 유전체, 절연체를 포함한 여러 물질들의 비유전율 ϵ_r' 값과 유전체의 손실을 나타내는 손실탄젠트 $\tan\delta = \epsilon''/\epsilon'$ 값을 표기하였다. 비유전율 ϵ_r'은 매질의 일반적인 전파특성을 결정하며, ϵ''/ϵ'은 유전체가 갖는 손실을 표시하는 손실탄젠트 값이다.
- 표 A.1.5는 자성체 재료로 사용하는 여러 자성체들의 비투자율 값이다.
- 표 A.1.6은 전기자기학에서 많이 사용하는 그리스 단어 표기와 읽는 법을 나타내었다.
- 표 A.1.7은 ITU^International Telecommunication Union^ 기준의 주파수 대역 및 파장 표이다.

표 A.1.1 대표적인 물리상수

상수 이름	표기	상수 값
자유공간 빛의 속도	c	$c = 3\times10^{8}$(m/s)
전자의 정지질량^rest mass^	m	$m = 9.109\times10^{-31}$(kg)
전자의 전하량	c	$1c = 1.602\times10^{-19}$(C)
자유공간 유전율^permittivity^	ϵ_0	$\epsilon_0 = 8.854\times10^{-12} = 1/36\pi\times10^{-9}$(F/m)
자유공간 투자율^permeability^	μ_0	$\mu_0 = 4\pi\times10^{-7}$(H/m)
자유공간 파동임피던스^wave impedance^	η_0	$\eta_0 = 377$ 또는 $120\pi(\Omega)$

표 A.1.2 십진지수 표준접두어와 약자

접두어	표기	의미	접두어	표기	의미
exa	E	10^{18}	atto	a	10^{-18}
peta	P	10^{15}	femto	f	10^{-15}
tera	T	10^{12}	pico	p	10^{-12}
giga	G	10^{9}	nano	n	10^{-9}
mega	M	10^{6}	micro	μ	10^{-6}
kilo	k	10^{3}	milli	m	10^{-3}
hecto	h	10^{2}	centi	c	10^{-2}
deca	da	10^{1}	deci	d	10^{-1}

표 A.1.3 물질들의 도전율 σ(℧/m)

물질 이름	도전율 σ(℧/m)	물질 이름	도전율 σ(℧/m)
Silver	6.17×10^{7}	Stainless steel	1.10×10^{6}
Copper	5.80×10^{7}	Nichrome	1.0×10^{6}
Gold	4.10×10^{7}	Graphite	7.0×10^{4}
Chromium	3.85×10^{7}	Silicon	1.2×10^{3}
Aluminum	3.82×10^{7}	Ferrite	100
Tungsten	1.82×10^{7}	Water (바닷물)	3~5
Zinc	1.67×10^{7}	Limestone	10^{-2}
Brass	1.50×10^{7}	Clay	5×10^{-2}
Nickel	1.45×10^{7}	Water (맑은물)	10^{-3}
Iron	1.03×10^{7}	Water(증류수)	10^{-4}
Bronze	1.00×10^{7}	모래땅	10^{-5}
Platinum	9.52×10^{6}	Marble	10^{-8}
Solder	7.0×10^{6}	Bakelite	10^{-9}
Lead	4.56×10^{6}	Porcelain(도자기)	10^{-10}
Carbon steel	6.0×10^{6}	Diamond	2×10^{-13}
Constantan	2.26×10^{6}	Polystyrene	10^{-16}
Germanium	2.20×10^{6}	Quartz	10^{-17}

표 A.1.4 물질들의 비유전율 ϵ_r' 및 손실탄젠트 $\epsilon''/\epsilon' = \tan\theta$

물질 이름	ϵ_r'	$\epsilon''/\epsilon' = \tan\theta$	물질 이름	ϵ_r'	$\epsilon''/\epsilon' = \tan\theta$
Air	1.0005		Polypropylene	2.25	0.000 3
Alcohol, ethyl	25	0.1	Polyethylene (pure)	2.26	0.000 7
Alumina (99.5%)	9.5	0.0003(10G)	Porcelain(dry process)	4.74	0.015 (10G)
Aluminum oxide	8.8	0.0006	Pyranol 1478	3.8	0.23
Amber (fossil resin)	2.6	0.0234	Pyrexi glass	2.6	0.006
Bakelite	3.64	0.19	Quartz (fused)	3.78	0.000 06
Barium titanate	1200	0.013	ResinNo. 90S	2.54	0.0063
Beewax (white)	2.35	0.005	Rubber	2.5-3	0.002
Carbon dioxide	1.001		Sealingwax(Red Impress)	3.09	0.0123
Ceramic	5.6	0.0041	Silica or SiO(fused)	3.8	0.000 75
Ferrite (NiZn)	12.4	0.00025	Silicon	11.9	0.004 (10G)
FR4	4.6	0.000087	Snow	3.3	0.5
Galliumarsenide (GaAs)	13	0.0037	Sodium chloride	5.9	0.000 1
Germanium	16		Styrofoam	1.03	0.000 1
Glass, Pyrex	4.82	0.0006	Teflon	2.1	0.000 14
Ice	4.2	0.05	Titanium dioxide	100	0.001 5
Mica	5.4	0.000 6	Vaseline	2.16	0.00065
Neoprene	6.6	0.011	Wood (dry)	1.5-4	0.01
Nylon	3.5	0.02	Sandy soil (dry)	2.55	0.0063
Nylon66	3.03	0.013	Loamy soil (dry)	2.44	0.0011
Paper	3	0.008	Clay soil (dry)	2.27	0.015
Paper(Royalgray)	2.7	0.055	Water	80	0.04
Plexiglas	3.45	0.03	Water (sea)	80.5	4

주) 3 GHz 기준 (단, 10G는 10GHz에서 측정한 값임)

표 A.1.5 물질들의 비투자율 μ_r

	Material	μ_r		Material	μ_r
자유공간	Air, Conductor	1.00000000	강자성체	Cobalt	60
반자성체	Bismuth	0.9999986		Powdered iron	100
	Paraffin	0.99999942		Machine steel	300
	Wood	0.9999995		Ferrite (typical)	1,000
	Silver	0.99999981		Permalloy 45	2,500
상자성체	Aluminum	1.00000065		Transformer iron	3,000
	Beryllium	1.00000079		Silicon iron	3,500
	Nickel chloride	1.00004		Iron (pure)	4,000
	Manganese sulfate	1.0001		Mumetal	20,000
강자성체	Nickel	50		Sendust	30,000
	Cast iron	60		Supermalloy	100,000

표 A.1.6 그리스 문자 표(24자)

대문자	소문자	이름 및 발음	대문자	소문자	이름 및 발음
A	α	Alpha (알파)	N	ν	Nu (뉴)
B	β	Beta (베타)	Ξ	ξ	Xi (크사이)
Γ	γ	Gamma (감마)	O	o	Omicron (오미크론)
Δ	δ	Delta (델타)	Π	π	Pi (파이)
E	ε	Epsilon (입실론)	P	ρ	Rho (로오)
Z	ζ	Zeta (제타)	Σ	σ	Sigma (시그마)
H	η	Eta (이타)	T	τ	Tau (타우)
Θ	θ	Theta(씨이터)	Υ	υ	Upsilon (업실론)
I	ι	Iota (아이오터)	Φ	φ	Phi (파이)
K	κ	Kappa (카파)	X	χ	Chi (카이)
Λ	λ	Lamda (람다)	Ψ	ψ	Psi(사이)
M	μ	Mu (뮤)	Ω	ω	Omega (오메가)

표 A.1.7 주파수 대역표 (ITU 기준)

대역기호	대역이름	주파수 범위	파장범위	주요 사용
ELF	초저주파	20~300Hz	10,000~1,000km	수중조난신호
VF	음파	300~3,000Hz	1,000~100km	대화, 음성통신
VLF	초장파	3~30kHz	100~10km	선박통신, 수중음향통신
LF	장파	30~300kHz	10~1km	항해용
MF	중파	300~3,000kHz	1,000~100m	AM Radio, 항공통신
HF	단파	3~30MHz	100~10m	단파방송, HAM, 무전기
VHF	초단파	30~300MHz	10~1m	TV, FM Radio
UHF	극초단파	300~3,000MHz	1~0.1m	TV, 이동전화, 레이더
SHF	센티미터파	3~30GHz	10~1cm	위성통신, 레이더
EHF	밀리미터파	30~300GHz	10~1mm	missile, 우주통신
THF	서브밀리파	300~3,000GHz	1~0.1mm	초단거리통신
Optical	광파	3,000GHz~	0.1mm~	적외선통신, 광통신

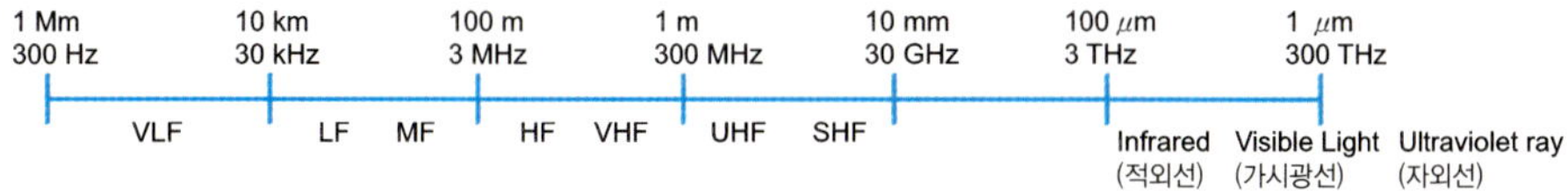

A.2 국가고시 기출 문제 해설

1장

01 ❹

Spectrum은 전자파의 전력 또는 크기 분포를 주파수(f) 또는 파장(λ)에 따라 나타낸 것.

전파는 주파수, 빛은 파장을 기준으로 스펙트럼을 나타냄

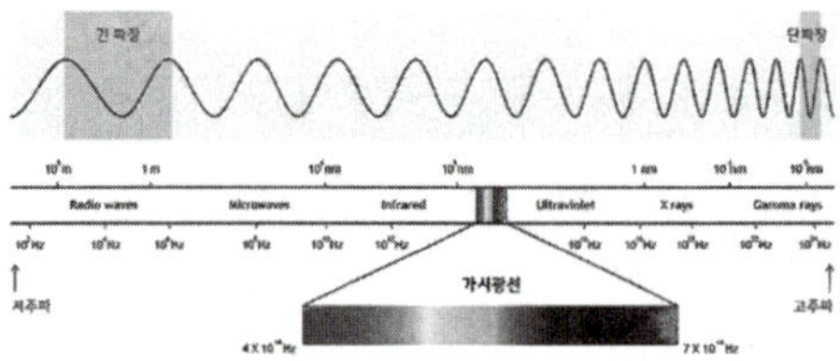

02 ❹

열잡음은 온도 상승에 따라 전자의 불규칙한 운동(열운동, Thermal Agitation)에 의해 발생

- 통신시스템을 지배하는 기본적인 잡음은 시스템을 구성하는 소자 동작을 위한 전자들의 불규칙한 열운동에 의한 열잡음으로 AWGN 형태로 모델링함
- AWGN^Additive White Gaussian Noise^는 모든 주파수 대역에서 동일한 발생 확률을 갖고 균일한 크기로 분포하며, 신호전력에 더해지는 잡음 성분을 나타냄
- 열잡음 전력은 사용대역폭과 온도에 비례함

  $N = kTB = N_0 B(\text{Watt})$

  $= 10\log k + 10\log T + 10\log B(\text{dB})$

  N_0 : 잡음전력밀도 (Watts/Hz) = kT

  k : Boltzmann Constant = 1.38×10^{-23} (J/K)

  T : 캘빈온도(K, 절대온도)

  = 일반온도(℃) + 273

① 잡음전력밀도는 모든 주파수 대역에서 균일하게 분포되어 나타난다.

② 주파수와 무관하며, 잡음전력은 대역폭이 넓을수록 커진다.

③ 비연속적, 비정규적인 펄스나 순간적인 잡음 스파이크는 산탄잡음(Shot Noise)이다.

❹ 온도가 낮아질수록 열잡음은 작아진다.

03 ❹

복소지수함수의 퓨리에 변환

$e^{\pm j2\pi f_0 t} \Leftrightarrow \delta(f \mp f_0)$

04 ❷

Shannon의 채널용량 정리 $C = B\log_2(1+S/N)$

채널용량은 신호대잡음비(S/N비)와 사용대역폭에 의해 결정됨

05 ❸

$C = B\log_2(1+S/N)$

$C = B\log_2(1+S/N) = 1\text{MHz} \times \log_2(1+63)$

$= 1\text{M/sec} \times \log_2 2^6 = 6\text{Mbps}$

06 ❹

dBm 정의 및 dB 계산

$$\text{dBm} = 10\log\frac{P_{out}}{1\text{mW}} = 36$$

$\log P_{out} = \log 10^{3.6} = 3+0.6 = \log 1000 + \log 4 = \log 4000$

$(3 = \log 1000,\ 0.6 \cong 2\log 2 = \log 4)$

$P_{out} = 4{,}000\text{mW} = 4\text{W}$

$\therefore P_{in} : P_{out} = 100 : 4 = 25 : 1$

07 ❹

$C = B\log_2(1+S/N)$

① 채널용량은 SNR과 채널대역폭의 함수이다.

② 채널대역폭이 2배 증가하면 채널용량은 2배

증가한다. $C = 2 \times B\log_2(1+S/N) = 2 \times C$

③ SNR이 0[dB]일 때 단위 주파수당 채널용량은 1[bps/Hz]

$SNR\ 0\text{dB} = 10\log_{10}1 \quad \Rightarrow SNR = 1$

$\therefore C(\text{bps}) = B\log_2(1+1) = B(\text{Hz})$

$\Rightarrow C/B = 1(\text{bps/Hz})$

❹ SNR이 2배 증가하면 채널용량은 $C = B\log_2(1+2 \times S/N)$로 증가

08 ❹

dB 단위로 환산하여 이득 계산

$$\text{dBm} = 10\log\frac{P}{1\text{mW}} = 10\log\frac{P}{10^{-3}} = -30\text{dBW}$$

$\text{Gain} = -25+50+15 = 40\text{dB}$

$P_{out,\,dB} = -30\text{dBW}+40\text{dB} = 10\text{dBW}$

$10\text{dBW} = 10\log_{10}P_{out} \therefore P_{out} = 10\text{W}$

09 ❸

$$\text{dBm} = 10\log\frac{P}{1\text{mW}} = -30\text{dBW}$$

$$30\text{dBm} = 10\log\frac{P}{1\text{mW}}$$

$P = 10^3\text{mW} = 1\text{W}$

10 ❸

Shannon의 채널용량 정리 $C = B\log_2(1+S/N)$

$C = 15 \times 10^3 \times \log_2(1+31) = 75\text{kbps}$

11 ❷

시스템 이득은 dB 단위로 환산하여 계산 (곱셈 ⇒ log 덧셈)

$$\text{Total Gain} = +25+12-70+20 = -13\text{dB} = 10\log_{10}\frac{P_{out}}{P_{in}}$$

$$\text{Input Power 1Watt} = 10\log_{10}\frac{1\text{W}}{1\text{mW}} = 10\log_{10}10^3 = 30\text{dBm}$$

1) $P_{out} = 30\text{dBm}-13\text{dB} = 17\text{dBm}$

2) $$10\log_{10}\frac{P_{out}}{P_{in}} = -13\text{dB} = -10-3 = 10\log_{10}\frac{1}{10} + 10\log_{10}\frac{1}{2} = 10\log_{10}\frac{1}{20}$$

$$\therefore \frac{P_{out}}{P_{in}} = \frac{1}{20} = 0.05$$

12 ❶

Fourier 변환의 주파수 변환특성과 구형파 변환 이용

$$\cos(2\pi f_0 t) \Leftrightarrow \frac{1}{2}\delta(f \pm f_0) \Leftrightarrow \frac{1}{2}X(f \pm f_c)$$

$$\text{rect}\left(\frac{t}{\tau}\right) \Leftrightarrow \tau\text{sinc}(\pi f\tau)$$

시간대역 펄스폭 τ(sec) ⇒ 주파수대역 대역폭 $\frac{2}{\tau}$(Hz)

AM 변조 $x(t)\cos(2\pi f_c t) \Leftrightarrow \frac{1}{2}X(f \pm f_c)$

캐리어로 주파수 혼합하면 캐리어주파수 $\pm f_0$로 변조 에너지의 1/2씩 분산됨

13 ❸

① 포매팅 : ISI 방지를 위한 데이터 펄스의 Waveform Shaping (Raised-cosine 필터 등)

② 소스코딩 : 전송신호 데이터 량을 줄이기 위한 신호 자체 코딩

❸ 변조 : 반송파의 진폭이나 주파수 또는 위상에 신호를 실어 보내는 기법

④ 채널코딩 : 채널에서 발생하는 에러 보정을 위한 에러정정용 코딩

14 ❷

$C = B\log_2(1+S/N)$

$11.76\text{dB} = 10\log(SNR) \Leftrightarrow SNR = 10^{1.176} = 15$

$C = 200 \times 10^3\log_2(1+15) = 800 \times 10^3\text{bps}$

15 ❶

- 입력신호와 출력신호의 SNR 비율을 잡음 Factor이며, 이를 dB로 나타낸 것이 잡음지수(Noise Figure)임
- Noise Figure(NF)는 시스템 잡음을 결정하며, 작은 값일수록 SNR 좋아짐
- Noise Factor $F = \dfrac{SNR_{input}}{SNR_{output}}$
- Noise Figure$(NF)_{dB} = 10\log F = SNR_i(\text{dB}) - SNR_o(\text{dB})$
- 일반적인 통신시스템은 가산성 백색 가우시안 잡음(AWGN) 채널로 모델링
- AWGN(Additive White Gaussian Noise)는 모든 주파수 대역에서 동일한 발생 확률을 갖고

균일한 크기로 분포하며, 신호전력에 더해지는 잡음성분을 나타냄

❶ 잡음지수(noise figure)는 부품이나 시스템에 의하여 잡음이 얼마나 증가되는가를 나타내는 지수로 작을수록 좋은 값이다.
② 랜덤 잡음은 예측 가능하도록 결정된 신호가 아닌 무작위 신호이다.
③ 가우시안 잡음은 진폭이 가우시안 확률밀도 함수를 갖는다.
④ 백색 가우시안 잡음은 모든 주파수 대역에서 균일한 전력밀도를 갖는다.

16 ❹

Shannon의 채널용량 정리 $C = B\log_2(1+S/N)$ 이용
① $C = 500M\log_2(1+63) = 3{,}000\text{Mbps}$
② $C = 600M\log_2(1+31) = 3{,}000\text{Mbps}$
③ $C = 400M\log_2(1+127) = 2{,}800\text{Mbps}$
❹ $C = 800M\log_2(1+15) = 3{,}200\text{Mbps}$

17 ❸

아날로그 신호의 S/N 비는 디지털 전송 신호의 경우 $S = E_bR$, $N = N_0W$로 변경하여 계산

$$\frac{S}{N} = \frac{E_b}{N_0}\frac{R}{W} \Rightarrow \frac{E_b}{N_0} = \frac{S}{N}\frac{W}{R}$$

① $\frac{E_b}{N_0} = \frac{1}{2}\frac{4}{1} = 2$ ② $\frac{E_b}{N_0} = \frac{1}{2}\frac{2}{4} = \frac{1}{4}$
③ $\frac{E_b}{N_0} = \frac{2}{1}\frac{2}{1} = 4$ ❹ $\frac{E_b}{N_0} = \frac{2}{1}\frac{1}{2} = 1$

18 ❶

dB 단위계의 이해 및 단위계 통일 후 비교함,
$\text{dBW} = 30\text{ dBm} = 10\log P(\text{W})$
❶ $10[\text{W}] = 10\log 10 = 10\text{dBW}$
② $1\text{mW} = 10^{-3}\text{W} = 10\log 10^{-3} = -30\text{wBW}$
③ $10[\text{dBm}] = 10-30=20\text{dBW}$
④ $0[\text{dBW}]$

19 ❶

$g(t) = \sin(2t) \Rightarrow \omega_0 = 2$

$$P = \frac{1}{T}\int_0^T x^2(t)dt,\ T = \frac{2\pi}{\omega_0} = \frac{2\pi}{2} = \pi$$

$$P = \frac{1}{\pi}\int_0^T \sin^2(2t)dt = \frac{1}{\pi}\int_0^{\pi}\frac{1-\cos4t}{2}dt = \frac{1}{2}$$

2장

01 ❸

전파속도, 주파수, 파장 관계식
$f\lambda = c$

$$f = \frac{c}{\lambda} = \frac{3\times10^8}{10\times10^{-2}} = 3\times10^9\ (\text{Hz})$$

02 ❸

초고주파 전자파의 특성
- 마이크로파(SHF)
  $f = 3\sim30\text{GHz} \Rightarrow \lambda = 10^{-1}\sim10^{-2}(\text{m})$
- 초단파(VHF)
  $f = 30\sim300\text{MHz} \Rightarrow \lambda = 10\sim1(\text{m})$
- 주파수가 높아 지향성이 강하므로 가시거리 통신(LOS) 또는 반사파 이용
- 접시안테나 등 고이득 안테나 구현 가능

❸ 초단파에 비해 파장이 짧고, 파라볼라 안테나를 사용한다.

03 ❹

마이크로파의 전파방법
- 파라볼라, 혼, 렌즈안테나 등의 지향성 안테나 사용
- 초고주파에서는 집중정수가 아닌 분포정수회로Distributed Constant Circuit 사용

❹ 분포정수회로로 해석한다.

04 ❷

무선통신 채널 특성
① 자유공간 손실 $L_p = \left(\frac{4\pi R}{\lambda}\right)^2$ 송수신기 사이의 거리가 멀어질수록 신호감쇄 커짐
❷ $L_p = \left(\frac{4\pi R}{\lambda}\right)^2 = \left(\frac{4\pi fR}{c}\right)^2$ 송신주파수가 낮을

수록 신호감쇄가 작아진다.

③ 안테나 크기는 반파장을 기준으로 하므로 주파수가 높으면 안테나 크기 줄어듬

④ 도플러 천이 $f_d = \frac{v}{\lambda}\cos\theta$ 이므로 이동성이 커질수록 무선 채널의 특성이 빨리 변한다.

05 ❶

전력을 dB 단위로 표기

$$10W = 10\log\frac{10W}{1mW} = 40dBm,$$

$$1mW = 10\log\frac{1mW}{1mW} = 0dBm$$

따라서 경로손실은 40dBm이다.

06 ❹

자유공간 손실 $L_p = \left(\frac{4\pi R}{\lambda}\right)^2$ 이므로 송신기의 변조와는 무관하다.

(송신 안테나 이득은 감쇠와는 무관하지만 수신 전력을 결정해주므로 답으로 인정한 듯??)

② 송신 안테나의 이득 ❹ 송신기의 변조 방식

07 ❸

무선통신시스템은 오픈된 대기 등을 이용하므로 유선통신방식에 비해 잡음이나 간섭현상이 잘 일어난다.

❸ 무선통신을 사용하면 유선통신에 비해 주변 통신기기나 전자기기와의 전자파 간섭을 많이 받는다.

08 ❶

전파의 주요 성질

❶ 회절(Diffraction) : 빛이 장애물을 만날때 휘는 성질

② 직진(Straightness)

③ 간섭(Interference) : 비슷한 파장 신호끼리 서로 상호작용하는 현상

④ 굴절(Refraction) : 굴절율이 다른 매질에서 굽어지는 현상

⑤ 반사(Reflection) : 통과하지 못하는 방해물에서 반사되는 현상

09 ❹

www.ktword.co.kr 참고

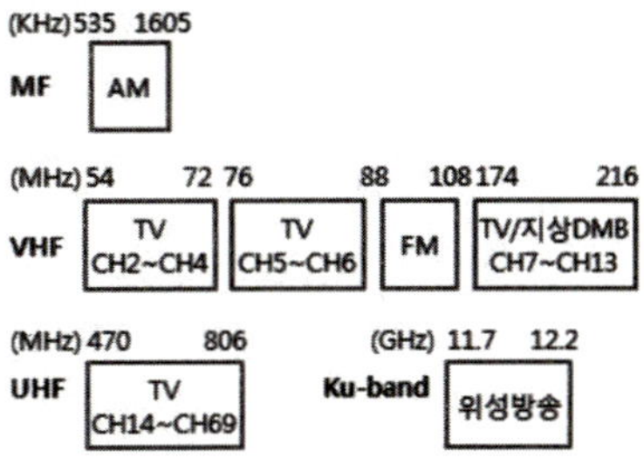

① 이동전화-UHF, SHF 대역(800M-3.5G, 5G, 28GHz)

② FM (88-108M(VHF대역)

③ TV-VHF,UHF 대역

❹ AM (530-1600kHz (MF 대역)

10 ❹

전파의 특성

- $f\lambda = c = 3\times10^8(m/s) = \frac{\lambda}{T}$
- 전계와 자계가 수직으로 전파면을 형성하고, 정현파의 형태로 빛의 속도로 진행하는 횡파
- $L_p = \left(\frac{4\pi R}{\lambda}\right)^2 = \left(\frac{4\pi fR}{c}\right)^2$

❹ 전파가 한 번 진동하는데 걸리는 시간을 주기(T)라고 한다.

11 ❶

❶ 산란형 페이딩: 대기 중의 미립자, 전파방해물에 의해 산란하여 발생하는 페이딩

12 ❷

전자파의 자유공간 손실 : $L_p = \left(\frac{4\pi R}{\lambda}\right)^2 = \left(\frac{4\pi fR}{c}\right)^2$

❷ 사용하는 신호의 파장이 클수록 전송 손실은 감소한다.

13 ❷

Friis 전달공식

$$P_{R,\max} = P_T G_T \left(\frac{\lambda}{4\pi R}\right)^2 G_R,\ P_R = \frac{\sum 이득성분}{\sum 손실성분}$$

dB보다는 숫자로 계산하는 것이 유리함

$$P_{R,W} = P_T G_T \left(\frac{c}{4\pi f R}\right)^2 G_R$$
$$= 10 \times 10^2 \times \left(\frac{3 \times 10^8}{4\pi 10^9 \times 10^3}\right)^2 \times 10^2 \div 10$$
$$= \frac{1}{16} \times 10^{-4} = \frac{1}{160}\ (\text{mW})$$

14 ❸

초고주파(마이크로파) 특징

① 주파수 대역이 넓어 광대역 서비스 가능

② 회절보다는 직진성이 강해 전리층에서 휘어지지 않고 통과하므로 위성통신에 적합

❸ 파장이 짧아 고해상도의 레이더 영상 획득이 가능하다

④ 예리한 지향특성을 갖음

⑤ 짧은 파장으로 안테나 이득이 크다.

⑥ 회로구성이 어렵고 손실이 크다.

15 ❶

전파의 주요 성질

❶ 회절 : 빛이 장애물을 만날때 휘는 성질

② 직진 : 고주파일수록 에너지가 집속되어 지향특성을 갖으며 직진하는 현상

③ 간섭 : 비슷한 파장(주파수) 신호끼리 서로 상호작용하는 현상

④ 굴절 : 굴절율이 다른 매질에서 굽어지는 현상

⑤ 반사 : 통과하지 못하는 방해물에서 반사되는 현상

⑥ 감쇠 : 전송거리에 따라 신호 세기가 줄어드는 현상

16 ❶

초고주파(마이크로파) 특징

회절보다는 직진성이 강해 전리층에서 휘어지지 않고 통과하므로 위성통신에 적합

❶ 전리층의 반사가 없으므로 위성통신에 이용할 수 있다.

17 ❶

전자파의 주요 성질

- 회절 : 빛이 장애물을 만날때 휘는 성질
- 주파수가 높아질수록 회절성은 감소, 직진성 증가
- 산란 : 방해물에 부딛혀 에너지가 분산되는 현상

❶ 가시경로가 없는 산 뒤쪽에서도 전파가 수신되는 것은 회절(Refraction) 때문이다.

18 ❸

L-band 1-2G
S-band 2-4G
C-Band 4-8G
X-Band 8-12G
Ku-Band 12-18G
K-Band 18-27G
Ka-Band 27-40G

❸ 14[GHz] 대역-Ku 밴드

19 ❶

고주파일수록 파장이 짧아져 직진성이 증가하여 전리층 통과가 쉬워져 위성통신용으로 사용

❶ 주파수가 높을수록 전리층 통과가 쉬워진다.

20 ❷

자기람(magnetic storm : 자기 폭풍)

태양 활동에 따라 방출된 하전 미립자가 지구자계에 혼란을 일으켜 극지방에 강한 전리층 교란을 일으키는 현상

- 빈발성(돌발성)이 적으며 태양폭발 관측 후 0.5~1일 후에 주야 구분없이 지구 전역에서 발생
- 느린 속도로 지속기간이 길며, 1~2일 때로는 수일 동안 계속됨
- 20[MHz] 이상의 높은 주파수 통신에 영향을 줌

❷ 3~20MHz 주파수대역보다 높은 주파수 신호가 더 큰 영향을 받는다.

21 ❹

AM : 540-1600kHz

위성DMB : 2,630~2,655MHz
수중통신 : 3-30kHz(VLF)
❹ 2.4[GHz], 무선 랜

22 ❶

❶ 장파
저주파 전파일수록 회절특성 커짐

23 ❷

$s(t) = A\cos(2\pi ft+\phi),\ f\lambda = c$
한주기동안 진행한 거리를 파장이라고 함

$$f = \frac{c}{\lambda} = \frac{3\times10^8}{10^5} = 3\times10^3\ (\mathrm{m})$$

24 ❶

$$L_p = \left(\frac{4\pi R}{\lambda}\right)^2 = \left(\frac{4\pi fR}{c}\right)^2$$

❶ 송신신호의 주파수가 2배로 증가하면 경로손실은 4배로 증가한다.

$$L_p = \left(\frac{4\pi 2fR}{c}\right)^2 = 4\times\left(\frac{4\pi fR}{c}\right)^2 (4배)$$

② $R \Rightarrow 3R,\ L_p = \left(\frac{4\pi 3R}{\lambda}\right)^2 = 9\times\left(\frac{4\pi R}{\lambda}\right)^2$

③ $R \Rightarrow 4R,\ \lambda \Rightarrow 2\lambda,\ L_p = \left(\frac{4\pi 4R}{2\lambda}\right)^2 = 4\times\left(\frac{4\pi R}{\lambda}\right)^2$

④ $R \Rightarrow 2R,\ \lambda \Rightarrow 2\lambda,\ L_p = \left(\frac{4\pi 2f2R}{c}\right)^2 = 16\times\left(\frac{4\pi fR}{c}\right)^2$

25 ❹

$f\lambda = c$

$$\lambda = \frac{c}{f} = \frac{3\times10^8}{1.5\times10^9} = 0.2\ (\mathrm{m})$$

1파장 동안의 위상변화는 2π이고 10cm = 0.5λ이므로 위상은 π(radian) 만큼 변화

26 ❷

$$L_p = \left(\frac{4\pi R}{\lambda}\right)^2 = \left(\frac{4\pi fR}{c}\right)^2$$

– 저주파일수록 대기감쇠 적음

L-band 1-2G
S-band 2-4G
C-Band 4-8G
X-Band 8-12G
Ku-Band 12-18G
K-Band 18-27G
Ka-Band 27-40G

27 ❸

26번 참조 ❸ Ka-Ku-C-S

28 ❷

① 전파가 전파방해물의 영향을 받아 감쇠와 왜곡이 심하다. (전리층은 왜곡없이 통과함)
❷ 사용 주파수 범위가 넓어 광대역 전송이 가능하다.
③ 1[GHz]~10[GHz]의 주파수 영역에서는 전자기 잡음레벨이 상대적으로 매우 낮다.(전파의 창)
④ 동작주파수가 높아 고이득, 고지향성 안테나의 구현이 가능하다.

29 ❸

주파수가 높아질수록 파장이 짧아져 회절성이 줄어들고 직진성 증가
– 서로다른 매질 경계면에서는 반사 또는 굴절함
❸ 주파수가 높을수록 회절작용이 줄어들고, 직진성이 강해진다.

30 ❹

– 안테나 방향에 따라 수직 또는 수평편파로 진행
❹ 안테나에서 방사된 전파는 안테나 지향특성에 따른 방향으로 진행한다.

31 ❷

경로손실 = 송신전력−수신전력

$100[\mathrm{W}] = 10\log\frac{100}{10^{-3}} = 50\mathrm{dBm}$,

$0.1\mathrm{mW} = 10\log\frac{0.1}{1} = -10\mathrm{dBm}$

Loss = 50−(−10) = 60dB

32 ❸

❸ 전리층은 지상 50~1,000[km]에 위치한다.

- D층 : 지상 50~90[km], 장파를 반사
- E층 : 지상 100[km], 장파 및 중파를 반사
- F층 : 지상 200~400[km], 단파 및 초단파 반사

33 ❹

$$L_p = \left(\frac{4\pi R}{\lambda}\right)^2 = \left(\frac{4\pi fR}{c}\right)^2$$

$$L_p = \left(\frac{4\pi 10^9 \times 2.5 \times 10^3}{3 \times 10^8}\right)^2 = 10^{10} = 100[\text{dB}]$$

34 ❶

www.ktword.co.kr 참고 (방송주파수 대역)

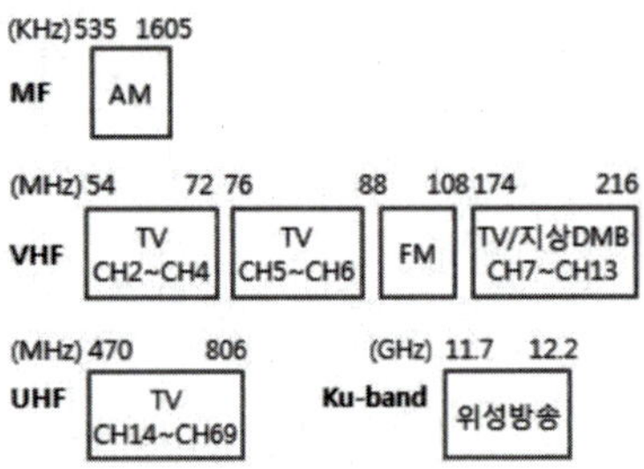

❶ TV방송 : VHF, UHF 사용

35 ❸

전자파의 전파특성

- 회절, 굴절, 반사, 투과, 직진, 산란, 감쇠 특성 지님

❸ 직진성 혹은 지향성을 갖는다.

36 ❹

주파수가 높아질수록 파장이 짧아져 회절성이 줄어들고 직진성 증가

❹ 전파의 주파수가 높을수록 회절이 줄어들고 직진성이 높아지며, 낮을수록 회절성이 좋아진다.

37 ❹

전자파의 속도 $v = \sqrt{\dfrac{1}{\mu_0 \epsilon_0 \mu_r \epsilon_r}} = \dfrac{c}{\sqrt{\mu_r \epsilon_r}}$ (m/s)

$v = \dfrac{c}{\sqrt{4 \times 64}} = \dfrac{c}{16}$ (m/s)

38 ❷

경로손실 $L_p = \left(\dfrac{4\pi R}{\lambda}\right)^2 = \left(\dfrac{4\pi fR}{c}\right)^2$

- 열잡음에 의해 AWGN 발생하며 $N = kTB = N_0B$(Watt)
- 다른 사용자 전파에 의해 간섭현상이 발생함

❷ 백색가우시안 잡음의 주요 원인은 전자의 열운동에 의한 열잡음이다.

39 ❶

주파수 대역구분 (ITU)			IEEE(레이다)	응용분야
파장별 명칭	약어	주파수 대역		
초장파	VLF	3~30kHz		인간음성, 해상통신, 음파탐지장치, 무선항법
장파	LF	30~300kHz		라디오표지, 선박/항공기 통신, AM장파방송
중파	MF	300~3,000kHz		AM방송, 국제단파통신, 방향탐지, 해안무선
단파	HF	3~30MHz	HF	전보, 아마추어무선, RFID, 국제방송
초단파	VHF	30~300MHz	VHF	FM방송, 지상-항공통신, 경찰무선, 항공관제
극초단파	UHF	300~3,000MHz	L-band 1-2G	TV방송, GPS, LAN, 블루투스, 이동통신, 이리듐
			S-band 2-4G	
마이크로파	SHF	3~30GHz	C-Band 4-8G	항공/지상레이다, 위성통신, 마이크로파 링크
			X-Band 8-12G	
			Ku-Band 12-18G	
			K-Band 18-27G	
밀리미터파	EHF	30~300GHz	Ka-Band 27-40G	우주통신, 차량레이다, 원격탐지, 전자전무기
			V-Band 40-75G	
			W-Band 75-110G	
			밀리파110-300G	
데시 밀리미터파	THF	300~3,000GHz		전파 천문학, 우주 연구
광파	Optical	3THz ~		광통신, 광학시스템

40 ❷

$f\lambda = c \Rightarrow$ 고주파수일수록 파장 짧아짐

41 ❶

고도가 높아질수록 굴절률이 낮아져 지구 쪽으로 굴절됨

$N = N_s e^{-c_e h}$ (h : 고도)

❶ 일반적으로 대기 중의 전자파 굴절률은 고도가 높아질수록 작아진다.

42 ❹

$$L_p = \left(\frac{4\pi R}{\lambda}\right)^2 = \left(\frac{4\pi fR}{c}\right)^2$$

❹ 전체 경로손실은 반송파 파장의 제곱에 반비례한다.

3장

01 ❹

DSB-LC(TC)

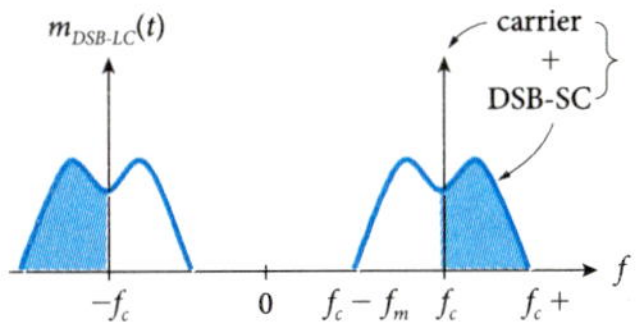

- FM에 비해 AM이 페이딩 영향 큼
- 포락선검파로 복조 가능
- $P = P_c + P_s\left(1+\frac{\mu^2}{2}\right)P_c$
- 변조 대역폭 2배로 늘어남

❹ 이 방식으로 변조된 신호를 전송하는 데 필요한 대역폭은 20kHz이다.

02 ❷

순시각주파수 $\omega_i(t) = \frac{d\theta(t)}{dt}$

$s(t) = A\cos\theta(t) = 20\cos[2\pi(400t+5\cos7t)]$

$\omega_i(t) = \frac{d\theta(t)}{dt} = 2\pi[400-35\sin7t]$

03 ❹

Carlson's Rule $BW = 2(f_m+\Delta f) = 2f_m(1+\beta)$

$BW = 2(f_m+\Delta f) = 2(50+500) = 1{,}100\text{kHz}$

$\beta = \frac{\Delta f}{f_m} = \frac{100}{50} = 100$

04 ❷

www.ktword.co.kr 참고(PLL 회로)

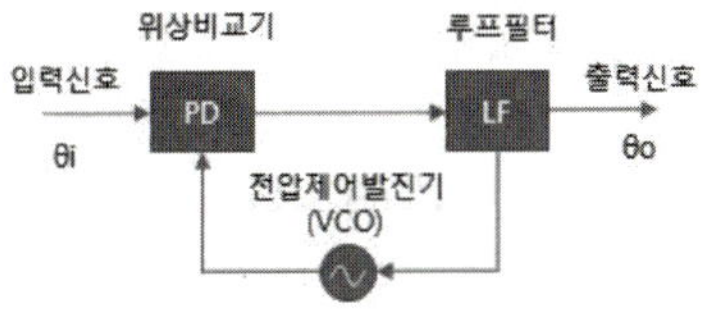

- VCO+PLL 회로를 이용하여 캐리어 생성
- 주파수 변화를 진폭변화로 바꾸는 회로는 변별기(discriminator)이며, FM 복조기에 사용

❷ 주파수 변화를 진폭 변화로 변환하기 위하여 변별기(discriminator)가 사용된다.

05 ❶

식 (4.24) 참고

Image Frequency $f_{image} = f_{LO} \pm 2f_{IF} \cdots$

$f_{image} = 1500 \pm 2 \times 455 = (590, 2, 410)\text{kHz}$

06 ❶

QPSK (2 bits/symbol)

- bps = 2sps
- 직교성 때문에 BPSK와 같은 대역폭으로 2배 데이터 전송 가능

❶ 심볼 레이트(Symbol Rate)는 비트 레이트(Bit Rate)의 1/2이다.

07 ❷

www.ktword.co.kr 참고

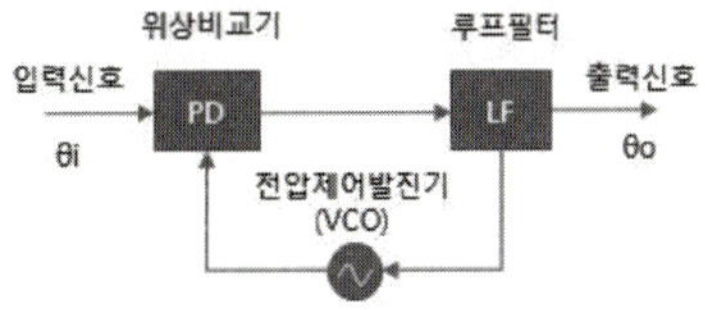

- 루프필터(LPF) : 위상검출기로부터 나오는 두 신호 간 위상차의 고주파 성분을 제거
- 전압제어발진기(VCO) : 제어 전압에 따라 조절되는 주파수를 발생시키는 발진기

❷ 위상비교기 : 입력 수신 신호의 위상과 국부 발생시킨 복사본 위상과의 위상차를 검출하여, 이 위상차(에러)에 비례하는 전압을 출력함

08 ❷

PCM 데이터 전송속도 : 샘플링속도×샘플당비트수

Quantization Leavel 64 = 2^6

전송률 = 8,000spl/s × 6bits/spl = 48kbps

09 ❸

신호 변화가 클 경우, Δ를 크게하여 경사 과부하 잡음을 줄이고, 변화가 작을 경우 Δ를 줄여 입상 잡음 감소시킴

❸ 입력 신호의 변화폭이 큰 경우 Δ의 크기 값이 클수록 유리하다.

10 ❷

각변조 : 신호가 $s(t) = A_c \cos\theta_i(t)$일 경우,

$$s_{FM}(t) = A_c \cos\left[\omega_c t + K_f \int_0^t m(\tau)d\tau\right],$$

$$s_{PM}(t) = A_c \cos\left[\omega_c t + K_P m(t)\right]$$

$$\omega_i(t) = \frac{d\theta(t)}{dt} = \omega_c + K_f m(t)(FM)$$

$$= \omega_c + K_P \frac{dm(t)}{dt}(PM)$$

– 주파수변조의 순시주파수는 $m(t)$에 비례

❷ 주파수변조인 경우 $\theta_i(t)$는 $m(t)$ 값에 비례한다.

11 ❸

구형파 퓨리에 변조 : 펄스폭의 역수인 $1/T$의 2배 대역폭로 변환됨

함수명	시간 영역Time Domain	주파수 영역Frequency Domain
구형파	$rect\left(\frac{t}{\tau}\right)$ ($f(t)$, 1, $-\frac{\tau}{2}$, 0, $\frac{\tau}{2}$, t)	$\tau \,\mathrm{sinc}(\pi f \tau)$ $\left(\mathrm{sinc}(t) = \frac{\sin(\pi t)}{\pi t}\right)$

$$B = \frac{2}{T} = \frac{2}{1\times10^{-3}} = 2\text{kHz}$$

12 ❷

AM : 신호의 크기에 따라 캐리어 진폭 변화(주파수는 일정함)

13 ❶

채널수 = 서비스대역폭/채널대역폭

$$채널수\ N = \frac{1605-525}{9} = 120$$

14 ❸

Nyquist 샘플링 정리

$f_s \geq 2B(\text{Hz}) \Rightarrow f_s \geq 2\times 8{,}000\text{Hz} = 16{,}000\text{spl/s}$

15 ❹

그림 [3-24] 참조

❹ 정보신호-표본화-양자화-부호화-채널

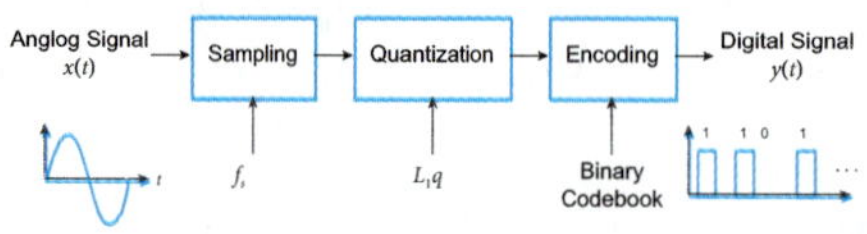

16 ❷

MSK(Minimum Shift Keying) : 위상변화를 최소로 하는 변조방식

17 ❶

동기수신 : 캐리어 복구, 원신호와 곱한 후 저역통과 필터로 복조

❶ 포락선검파기 : 비동기식 수신방식

18 ❹

전송 주파수

$$s_{FM}(t) = A_c \cos\left[\omega_c t + K_f \int_0^t m(\tau)d\tau\right],$$

$$BW = 2(f_m + \Delta f) = 2f_m(1+\beta)$$

$$\beta = \frac{\Delta\omega}{\omega_m} = \frac{\Delta f}{f_m} = \frac{A_m K_f}{\omega_m}$$

19 ❷

PSK(phase shift keying)

PSK신호는 정확한 위상정보(동기식)를 알아야 복조 가능

20 ❹

진폭변조 대역폭 크기 : $SSB < VSB < DSB\text{-}SC/LC$

– TV 방송은 잔류측파대변조(VSB) 방식을 사용하여 고가인 우수한 차단특성의 대역통과 필터를 사용하지 않아도 됨

❹ 단측파대(SSB) 변조 방식은 대역폭을 가장 적게 차지하며, VSB 방식은 광대역의 영상신호를 전송하는데 유리하여 TV 방송에서 주로 사용된다.

21 ❷

FM: 신호의 크기에 따라 주파수 값을 변화시키는 변조방식

① PSK ❷ FSK ③ OOK(ASK) ④ QAM

22 ❹

PCM 데이터 전송속도 : 샘플링속도×샘플당비트수

- $f_s \geq 2B$ = 6,800spl/s ⇒ 8kHz, 256레벨 = 2^8 ⇒ 8bits/spl
- 전송률 = 8k × 8bits/spl = 64kbps

23 ❹

SSB 방식은 반송파를 사용하는 비동기식과 반송파 없이 전송하는 동기식 방식으로 구현 가능

❹ SSB 방식은 반송파 성분을 전송하는 동기식 방식과 반송파 없이 전송하는 동기식 방식으로 전송한다.

24 ❶

AM 변조 신호 ⇔ $\frac{1}{2}S(\omega \pm \omega_c) + \frac{A_c}{2}\delta(\omega \pm \omega_c)$

$m(t) = \cos(20\pi)t \Leftrightarrow f = 10\text{Hz}$

$s(t) = A[1+\cos(20\pi)t]\cos(2\pi 10^3)t$

$\quad = A[\cos(20\pi 10^3)t + \cos 2\pi(10^3 \pm 10)t$

주파수 성분 : 10^3, $10^3 \pm 10$

25 ❹

각주파수민감도 $K_f = 2\pi k_f$

$$\beta = \frac{\Delta\omega}{\omega_m} = \frac{A_m K_f}{\omega_m} = \frac{4 \times 2\pi \times 12.5}{20\pi} = 5$$

26 ❶

[그림 3-23] 참조 : DPCM(Differential PCM): 변조데이터 속도를 낮추기 위하여 표본화값 차이를 양자화하여 변조하는 방식.

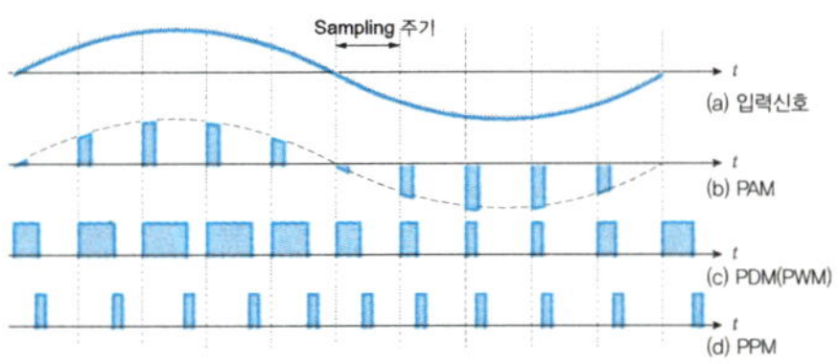

27 ❸

대역확산통신(SS)방식은 PN코드를 사용하여 신호대역폭을 넓히며, S/N비와 협대역 간섭특성을 보완(코드분할 다중화, 신호암호화 가능)

❸ 주파수직교성 확보는 OFDM 변조를 위해 사용

28 ❹

- 변조의 목적 : S/N비 개선,송신대역으로의 주파수변환, 다중화 등을 위해 사용
- 소스코딩 : 신호의 중복성을 제거하여 전송데이터를 줄이는 방법

❹ 소스코딩(source coding)는 신호에 포함되어 있는 중복성을 제거하여 전송할 데이터량을 줄이는 과정이다.

29 ❷

PCM 데이터 전송 속도 : 샘플링속도 × 샘플당비트수

비트율 = 8kHz × 8bits/s = 64kbps

30 ❹

[그림 3-28 참조]

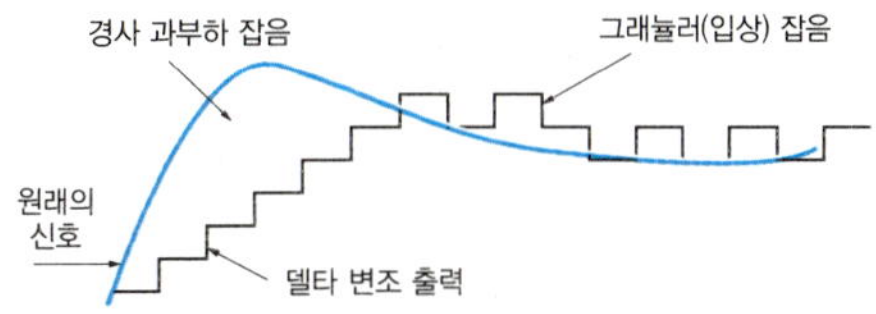

- DM방식은 최소 데이터율로 동작하지만 양자화 잡음 발생

❹ 델타변조(DM)는 차동펄스부호변조(DPCM)에 비해 표본당 더 적은 비트 수를 사용한다.

구분	PCM	DPCM	ADPCM	DM	ADM
표본화 주파수	8kHz	8kHz	8kHz	16kHz	16kHz
표본당 비트수	8bit	4bit	4bit	1bit	1bit
전송속도	64kbps	32kbps	32kbps	16kbps	16kbps
양자화 단계	256(2^8)	16(2^4)	16(2^4)	2(2^1)	2(2^1)
시스템 복잡도	보통	복잡	매우 복잡	매우 간단	간단
잡음	양자화 잡음	양자화 잡음	–	과부하/입상 잡음	–

31 ❸

FM 변조신호

$$A_c\cos\left[\omega_c t + K_f\int_0^t s(\tau)d\tau\right]$$

❸ $= A_c\cos\left[\omega_c t + K_f\frac{A_m}{\omega_m}\sin\omega_m t\right]$

$= A_c\cos\left[\omega_c t + \beta\sin\omega_m t\right]$

32 ❷

진폭변조대역폭 크기 : $SSB < VSB < DSB\text{-}SC/LC$

❷ SSB(Single Side Band)

33 ❷

각주파수민감도 $K_f = 2\pi k_f$

$$\beta = \frac{\Delta\omega}{\omega_m} = \frac{A_m K_f}{\omega_m} = \frac{A_m 2\pi k_f}{\omega_m} = \frac{8 \times 2\pi \times 2}{64\pi} = \frac{1}{2}$$

34 ❸

ASK : 신호의 크기에 따라 캐리어 진폭을 변화시키는 변조방식

① PSK ② FSK ❸ASK(OOK) ④ QAM

35 ❶

- 반송파를 함께 전송하는 DSB-LC 방식은 비동기 방식으로 간단한 포락선 검파기로 수신 가능
- 특징 : 변조지수 $0 \leq \mu \leq 1$, 전력효율 $0 \leq \eta \leq 33.3(\%)$ 변조대역폭 신호대역폭의 2배

❶ 반송파를 삽입하지 않는 방식에 비해 수신기가 간단하다.

36 ❸

M진 시그날링 $M = 2^n$의 대역폭 사용효율 Bandwidth Efficiency η(bits/Hz)

$$= \frac{R_b}{M}\text{(ASK, PSK, QAM)} = \frac{n}{2^n}\text{(FSK)}$$

- 대역폭 효율(스펙트럼효율, η)은 주어진 대역폭 내에서 얼마나 많은 데이터를 전송할 수 있는냐는 것으로 $\eta = \frac{R_b}{B}$ (bits/Hz)로 정의
- M-ary ASK, PSK는 한 개의 캐리어로 심볼당 전송비트수 $n = \log_2 M$을 전송하므로 M이 커질수록 대역폭 사용효율이 높다. 샤논-하틀리의 채널용량곡선에서 규정한 제한된 대역폭 제한Bandwidth limited 시스템(사용할 수 있는 대역폭이 제한된 경우)에 사용되는 변조는 M-ary PSK 또는 QASK(QAM)가 사용된다.
- 반면, M-ary FSK는 $M = 2^k$ (k비트 심볼을 M개 주파수로 표현)이므로 M이 증가할수록 더 많은 대역폭이 필요하며, $\eta = \frac{k}{2^k}$이므로 M이 증가할수록 대역폭 효율이 감소한다. 사용할 수 있는 전력이 제한된 전력제한Power limited 시스템에서서는 M이 증가시켜 대역폭을 소모하는 대신, 소모되는 전력을 줄일 수 있는 M-ary FSK를 사용

[M-ary PSK 대역폭 효율 및 전력효율]

M	2	4	8	16	32	64
η_b(bits/Hz)	0.5	1	1.5	2	2.5	3
E_b/N_0(BER = 10^{-6})	10.5	10.5	14	18.5	23.4	28.5

[M-ary QAM 대역폭 효율 및 전력효율]

M	4	16	64	256	1024	4096
η_b	1	2	3	4	5	6
E_b/N_0(BER = 10^{-6})	10.5	15	18.5	24	28	33.5

① BPSK : 0.5 ② QPSK: 1 ❸ 16-QAM: 2

④ 32-ary orthogonal FSK: $\eta = \frac{k}{2^k} = \frac{5}{2^5} \cong 0.16$

37 ❸

심볼당 비트수 $n = \frac{\text{데이터 속도}}{\text{심볼률}} = \frac{5,000}{2,400} \cong 2.08$

- symbol당 2bit 전송 : 용량초과(5,000/2 = 2,500 sps(baud) 필요)
- symbol당 3bit 전송 : 적합(5,000/3 ≅ 1,667 sps(baud) 필요)
- symbol수 $M = 2^n = 2^3 = 8$

38 ❶

혼합기 출력주파수 : 상호변조에 의해 입력신호들의 고차하모닉 성분이 출력되며, LPF 통과 시 600kHz 이상의 고주파 성분 차단됨 : $f_{out} = \pm nf_1 \pm mf_2$

(m, n) = (1,1)±1.7, ±3.7MHz, (2,1)±0.7, ±4.7 MHz, (1,2)±4.4, ±6.4MHz
(2,1)±0.7, ±4.7MHz, (3,1)±0.3, ±5.7 MHz, (1,3)±7.1, ±9.1MHz

❶ 300 (,n.m) = (3,1)일 경우 0.3MHz 신호 발생

39 ❹

AM : 저성능, 저가, 단순 , FM : 고성능, 고가, 복잡

❹ FM 송신기와 수신기는 변조와 복조를 위한 회로가 복잡해지고 장치의 크기와 가격이 증가하지만, AM의 경우 상대적으로 소형 · 경량 · 저가격으로 구성할 수 있다.

40 ❸

$BW_{FM} = 2(f_m + \Delta f) = 2f_m(1+\beta) = 2 \times 400(1+2) = 2{,}400(\text{Hz})$

41 ❷

진폭변조 대역폭 크기 : $SSB < VSB < DSB\text{-}SC/LC$

- DSB 방식: 대역폭 및 전력 SSB의 약 2배, 구현 간단
- SSB 방식: 대역폭 및 전력 소모 적음, 구현 복잡

❷ SSB 방식의 SNR은 동일한 전력일 때 DSB 방식에 비해 좋다.

42 ❷

양자화레벨은 $2^5 < M = 50 < 2^6$이므로 $n = 6$이어야 함

데이터 전송률은 샘플링 이론 적용 : $2 \times 10k/s \times 6\text{bits/s} = 120\text{kbps}$

43 ❸

$BW_{FM} = 2(f_m + \Delta f)$

$\Delta f = BW_{FM}/2 - f_m = 180/2 - 15 = 75(\text{kHz})$

44 ❷

4.3절 참조 $f_{LO} = f_{RF} + f_{IF}$

수신기 구성을 간단하게 하기 위하여 입력신호 주파수 f_{RF}와 무관하게 중간주파수 f_{IF}가 일정하도록 국부발진기 주파수 f_{LO}를 변경하여 수신함. 통상적으로 $f_{IF,AM} = 455\text{kHz}$, $f_{IF,FM} = 10.7\text{MHz}$으로 사용

45 ❹

단위시간당 전송데이터 속도: 시간당 샘플수×샘플당비트수에 비례하므로 표본화를 많이 할수록 비트수 증가

❹ 표본화 시간 간격이 좁을수록 단위 시간당 발생되는 비트의 수는 증가한다.

46 ❹

- DSB_LC: 대역폭 및 전력 SSB의 약 2배, 구현 간단, 동기식 및 저렴한 비동기식 포락선 검파 가능
- DSB_SC, SSB-SC는 동기검파하여야 하며, 위상정확도가 S/N비를 결정하므로 두방식의 성능은 동일
- 변조대역폭 크기 : $SSB < VSB < DSB\text{-}SC/LC$

❹ 진폭변조된 신호를 복조할 때 포락선검파기를 주로 사용하는 이유는 동기검파기보다 복조기 출력 신호의 신호 대 잡음비가 더 낮지만 가격이 저렴하기 때문이다.

47 ❷

AM 변조지수

$$\mu = \frac{A_m}{A_c} = \frac{A_{max} - A_{min}}{A_{max} + A_{min}} = \frac{3-1}{3+1} = 0.5$$

48 ❷

M-ary Digital Signaling

$M = 2^n = 16 = 2^4$

49 ❷

① Nyquist 표본화율 $f_s = 2B(\text{Hz})$, 과표본화 : $f_s > 2B(\text{Hz})$

❷ 표본화 과정의 결과를 PPM(Pulse Position Modulation)이라 한다.

③ $SQNR = 10\log\left(\frac{S}{N_q}\right) = 10\log\frac{12S}{d^2}$ [dB]

④ $M = 2^n = 32 = 2^5 (n = 5)$

50 ❸

① $BW = 2(f_m + \Delta f) = 2f_m(1+\beta)$

② $\left(\frac{S}{N}\right)_{FM} = 3\beta^2\left(\frac{S}{N}\right)_{AM}$

③ $SQNR = 10\log\left(\frac{S}{N_q}\right) = 10\log\frac{12S}{d^2}$ [dB]

❸ 주파수변조 방식의 잡음 성분을 줄이기 위해

송신기에 프리엠퍼시스(Preemphasis)를, 수신기에 디엠퍼시스(Deemphasis)를 사용한다.

④ 반송파가 제거된 SSB 방식은 캐리어를 전송하지 않으므로 동기검파 사용

51 ❹

Matched Filter

- 입력 신호 $s(t)$를 시간축상에 반전$(-t)$시키고, 그것을 시간지연(T)시킨 임펄스응답으로 신호를 수신
- 샘플링 순간$(t = T)$에, 수신 신호대잡음비(SNR)를 최대화시켜 오류 확률을 최소로하는 필터

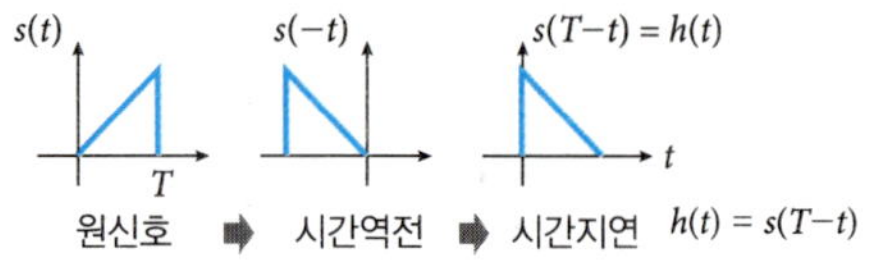

52 ❷

$s(t) = A_c\cos\theta_i(t)$

$s_{FM}(t) = A_c\cos\left[\omega_c t + K_f\int_0^t m(\tau)d\tau\right]$

$s_{PM}(t) = A_c\cos\left[\omega_c t + K_P m(t)\right]$

$\omega_i(t) = \dfrac{d\theta(t)}{dt} = \omega_c + K_f m(t)(FM)$

$=\omega_c + K_P\dfrac{dm(t)}{dt}(PM)$

- FM 의 순시주파수와 PM 의 위상 크기는 입력신호 크기에 비례

❷ PM 변조된 신호의 $\theta_i(t)$는 $m(t)$ 값에 따라 선형적으로 변화한다. (주파수는 $m(t)$의 미분값에 비례)

53 ❸

M-ary PSK : 각각의 심볼을 $2\pi/M$으로 할당하여 변조

54 ❹

❹ 미분기 형태의 회로이다.

변조파의 고주파 잡음특성을 개선하기 위하여 송신단은 HPF(미분기) 형태의 프리엠퍼시스 회로로 고주파 신호 성분을 강조(증폭)하고, 수신단은 디엠퍼시스(LPF,적분기)를 사용하여 보상

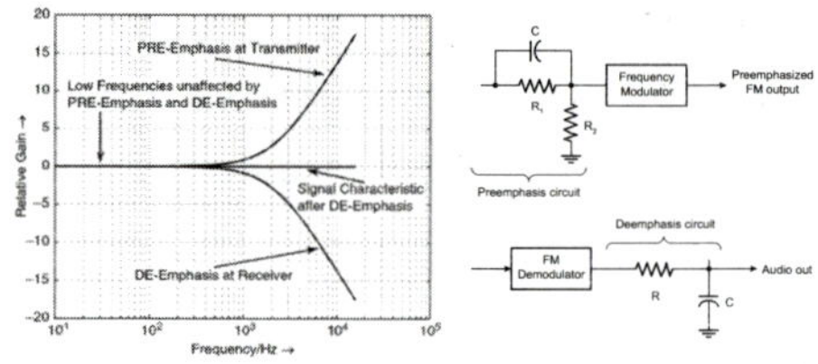

55 ❶

PAM, PWM, PPM은 펄스 변조방식이며, 이중 하나인 PCM이 디지털 변조방식이다.

❶ 하이브리드(펄스) 변조방식에 속한다.

56 ❷

$$s_c(t) = [1 + m(t)]\cos 2\pi f_c t$$
$$= \left[1 + \frac{1}{2}\cos 2\pi f_m t\right]\cos 2\pi f_c t$$
$$= \cos 2\pi f_c t + \frac{1}{4}\cos 2\pi(f_c \pm f_m)t$$
$$\Leftrightarrow \frac{1}{2}\delta(f \pm f_c) + \frac{1}{4}\frac{1}{2}\delta[f \pm (f_c \pm f_m)]$$

① $m = \dfrac{1}{2}$

❷ 출력주파수 : f_c, $(f_c \pm f_m)$

③ 반송파전력 $\dfrac{1^2}{2} = \dfrac{1}{2}$,

측파대신호전력 $\dfrac{(1/4)^2}{2} = \dfrac{1}{32}$

전력효율 $\eta = \dfrac{m^2}{2 + m^2} = \dfrac{(1/4)^2}{2 + (1/4)^2} = \dfrac{1}{33}$

④ DSB-LC에는 캐리어가 실려있으므로 저가의 포락선 검파기 사용가능

57 ❸

FM 변조지수 $\beta = \dfrac{\Delta f}{f_m} = \dfrac{A_m K_f}{\omega_m}$

❸ 변조지수는 정보신호의 진폭에 비례한다.

58 ❷

AM 변조대역폭 크기 $SSB < VSB < DSB\text{-}SC/LC$

59 ❹

$BW_{FM} = 2(f_m + \Delta f) = 2(3+5)\text{kHz} = 16\text{kHz}$

60 ④

$s_{DSB-SC}(t) = m(t)\cos 2\pi f_c t \Leftrightarrow$

$S_{DSB-SC}(f) = \frac{1}{2}M(f \pm f_c)$

❹ $\frac{1}{2}M(f-f_c)+\frac{1}{2}M(f+f_c)$, 변조신호 스펙트럼은 1/2로 감소($-f_c$ 성분으로 1/2 분산)

61 ④

- DSB_LC: 비동기 복조(포락선 검파)가 가능하도록 캐리어 신호를 함께 보내므로 저렴한 수신기 구현이 가능(대역폭,전력 SSB의 약 2배) (DSB-SC에 비해 별도의 캐리어 전력 필요)

❹ 같은 메시지 신호 전송 시 DSB-SC 방식보다 더 많은 전력이 소모된다.

62 ③

PWM은 신호크기에 따라 펄스폭을 변화시키는 변조방식으로 (−)신호도 펄스위치 조정으로 변조 가능

❸ PWM은 음의 표본값을 갖는 메시지 신호에는 적용이 불가능하다.

63 ④

나이키스트 샘플링 이론 $f_s \geq 2B = 2\times 40{,}000\text{Hz}$

$= \frac{1}{80}\text{ms}$

전송속도 = 샘플수/$s\times$ 비트수/샘플 = 80k$SPL/s\times$8bits/SPL = 640kbps

64 ③

① 광대역 FM 방식의 점유 대역폭이 AM 방식보다 넓다. (FM 210kHz, AM 10kHz)

$BW_{FM} = 2f_m(1+\beta)$

② FM 방식이 AM 방식보다 잡음 세기에 대한 영향이 적다. $\left(\frac{S}{N}\right)_{FM} = 3\beta^2\left(\frac{S}{N}\right)_{AM}$

❸ FM 방식에서 변조지수와 관계없이 FM 신호의 평균전력은 일정하다.($P_{FM} = \frac{A_c^2}{2}$ (W)로 β와 무관)

④ AM 방식에서 변조지수가 1보다 큰 경우 과변조되었다고 말한다.

AM은 $0 \leq \mu \leq 1$이어야 원신호를 왜곡 없이 복조할 수 있으며, $\mu \geq 1$ (과변조over modulation) 일 경우, 송신전력은 줄지만 신호 왜곡 발생

65 ④

$\text{SQNR} = 10\log\left(\frac{S}{N_q}\right) = 10\log\frac{12S}{d^2}$

$= \text{상수} + 6\times n[\text{dB}]$

(양자화 비트당 6dB 개선)

❹ 균일 양자화를 사용하는 PCM에서, 양자화 비트 수가 1비트 증가하면 신호대양자화잡음비는 6[dB] 증가한다.

66 ②

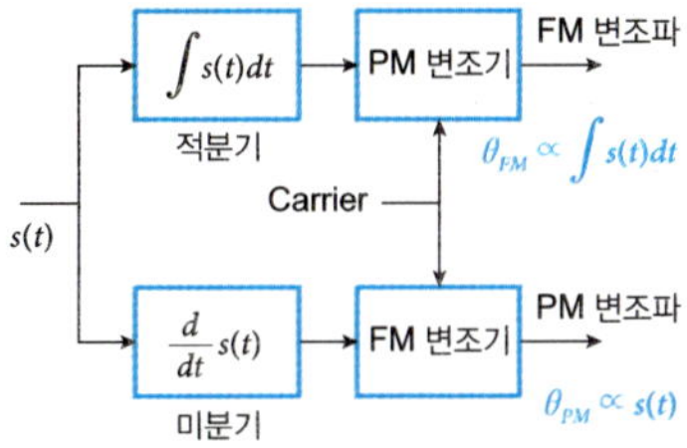

$m_{FM}(t) = A_c\cos\left[\omega_c t + K_f\int_0^t s(\tau)d\tau\right]$,

$m_{PM}(t) = A_c\cos[\omega_c t + K_P s(t)]$

각변조는 입력신호와 무관한 주파수 성분으로 변환되므로 비선형변조라 하며, 이에따라 중첩의 원리가 성립하지 않음

❷ 각변조는 메시지 신호에 대해 중첩의 원리가 성립하지 않는 비선형 변조이다.

67 ④

AM 변조대역폭 크기 $SSB < VSB < DSB\text{-}SC/LC$

- TV 방송은 sharp 한 대역통과 필터가 필요없는 VSB 방식을 사용하여 저가의 수신기 구성이 가능하도록 함

❹ 잔류측파대(VSB) 변조방식은 대역폭을 적게 차지하고 저가의 대역통과필터 사용이 가능하므로 영상신호를 전송하는 데 유리하여 TV 방송에서 주로 사용된다.

68 ❹

FM 대역폭은 변조지수에 의존하며, 변조지수는 신호 세기에 따라 결정됨

$BW_{FM} = 2f_m(1+\beta) = 2(f_m + \Delta f)$,

$\beta = \frac{\Delta f}{f_m} = \frac{A_m K_f}{\omega_m}$

① FM 신호의 대역폭은 항상 메시지 신호 세기에 따라 결정됨.

② 주파수 편이는 신호세기에 따라 결정된다.

③ FM 변조 지수는 메시지 신호의 대역폭에 비례한다.

❹ 광대역 FM 신호를 생성하기 위한 간접 FM 방식은 주파수체배기를 사용한다.

69 ❷

$f_{LO} = f_{RF} \pm f_{IF}$

$f_{LO} = 950 \pm 455 = 1{,}405$kHz(Upper Tuning), 495kHz(Lower Tuning)

70 ❶

– 표본화-양자화-PCM

– $SQNR \cong 6 \times n$[dB]로 비트수 증가하면 S/N비 증가

– 비선형양자화기는 넓은 신호변화폭 수용을 위해 사용

❶ 왜곡을 발생시키지 않는 최소 표본화 주파수를 나이키스트 주파수라고 한다.

② 표본화 이후에 양자화를 진행한다.

③ 적은 비트 수로 입력신호의 넓은 범위를 양자화하기 위해서는 비선형 양자화가 적합하다.

④ 양자화 비트 수가 증가할수록 양자화 잡음은 감소한다.

71 ❹

$s_{AM}(t) = A_c[1+\mu m(t)]\cos\omega_c t$, $0 \le \mu \le 1$일 경우 원신호를 왜곡 없이 복조

① $A_c[1+1.2\cos\omega_m t]\cos\omega_c t$

② $A_c[1+1.6\cos\omega_m t]\cos\omega_c t$

③ $A_c[1+1.2\cos\omega_m t]\cos\omega_c t$

❹ $A_c[1+0.4\cos\omega_m t]\cos\omega_c t$

72 ❸

– 선형변조 : 변조신호 진폭이 입력신호 진폭에 비례

– 비선형변조 : 입력신호진폭이 출력신호 진폭과 비례하지 않음

AM(SSB, DSB, VSB) : 선형변조, FM, PM : 비선형변조

73 ❹

– FM변조파의 전력은 $\frac{A_c^2}{2}$으로 변조전 반송파 전력과 같다.

– 입력신호에 따라 주파수 변화

– S/N비는 변조지수 제곱에 비례

$\left(\frac{S}{N}\right)_{FM} = 3\beta^2\left(\frac{S}{N}\right)_{AM}$

– 변조파의 고주파 잡음특성을 개선하기 위하여 송신단은 HPF(미분기) 형태의 프리엠퍼시스 회로로 고주파 신호 성분을 강조(증폭)하고, 수신단은 디엠퍼시스(LPF, 적분기)를 사용하여 보상

① 변조된 신호의 전력은 변조되기 전 반송파의 전력과 같다.

② 변조된 신호의 진폭이 시간에 따라 일정하다.

③ 변조지수가 클수록 S/N비를 개선할 수 있다.

❹ 프리엠퍼시스와 디엠퍼시스 기술을 이용하여 성능을 개선할 수 있다.

74 ❸

① 입력신호에 따라 변조 신호의 진폭이 변한다.

② 힐버트(Hilbert) 변환은 $H(f) = -j\,sgn(f)$인 힐버트 전달함수로 SSB 신호를 만들기 위해 사용한다.

❸ $BW_{DSB\text{-}TC} = 2 \times B$(Hz)

④ $0 \le \mu \le 1$일 경우 원신호를 왜곡 없이 복조

75 ❸

$BW_{FM} = 2(f_m + \Delta f)$, $BW_{FM} = 2(100+75) = 350$kHz

76 ❸

① 포매팅 : ISI 줄이기 위한 Pulse Shaping

② 소스코딩 : 입력신호의 불필요한 부분을 제거하여 전송데이터율을 낮게하는 과정
❸ 변조 : S/N비 개선이나 전송주파수를 바꾸기 위해 반송파를 싣기위한 과정
④ 채널코딩 : 채널 상의 에러를 정정하기 위해 에러정정용 코드를 부가하는 방법

77 ❷

$f_s \geq 2B(\text{Hz})$

$f_s = 2 \times 5 = 10\text{kHz}$

Data Rate = 10kHz × 16bit = 160kbps

Data = 160kbps × 200*s* = 32,000kbits = 4MBytes

78 ❷ ㄱ, ㄷ

ㄱ. DSB-TC 반송파를 함께 보내므로 전력효율 낮음(33% 이하)

ㄴ. AM 변조대역폭 *SSB* < *VSB* < *DSB-SC/LC*

ㄷ. 단측파대에 비해 넓은 채널 대역폭 사용

79 ❷

$$\text{Baund Rate} = \frac{\text{전송심볼수}}{\text{전송시간}} = \frac{10}{10 \times 10^{-3}} = 1{,}000(\text{sps})$$

$n = \log_2 M,\ n = \log_2 16 = 4\text{bits/symbol}$

$bps = sps \times \text{bits/symbol},\ bps = 1{,}000sps \times 4\text{bits/symbol} = 4{,}000\text{bps}$

80 ❶

$$\text{Instaneous} \angle \text{Frequency}\ \ \omega_i(t) = \frac{d\theta_{FM}(t)}{dt}$$

$$\omega_i(t) = 2\pi f_i(t) \frac{d}{dt}\left[200\pi t + \frac{\pi}{2}\right] = 200\pi$$

$\therefore\ f_i(t) = 200$

81 ❹

$$s(t) = A_m \cos\omega_m t + A_c \cos\omega_c t = \frac{A_m A_c}{2}\cos(\omega_c \pm \omega_m)t$$

$(A_m = 4,\ A_c = 2)$

$$s(t) = \frac{4 \times 2}{2}\cos(\omega_c \pm \omega_m)t = 4\cos(\omega_c \pm \omega_m)t$$

82 ❷

- 진폭편이변조(ASK)는 입력 데이터에 따라 캐리어 진폭을 편이하는 것이므로 주파수 변화와 무관
- FSK방식 수신기는 심볼 기간동안 주파수 변화를 이용하여 복조하므로 전압변화에 의한 스파크 영향 받지 않음
- OOK는 이진 정보를 0, +V인 캐리어의 진폭을 변조하는 방식
- ASK방식에는 캐리어가 실려있으므로 캐리어를 이용하여 복조하는 동기식과, 신호의 포락선을 검출하여 복조하는 비동기식 복조 모두 사용가능

❷ FSK 수신기는 심볼 구간 동안 주파수의 변화를 찾기 때문에 전압 스파크의 영향을 받지 않는다. (ASK는 심볼 구간 동안 진폭의 변화를 찾기 때문에 전압 스파크의 영향을 받음)

83 ❸

$BW_{FM} = 2(f_m + \Delta f) = 2f_m(1+\beta)$

$BW_{FM} = 2 \times 2\text{kHz}(1+2.5) = 14\text{kHz}$

$BW_{FM} = 2(f_m + \Delta f)$

$\Delta f = BW_{FM}/2 - f_m = 5\text{kHz}$

84 ❸

$$s_{AM}(t) = m(t)\cos\omega_c t + A_c\cos\omega_c t = A_c\left[1 + \frac{m(t)}{A_c}\right]\cos\omega_c t$$

$$\begin{aligned} s_{AM}(t) &= 5\cos(10\pi t) \times 10\cos(10\pi t) \times 10\cos(10\pi t) \\ &= 10\left[1 + \frac{5}{10}\cos(10\pi t)\right]\cos(100\pi t) \\ &= 10[1 + 0.5\cos(10\pi t)]\cos(100\pi t) \\ &= 10\left[\cos(10\pi t) + \frac{0.5}{2}\cos 2\pi(50 \pm 5)t\right] \end{aligned}$$

∴ 변조지수 0.5, 하측파대 45Hz, 상측파대 55Hz

85 ❹

- 직류성분을 갖는 NRZ코드 단점을 보완하기 위하여 RZ 코드는 비트구간동안 반드시 0를 지나도록 하여 평균에너지 DC값을 0로 하지만, 대역폭(전송율)은 2배로 늘어남
- Manchester 코드는 직류성분이 없도록 해주

며, 자체동기가 가능하지만 1비트를 2개 구간으로 변경하여 보내므로 전송대역폭이 2배 늘어난다.

❹ 맨체스터 펄스는 직류성분이 없고 자체동기(self-synchronization) 특성을 가지며 대역폭이 2배로 커지는 단점이 있다.

86 ❹

샘플링 이론 : 표본화 주파수 $f_s \geq 2B$(Hz)

다중화전송속도

표본화주파수×1Frame 당 비트수

1) 음성 1CH 전송률

$f_s = 2\times4$kHz = 8kHz, 전송률 = $8k\times8$bits = 64kbps

2) 24CH 다중화 전송율

$f_s\times$(CH수×채널당 bit수+프레임비트)

$= 2\times4k\times(24\times8+1)$ = 1.544Mbps

87 ❹

Double SuperHeterodyne Receiver

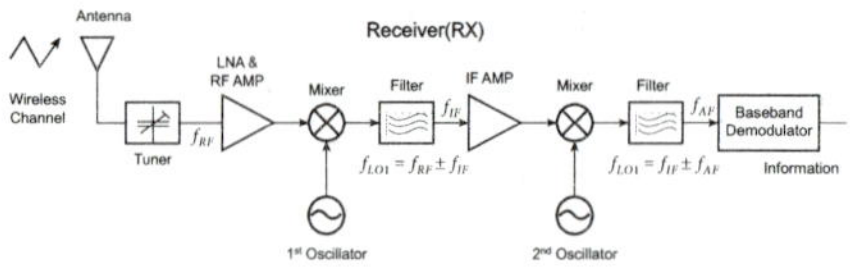

❹ LNA ⇒ MIXER ⇒ IF AMP ⇒ MIXER ⇒ DETECTOR 순서로 수신

88 ❸

직교성 이용 $\phi_1\times\phi_2 = \phi_1\times\phi_3 = \phi_1\times\phi_3 = 0$

신호벡터의 방향별 성분벡터

$s_1(t) = s(t)\times\phi_1(t)$

$s_2(t) = s(t)\times\phi_2(t)$

$s_3(t) = s(t)\times\phi_3(t)$

신호공간(Signal Space)에서 신호 $s(t)$를 세 개의 직교신호 $\phi_1(t)$, $\phi_2(t)$, $\phi_3(t)$로 분해하여 나타낼 경우, 각 직교신호 방향의 성분 크기를 $s_1(t)$, $s_2(t)$, $s_3(t)$라 하면 $s(t) = s_1(t)\phi_1(t) + s_2(t)\phi_2(t) + s_3(t)\phi_3(t)$으로 표현할 수 있다. 한편 신호공간에서 직교신호 $\phi_1(t)$, $\phi_2(t)$, $\phi_3(t)$가 서로 직교하기 위하여는 신호벡터끼리의 내적(또는 스칼라일 경우에는 곱셈) 값이 0이어야 한다. 즉, $\phi_1\times\phi_2 = \phi_1\times\phi_3 = \phi_1\times\phi_3 = 0$를 만족하여야 한다. 이 특성을 이용하면 성분벡터 $s_1(t)$, $s_2(t)$, $s_3(t)$를 구할 수 있다.

직교신호의 전력을($\phi^2 = 0$)이라고 하고, $s_1(t)$를 구하기 위해 $s(t)$ 양변을 $\phi_1(t)$으로 곱하면

$$s(t)\times\phi_1(t) = s_1\phi_1\times\phi_1+s_2\phi_2\times\phi_1+s_3\phi_3\times\phi_1$$
$$= s_1\phi_1\times\phi_1 = s_1\phi_1^2 = s_1(t)$$

이므로 $s_1(t) = s(t)\times\phi_1$로 구할 수 있다. (이 과정은 특정방향으로의 성분벡터를 구할 때 사용하는 벡터투영(Projection)과 동일개념임)

따라서 각 방향의 성분벡터는 다음과 같이 겹치는 부분의 면적을 구하면 된다.

$$s_1(t) = s(t)\times\phi_1(t) = \int_0^T s(t)\phi_1(t)dt = \frac{T}{3}\sqrt{\frac{3}{T}} = \sqrt{\frac{T}{3}}$$

$$s_2(t) = s(t)\times\phi_2(t) = \int_0^T s(t)\phi_2(t)dt = \frac{T}{3}\sqrt{\frac{3}{T}} = \sqrt{\frac{T}{3}}$$

$$s_3(t) = s(t)\times\phi_3(t) = \int_0^T s(t)\phi_3(t)dt = 0$$

89 ❷

① SSB, DSB-SC : $As(t)\cos\omega_c t$,
DSB-TC : $[A+s(t)]\cos\omega_c t$

❷ 반송파 억압 양측파대 변조(DSB-SC): $As(t)\cos(\omega_c t)$

③ FM: $A_c\cos\left[\omega_c t+K_f\int_0^t m(\tau)d\tau\right]$

④ PM: $A_c\cos\left[\omega_c t+K_p m(t)\right]$

90 ❹

$BW_{FM} = 2(f_m+\Delta f)$ $BW_{FM} = 2(15+75)$ = 180kHz

91 ❸

- 비균일양자화는 신호크기에 따라 양자화레벨을 변화시켜 신호를 충실하게 표현할 수 있으며, 음성신호의 경우 μ-law와 A-law 방식을 사용
- 양자화 비트수(양자화레벨) 증가 시 S/N비 개선효과 : $SQNR \cong 6\times n$[dB]

❸ 균일 양자화 방식에서 양자화 레벨에 할당되는 이진 부호가 1비트 증가하면 신호 대 양자화잡음비가 약 6[dB] 개선된다.

92 ❶

AWGN(가산성백색가우시안잡음) 특성

- 모든 주파수 대역에서 동일한 발생 확률을 갖는 가우시안 분포로 전대역에 걸쳐 균일한 크기로 분포하며, 신호전력에 더해지는 잡음성분
- 통신시스템을 지배하는 기본적인 잡음으로 전자들의 불규칙한 열운동에 의한 열잡음이 주요 원인임

❶ 신호 성분과 더해져서 S/N비 저하를 초래한다.

93 ❶

AM 전력효율 $\eta = \dfrac{\mu^2}{2+\mu^2}$ (μ : 변조지수),

$\eta = \dfrac{(1/2)^2}{2+(1/2)^2} \fallingdotseq 0.111(11.1\%)$

94 ❹

❹ 200

에러비트수 = 에러율×송신비트수 에러비트수

$= 10^{-6} \times 200 \times 10^6 = 200$bits

95 ❶

❶ MSK

FSK(PSK) 방식은 반송파수파수(또는 위상)이 순간적으로 변하여 위상 불연속이 발생하여 대역폭이 넓어짐

반송파 주파수를 입력정보데이터로 주파수변조하면 연속적인 위상변화를 갖는 변조파를 얻으며, 이를 CPFSK(연속위상FSK)또는 MSK라고 함

MSK는 위상의 연속성으로 대역폭이 줄어들며, 비동기 검파가 가능함

96 ❷

① 변조 : S/N비 개선이나 전송주파수를 바꾸기 위해 반송파를 싣기위한 과정

❷ 채널코딩: 채널 상의 에러를 정정하기 위해 에러정정용 코드를 부가하는 방법

③ 소스코딩 : 입력신호의 불필요한 부분을 제거하여 전송데이터율을 낮게하는 과정

④ 암호화 : 데이터를 엔크립션하여 보내고 디크립션하여 수신함으로써 통신보안을 유지하는 기법

97 ❶

$BW_{FM} = 2(f_m+\Delta f) = 2f_m(1+\beta)$

$BW_{FM} = 2(20+500) = 1{,}040$kHz

$\beta = \dfrac{\Delta f}{f_m} = \dfrac{500}{20} = 25$

98 ❸

[88번 참조] 대역폭 사용효율

$\eta(\text{bits/Hz}) = \dfrac{R_b}{M}(\text{ASK, PSK, QAM}) = \dfrac{n}{2^n}(\text{FSK})$

- 직교캐리어를 이용하는 QPSK방식은 동일한로 BPSK와 동일한 BER을 얻을 수 있으며, 대역폭 효율을 2배로 늘어나므로 많이 사용됨

❸ 임의의 E_b/N_0에서 QPSK는 BPSK와 동일한 비트오율 성능을 얻을 수 있지만 대역폭 효율은 2배로 늘어난다.

99 ❸

구형파신호 주파수

$f_m = \dfrac{1}{T} = \dfrac{1}{200 \times 10^{-6}} = 5 \times 10^3$ Hz

구형파의 스펙트럼 성분은 $\pm(2n+1) \times 5$kHz(n = 0, 1, 2, 3,⋯)

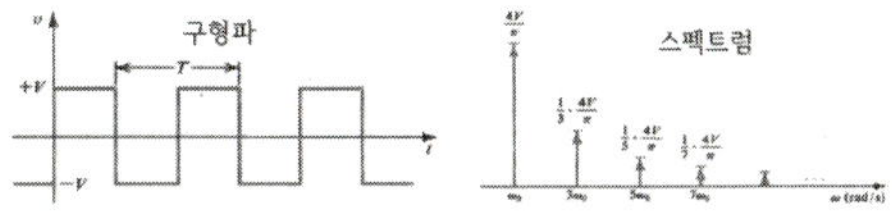

그림과 같은 구형파의 주파수 스펙트럼은 신호주파수의 홀수배 하모닉 주파수 스펙트럼으로 구성된다.

즉, 신호주파수를 f_m이라면 주파수 스펙트럼 성분은 $\pm(2n+1)f_m$(n = 0, 1, 2, 3,⋯)이다.

문제에서 $f_m = \dfrac{1}{T} = \dfrac{1}{200 \times 10^{-6}} = 5 \times 10^3$ Hz

이므로 발생되는 주파수 스펙트럼은

$f_m = \pm(2n+1) \times 5$kHz(n = 0, 1, 2, 3,⋯) = ±(5, 15, 25, 35,⋯) kHz

가 존재한다. 이 주파수 성분과 반송파 주파수를 진폭변조하면 반송파를 중심으로 하는 출력 신

호의 주파수성분은

$f_{out} = \pm m f_c (2n+1) \times f_m (n = 0, 1, 2, 3, \cdots) = \pm 1{,}000 \pm (2n+1) \times 5\text{kHz}$이므로

1MHz 근처의 주파수는 다음과 같다.

..., 985, 995, 1,000, 1,005, 1,015, 1,025 kHz, ...

100 ③

$0 \le \mu \le 1$이어야, 원신호를 왜곡 없이 포락선검파할 수 있음

$s(t) = [A_c + m(t)]\cos\omega_c t$

$$s(t) = [A_c + m(t)]\cos\omega_c t = [A_c + 2 + 5\sin(2\pi t)]\cos\omega_c t$$

$$= (A_c + 2)\left[1 + \frac{5}{A_c + 2}\right]\cos\omega_c t$$

$0 \le \mu = \dfrac{5}{A+2} \le 1$ 이므로 $A_c \ge 3$

101 ④

$$y(t) = s_m(t)\cos(2\pi f_c t) = m(t)\cos(2\pi f_c t) \times \cos(2\pi f_c t)$$

$$= \frac{m(t)}{2}[1 + \cos(4\pi f_c t)]$$

$$y(t) = m(t)\cos^2(2\pi f_c t) = \frac{m(t)}{2}[1 + \cos(4\pi f_c t)]$$

$$Y(f) = \frac{1}{2}M(f) + \frac{1}{4}M(f \pm 2f_c)$$

102 ②

차동부호화 및 복호화기

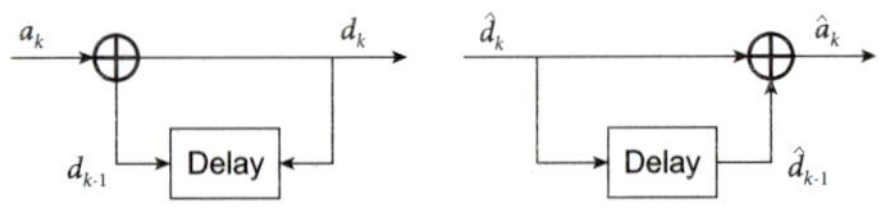

차동 부호화기 차동 복호화기

부호화 : $d_k = a_k \oplus d_{k-1}$

복호화 : $\hat{d}_k = \hat{a}_k \oplus \hat{d}_{k-1}$

- 0로 오지 않으므로 NRZ이며, 전 비트와 현재 비트를 XOR 또는 NXOR 연산으로 비교하여 생성
- 이전 비트와 비교하여 차동부호를 생성하므로 전송오류는 뒷 비트에 영향을 주므로 에러정정코드를 사용하여 보완

② 차동 부호화된 데이터에서 현재 비트의 전송오류는 다음 비트의 검출에 영향을 주므로 보정하여야 한다.

103 ①

$$s(t) = A_c m(t)\cos\omega_c t\,,\quad P = \frac{1}{T}\int_0^T s^2(t)dt(W)$$

$$P = \frac{1}{T}\int_0^T [A_c m(t)\cos\omega_c t]^2 dt$$

$$= \frac{A_c^2}{T}P_m \int_0^T \frac{1+\cos 2\omega_c t}{2}dt = \frac{A_c^2 P_m}{T}\frac{T}{2}$$

$$= \frac{A_c^2 P_m}{2}$$

104 ④

$s(t) = m(t)\cos(2\pi f_c t)$

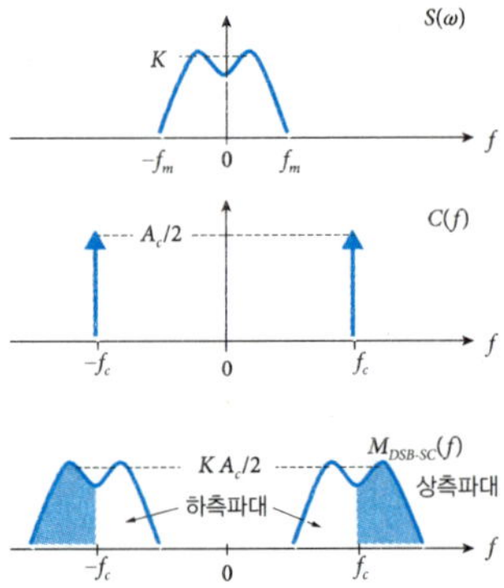

상측파대 : 1,500~1,510kHz,

하측파대 : 1,490~1,500kHz

105 ③

FM 변조 특징

- 평균전력이 일정하며, 수신단에는 캐리어복원을 위한 PLL을 사용한다.
- 변조대역폭은 최대주파수편이와 변조지수가 증가할수록 증가한다.
  $BW_{FM} = 2(f_m + \Delta f) = 2f_m(1+\beta)$
- 변조신호주파수는 메시지신호 크기에 비례한다.

③ 변조된 신호의 진폭은 메시지 신호의 세기와 관계없이 일정하다.

106 [정답 확인 필요, 오답(답없음)?]

$$P = \left(1 + \frac{\mu^2}{2}\right)P_c$$

$$125 = \left(1 + \frac{a^2}{2}\right) \times 100$$

$$a^2 = 0.5 \Rightarrow a = \sqrt{0.5}$$

107 ❶

❶ 등화기: 대역제한된 신호나 다중경로 페이딩에 의해 발생되는 신호왜곡 보상회로

② 미분기: 신호의 고주파를 통과시키는 HPF

③ 상관기: 기준신호와의 상관도를 계산하여 도착신호를 판별하는 디지털 수신기 회로

④ 양자화기: 아날로그 신호를 디지털 PCM 신호로 코딩하기 위한 변환 회로

108 ❹

최대주파수 편이 $\Delta f = \beta f_m$

$$m_{FM}(t) = A_c\cos[\omega_c t + \beta\sin\omega_m t],$$

$$\beta = \frac{\Delta\omega}{\omega_m} = \frac{\Delta f}{f_m} = \frac{A_m K_f}{\omega_m}$$

109 ❷

❷ 800

직교 M-ary FSK 캐리어

$$s(t) = \cos\left[2\pi f_c t + \frac{2M}{2T_s}t\right] = \cos 2\pi\left(f_c + \frac{M}{2T_s}\right)t$$

$$f = f_c + \frac{M}{2T_s}\,(M = 0, 1) = f_c\,,$$

$$f_c + \frac{2}{2 \times 1/800} = f_c\,,\ f_c + 800(\text{Hz})$$

110 ❷

① Binary 변조일 경우 비트 주기와 심볼 주기의 값은 같다.

❷ Undersampling($f_s < 2f_m$)일 경우, 표본화된 신호의 스펙트럼이 중첩되는 현상을 엘리어싱(aliasing)이라고 한다.

③ 데이터를 압축하기 위해 소스코딩을 사용한다.

④ 수신 신호대잡음비(SNR)가 커지면 비트오류율(BER)이 감소한다.

4장

01 ❷

정재파비는 전력이 아닌 전압파 크기로 계산

$$P = \frac{V^2}{Z_0} \Rightarrow V = \sqrt{Z_0 P}$$

$$\text{정재파비 } VSWR = \frac{1 + |\Gamma|}{1 - |\Gamma|} = \frac{V^+ + V^-}{V^+ - V^-}$$

$$VSWR = \frac{V^+ - V^-}{V^+ + V^-} = \frac{\sqrt{Z_0 P^+} + \sqrt{Z_0 P^-}}{\sqrt{Z_0 P^+} - \sqrt{Z_0 P^-}}$$

$$= \frac{\sqrt{Z_0 P^+}\,(1 + \sqrt{P^-/P^+})}{\sqrt{Z_0 P^+}\,(1 - 0\sqrt{P^-/P^+})}$$

$$= \frac{(1 + \sqrt{0.04})}{(1 - \sqrt{0.04})} = \frac{1.2}{0.8} = 1.5$$

02 ❶

❶ 상호변조: 회로 내의 비선형 소자에 의해 서로 다른 주파수 성분들이 혼합되어 신호의 왜곡을 일으키는 현상

② 믹서: 주파수 상향 또는 하향 변환을 위해 서로 다른 주파수 신호를 곱하는 것. 혼합기라고도 함

③ 여파: 신호 중 풀필요한 신호성분을 제거하기 위한 장치로 LPF, HPF, BPF 등이 있음

④ 다이버시티: 페이딩 등이 발생하는 채널특성을 극복하기 위하여 같은 정보를 여러 방법(주파수, 시간, 경로 등)으로 동시에 전송하고(Diversity), 수신기는 이들 신호 중 양호한 신호를 추출(combining)할 수 있도록 하는 방법

03 ❶

$$Z_0 = \sqrt{\frac{G}{Y}} = \sqrt{\frac{R + j\omega L}{G + j\omega L}}\ (\Omega)$$

무손실일 경우 $R = G = 0$이므로 $Z_0 = \sqrt{\frac{L}{C}}\ (\Omega)$

04 ❷ ∞

$$Z_{in} = Z_0 \frac{Z_L + jZ_0\tan(\beta l)}{Z_0 + jZ_L\tan(\beta l)}\ (\Omega)$$

$$Z_{in} = Z_0 \frac{0 + jZ_0 \tan\left(\frac{2\pi}{\lambda}\frac{\lambda}{4}\right)}{Z_0 + j0\tan\left(\frac{2\pi}{\lambda}\frac{\lambda}{4}\right)} = Z_0 \frac{jZ_0 \tan\left(\frac{\pi}{2}\right)}{Z_0}$$

$$= jZ_0 \tan\left(\frac{\pi}{2}\right) = \infty$$

05 ❶

무손실 전송선로 특성 $R = G = 0$

전파정수: $\gamma = j\omega\sqrt{LC}$ $(\alpha = 0,\ \beta = \omega\sqrt{LC})$

특성 임피던스: $Z_0 = \sqrt{\frac{L}{C}}$ (Ω)

위상속도: $v_p = \frac{1}{\sqrt{LC}}$ (m/s)

06 ❸

$$VSWR = \frac{1+|\Gamma|}{1-|\Gamma|},\quad \Gamma = \frac{Z_L - Z_0}{Z_L + Z_0}$$

① $VSWR = \frac{1+0.5}{1-0.5} = 3$

② 이상적인 급전선($Z_L = Z_0$): $\Gamma = 0$,

$VSWR = \frac{1+0}{1-0} = 1$

❸ 단락회로($Z_L = 0$): 반사계수: $\Gamma = -1$,

$VSWR = \frac{1+|1|}{1-|-1|} = \infty$

④ 개방회로($Z_L = \infty$) : 반사계수: $\Gamma = 1$,

$VSWR = \frac{1+|1|}{1-|1|} = \infty$

07 ❸

$$\Gamma = \frac{Z_L - Z_0}{Z_L + Z_0} \Rightarrow \Gamma = \frac{100-50}{100+50} = \frac{1}{3}$$

$$VSWR = \frac{1+|\Gamma|}{1-|\Gamma|} \Rightarrow VSWR = \frac{1+1/3}{1-1/3} = 2$$

08 ❸

$$S_{ij} = \frac{b_i}{a_j}$$

$S_{11} = \frac{b_1(0)}{a_1(0)}\ _{(a_2=0)}$: 입력반사계수

$S_{12} = \frac{b_1(0)}{a_2(0)}\ _{(a_1=0)}$: 투과계수(역삽입손실, 출력단 ⇒ 입력단)

$S_{21} = \frac{b_2(0)}{a_1(0)}\ _{(a_1=0)}$: 전달계수(입력삽입손실, 전송이득)

$S_{22} = \frac{b_2(0)}{a_2(0)}\ _{(a_1=0)}$: 출력반사계수

09 ❷

$\lambda/4$ 임피던스 변환기

$Z_T = \sqrt{Z_0 Z_L} \Rightarrow Z_T = \sqrt{50\times 200} = 100\ (\Omega)$

10 ❷

입력임피던스 $Z_0 = R_0 + jX_0$, 부하임피던스 $Z_L = R_L + jX_L$이라 할 경우,

최대전력전달을 위한 Impedance Matching 조건

DC 정합: $R_0 = R_L$ $(R_L = X_L = 0)$

AC 정합: $R_0 = R_L$, $X_0 = -X_L$

최대전달전력 $P_m = \frac{V^2}{4R_L}$ (W)

$Z_b = 50+j50$일 경우 정합조건:

❷ $Z_b = 50-j50$

11 ❸

무손실 전송선로 특성

전파정수: $\gamma = j\omega\sqrt{LC}$ $(\alpha = 0,\ \beta = \omega\sqrt{LC})$,

특성 임피던스: $Z_0 = \sqrt{\frac{L}{C}}$ (Ω),

위상속도: $v_p = \frac{1}{\sqrt{LC}}$ (m/s)

$$2\times 10^8 = \frac{1}{\sqrt{10^{-6}C}}$$

$$C = \frac{1}{4\times 10^{16}\times 10^{-6}} = \frac{1}{4}\times 10^{-10} = 25\times 10^{-12}\ (F)$$

12 ❸

Noise Factor $F = \frac{SNR_{input}}{SNR_{output}}$

$NF_{dB} = 10\log F = SNR_i(dB) - SNR_0(dB)$

$$NF_{dB} = 10\log\frac{SNR_i}{SNR_0} = 10\log\frac{15/0.3}{240/48} = 10(dB)$$

5장

01 ❶

FM 방송의 왜곡 현상은 전력증폭기 등의 비선형성에 의한 상호변조에 기인한다.

- 임피던스가 맞지않을 경우 전달되는 전력이 감소하여 전력 손실이 증가하며, 대전력의 경우 급전선의 절연이 파괴되거나 급전선 방사가 일어나 송신기의 동작이 불안정해지고, 반사파에 의한 ghost현상이 생긴다.

02 ❸

① 다이폴안테나 수직패턴(E패턴)
② Loop 안테나 방사패턴
❸ 수직접지 $\lambda/4$다이폴 안테나
④ 다이폴안테나 수직패턴(H패턴)

03 ❶

- 지향성 안테나: 야기-우다, 루프, 파라볼라, 위상배열안테나
- 무지향성 : 모노폴, 다이폴, 수직접지다이폴,..

04 ❸

- 저주파용 안테나(MF, VHF): 헬리컬, 롬빅, 루프, 다이폴, 야기
- 고주파용 안테나(UHF, SHF): 혼, 파라볼라(카세그레인, 그레고리안), 마이크로스트립

05 ❷

❷ 5cm

최적 안테나 길이: $\lambda/2$

$$f\lambda = c \Rightarrow \lambda/4 = \frac{c}{4f} = \frac{3\times10^8}{2\times3\times10^9} = 5\times10^{-2}\,(\mathrm{m})$$

06 ❶

- loading: 안테나의 공진주파수를 조정하기 위하여 L, C 공진기를 부가하는 방법
- 안테나 Q 지수 : 안테나 선택도 또는 첨예도라고 하며, 일반 공진기와 같이 다음 식으로 표현

$$Q = \frac{\text{공진주파수}}{\text{동작대역폭}} = \frac{f_0}{BW}$$

07 ❶

❶ X-band

- 최적 안테나 길이: $\lambda/2$
- 주파수가 높을수록 안테나 길이 짧아짐(가장 높은 주파수는 X band)

L-band 1-2G
S-band 2-4G
C-Band 4-8G
X-Band 8-12G
Ku-Band 12-18G
K-Band 18-27G

08 ❷

연장코일(인덕터)를 직렬로 삽입하면 전체 인덕턴스는 $L = L_{antenna} + L_{loading}$

$f_0 = \dfrac{1}{2\pi\sqrt{L_e C_e}}$이므로 인덕턴스가 커지면 공진주파수는 낮아짐

09 ❷

❷ 7.5

최적 안테나 길이: $\lambda/2$

중심주파수가 2GHz이므로

$$\frac{\lambda}{2} = \frac{1}{2}\frac{c}{f} = \frac{1}{2}\frac{3\times10^8}{2\times10^9} = 7.5\times10^{-2}\,\mathrm{m}$$

10 ❹

최적 안테나 길이: $\lambda/2$

$$\frac{\lambda}{2} = \frac{1}{2}\frac{c}{f} = 7.5\times10^{-2} \Rightarrow$$

$$f = \frac{3\times10^8}{2\times7.5\times10^{-2}} = 2\times10^9\,\mathrm{Hz}$$

11 ❷

① 최적 안테나 길이는 $\lambda/2$이므로 주파수가 높아질수록 안테나 크기는 작아진다.
❷ 안테나의 지향성이 클수록 특정방향으로 에너지가 집중되므로 전력 이득이 커진다.
③ 야기 안테나는 고지향성 안테나이다.

④ 마이크로스트립 안테나인 패치 안테나는 PCB 상에서 안테나 어레이를 만들기에 적합하다.

12 ❸

❸ 3

전압정재파비 $VSWR = \dfrac{V^+ + V^-}{V^+ - V^-} = \dfrac{1+|\Gamma|}{1-|\Gamma|}$

$VSWR = \dfrac{10+5}{10-5} = 3$

13 ②, ❸

안테나 공진주파수 $f_0 = \dfrac{1}{2\pi\sqrt{L_a C_a}}$

- 로딩으로 공진점을 조정할 수 있으며, L을 직렬로 또는 C를 병렬로 연결하면 L, C값이 늘어나므로 공진주파수가 낮은(파장이 긴) 전파를 수신할 수 있다(안테나 길이를 늘리는 (연장) 효과). L 병렬 또는 C 직렬 연결은 반대로 공진주파수를 높이므로 짧은 파장을 수신한다(안테나 길이를 줄이는(단축) 효과). 따라서 정답은 ②, ③ 두 개다.

$$f_0' = \frac{1}{2\pi\sqrt{\dfrac{L_a L_l}{L_a + L_l} C_a}} \quad (L_l \text{ 병렬})$$

$$f_0' = \frac{1}{2\pi\sqrt{L_a \dfrac{C_a C_l}{C_a + C_l}}} \quad (C_l \text{ 직렬})$$

14 ❸

최적 안테나 길이: $\lambda/2$

중심주파수가 1.5GHz이므로

$\dfrac{\lambda}{2} = \dfrac{1}{2}\dfrac{c}{f} = \dfrac{1}{2}\dfrac{3\times10^8}{1.5\times10^9} = 10\times10^{-2}\,\text{m}$

15 ❸

유효 등방성 방사전력 EIRP

$EIRP = P_t G_t(\text{W}) = 10\log P_t + 10\log G_t(\text{dB})$

$EIRP = P_t G_t(\text{W}) = 10\log 10 + 20 = 30(\text{dBW})$

16 ❶

❶ $A_{eff} = \dfrac{\lambda^2}{4\pi}G,\ G = \dfrac{4\pi}{\lambda^2}A_{eff}$: 이득 G는 유효면적 A_{eff}에 비례, 파장의 자승에 반비례

② $L_p = \left(\dfrac{4\pi R}{\lambda}\right)^2 = \left(\dfrac{4\pi f R}{c}\right)^2$: 손실은 거리의 자승에 비례, 전력은 거리 자승에 반비례

③ 등방성 안테나는 모든 방향으로 지향성이 같은 지향성 1이다.

④ 전압정재파비(VSWR)는 항상 1 이상으로 완전 정합시 1이다.

$VSWR = \dfrac{V^+ + V^-}{V^+ - V^-} = \dfrac{1+|\Gamma|}{1-|\Gamma|} \ge 1$

17 ❶

❶ 초단파

최적 안테나 길이: $\lambda/2$, 파장이 짧을수록 안테나 길이가 짧아진다.

18 ❶

$VSWR = \dfrac{V^+ + V^-}{V^+ - V^-} = \dfrac{1+|\Gamma|}{1-|\Gamma|}$

임피던스 정합시 반사파가 없으므로 반사계수는 0, 정재파비는 1이다. 반사되는 전력이 없으므로 최대로 전력이 전달되며, 결과적으로 시스템의 신호대잡음비가 향상된다.

19 ❸

Friis 전달공식 $P_R = P_T G_T \left(\dfrac{\lambda}{4\pi R}\right)^2 G_R$

$P_R = 4\text{mW} \times G_T \left(\dfrac{3\times10^8}{4\pi 5\times10^3\times10^9}\right)^2 G_R$

$= P_t G_T \left(\dfrac{3\times10^8}{4\pi 10\times10^3\times2\times10^9}\right)^2 G_R$

$\therefore P_t = 64\text{mW}$

20 ❹

Yagi-Uda Antenna 특징

- 투사기, 반사기, 도파기 등의 길이, 굵기, 간격에 따라 이득과 대역이 변함
- 지향성은 지향기 방향인 단향성 고지향성 특성임
- 도파기 수를 증가시킬수록 이득이 커지므로 고이득이나 협대역 특성을 가짐
- 고지향 특성이므로 통상 방송 수신용 안테나로 사용
- 전파반사를 용이하게 하기 위하여 반사기의

길이는 도파기의 길이 보다 길게 한다.
- 소자의 수, 즉 도파기의 수를 증가시키면 이득이 증가됨

① 이득과 관련한 빔 패턴은 대부분 도파기에 의해 좌우된다.
② 투사기에서 도파기를 향한 예리한 지향 특성이 있다.
③ 도파기의 수를 증가시키면 이득이 증가된다.
❹ 반사기의 길이는 도파기의 길이 보다 길게 하여 전파반사가 잘 일어나도록 한다.

21 ❸

$P_R = P_t + \sum \text{Gain} - \sum \text{Loss}$
$P_R = 10\log 10 + 20 + 20 - 10 - 112 = -72(\text{dBW})$
$= -42\text{dBm}(\because \text{dBm} = \text{dBW}+30)$

22 ❸

❸ 유효 등방성 방사전력 EIRP
$EIRP = P_tG_t(\text{W}) = 10\log P_t + 10\log G_t(\text{dB})$
$EIRP = P_tG_t(\text{W}) = 10\log 10 + 20 = 30(\text{dBW})(=10^3\text{W})$

23 ❷

최적 안테나 길이: $\lambda/2$
중심주파수가 2GHz이므로
$$\frac{\lambda}{2} = \frac{1}{2}\frac{c}{f} = \frac{1}{2}\frac{3\times10^8}{2\times10^9} = 7.5\times10^{-2}\,\text{m}$$

24 ❶

$$P_R = P_TG_T\left(\frac{\lambda}{4\pi R}\right)^2 G_R = \frac{P_TG_TG_R}{L_p},$$
$$L_p = \left(\frac{4\pi R}{\lambda}\right)^2 = \left(\frac{4\pi fR}{c}\right)^2$$

25 ❷

① 반전력빔폭(HPBW)은 전력이 주빔의 최댓값에 비해 절반이 되는 두 지점 사이의 각이다.
❷ 무손실 등방성 안테나를 절대이득 dBi의 기준 안테나로, 다이폴 안테나를 상대이득 dBd의 기준안테나로 사용
③ 안테나 이득은 최대 지향성과 방사효율의 곱이다. $G(\theta, \phi) = \eta D(\theta, \phi)$
④ 실효등방성방사전력(EIRP)은 송신 안테나의 절대이득과 송신전력의 곱이다.
$EIRP = P_tG_t(\text{W}) = 10\log P_t + 10\log G_t(\text{dB})$

26 ❷

- 파라볼라 또는 접시(Dish) 안테나는 고이득 특성을 가지고 점대점 위성통신을 위해 사용되는 반사경(reflector) 안테나이다.

27 ❶

$G(\theta, \phi) = \eta D(\theta, \phi)$
$10\text{dB} = 10\log D(D = 10)$
$G = 0.6\times10 = 10\log 6 = 10(\log 2+\log 3) = 8\text{dB}$

28 ❷

최적 안테나 길이: $\lambda/2$
$f\lambda = c$
$$f = 30\text{kHz}\,;\ \frac{\lambda}{2} = \frac{c}{2f} = \frac{3\times10^8}{2\times30\times10^3} = 5\times10^3\,\text{m}$$
$$f = 1\text{GHz}\,;\ \frac{\lambda}{2} = \frac{c}{2f} = \frac{3\times10^8}{2\times1\times10^9} = 0.15\,\text{m}$$

29 ❷

최적 안테나 길이: $\lambda/2$
$$f = 2\text{GHz}\,;\ \frac{\lambda}{2} = \frac{c}{2f} = \frac{3\times10^8}{2\times2\times10^9} = \frac{3}{40}\,\text{m}$$
$$f = 3.6\text{GHz}\,;\ \frac{\lambda}{2} = \frac{c}{2f} = \frac{3\times10^8}{2\times3.6\times10^9} = \frac{3}{72}\,\text{m}$$
$$\therefore \frac{3/72}{3/40} = 5/9$$

30 ❸

$P_R = P_t + \sum \text{Gain} - \sum \text{Loss}$
$P_R = -10+10+10-30 = -20\text{dBm} = 10\log P_R$
$\therefore P_R = 10^{-2}\text{mW}$

31 ❶

$$P_R = P_TG_T\left(\frac{\lambda}{4\pi R}\right)^2 G_R$$
$G = 30\text{dB} = 1{,}000$
$$P_R = 16\times10^3\left(\frac{3\times10^8}{4\pi 300\times10^6\times10^3}\right)^2\times10^3 = \frac{1}{\pi^2}W$$

32 ❸

$$전력밀도 = \frac{방사전력}{방사면적(= 4\pi R^2)}$$

$$\frac{40}{4\pi(10^3)^2} = \frac{1}{\pi} \times 10^{-5}(W/m^2) \ \frac{10}{\pi}\ (\mu W/m^2)$$

6장

01 ❶

레이더와 물체사이 거리

$$R = c\left(\frac{t}{2}\right) \ (t : \text{Round trip Time})$$

$$\tau = n_0 \Delta = 100 \times 1 \times 10^{-6}$$

$$R = 3 \times 10^8 \left(\frac{100 \times 10^{-6}}{2}\right) = 1.5 \times 10^4\,\text{m}$$

02 ❹

① 네비게이션용 GPS는 24개의 위성으로 운용된다.

② 위성통신 시스템은 위성 부분, 지상관제 부분, 지구국 부분으로 구성된다.

③ 위성이 위치한 고도에 따라 저궤도 위성, 중궤도 위성, 정지궤도 위성으로 구분

❹ 능동위성은 지구상의 어떤 지점에서 보내 오는 전파를 증폭시켜 지구상의 다른 지점에 중계하는 것을 목적으로 한 위성으로1962년 미국의 텔스터 1호로 현재 모든 위성은 능동위성이다.

03 ❶

광섬유(실리카) 내 손실이 가장 작은 광파 Window는 0.83~0.85μm, 1.3μm, 1.5μm인 적외선 파장대임

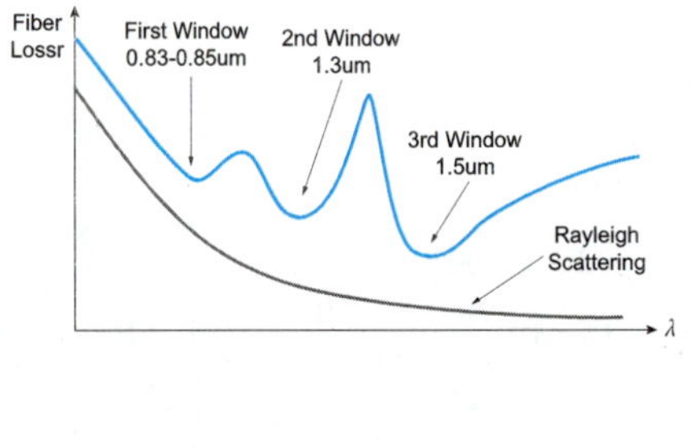

04 ❶

- 전파의 창(Radio Window) 전자파의 손실이 적어 우주통신 및 위성통신에서 우주국과 지구국 사이의 통신에 사용되는 주파수 대역
- 손실은 대기의 전파 흡수, 우주 잡음 영향, 전리층 영향, 경로상의 전파방해입자 등이 결정
- 도플러효과는 위성 또는 지구국의 이동에 의해 송수신 주파수가 바뀌는 현상으로 도플러 및 지연확산을 일으켜 전송속도를 제한하는 요인으로 작용

05 ❹

❹ 최소한 3개의 위성으로부터 정보를 수신하면 위치파악이 가능하다.

- GPS는 최소 3 개 이상의 위성과 보정용 위성 1개를 사용하여 위치 측정 및 계산
- 24개의 위성을 6개 궤도에 4개씩 배치하여 지구 전체에 24시간서비스 가능하도록 운용

06 ❶

학습비타민 참조

❶ 라디오 비컨(Radio Beacon)은 항법에서 방향탐지 장비가 상대적인 방향을 찾아낼 수 있게 하는, 고정 위치 표시를 하는 비콘의 일종으로 전파표지, 무선표식, 무선표식국, 무선표지, 무선표지소 등이라고도 한다.

07 ❸

NAVSTAR GPS위성은 20,200km 상공의 6개 궤도면에 운행주기 12시간 인 위성 4개씩을 배치하여 운용

① NAVSTAR라고 부르는 24개의 위성으로 구성되어 있다.

② 모두 6개의 궤도면에서 위성이 돌고 있다.

❸ 위성이 궤도를 도는 주기는 12시간이다.

④ GPS 정확도에 영향을 미치는 요인으로 다중 경로 페이딩 및 섀도잉 효과가 있다.

08 ❶

궤도별 위성의 종류

- 정지궤도위성: 지구 표면에서 약 36,000km 높이의 정지위성
- 저궤도위성: 지구 표면에서 약 500-1500km 높이의 위성
- 중궤도위성: 지구 표면 6,000-20,000km 높이의 위성
- 고궤도위성:고도 10,000km 이내의 고고도 타원궤도 위성
- 극궤도 위성(Polar Orbit) : 남극과 북극을 통과하는 궤도를 도는 위성
- 정지궤도위성은 지구자전과 동기화하여 적도상공 35,786km에 위치하며, 거리가 멀어 전파지연이 가장 크다.

❶ GEO(정지궤도위성)는 적도상에 위치하며 지구의 자전주기와 일치하고 전파 지연 시간이 크다.

09 ❹

레이더 거리분해능 $R_{\min} = \frac{c\tau}{2}$ (m)

$$R_{\min} = \frac{c\tau}{2} \Rightarrow \tau = \frac{2R_{\min}}{c} = \frac{2 \times 30}{3 \times 10^8} = 2 \times 10^{-7} s$$

10 ❶

학습비타민 참조

❶ 329.15~335.00MHz UHF 대의 전파를 이용한다.

② 90[Hz], 150[Hz]로 변조된 2개 전파에 의해 나타낸다.

③ 비행기의 고도정보를 제공한다.

④ 마커비콘은 부채꼴 형태의 지향성 전파로 나타낸다.

11 ❸

레이더 방정식 $P_r = \frac{P_t G_t \sigma A_e F^4}{(4\pi)^2 R^4}$ (Watts)

- 레이더 수신감도는 송신전력, 안테나 이득 및 효율, 유효개구면 크기, 목표물 산란계수 등에 의존

① 레이더 시스템의 안테나 이득을 높인다.

② 레이더 시스템의 출력을 높인다.

❸ 높은 주파수의 신호를 사용한다.

④ 높은 효율을 갖는 안테나를 사용한다.

12 ❶

레이더 최대탐지거리

$$R_{\text{Max}} = \left[\frac{P_t G \sigma A_e}{(4\pi)^2 S_{\text{Min}}}\right]^{1/4} \text{ (m)}$$

레이더 최대탐지거리는 송신전력, 안테나 이득 및 효율, 유효개구면 크기, 목표물 산란계수,수신감도 등에 의존

❶ 레이더 신호의 펄스폭 : 해상도 또는 분해능 결정

13 ❸

❸ 도플러 효과

- 일반 이동체 도플러 효과 $f_d = \frac{V}{\lambda}\cos\theta$ (Hz)
- 레이더 이동체 도플러 효과 $f_d = \frac{2V_r}{\lambda}\cos\theta$ (Hz)

$$f_d = \frac{V}{\lambda}\cos\theta = \frac{Vf_t}{c}\cos\theta$$
$$= \frac{36 \times 10^3/3{,}600 \times 3 \times 10^9}{3 \times 10^8} = 100\text{(Hz)}$$

14 ❷

위성통신 특징

① 적도 상공 약 36,000km에 위치하며 지구의 자전 주기와 동일한 궤도 주기를 갖는 위성은 정지궤도 위성이라고 한다.

❷ 우리나라에서 발사한 무궁화 위성은 정지 위성이다.

③ SHF대 주파수(3~30GHz)를 주로 이용하여 위성의 중계를 통해 통신한다.

④ 전송 지연과 전송 손실 문제가 발생한다.

15 ❶

갭필러의 정의

❶ 이동통신망, 위성망의 특성상 도심건물 등 장애물에 의해 발생하는 음영지역을 커버하기 위한 장치

16 ❹

위성통신은 직진성이 강한 SHF대 주파수(3~30 GHz)를 이용한 직접파를 이용하여 통신

❹ 다중경로 전파는 지상 무선 및 이동통신에서 주로 발생

17 ❸

레이더와 물체사이 거리

$R = c\left(\frac{t}{2}\right)$ (t : Round trip Time)

$R = 3 \times 10^8 \left(\frac{4}{2}\right) = 6 \times 10^8\,\text{m}$

18 ❶

위성통신의 장점

❶ 유연한 회선설정이 용이하다.

② 광대역 통신회선의 구성이 가능하다.

③ 전파손실특성과 위성의 전력을 고려하여 일반적으로 상향링크(고주파)와 하향링크(저주파)는 서로 다른 주파수를 사용한다.

④ 점 대 다점(Point-to- multipoint) 통신이 가능하다.

19 ❹

① 고니오미터는 전파의 도래각을 측정하는데 사용된다.

② 야간오차 경감효과를 얻고자 애드콕(Adcock) 안테나를 사용한다.

③ 루프안테나를 사용하는 경우 전후방의 전파 도래 방향을 결정하기 어렵다.

❹ 공중선 장치는 방향탐지기의 방향을 탐지하는 장치이다.

20 ❶

레이더 최소탐지거리 $R_{un} = \frac{cT_P}{2} = \frac{c}{2f_P}$ (m)

$R_{un} = \frac{3 \times 10^8 \times 1 \times 10^{-6}}{2} = 1.5 \times 10^2\,(\text{m})$

21 ❸

레이더 이동체 도플러효과 $f_d = \frac{2V_r}{\lambda}\cos\theta$ (Hz)

$f_d = \frac{2V}{\lambda}\cos\theta = \frac{2Vf_t}{c}\cos\theta$

$= \frac{2 \times 180 \times 10^3 / 3{,}600 \times 15 \times 10^9}{3 \times 10^8}$

$= 2.5 \times 10^3 (\text{Hz})$

22 ❹

레이더 특성

① 표적의 거리는 송신신호가 표적에 도달하고 다시 돌아오는 데 걸린 시간으로 계산할 수 있다.

② 표적의 방향은 귀환신호(Returned signal)의 도래각(Arrival angle)으로 결정한다.

③ 표적의 상대운동(Relative motion)은 귀환신호의 반송파에서 도플러 이동(Doppler shift)으로 결정할 수 있다.

❹ 레이더는 표적의 거리, 방향, 속도 등을 측정할 수 있으며, 암흑 · 안개 · 우천 시와 같은 악천후 등의 날씨조건은 레이더 동작 성능을 저하시킬 수 있다.

23 ❹

위성통신의 특징

① 저궤도 위성과 비교하였을 때, 정지궤도 위성은 지상 기지국에서 동일한 수신 전력을 얻기 위하여 보다 큰 송신 출력이 요구된다.

② 저궤도 위성 시스템의 경우, 지상 기지국에서 위성의 위치를 추적하는 기능이 요구된다.

③ 정지궤도 위성의 경우, 3개의 위성으로 지구 대부분의 영역을 커버할 수 있다.

❹ 다원접속(Multiple access)이라 함은 전파신호를 여러 사용자가 동시에 사용하게 하는 기술로 위성통신의 경우 한 개의 위성이 여러 기지국 또는 기지국이 수용하는 여러 사용자와 송수신할 수 있는 방식. 주요 방식으로는 FDMA, TDMA, CDMA, SDMA 등을 사용한다.

24 ❶

레이더 최대탐지거리 $R_{Max} = \left[\frac{P_t G \sigma A_e}{(4\pi)^2 S_{Min}}\right]^{1/4}$ (m)

- 레이더 최대탐지거리는 송신전력, 안테나 이득 및 효율, 유효개구면 크기, 목표물 산란계수,수신감도 등에 의존

❶ 레이더의 해상도를 높이게 하기 위하여 펄스폭을 좁게 한다.

25 ❶

위성통신의 다중화 방식-FDMA, TDMA, CDMA, SDMA 등 사용

❶ 파장 분할 다중접속(WDMA)은 광통신시스템에 사용한다.

26 ❸

위성통신의 장점

① 다수의 이용자들이 동시에 이용할 수 있다.

② 도심지뿐만 아니라 벽지에도 차별 없는 통신 서비스가 가능하다.

❸ 산악, 도서 등 지형의 영향을 받지 않는다.

④ 지상의 통신수단보다 넓은 지역에 걸쳐 통신 서비스가 가능하다.

27 ❹

위성 전파지연시간

$R = c\left(\frac{t}{2}\right)$ (t : Round trip Time)

$t = \frac{2R}{c} = \frac{2\times 36{,}000\times 10^3}{3\times 10^8} = 240\times 10^{-3}\,s$

28 ❶

❶ 수신기의 증폭도와 필터의 정밀도에 의한 신호 품질 차이

GPS 오차요인의 종류 :

오차 요인
대기상태 변화 (대류층)
대기상태 변화 (이온층)
다중경로 페이딩 및 감쇠
수신기 잡음
위성사용제한(정치적)
원자시계 오차
에피메리스[Ephemeris](편향) 에러
측정 정밀도

29 ❹

레이더 관계식 $R = c\left(\frac{t}{2}\right)$ (t : Round trip Time)

$f_d = \frac{2V_r}{\lambda}\cos\theta$ (Hz)

$R = 3\times 10^8\left(\frac{200\times 10^{-6}}{2}\right) = 3\times 10^4\,\text{m}$

$V = \frac{c}{2f_t}f_d = \frac{3\times 10^8\times 3\times 10^3}{2\times 1.5\times 10^9} = 3\times 10^2\,(\text{m/s})$

30 ❸

레이더 단면적(RCS) σ

레이더 단면적은 타겟의 레이더신호 반사정도를 나타내는 지수

목표물 반경 r, 안테나 지향성을 $G(\theta,\phi)$라 하면

$RCS\ \sigma = \pi r^2\,\frac{G(\theta,\phi)}{4\pi}$

❸ 동일거리에 있는 동일표적일지라도 타겟의 방향에 따라 반사된 신호전력이 다르다.

31 ❶

저궤도(LEO) 위성 특징

- 낮은고도에서 빠르게 이동하므로 정지궤도(GEO) 위성에 비해서 도플러 효과가 크게 발생한다.
- 가시가능시간이 짧아서 위성 간 핸드오버가 필요하다.
- 정지궤도 위성보다 신호의 지연시간이 짧다.
- 지표로부터 500~2,000km 정도의 고도에서 운용된다.

32 ❸

위성통신의 특징

❸ 1μs 이내인 셀룰러 통신 시스템에 비해 위성통신의 전파지연시간이 0.25s 로 지연시간이 길다.

33 ❷

레이더 관계식 $P_r = \frac{P_t G_t \sigma A_e F^4}{(4\pi)^2 R^4}$ (Watts) ,

$R = c\left(\frac{t}{2}\right)$ (t : Round trip Time)

❷ 레이더로부터 목표물까지의 방위는 지향성 안테나를 사용하여 전력효율과 측정 정밀도를 높인다.

34 ❷

일반 이동체 도플러 효과

$$f_d = \frac{V}{\lambda}\cos\theta = \frac{Vf_t}{c}\cos\theta(\text{Hz})$$

– X지점

$$f_d = \frac{72\times10^3/3{,}600\times3\times10^9}{3\times10^8}\cos30^\circ = 173(\text{Hz})$$

– Y지점

$$f_d = \frac{72\times10^3/3{,}600\times3\times10^9}{3\times10^8}\cos60^\circ = 100(\text{Hz})$$

– Z지점

$$f_d = \frac{72\times10^3/3{,}600\times3\times10^9}{3\times10^8}\cos90^\circ = 0(\text{Hz})$$

35 ❹

레이더 수신전력방정식 $P_r = \frac{P_tG_tG_r\sigma\lambda^2}{(4\pi)^3R^4}$ (Watts)

– 레이더 반사파는 주파수 감쇠 $1/f^2$, 왕복진행에 따른 거리에 의한 감쇠 $1/R^4$을 겪는다.

$$\frac{P_TG_TG_Rc^2}{(4\pi)^3\times(10\text{km})^4(10\text{kHz})^2} = 1\text{nW}$$

$$\frac{P_TG_TG_Rc^2}{(4\pi)^3\times(5\text{km})^4(5\text{kHz})^2} = 64\text{nW}$$

36 ❸

위성통신은 점대다중점 통신방식(point-to-multipoint) 이용

❸ 위성통신은 통신의 보안성이 떨어지므로 암호화 통신이 필요

37 ❹

정지위성 고도 : 지구중심 고도(42,164km) , 지구 표면 고도(35,786km)

38 ❶

무선시스템 수신전력

$$P_R = P_t + \sum\text{Gain} - \sum\text{Loss}$$

$$P_R = 30\text{dBW}(60\text{dBm})+50+40-220 = -70\text{dBm}$$

39 ❶

NAVSTAR GPS위성은 20,200km 상공의 6개 궤도면에 운행주기 12시간인 위성 4개씩을 배치하여 운용

40 ❷

레이더 거리 관계식

$$R = c\left(\frac{t}{2}\right)\ (t : \text{Round trip Time})$$

$$R = 3\times10^8\left(\frac{6\times10^{-6}}{2}\right) = 9\times10^2\,\text{m}$$

41 ❹

일반 이동체 도플러 효과

$$f_d = \frac{V}{\lambda}\cos\theta = \frac{Vf_t}{c}\cos\theta(\text{Hz})$$

$$f_d = \frac{108\times10^3/3{,}600\times1\times10^9}{3\times10^8}\cos0^\circ = 100(\text{Hz})$$

42 ❷

정지위성 고도 : 지구중심 고도(42,164km) , 지구 표면 고도(35,786km)

❷ 정지궤도 위성의 공전주기는 지구의 자전주기와 같아야 하기 때문에 고도 35,786[km]의 상공에서 운용된다.

43 ❸

안테나 방사전력

$EIRP = P_tG_t(\text{W}) = 10\log P_t + 10\log G_t(\text{dB})$

$P_t = 0.1\text{W} = 10\log(0.1) = -10\text{dBW} = 20\text{dBm}$

AMP Gain = 10log100 = 20dB

$EIRP = 20+(-2-2+20+10) = 46\text{dBM}$

44 ❹

레이더 수신전력방정식 $P_r = \frac{P_tG_tG_r\sigma\lambda^2}{(4\pi)^3R^4}$ (Watts)

– 레이더 반사파는 주파수 감쇠 $1/f^2$, 왕복진행에 따른 거리에 의한 감쇠 $1/R^4$을 겪는다.

45 ❶

위성운행

- LEO 위성은 지구 표면으로부터 500km에서 1,500km 높이에서 운용
- LEO는 낮은 궤도 때문에, 주기가 매우 짧음 (일반적으로 95분에서 120분 사이)

❶ 정지궤도위성은 지구의 자전속도와 동일한 속도로 공전하며 움직인다.

② 상업용 위성에서 사용되는 주파수 대역은 C, Ku, Ka, L 등이 있다.

③ Ku 대역 위성통신에서 상향링크 주파수가 하향링크 주파수 보다 높다.

④ 정지궤도(GEO) 위성은 지표면에서 약 36,000 [km]에 위치한다.

46 ❸

펄스 레이더 관계식

모호하지않은 최대탐지거리

$$R_{un} = \frac{cT_P}{2} = \frac{c}{2f_P}\ (\mathrm{m})$$

❸ 탐지거리의 정확성을 높이기 위해 펄스의 주기는 신호의 왕복시간보다 길게하여야 거리 모호성이 없다.

47 ❶

레이더 관계식

$$R_{\min} = \frac{c\tau}{2}\ (\mathrm{m}),\quad R = \left[\frac{P_t G^2 \sigma A_e}{(4\pi)^2 P_r}\right]^{1/4}\ (\mathrm{m})$$

$$R_{\max} = \left[\frac{P_t G^2 \sigma \lambda^2}{(4\pi)^3 S_{\min}}\right]^{1/4}\ (\mathrm{m})$$

❶ 빔의 폭이 좁을수록 방위분해능이 좋아진다.

② 최대 탐지거리를 2배로 하려면 송신전력을 2^4 (16)배로 해야 한다.

③ 유효반사면적이 클수록 탐지거리가 증가한다.

④ 펄스폭이 좁을수록 거리분해능이 좋아진다.

48 ❹

위성통신 특징

① 극궤도 위성는 지구 자전과 수직방향으로 움직이므로 공전주기는 지구의 자전주기와 다르다.

② 극궤도 위성은 지구의 남극 북극을 궤도로 하여 지구자전방향과 직각으로 공전한다

③ 정지궤도 위성은 적도 상공에서 지구 주위를 공전한다.

❹ 정지궤도 위성의 고도는 극궤도 위성의 고도에 비해 높다.

49 ❷

위성전파 관계식

$$R = c\left(\frac{t}{2}\right)\quad (t : \text{Round trip Time})$$

$$t = \frac{2R}{c} = \frac{2\times 22{,}500\times 10^3}{3\times 10^8} = 1.5\times 10^{-2}\,s$$

50 ❸

레이더 안테나 특성

① 표적까지의 거리는 신호가 표적에 도달하고 귀환하는 데 걸린 시간으로 구할 수 있다.

② 표적의 방향은 귀환신호의 도착 각도로 구할 수 있다.

❸ 표적의 방향을 찾기 위하여 고지향 특성이 되도록 협대역 전파신호를 위상배열안테나로 방사한다.

④ 표적의 속도는 귀환신호에 발생된 도플러 천이로 구할 수 있다.

51 ❹

레이더 이동체 도플러효과 $f_d = \dfrac{2V_r}{\lambda}\cos\theta\ (\mathrm{Hz})$

$$f_d = \frac{2V}{\lambda}\cos\theta = \frac{2Vf_t}{c}\cos\theta$$

$$= \frac{2\times 180\times 10^3/3{,}600\times 10\times 10^9}{3\times 10^8} = 2\times 10^3(\mathrm{Hz})$$

52 ❸

LEO 위성 특징

- LEO 위성은 지구 표면으로부터 500km에서 1,500km 높이에서 운용
- LEO는 낮은 궤도 때문에, 주기가 매우 짧음 (일반적으로 95분에서 120분 사이)

① 핸드오버 복잡도가 정지궤도 위성에 비해 높다.

② 신호 송수신 지연 시간이 정지궤도 위성에 비해 짧다.

❸ 대기권과 가까운 근처에서 운행하므로 대기 마찰 등에 의한 예상 수명이 정지궤도 위성에 비해 짧다.

④ 서비스를 위한 위성의 수가 정지궤도 위성에 비해 많다.

53 ❹

위성 운용 주파수 plan

- 기지국이 위성보다 운용환경(전력, 제어 등)이 좋으므로 상향링크(지구국 ⇒ 위성)는 전파특성이 나쁜 고주파, 하향링크(위성 ⇒ 지구국)는 전파특성이 좋은 저주파대역을 할당하여 운영

❹ 일반적으로 지구국보다 위성이 낮은 주파수로 신호를 송출한다.

54 ❸

위성통신 전력 관계식 $P_R = P_T G_T \left(\frac{\lambda}{4\pi R}\right)^2 G_R$

① 수신 안테나의 이득에 비례

② 송신 안테나의 이득에 비례

❸ 송수신기 간 거리의 제곱에 반비례

④ 신호 파장의 제곱에 비례

55 ❸

❸ 위성의 궤도주기의 제곱은 타원 반장축의 세제곱에 비례한다.

(1) 제1법칙 (궤도의 법칙)

위성의 궤도는 타원이며, 이때 지구는 지구와 위성을 잇는 직선상의 한 초점에 위치

(2) 제2법칙(면적속도 일정법칙)

지구 중심과 위성을 잇는 가상선은 같은 시간 동안 같은 면적을 지나가게되며, 위성이 지구에 가까울 때는 속도가 빠르고, 지구에서 멀 때는 속도가 느림

(3) 케플러 제3법칙(조화의 법칙)

위성의 공전주기의 제곱은 타원궤도 장축반경의 3제곱에 비례

56 ❸

레이다 방정식 $P_r = \frac{P_t G_t G_r \sigma \lambda^2}{(4\pi)^3 R^4}$ (Watts)

- 탐지거리는 송신전력, 거리의 $1/R^4$에 비례

$$P_r = \frac{10\text{kW} \times G_t G_r \sigma \lambda^2}{(4\pi)^3 (2\text{km})^4} = \frac{20\text{kW} \times G_t G_r \sigma \lambda^2}{(4\pi)^3 (R)^4}$$

$(R)^4 = 2 \times 2^4 \quad \therefore R = 2\sqrt[4]{2}$

57 ❶

Link Budget 계산

Margin = P_t + 이득−손실−수신감도 = 수신전력

$$= \text{최저수신감도} = \left(\frac{E_b}{N_0}\right)_{r,\,dB} - \left(\frac{E_b}{N_0}\right)_{q,\,dB}$$

$P_r = 18+51.6+35.1-214.7 = -110\text{dBW}$

$P_r = 10^{-11}\text{W}$

$R_b = 2 \times 10^6 \text{bps} \Rightarrow P_r = R_b \times E_b$

$E_b = \frac{P_r}{R_b} = \frac{10^{-11}}{2 \times 10^6} = \frac{1}{2} \times 10^{-17}$

$10\log E_b = -10\log 2 - 170 = -173\text{dBW}$

$$\left(\frac{E_b}{N_0}\right)_{r,\,dB} = 10\log E_b - 10\log N_0 = -173-(-192.5) = 19.5\text{dB}$$

$$\therefore \text{Link Margin} = \left(\frac{E_b}{N_0}\right)_{r,\,dB} - \left(\frac{E_b}{N_0}\right)_{q,\,dB} = 19.5 - 10 = 9.5\text{dB}$$

58 ❸

레이더 관계식 $R = c\left(\frac{t}{2}\right)$ (t : Round trip Time)

$R = 3 \times 10^8 \left(\frac{2 \times 10^{-3}}{2}\right) = 3 \times 10^5 \text{m}$

59 ❶

접속 용이성: 지구국 가시거리에 있는 위성과는 임의로 접속가능

❶ 동일내용의 정보를 복수지점에서 동시에 수신할 수 있는 특성은 동보성(1:n 또는 점대다점간 통신) 특성이다.

60 ❷

위성통신 전력 관계식 $P_R = P_T G_T \left(\frac{\lambda}{4\pi R}\right)^2 G_R$

- 수신전력은 거리,주파수에 반비례하고 파장, 유효면적(앙각으로 해석가능)에 비례하며, 안개 · 구름등의 전파방해물이 있을 경우 감소(대기가 건조할수록 수증기 등의 전파방해물/산란체가 줄어들므로 감쇠가 줄어듬)

61 ❷

GPS 오차요인

오차 요인
대기상태 변화 (대류층)
대기상태 변화 (이온층)
다중경로 페이딩 및 감쇠
수신기 잡음
위성사용제한(정치적)
원자시계 오차
에피메리스[Ephemeris](편향) 에러
측정 정밀도

ㄷ. 측정오차를 줄이기 위해 DGPS, RTK 등 사용

62 ❷

레이더 거리분해능 $R_{min} = \frac{c\tau}{2}$ (m)

- 거리분해능 R_{min}은 펄스폭(τ)이 결정하며, 펄스 반복주파수(f_p)는 모호하지않는 최대 감지거리 R_{un}를 결정함

$$R_{min} = \frac{c\tau}{2} \text{ (m)}, \quad R_{un} = \frac{cT_P}{2} = \frac{c}{2f_P} \text{ (m)}$$

$$R_{un} = \frac{3\times10^8\times1\times10^{-6}}{2} = 1.5\times10^2 \text{ (m)}$$

63 ❹

위성통신 특성

- 기지국이 위성보다 운용환경(전력, 제어 등)이 좋으므로 상향링크는 전파특성이 나쁜 고주파, 하향링크는 전파특성이 좋은 저주파대역 할당

① 위성과 지구국의 앙각이 증가할수록 지구와의 거리가 짧아져왕복지연시간이 짧아진다.

② 고도가 낮은 저궤도 위성통신은 정지궤도 위성통신보다 왕복지연시간이 짧아 신호 감도가 좋다.

③ 위성통신에서 사용되는 C밴드는 4~8[GHz] 주파수 범위를 갖는다.

❹ 일반적으로 상향링크보다 하향링크에서 더 낮은 주파수를 사용한다.

64 ❹

도플러 효과 $f_d = \frac{V_s}{\lambda}\cos\theta = \frac{V_s f}{c}\cos\theta$

$$f_d = \frac{V_s}{\lambda}\cos\theta = \frac{V_s f}{c}\cos\theta$$

$$V_s = \frac{cf_d}{f} = \frac{3\times10^8\times10\times10^3}{12\times10^9} = \frac{1}{4}\times10^3 \text{ (m/s)}$$

65 ❷

도플러 효과 $f_d = \frac{V_s}{\lambda}\cos\theta = \frac{V_s f}{c}\cos\theta$

$$f_d = \frac{V_s}{\lambda}\cos\theta = \frac{V_s f}{c}\cos\theta$$

$$f_d = \frac{30\times600\times10^6}{3\times10^8}\cos30^\circ = 30\sqrt{3} \text{ (m/s)}$$

66 ❸

펄스 레이더 펄스폭 관계식

$$\tau = T_P\frac{P_m}{P_p} = \frac{P_m}{f_p P_p} \text{ (sec)}$$

$$P_p = \frac{P_m}{\tau f_p} = \frac{200}{0.1\times10^{-6}\times2\times10^3} = 10^6\,W$$

67 ❷

레이더 관계식 $R = \frac{cT}{2}$ (m)

- 측정오차는 편도오차의 2배 발생

편도거리오차 $R = \frac{3\times10^8\times2\times10^{-6}}{2} = 300$ (m)

총오차 = $2R$ = 600m

68 ❶

전파지연시간: 위성고도에 비례

[지표면으로부터의 위성고도]

- 정지궤도위성: 약 36,000km
- 중궤도위성 : 6,000-20,000km
- 저궤도위성 : 500-1500km

7장

01 ❹

① OOK: 진폭편이변조 ASK의 일종
② FHS: 주파수호핑 대역확산기술
③ DSSS: 직접변환대역확산방식
❹ OFDM: 직교하는 여러개의 부반송파에 정보를 분산하여 보냄으로써 페이딩 특성과 전송속도 개선

02 ❸

이동통신시스템 셀 크기

셀 형태(이름)	셀 반경	적용지역	사용 서비스 예
글로벌 셀(Global cell)	>700km	대륙(Continents)	위성 통신, 우주 통신
메가 셀(Mega cell)	5km~	시골(외곽)지역(Rural)	셀룰러 통신
매크로 셀(Macro cell)	2~5km	도시(Urban)/외곽지역	셀룰러 통신
마이크로 셀(Micro cell)	200~2km	과밀집 도심(Dense Urban)	셀룰러/근거리무선통신
피코 셀(Pico cell)	~200m	사무실, 건물 내, 가정 등	근거리무선통신(WiFi, Bluetooth 등)

03 ❶

다중화 방식의 특징
❶ TDMA는 타임슬롯 수에 의해 용량이 제한된다.
② FDMA는 독립적인 주파수로 다중화하므로 음성부호화가 불필요하다.
③ CDMA는 사용자별로 의사잡음부호(PN: Pseudo Noise)를 할당하여 준다.
④ FDMA는 망의 동기화가 필요하지 않다.

04 ❷

CMDA 방식의 특징
하향링크: coherent 전송 , 상향링크: 비동기전송
① 주파수 이용효율을 극대화하기 위해 서로 다른 PN 코드를 할당하여 시간, 주파수 자원 공유
❷ 상향 링크에서는 사용자 부호 간의 직교성이 유지되지 않을 수 있기 때문에 수신 단에서 다른 사용자 간섭이 존재할 수 있다.
③ 현재 통신하고 있는 기지국과의 연결을 유지하며, 새로운 기지국으로 연결이 가능(Soft & softer H/O)
④ 통화 품질을 극대화하기 위해 단말의 위치와 채널 상태에 따라 일정한 전력이 도달되도록 전력 제어를 한다.

05 ❸

CMDA 방식의 특징
FDMA(FDD): 주파수로 송수신 분리,
TDMA(TDD): 시간으로 송수신 분리
① FDMA는 보호대역(Guard Band)을 필요
② TDMA는 보호시간(Guard Time)을 필요.
❸ 송수신 분리를 위해 TDD는 Time slot을, FDD는 듀플렉스 여파기(Duplex Filter)를 사용
④ FDD는 송신과 수신에 각각 다른 주파수를 사용

06 ❷

혼합 대역확산방식
- 대역확산방식인 DS, FH, TH 세 방식을 혼합하여 대역확산하는 방식으로 FH/DS, TH/DS, TF/FH방식이 있으며, 이중 FH/DS 방식을 가장 많이 사용
- 혼합대역확산방식의 장점

① 직교신호 운용으로 단독방식보다 많은 통화채널을 구성 가능
❷ FH/DS방식이란 반송파가 PNcode에 따라 도약(Hopping)하는 DS방식이다.
③ FH, DS 대역에서 발생하는 간서을 줄여 부분대역 간섭을 극복할 수 있다.
④ 수신기에서 부호동기를 포착하는 시간이 짧아진다.

07 ❹

다양하게 변하는 이동통신 신호 해석을 위해 확률분포 활용 필요
① 백색 가우시안 잡음: 시스템이 갖는 기본잡음으로 전대역에 분포
② 레일리 분포: 기지국과 떨어진 다중전파 영역 신호해석시 사용
③ 라이시안 분포: 기지국과 가까운 지역의 전자파 해석
❹ 이항 분포: 일반적인 통계 식으로 사용

08 ❸

이동통신 핸드오프 원리

셀과 셀 간에 사이에는 서로 다른 주파수 또는 코드들이 사용되므로 위치 이동시 H/O(핸드오버) 기능이 있어야 이동성을 보장할 수 있다.

① 1세대 이동통신시스템의 하나인 AMPS는 아날로그 통신 시스템이다.

② 셀룰러 개념은 주파수 재사용을 통해 시스템 용량을 획기적으로 증가시킬 수 있다.

❸ 셀과 셀 간에 핸드오버 기능이 있어야 이동성을 보장할 수 있다.

④ W-CDMA는 3세대 이동통신시스템의 하나이다.

09 ❷

이동통신채널 페이딩 특성

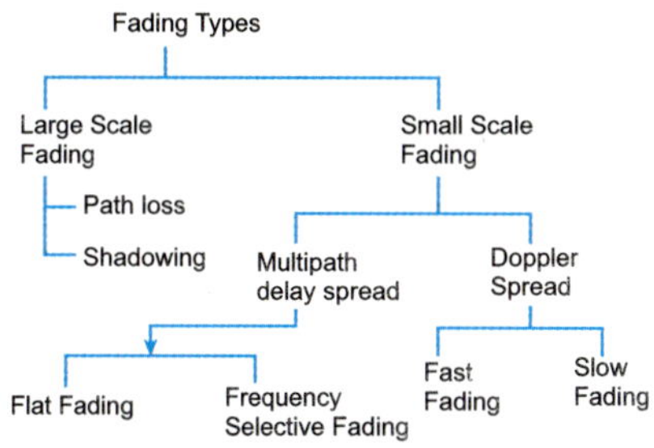

– 시간의존 페이딩: 단말기의 이동속도에 따른 도플러 천이로 발생(Time Slow/Fast fading)

– 주파수 의존 페이딩: 채널의 다중반사에 기인하며 레일리히 분포를 갖음(Frequency Flat/Selective Fading)

10 ❹

대역확산통신의 장점

– 재밍(Jamming)에 강함

– 통신보안 우수

– 페이딩(Fading) 특성 우수

– 코드간 직교성 확보될 경우 많은 가입자 수용 가능

– Soft H/O, Softer H/O 기능로로 통화단절 없음

❹ 정확한 전송시간 조정이 필요한 TDMA에 비해 코드간 직교성 확보 필요

11 ❹

페이딩 대응방법[표7-4]

송신단 : 다이버시티(Diversity) 기법, 수신단 : 합성수신(Combining) 방법

① 안테나 다이버시티: 송수신 안테나 수를 증가

② 주파수 다이버시티: 여러 주파수를 사용

③ 시간다이버시티: 같은 정보를 반복하여 송신

❹ 고밀도 성상도 변조: 대역폭 사용효율을 높이는 변조 방식

12 ❸

CDMA 방식 : 다중 가입자 수용을 위해 직교성을 갖는 PN 코드 사용

① 길쌈 코드 ② RS 코드

④ 터보 코드는 모두 채널에서 발생하는 전송에러를 복구/정정하기 위해 사용

❸ PN 코드 : 직교성을 지닌 코드로 사용자마다 다르게 할당

13 ❸

CDMA 와 OFDM 다중화

① IS-95 ② WCDMA

④ HSDPA는 모두 CDMA 방식을 다중접속방식으로 사용하며,

❸ WiBro는 OFDM(직교주파수분할방식)을 사용

14 ❸

CDMA 방식의 특징 이해

❸ 셀 내에서 수용된 모든 가입자는 동일한 주파수를 사용하는 사용하므로 단말기는 기지국으로부터의 거리에 따라 실시간으로 Power control 하여 가입자간 원근문제(Near-Far Problem)와 간섭 문제 해결

15 ❹

대역확산 방식의 특징 이해

① 전송하고자 하는 본래 신호에 비해 변조 후 전송신호의 대역폭이 크게 증가한다.

② FH/SS 시스템 중 빠른 주파수 도약(fast-frequency hopping)에서는 데이터 심볼률(symbol rate)

이 주파수 도약률(hop rate)보다 느리다.

③ DS/SS 시스템은 협대역 간섭신호를 수신단에서 넓은 주파수대역으로 확산시켜 간섭의 영향을 최소화한다.

❹ 대역확산을 크게 할수록 협대역 간섭신호의 영향이 분산되므로 간섭 억제효과(Jaming Immunity)가 커진다.

16 ❹

통화 채널 지정 및 감시 기능은 기지국이 수행한다.
이동통신시스템 구성 : 교환국, 기지국, 무선단말로 구성

① 통화 회선의 수용과 상호 접속에 의한 교환기능
② 회선구간별 통화량 감시 및 분석
③ 일반 공중 전화망과 이동 통신망 접속 기능
❹ 통화 채널 지정 및 감시 기능 : 기지국 기능

1) 기지국(Base Staion)
   - 교환국과 단말기간 연결
   - 착발신 신호 송출
   - 통화채널 감시 및 채널지정
   - 위치등록 및 전력제어
2) 교환국(MTSO)
   - PSTN망과 이동망 연결
   - 구간별 통화량 관리 및 라우팅
3) 단말기(Mobile Station)
   - 사용자-기지국간 연결
   - MMI(Man-Machine Interface) 수행

17 ❸

스마트 안테나

❸ 스마트 안테나: 안테나 빔 방사방향이나 방사전력을 시스템 요구에 따라 임의 조정가능한 안테나

18 ❹

① GPS 시스템에서 위성까지의 거리를 구하기 위해서 PN 코드의 자기상관 특성을 이용한다.
② DS-CDMA 시스템에서 다중접속을 위해서 PN 코드의 상호상관 특성을 이용한다.
③ DGPS는 알려진 위치의 기준 수신기에서 오차를 계산하여 수신기에 대한 오차를 보정한다.
❹ FDMA, TDMA, CDMA는 대표적인 대역확산 기법이다.
   - FDMA, TDMA는 주어진 주파수 또는 시간 자원을 분할하여 사용자에게 할당하는 방식이며, CDMA는 직교코드를 이용하여 사용대역을 확산하는 대표적인 대역확산 기법이다.

19 ❸

- 채널코딩: 채널에서 발생하는 에러를 정정하기 위한 코딩
- 소스코딩: 전송신호의 전송속도를 줄이기 위한 코딩

❸ CELP(Code Excited Liner Predictive Coding): 선형예측(linear_prediction)을 통해 음성 활성량(Voice Activity) 또는 전송률에 따라 차별화된 부호화를 시행하는 기술로 G.729, AMR, iLBC EVRC 등이 CELP 기반의 음성 부호화기를 사용(QCELP, LD-CELP등 다양한 방식이 있음)

20 ❹

OFDM : 부반송파에 정보를 분산, 병렬 전송하여 페이딩 특성을 향상시키는 변조방법

① 단일반송파 전송 방식에 비해 일반적으로 피크 대 평균전력비(peak to average power ratio)가 크다.
② 부반송파 획득을 위해 고속 푸리에 변환(FFT)을 사용하여 구현을 간단히 할 수 있다.
③ 페이딩을 극복하기 위해 등화기를 사용할 수 있다.
❹ 서로 직교하는 부반송파를 병렬로 전송하여 전송효율을 높이는 병렬전송기술이다.

21 ❷

MIMO: 다중입력다중전송시스템

① 다수의 송수신 안테나를 사용하여 전송률을 높일 수 있다.

❷ 다중 안테나 사용으로 송수신 다이버시티 얻을 수 있다.
③ 송수신 안테나를 다수의 사용자에게 할당할 수도 있으며 한 사용자에 모두 할당할 수도 있다.
④ 무선통신 시 다중경로 페이딩과 같은 현상으로 인한 전송률 저하를 개선

22 ❷

OFDM의 CP(Cyclic Prefix): 이동통신 경로 상의 다중경로 채널에 의해 이전 심볼에 의한 영향을 받게 되며, 이를 해소하기위해 심볼간 보호구간을 둠. 보호구간에는 직교성 유지를 위해 마지막 구간 신호를 복사, 삽입하여 전송하는 방식을 CP(Cyclic Prefix)라고 함

OFDM은 다음 장점을 갖는다.
① 다중경로에 효율적인 전송방식
③ 단일주파수망이 가능하여 방송용에도 장점으로 작용한다.
④ 협대역 간섭이 일부 부반송파에만 영향을 주기 때문에 협대역 간섭에 강하다.

심볼간 간섭을 억제하기 위해 삽입하는 CP 삽입으로 대역폭 효율이 감소하며 유효신호구간의 신호대잡음비도 감소한다. 따라서
❷ CP(Cyclic Prefix)의 삽입으로 대역폭 효율이 감소하며, 신호대잡음비도 떨어지므로 최소화하여야 한다.

23 ❷

이동통신 주요 특징
- Cellular Topology
- Frequency Reuse
- Power Control
- Cell Split/Cell Zoning
- H/O 기술

❷ 동기 검파 기술은 고성능 변복조 방식의 하나이다.

24 ❷

페이딩 대응방법 [표7-4] 참조

송신단 : 다이버시티 기법, 수신단 : 합성수신 방법
① 안테나 다이버시티:송수신 안테나 수를 증가
❷ 변조지수 증가 : FM 변조의 S/N비 개선을 위해 사용
③ 채널 부호화(Channel coding)를 적용하여,채널에서 발생한 에러를 정정
④ 안테나 다이버시티와 시공간 디이버시티: 다수의 송신 안테나를 사용하고, 시공간 부호(Space-time code)를 적용한다.

25 ❶

RF 중계기 :전파음영지역 또는 서비스영역 확대를 위해 신호증폭 후 재전송
❶ RF 중계기는 신호를 증폭 후 재전송하며, 신호 품질개선과는 무관하다.
② 다수의 중계기를 설치함으로 인해 전송 커버리지가 확대된다.
③ 기지국 설치비용이 절감된다.
④ 전계 강도가 부족하여 발생하는 부분적인 음영지역을 해소할 수 있다.

26 ❷

표 7-5참조
1세대 : 아날로그방식(AMPS, NMT)
2세대: 디지털 방식(CDMA, TDMA)
3세대: WCDMA
4세대: OFDM
① 1세대 이동통신 시스템의 하나인 AMPS는 아날로그 통신시스템이다.
❷ CDMA기술은 2세대 이동통신 시스템인 디지털 셀룰러 방식부터 처음으로 사용되었다.
③ 핸드오버는 이동성을 보장하기 위한 중요한 기술 중 하나이다.
④ FDD 방식은 송수신을 서로 다른 주파수로 할당하여 사용하므로 송수신을 동시에 수행할 수 있다.

세대	시기	핵심기술동향 및 특징	전송 속도
1세대	~1980년대	Analog Cellular(FDMA) • AMPS (Advanced Mobile Phone Service) • NMT (Nordisk Mobil Telefoni)	음성 전용
2세대	1990년대	Digital Cellular(CDMA/TDMA) • 2.5세대 : IS-95B(56k), CDMA/EVDO	음성, 저속데이터 (~14.4kbps)
3세대	~2000년대	광대역 CDMA(IMT-2000) • 유럽 : W-CDMA(UMTS, 비동기식 광대역 CDMA) • 북미 : CDMA 2000x(IS-2000, 동기식)	음성, 데이터, 영상 (~2Mbps)
4세대	~2010년대	IMT-advanced(Beyond 4G) • OFDM 방식(페이딩 성능 향상) • Packet 데이터 전용	~1Gbps LTE-Advanced
5세대	2020~	5G NR (New Rdio) (초연결성, 초고용량, 초반응성, 초저전력)	수십 Gbps
B5G(6G)	2025~	(개발중)	수백 Gbps

27 ❷

다중입력 다중출력(MIMO)

- 링크 용량을 증대시키는 기술로 여러 안테나를 사용하여 기지국과 단말기 간의 통신 성능(전송속도, 다이버시티, 신호품질 등)을 개선
- 송신기 및 수신기 구성 및 개수에 따라 SISO, SIMO, MISO, MIMO 방식으로 구분
- 각 안테나에 데이터를 분산하여 전송속도를 줄여 무선특성을 개선하고, 다수의 안체나를 이용하여 전체의 채널용량을 증가시킨다.

① 다중경로 페이딩 특성을 이용하여 공간 다중화(Spatial Multiplexing) 구현이 가능하다.
❷ 안테나 숫자를 증가시켜 전체의 전송속도는 높이고 각 안테나에서의 전송속도는 낮추어 무선성능을 좋게 하면서 전체의 채널용량을 증가시킨다.
③ 통신 링크의 채널 상태를 송 · 수신기 모두가 아는 경우, 송신기에서 안테나별 송신전력을 적절히 조절하여 더 높은 채널용량을 얻을 수 있다.
④ 송신 안테나들을 통하여 전송되는 신호들은 서로 다른 디지털 변조방식을 사용할 수 있다.

28 ❶

이동통신 채널 특성

- 무선채널은 유선채널에 비해 신호의 시간적, 지역적 변화가 큼

❶ 페이딩: 시간에 따른 수신신호 변화
② 경로손실: 거리의 자승배만큼 감쇠
③ 백색잡음: 통신시스템의 배경잡음
④ 다이버시티: 페이딩 해소기법으로 수신단에 다양한 형식의 정보 제공

29 ❶

이동통신 채널 특성

- 무선채널은 유선채널에 비해 신호의 시간적, 지역적 변화가 큼

❶ 시간에 따른 채널특성의 변화가 커 유선통신보다 안정적인 통신이 불가능하므로 다이버시티 등의 기법 필요

30 ❹

직교코드의 정의

- CDMA의 PN 코드는 코드간 직교성이 확보되어야 하며,
- 두 코드를 XOR(또는 NXOR) 하였을 경우 +1과 −1의 숫자가 같아야 직교함

① [−1,+1,−1,+1,−1,+1] ⊕ [−1,−1,+1,+1,−1,+1] = [+1,−1,−1,+1,+1,+1]
② [−1,+1,−1,+1,−1,+1] ⊕ [+1,−1,+1,+1,+1,+1] = [−1,−1,−1,+1,−1,+1]
③ [−1,+1,−1,+1,−1,+1] ⊕ [+1,+1,−1,+1,−1,−1] = [−1,+1,+1,+1,+1,−1]
❹ [−1,+1,−1,+1,−1,+1] ⊕ [−1,+1,+1,−1,+1,+1] = [+1,+1,−1,−1,−1,+1]

−1/0의 수 : ① 4/2 ② 2/4 ③ 4/2 ❹ 3/3

31 ❹

다중부반송파를 사용하여 전송데이터를 분산하여 전송속도를 줄여 페이딩 영향과 ISI를 줄임 (단점: PARR(최대전력대평균전력비)가 커 송신 출력이 커짐)

❹ PAPR(Peak-to-Average Power Ratio)이 커서 증폭기의 전력 효율이 낮다.

32 ❸

이동통신 채널 페이딩 특성

- 시간선택성 페이딩: 단말기의 이동속도에 따

른 도플러 천이로 발생
- 주파수선택성 페이딩: 채널의 다중반사에 기인하며 레일리히 분포를 갖음

① 송신된 전파가 다중경로로 진행하여 수신시간이 퍼지는 현상을 지연확산(Delay spread)이라고 한다.

② 지연확산으로 인하여 주파수 선택적 페이딩 현상이 발생한다.

❸ $f_d = \frac{V}{\lambda}\cos\theta$ (Hz)이므로 이동체의 속도가 빠를수록 도플러 확산(Doppler spread)이 커진다.

④ 도플러 확산은 시간 선택적 페이딩을 발생시킨다.

33 ❷

CDMA 이동통신시스템 특성 : PN code, 시간 다이버시티 및 Rake 수신기 사용

❷ CDMA 시스템에서는 레이크 수신기(Rake receiver)를 사용하여 다중경로 페이딩의 영향을 극복할 수 있다.

34 ❶

페이딩 대응기술
- 대역확산, 다이버시티, 채널코딩, 채널 Equalizer 사용 등

❶ 암호화: 통신 보안을 위해 사용하는엔크립션/디크립션 방식보안

35 ❷

Multicarrier 방식

① 더 긴 심벌시간으로 동일한 전송률을 달성할 수 있다.

❷ PAPR(Peak-to-Average Power Ratio)이 커서 증폭기의 전력 효율이 낮다.

③ 주파수 선택적 페이딩을 평탄(flat) 페이딩으로 근사화할 수 있다.

④ 다중 경로로 인한 심벌 간 간섭의 영향이 더 작다.

36 ❷

LTE 주요특성
- 대역폭: 1.4, 3, 5, 10, 15MHz
- 변조 방식: QPSK, 16QAM, 64QAM, 256QAM 중 하나
- 다중화 방식: FDD의 경우 OFDMA (순방향) / SC - FDMA (역방향)
- 경로 다중화: 최대 4×4 MIMO

❷ LTE는 FDD의 경우 OFDMA (순방향) / SC - FDMA (역방향) 다중접속방식 사용

37 ❹

이동통신 시스템 구성: 기지국, 교환국(MTSO), 단말

① 기지국에서 단말기로의 통신 채널을 하향 링크라고 한다.

② 지향성 안테나를 사용하여 셀을 섹터로 분할하면 동일채널 간섭이 감소한다.

③ 주파수 재사용은 거리가 먼 기지국 간에 동일 주파수를 사용하는 기술을 말한다.

❹ 기지국과 MTSO를 이용하여 통신한다.

38 ❶

무선채널 손실 특성 : $L_p = \left(\frac{4\pi R}{\lambda}\right)^2 = \left(\frac{4\pi fR}{c}\right)^2$

❶ ㄱ, ㄴ:경로손실은 주파수가 클수록(파장이 짧을수록) 커지며, 다중경로와 도플러 현상에 의한 페이딩이 발생한다.

39 ❹

OFDM: 부반송파에 정보를 분산, 병렬 전송하여 페이딩 특성을 향상시키는 변조방법

OFDM 특징
- 단일반송파 전송 방식에 비해 일반적으로 피크 대 평균전력비(peak to average power ratio)가 크다.
- 부반송파 획득을 위해 고속 푸리에 변환(FFT)을 사용하여 구현을 간단히 할 수 있다.
- 페이딩을 극복하기 위해 등화기를 사용할 수 있다.
- 서로 직교하는 부반송파를 병렬로 전송하여 전송효율을 높인다.

❹ 각 부반송파 파형은 시간축상으로 서로 겹치지않게 하여 직교성을 유지하며, 주파수 축에서는 일부 파형이 겹치게 됨

40 ❷

Diversity & Combining 특징

① CDMA 시스템의 경우 RAKE 수신기를 활용하여 다이버시티 이득을 얻을 수 있다.

❷ 다수의 수신안테나들을 파장의 1/2 크기 이상으로 이격하면 공간다이버시티를 얻기 쉽다.

③ 동일 신호를 서로 다른 시점에서 송신하고, 이를 결합하여 시간다이버시티를 얻을 수 있다.

④ 동일 신호를 서로 다른 주파수 대역에서 송신하고, 이를 결합하여 주파수다이버시티를 얻을 수 있다.

41 ❶

다중입력 다중출력(MIMO) : 링크 용량을 증대시키는 기술로 여러 안테나를 사용하여 기지국과 단말기 간의 통신 성능(전송속도, 다이버시티, 신호품질 등)을 개선

❶ 여러 개의 안테나를 사용해 데이터를 여러 경로로 전송한다.

② 공간 다중화 기법에서 복호 가능한 공간 스트림의 최대 개수는 송신기와 수신기 안테나 개수 중 작은 수이다.

③ 다이버시티 기법으로 페이딩의 영향을 감소시킨다.

④ 빔형성 기법으로 수신신호의 전력이 최대가 되도록 전송한다.

42 ❷

5G 이동통신시스템

– 모든 서비스를 통합하여 운영

– MIMO, Beam-forming 기술

– 주파수 결합(CA)기술

❷ 여러 서비스들이 요구하는 상이한 요구사항을 충족하기 위해 각 서비스들을 통합 네트워크로 수용하여 서비스를 제공한다.

43 ❶

페이딩 원인과 조건

– 시간의존 페이딩: 단말기의 이동속도에 따른 도플러 천이로 발생(Time Slow/Fast fading)

– 주파수 의존 페이딩: 채널의 다중반사에 의한 지연확산에 기인하며 레일리히 분포를 갖음(Frequency Flat/Selective Fading)

– 데이터 전송속도(전송률 또는 펄스폭)보다 큰 페이딩이 일어나기 위한 조건

❶ 지연 확산(delay spread) > 심벌지속시간

44 ❸

셀룰러 기술의 특징

– Cell 형태의 커버리지

– Frequency Reuse

– 위치등록 및 Roaming(H/O)

– Power Control

– Cell Split/Cell Zoning: 단일 기지국 내 가입자 수는 동일하므로 셀을 분할하여 가입자 용량 증가(기지국 증설 필요)
Cell 반경을 1/2로 줄이면 ⇒ 가입자용량 4배 증가

❸ 셀 반경을 작게 함으로써 시스템 사용자 용량을 증가시킬 수 있다.

45 ❹

FDD(TDD) 방식 : 송신, 수신을 별도 주파수(시간)로 분리하여 양방향 전송

① FDD는 기지국의 송수신 주파수 채널을 분리한다.

② FDD는 상향 링크와 하향 링크의 주파수 대역폭을 비대칭으로 설계

③ TDD는 상향 링크와 하향 링크 간 보호 시간이 필요하므로 시간 효율성이 떨어진다.

❹ TDD는 송수신기 간에 시각을 동기시켜야 한다.

46 ❹

무선채널 손실 특성 : $L_p = \left(\frac{4\pi R}{\lambda}\right)^2 = \left(\frac{4\pi f R}{c}\right)^2$

– 페이딩 특성 : 기지국근처(; 라이시안 페이딩), 셀 경계(; 레일리히 페이딩)

① 자유공간 경로손실은 거리의 제곱에 비례한다.

② 건물이나 터널 등으로 인해 전파의 음영지역이 발생할 수 있다.

③ 라이시안(Rician) 페이딩은 직접파, 레일리(Rayleigh) 페이딩은 간접파(다중반사파)에 의해 발생

❹ 단말기가 고속으로 이동할수록 채널이 더 시변(time-variant)해진다.

47 ❸

OFDM : 부반송파에 정보를 분산, 병렬 전송하여 페이딩 특성을 향상시키는 변조방법

① 서로 직교하는 부반송파를 병렬로 전송하여 전송효율을 높인다.

② CP(Cyclic Prefix): 다중경로 심볼에 의한 영향을 해소하기위해 심볼간 보호구간을 둠.

❸ 단일반송파 전송 방식에 비해 일반적으로 피크 대 평균전력비(PAPR)가 크다.

④ FFT를 이용하여 변조기 구성

⑤ 페이딩을 극복하기 위해 등화기를 사용할 수 있다.

48 ❶

- 이동통신시스템: 일정거리 이상 떨어진 셀에서 주파수 재사용하여 주파수 사용효율 극대화
- 1개 Cell 이상을 이격하여야 하므로 셀 중심 간격은 4+2 km 이상 필요

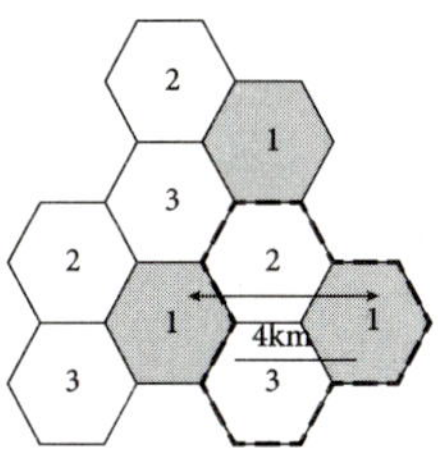

49 ❸

페이딩 원인과 조건

- 시간선택성 페이딩: 단말기의 이동속도에 따른 도플러 천이로 발생(도플러 천이)
- 주파수선택성 페이딩: 채널의 다중반사에 기인하며 레일리히 분포를 갖음(지연확산)

① 주파수 선택적 페이딩 환경에서는 주파수 성분 간의 페이딩 특성이 다름

② 다중경로 채널의 시간 지연 확산은 주파수 선택적 페이딩을 일으킴

❸ 도플러 확산으로 수신 신호의 주파수 확산을 일으킴

④ 도플러 확산으로 인해 시간 선택적 페이딩이 발생

50 ❸

페이딩의 Delay Spread : 학습비타민 참조

Mean Excess Delay $\bar{\tau} = \dfrac{\sum P(\tau_k)\tau_k}{\sum P(\tau_k)}$

$-3\text{dB} = 10\log(1/2) \Rightarrow \dfrac{1}{2},$

$-6\text{dB} = 2 \times 10\log(1/2) \Rightarrow \dfrac{1}{4}$

Mean Excess Delay $\bar{\tau} = \dfrac{\sum P(\tau_k)\tau_k}{\sum P(\tau_k)}$

$$= \frac{\frac{1}{2}\times 1 + \frac{1}{2}\times 2 + \frac{1}{4}\times 4}{\frac{1}{2} + \frac{1}{2} + \frac{1}{4}} = 2$$

51 ❷

셀룰러 시스템 용량 C = M×S = M×k×N

가용 채널 수 k = 총 채널수/cluster 내 셀 수 =S/N

- 총 주파수대역 = 30MHz
- 채널당 소요 주파수대역폭 = −25KHz×2채널(송/수신) 50kHz/duplex 채널
- 총 가용 채널 수 k = 30,000/50 = 600 채널
- 주파수 재사용 개수 N = 4인 경우 셀 당 가용 총 채널 수 = 600/4 =150 채널

8장

01 ❹

WAP 프로토콜

휴대전화에서 무선 통신을 사용하여 인터넷을 하기위한 응용 프로그램의 국제 표준. WAP은

피처폰에 웹 브라우저와 같은 서비스를 제공하기 위해 설계되었으나 현재는 사용하지 않음

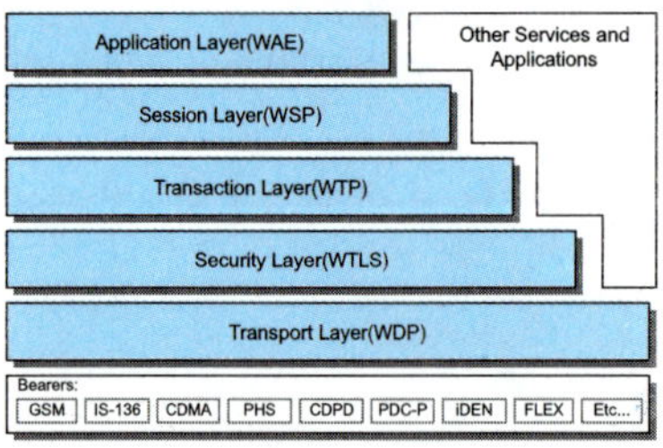

❹ WML(Wireless Markup Language)이동 통신용 단말기에 적합하도록 XML 기반으로 한 마크업 언어로 WAP 프로토콜 상에서 languagefh 사용

02 ❹

WiMAX : WirelessMAN IEEE 802.16 표준에 기반을 둔 고속의 휴대 인터넷 서비스
한국에서는 와이브로라고 하는 WiMAX는 저속 및 고속 이동 휴대 인터넷 서비스 표준임

① Bluetooth ② Zigbee
③ WPAN :저속 근거리 개인영역통신망
❹ WiMAX : 고속 이동 인터넷 서비스

03 ❷

근거리 무선통신망 표준

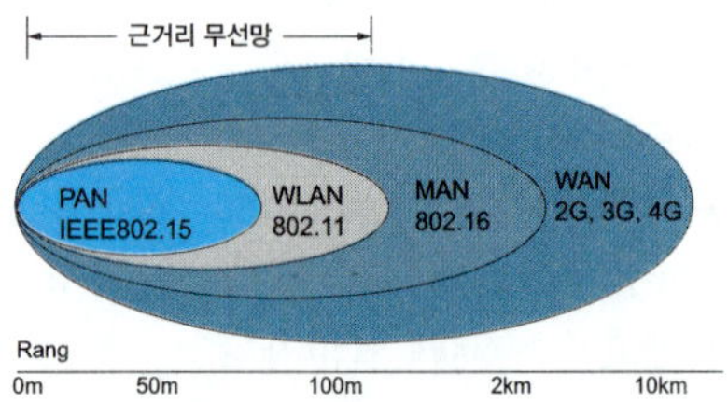

① IEEE 802.16 : WMAN
❷ IEEE 802.11 : WLAN
③ IEEE 802.15.1 : Bluetooth
④ IEEE 802.15.4 : WPAN과 다른 ISM 단말과의 Coexistence

04 ❸

WLAN 특징
IEEE 802.11 표준안에서 규정

① AP(Access Point)는 무선접속을 통해 이동단말과의 무선링크를 구성하는 무선 기지국의 일종이다.
② 무선 LAN은 CSMA/CA와 같은 방법으로 매체를 공유하여 사용한다.
❸ 무선 LAN은 ad hoc 방식으로 AP를 통하여 또는 AP 없이도 네트워크 구성 가능
④ AP는 기존 유선망과 연결되어 무선 단말이 인터넷 서비스를 제공한다.

05 ❸

Bluetooth는 ISM 대역인 2.4~2.485GHz 전파를 이용

① 초광대역(UWB)기술은 임펄스 라디오 또는 무반송파 무선통신기술이라고 부른다.
② Zigbee는 저전력, 저비용의 장점을 가진 무선 통신기술이다.
❸ 블루투스는 2.4 [GHz] ISM 대역을 사용하는 무선통신기술이다.
④ 전자태그(RFID)는 전원의 공급 여부에 따라 능동형 태그와 수동형 태그로 크게 나눌 수 있다.

06 ❶

HSDPA는 이동통신용 W-CDMA 표준규격임

❶ 2002년 3GPP에서 제안한 HSDPA는 W-CDMA 표준의 패킷기반서비스로 이동통신기지국을 이용해 제공되는 무선인터넷 서비스. Downlink 최대속도는 14.4Mbps임
② WiBro는 핸드셋, 노트북, PDA 또는 스마트폰 등 다양한 단말기를 이용하여 이동 중에도 고속으로 무선 인터넷이 가능한 서비스이다.
③ WIPI는 한국형 무선 인터넷 플랫폼이다.
④ UWB는 광대역화와 저전력을 통해서 협대역 무선기술보다 낮은 간섭을 갖는 기술이다.

07 ❸

WLAN 특징 : IEEE 802.11 표준안에서 규정

① IEEE 802.11 규격으로 a, b, g, n이 있으며, 물

리계층과 MAC 계층에 대해서 규격을 정하고 있다.

② IEEE 802.11과 802.11b를 제외하고 직교주파수분할다중화(OFDM) 기술을 적용하고 있다.

❸ 우리나라는 2.4GHz 대역(대역폭 83MHz, 802.11 b/g/n 규격, 채널 BW 22MHz)과 5GHz 대역(대역폭 380Hz, 802.11a/n 규격, 채널 BW 20MHz)을 사용하여 서비스함

④ 직교주파수분할다중화(OFDM)에 적용되는 변조방식으로 BPSK, QPSK, 16QAM, 64QAM을 지원한다.

08 ❸

근거리 무선통신망 표준

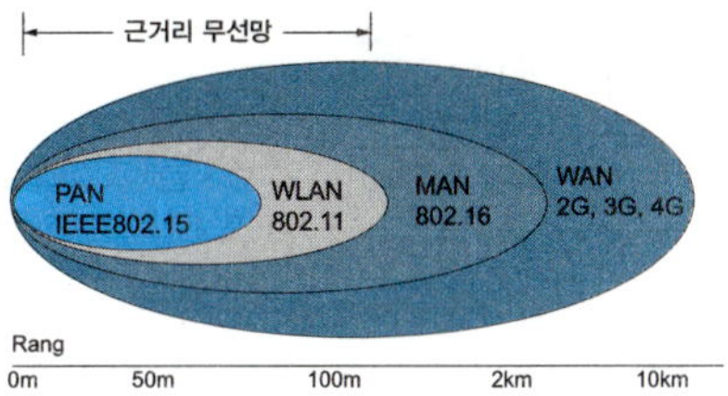

① IEEE 802.11 : WLAN

② IEEE 802.15 : WPAN

❸ IEEE 802.16 : WMAN

④ IEEE 802.21 : 기존의 이종망간 핸드오버 프레임워크인 MIH를 MIS(Media Independent Service)로 확장하여 기존의 이종 망간 핸드오버 이외에 다양한 이종 망간 연동을 위한 표준

09 ❸

사물인터넷(IoT): 지능화된 사물 간 통신과 인터넷망을 통칭하는 것으로 현재는 AIoT라고 함

① UWB: 802.15.3a 표준인 근거리 무선통신 기술로, 3.1~10.6GHz 대역 매우 넓은 대역폭에서 낮은 전력으로 대용량의 정보를 전송

② MIMO: 여러 송수신 안테나를 사용하여 기지국과 단말기 간의 통신 성능(전송속도, 다이버시티, 신호품질 등)을 개선

❸ IoT: 지능화된 사물 간 통신과 인터넷망을 통칭하는 것으로 현재는 AIoT(Artificial IoT)라고 함

④ OFDM: 데이터를 여러 개의 부 채널Sub-Channel로 동시에 병렬로 전송하여 전력 효율과 주파수 사용효율을 높이는 변조기법

10 ❷

근거리 무선통신망 전송속도

표 8-3 참고 ZigBee < Bluetooth < UWB < LTE < WLAN

표준명	Bluetooth	HR-WPAN	LR-WPAN
표준번호	802.15.1	802.15.3a	802.15.4
서비스 이름	Bluetooth	UWB	ZigBee
주파수 대역	2.4GHz(ISM Band)	2.402~2.480GHz	868MHz/915MHz/2.4GHz
변조	FHSS	QPSK, QAM	DSSS
채널접속 (MAC)	TDMA	CDMA/OFDM	CSMA/CA
전송속도	24Mbps (Bluetooth 4.0)	500Mbps	20kbps/40kbps/250kbps
전송거리	10M~100m	20m	10~100m
노드수	8	1	64000
전송전력	1mW	0.1mW	-4~20(dBm)
네트워크구성	점대점, 점대다중점	점대점Point-to-point	Cluster-tree, Star, Mesh
비용/가격	중저가	중가	초저가
특 징	WiFi와 간섭 현상 (동일 ISM 주파수 사용)	초고속전송, 저소비전력	저속, 저전력망, 긴 배터리수명
활용 분야	- 디지털음성전송분야 (PC주변기기, PDA, Phone) - 모바일, 헬스, 의료 분야로 확대	- 영상시스템 - 통신 및 계측기기 - Radar system	- 센서간 통신 - 홈자동화(HA), 공장자동화(FA)

① 무선 랜: 9.6Gbps(WiFi6기준)

❷ 지그비: 최대 250kbps

③ 블루투스: 4Mbps(4.0기준)

④ LTE : 최대 1Gbps

⑤ UWB: 500Mbps

11 ❸

근거리 무선통신망 표준

① IEEE 802.11 : WLAN

② IEEE 802.15 : WPAN

❸ IEEE 802.16 : WMAN

④ IEEE 802.21 : MIS(Media Independent Service)를 이용하여 기존의 이종 망간 핸드오버 이외에 다양한 이종 망간 연동을 위한 표준

12 ❶

Wireless LAN : IEEE 802.11 표준으로 규정(알파

벳 순서가 표준채택 순서임)

❶ IEEE 802.11a: 5GHz,OFDM, 최대 54Mbps

② IEEE 802.11b:2.4GHz, DSSS, 최대 11Mbps

③ IEEE 802.11g: 2.4GHz, OFDM/DSSS, 최대 54Mbps

④ IEEE 802.11n: 2.4/5GHz, OFDM, 최대 150Mbps

13 ❹

표 8-3 참고

- Zigbee : DSSS-CSMA/CA
- Bluetooth : FHSS-TDMA

① 지그비는 변조 방식으로 DSSS(direct sequence spread spectrum) 방식을 사용한다.

② 지그비는 다중접속 방식으로 CSMA-CA(carrier sense multiple access-collision avoidance) 방식을 사용한다.

③ 블루투스는 변조 방식으로 FHSS(frequency hopping spread spectrum) 방식을 사용한다.

❹ 블루투스는 다중접속 방식으로 TDMA(Time division multiple access) 방식을 사용한다.

14 ❶

OFDM 특징 : 부반송파에 정보를 분산, 병렬 전송하여 페이딩 특성을 향상시키는 변조방법

❶ 이동통신에서는 4G 통신부터 적용되고 있다.

② 전송채널의 영향에 의한 심볼 간 간섭을 피하기 위해 시간영역의 보호구간이 필요.
CP(Cyclic Prefix): 다중경로 심볼에 의한 영향을 해소하기위해 심볼간 보호구간을 둠.

③ 다수 부반송파 신호를 변복조하기 위하여 고속 푸리에변환(FFT, fast Fourier transform) 알고리즘을 이용한다.

④ 단일반송파 변조방식에 비해 다중경로 페이딩에 강인한 특성이 있다.

⑤ 단일반송파 전송 방식에 비해 일반적으로 피크 대 평균전력비(peak to average power ratio)가 크다

⑥ 페이딩을 극복하기 위해 등화기를 사용할 수 있다.

A.3 무선설비기사 기출 문제 모음

제1장

01 무선설비2023

1[mW] 전력을 이득이 30[dB]인 증폭기로 증폭 시 전력은?

① 100[mW] ❷ 1[W] ③ 2[W] ④ 10[W]

02 무선설비2022

전력계로 송신기의 출력을 측정하여 0.1[W]가 측정되었다면 출력은 몇 [dBm]인가?

① 0.1 ② 1 ③ 10 ❹ 20

03 무선설비2021

입력 신호대 잡음비가 10[dB]이고 시스템의 잡음지수가 1.65일 경우의 출력 신호 대 잡음비는 약 얼마인가?

❶ 7.8[dB] ② 8.8[dB] ③ 9.5[dB] ④ 10[dB]

04 무선설비2021

송신전력 10[W]는 몇 [dBm]인가? (단, 송신전력이 1[mW]일 때 0[dBm]이다.)

❶ 40[dBm] ② 60[dBm]
③ 80[dBm] ④ 100[dBm]

05 무선설비2017

한 지점에서 송신한 신호의 전력이 수신 지역에서 6[dB] 감소되어 수신되었다면 수신지점은 송신지점과 비교해 전력이 몇 배 감소한 것인가?

❶ 4배 감소 ② 6배 감소
③ 8배 감소 ④ 64배 감소

06 무선설비2016

10[μV/m]의 전계강도를 dB 단위로 표시하면 얼마인가?(단, 1[μV/m]를 0[dB]로 한다.)

① 10[dB] ❷ 20[dB] ③ 30[dB] ④ 40[dB]

07 무선설비2014

10[μV/m]의 전계강도를 dB 단위로 변환한 값은 얼마인가? (단, 1[μV/m]를 0[dB]로 한다.)

① 10[dB] ❷ 20[dB] ③ 30[dB] ④ 40[dB]

08 무선설비2014

한 지점에서 송신한 신호의 전력이 수신 지역에서 6[dB] 감소되어 수신되었다면 전력이 몇 배 감소한 것인가?

❶ 4배 감소 ② 6배 감소
③ 8배 감소 ④ 64배 감소

09 무선설비2014

무선통신시스템에서 전송용량이 10,000[bps]이고, 신호대 잡음비(S/N)가 15일 때 필요한 대역폭은 몇 [Hz]인가?

① 2,000[Hz] ❷ 2,500[Hz]
③ 3,000[Hz] ④ 3,500[Hz]

10 무선설비2014

송신전력 10[W]는 몇 [dBm]인가? (단, 송신전력이 1[mW]일 때 0[dBm]이다.)

❶ 40[dBm] ② 60[dBm]
③ 80[dBm] ④ 100[dBm]

제2장

01 무선설비2023

자유 공간의 전자기파 특성 임피던스는 약 얼마인가?

① 50[Ω] ② 75[Ω]
❸ 377[Ω] ④ 600[Ω]

02 무선설비2023

IEEE 마이크로웨이브 주파수밴드 구분에서 주파수가 낮은 것에서 높은 순서대로 열거된 것은?

① C – L – S – K ② C – K – L – S
③ L – S – K – C ❹ L – S – C – K

03 무선설비2023

전자계에서 전계의 세기를 E, 자계의 세기를 H, 전계와 자계 사이의 각을 $\theta(\theta<90^\circ)$라고 할 때 포인팅(Poynting) 벡터의 크기는 어떻게 표시되는가?

❶ EH sinθ ② EH cosθ
③ EH tanθ ④ EH

04 무선설비2023

주파수 대역 구분 중 중파의 주파수 대역은 무엇인가?

① 30~300[KHz] ❷ 0.3~3[MHz]
③ 3~30[MHz] ④ 30~300[MHz]

05 무선설비2023

다음 중 포인팅 벡터의 크기를 나타내는 것은? (단, E: 저계의 세기, H : 자계의 세기, u : 투자율, ϵ : 유전율)

❶ EH ② uϵ
③ H/E ④ $\sqrt{\mu/E}$

06 무선설비2023

주파수가 높아짐에 따라 도선의 바깥쪽으로 전류가 흐르려고 하는 성질을 무엇이라고 하는가?

❶ 표면효과(Skin effect)
② 와류효과(Vortex effect)
③ 카르만효과(Karman effect)
④ 도플러효과(Doppler effect)

07 무선설비2022

다음 중 전자파의 성질에 대한 설명으로 틀린 것은?

① 전자파는 횡파이다.
❷ 전자파는 편파성이 없다
③ 전계나 자계의 진동방향과 직각인 방향으로 진행하는 파이다.
④ 전계와 자계가 서로 얽혀 도와가며 고리모양으로 진행하는 파이다.

08 무선설비2022

대류권파의 페이딩 생성원인에 의한 분류에 속하는 것으로 옳은 것은?

❶ 신틸레이션 페이딩 ② 동기성 페이딩
③ 선택성 페이딩 ④ 근거리 페이딩

09 무선설비2022

위성 통신에 사용되는 주파수 대역 중 12.5[GHz]~18[GHz] 대역을 무엇이라고 하는가?

① C 밴드 ❷ Ku 밴드
③ Ka 밴드 ④ X 밴드

10 무선설비2022

자유공간에서 주파수 15[MHz]의 전파를 방사하는 미소 다이폴안테나로 부터 거리 d[m]인 곳의 복사전계와 유도전계의 세기가 같아졌다면, 이 때의 거리 d는 몇 [m]인가?

① 0.6[m] ② 20[m]
❸ 3.2[m] ④ 6.4[m]

11 무선설비2021

자유공간에서, 전파가 20[㎲] 동안 전파 되었을 때 진행한 거리는 어느 정도인가?

① 2km ❷ 6km
③ 20km ④ 60km

12 무선설비2021

다음 중 포인팅 벡터의 단위는?

① J/m^2 ❷ W/m^2
③ J/m^3 ④ W/m^3

13 무선설비2021

다음 중 전리층의 주간 및 야간의 변화에 대한 설명으로 틀린 것은?

❶ D층은 야간에 장파대의 전파를 반사시킬 수 있다.
② E층은 주간에 약 10[MHz]의 단파를 반사시킬 수 있다.
③ F층은 단파대의 전파를 반사시킬 수 있다.
④ Es층은 80[MHz] 정도의 초단파를 반사시킬 수 있다.

14 무선설비2021

다음 중 지표파에서 가장 손실이 적어 원거리까지 도달할 수 있는 경우는?

❶ 수직편파를 사용하여 해상을 전파할 때
② 수평편파를 사용하여 해상을 전파할 때
③ 수직편파를 사용하여 평야를 전파할 때
④ 수평편파를 사용하여 평야를 전파할 때

15 무선설비2021

무선통신시스템 설계 시 단파가 중장파보다 불리한 점은 어느 것인가?

① 복사 능률이 더 낮다.
❷ 페이딩의 영향이 더 크다.
③ 안테나 설치가 어렵다.
④ 원거리 통신에 불리하다.

16 무선설비2021

다음 중 지표파의 대지에 대한 영향으로 틀린 것은?

① 지표파의 전계강도 감쇠가 커지는 순서는 "해상→해안→평야→구릉→산악→시가지"이다.
② 주파수가 낮을수록 멀리 전파된다.
❸ 대지의 비유전율이 클수록 멀리 전파된다.
④ 수평편파보다 수직편파 쪽이 감쇠가 작다.

17 무선설비2021

다음 중 전리층의 주간 및 야간의 변화에 대한 설명으로 틀린 것은?

❶ D층은 야간에 장파대의 전파를 반사시킬 수 있다.
② E층은 주간에 약 10[MHz]의 단파를 반사시킬 수 있다.
③ F층은 단파대의 전파를 반사시킬 수 있다.
④ Es층은 80[MHz] 정도의 초단파를 반사시킬 수 있다.

18 무선설비2021

다음 중 지표파에서 가장 손실이 적어 원거리까지 도달할 수 있는 경우는?

❶ 수직편파를 사용하여 해상을 전파할 때
② 수평편파를 사용하여 해상을 전파할 때
③ 수직편파를 사용하여 평야를 전파할 때
④ 수평편파를 사용하여 평야를 전파할 때

19 무선설비2021

무선통신시스템 설계 시 단파가 중장파보다 불리한 점은 어느 것인가?

① 복사 능률이 더 낮다.
❷ 페이딩의 영향이 더 크다.
③ 안테나 설치가 어렵다.
④ 원거리 통신에 불리하다.

20 무선설비2020

다음 중 전파의 성질에 관한 설명으로 틀린 것은?

① 전파는 횡파이다.
② 균일 매질 층을 전파하는 전파는 직진한다.

③ 굴절률이 다른 매질의 경계면에서는 빛과 같이 굴절과 반사 작용이 있다.

❹ 주파수가 높을수록 회절 작용이 심하다.

21 무선설비2020

자유공간에서 단위 면적당 단위 시간에 통과하는 전자파 에너지가 3[W/m^2]일 경우 전계강도는 약 얼마인가?

① 8.45[V/m] ② 16.81[V/m]
❸ 33.63[V/m] ④ 45.65[V/m]

22 무선설비2020

다음 중 전파의 회절 현상에 대한 설명으로 틀린 것은?

❶ 파장이 길수록 적게 일어난다.
② 주파수가 낮을수록 많이 일어난다.
③ 중/장파 대역에서 많이 일어난다.
④ 초단파 대역에서도 발생할 수 있다.

23 무선설비2020

다음 중 파장이 가장 짧은 주파수대는 어느 것인가?

① UHF ② VHF
③ SHF ❹ EHF

25 무선설비2020

위성 통신에 사용되는 주파수 대역 중 12.5[GHz]–18[GHz] 대역을 무엇이라고 하는가?

① C 밴드 ❷ Ku 밴드
③ Ka 밴드 ④ X 밴드

26 무선설비2020

다음 중 전자파의 성질에 대한 설명으로 틀린 것은?

① 전자파는 횡파이다.
❷ 전자파는 편파성이 없다.
③ 전계나 자계의 진동방향과 직각인 방향으로 진행하는 파이다.
④ 전계와 자계가 서로 얽혀 도와가며 고리모양으로 진행하는 파이다.

27 무선설비2020

어떤 전자파의 전계의 세기는 $E = 10\cos(109t + 30z)$와 같다. 이 전자파의 위상속도는 얼마인가?

① $1/9 \times 10^8$[m/sec] ❷ $1/3 \times 10^8$[m/sec]
③ 3×10^8[m/sec] ④ 9×10^8[m/sec]

28 무선설비2020

다음 중 포인팅 벡터의 단위는?

① J/m^2 ❷ W/m^2
③ J/m^3 ④ W/m^3

29 무선설비2020

다음 중 자유공간의 고유 임피던스 값이 아닌 것은?

① 377[Ω] ② 120π[Ω]
❸ ϵ/μ[Ω] ④ $\left(\sqrt{\frac{\mu_0}{\epsilon_0}}\,[\Omega]\right)$

30 무선설비2019

Friis의 전달공식에서 송신기와 수신기 안테나 간의 거리가 2배 증가 할수록 수신전력은 어떻게 되는가?

① 2[dB] 증가한다. ② 3[dB] 증가한다.
③ 4[dB] 감소한다. ❹ 6[dB] 감소한다.

31 무선설비2019

비유전율(ϵ_s)이 1이고 비투자율(μ_s)이 9인 매질 내를 전파하는 전자파의 속도는 자유공간을 전파할 때와 비교해서 몇 배의 속도가 되는가?

① 2배 ② 1/2배 ③ 3배 ❹ 1/3배

32 무선설비2019

자유공간에서 전파가 20[μs]동안 전파되었을 때 진행한 거리는?

① 2[km] ❷ 6[km]
③ 20[km] ④ 60[km]

33 무선설비2019

다음 중 포인팅 벡터의 크기를 나타내는 것은? (단, E : 전계의 세기, H : 자계의 세기, μ : 투자율, ϵ : 유전율)

❶ EH ② $\mu\epsilon$
③ H/E ④ $\sqrt{\mu/E}$

34 무선설비2019

다음 중 회절파에 대한 설명으로 틀린 것은?

① 산악회절파는 페이딩이 적다.
② 산악회절파는 지리적 제한을 받는다.
③ 송 · 수신점의 정중앙에 산악이 있을 때에 산악회절 이득이 최대가 된다.
❹ 회절계수가 커지면 회절손실도 크게 된다.

35 무선설비2019

극초단파 대역의 신호를 사용하여 200km~1500 km 정도 떨어져 있는 구 지점 간에 통신을 할 때 주로 사용하는 전파는?

❶ 대류권 산란파 ② 지표파
③ 전리층 산란파 ④ 회절파

36 무선설비2019

다음 중 전파의 성질에 관한 설명으로 틀린 것은?

① 전파는 횡파이다.
② 균일 매질 중을 전파라는 전파는 직진한다.
③ 굴절률이 다른 매질을 경계면에서는 빛과 같이 굴절과 반사 작용이 있다.
❹ 주파수가 높을수록 회절 작용이 심하다.

37 무선설비2019

자유 공간의 특성 임피던스는 약 얼마인가?

① 50[Ω] ② 75[Ω]
❸ 377[Ω] ④ 600[Ω]

38 무선설비2019

간격이 d인 두 개의 평행 전극판 사이에 유전율 ϵ의 유전체가 있을 때, 전극 사이에 전압 $V_m\cos\omega t$를 가한 경우의 변위 전류밀도는?

① $\frac{\epsilon}{d} V_m\cos\omega t$ ❷ $-\frac{\epsilon}{d} V_m\omega\sin\omega t$
③ $\frac{\epsilon}{d} \omega V_m\sin\omega t$ ④ $-\frac{\epsilon}{d} V_m\omega\cos\omega t$

39 무선설비2019

방송국의 안테나공급전력이 5[kW]에서 20[kW]로 증가되면 전계강도는 몇 배가 되는가?

① 16배 ② 1/16배
❸ 2배 ④ 1/4배

40 무선설비2019

다음 중 거리에 따라 감쇠가 가장 급격하게 발생하는 것은?

❶ 정전계 ② 유도계
③ 복사전계 ④ 복사자계

41 무선설비2019

비유전율이 25이고, 비투자율이 1인 매질 내를 전파하는 전자파의 속도는 자유공간을 전파할 때와 비교하여 약 몇 배의 속도인가?

① 0.1배 ❷ 0.2배
③ 0.3배 ④ 0.5배

42 무선설비2018

위성 통신에 사용되는 주파수 대역 중 12.5~18 [GHz] 대역을 무엇이라고 하는가?

① C 밴드 ❷ Ku 밴드
③ Ka 밴드 ④ X 밴드

43 무선설비2018

① 진행방향에는 전계와 자계가 없고 직각인 방향에만 전계와 자계성분이 있는 경우를 구면파라 한다.
② 매질의 종류에 관계없이 속도는 광속과 같다.
③ 전파는 종파이다.
❹ 군속도×위상속도 = (광속도)^2

44 무선설비2018

어떤 전자파의 전계의 세기는 E = 10cos(109t + 30z)와 같다. 이 전자파의 위상속도는 얼마인가?

① $\frac{1}{9}\times10^8$ [m/sec] ❷ $\frac{1}{3}\times10^8$ [m/sec]
③ 3×10^8 [m/sec] ④ 9×10^8 [m/sec]

45 무선설비2018

다음 중 전파의 성질에 관한 설명으로 틀린것은?

① 전파는 횡파이다.
② 균일한 매질 중에 전파하는 전파는 직진한다.
③ 반사와 굴절 작용이 있다.
❹ 주파수가 높을수록 회절 작용이 심하다.

46 무선설비2018

다음 중 포인팅 벡터의 크기를 나타내는 것은? (단, E : 전계의 세기, H : 자계의 세기, μ : 투자율, ϵ : 유전율)

❶ EH ② $\mu\epsilon$
③ H/E ④ $\sqrt{\mu/E}$

47 무선설비2019

전파가 자유공간에서 전파할 때 거리가 2배로 증가하면 손실은 약 얼마 증가하는가?

① 2[dB] ② 3[dB]
❸ 6[dB] ④ 9[dB]

48 무선설비2018

비유전율(ϵ_s)이 10이고 비투자율(μ_s)이 9인 매질 내를 전파하는 전자파의 속도는 자유공간을 전파할 때와 비교해서 몇 배의 속도가 되는가?

① 2배 ② 1/2배
③ 3배 ❹ 1/3배

49 무선설비2018

정전계와 복사전계의 크기가 같아지는 지점은? (단, λ는 파장이다.)

① λ ② 3.14λ
③ λ/2 ❹ 0.16λ

50 무선설비2017

비유전율이 9이고 비투자율이 1인 매질을 전파하는 전자파의 속도는 자유공간을 전파할 때와 비교하여 약 몇 배의 속도인가?

① 3.33배 ② 2.33배
③ 1.33배 ❹ 0.33배

51 무선설비2017

변화하고 있는 자계는 전계를 발생시키고 또 반대로 변화하고 있는 전계는 자계를 발생시키는 사실을 나타내고 있는 것은?

❶ Maxwell 방정식 ② Lentz 방정식
③ Poynting 정리 ④ Laplace 방정식

52 무선설비2017

전파를 상공에 수직으로 발사하여 0.004초 후에 그 전파가 수신되었다면 전리층의 높이는 약 얼마인가?

① 100[km] ② 300[km]
❸ 600[km] ④ 900[km]

53 무선설비2017

다음 중 설명이 틀린 것은?

① 정전계와 유도전계가 같아지는 거리는 약 0.16λ 이다.
② UHF(Ultra High Frequency)란 파장이 0.1~1[m]인 범위를 말한다.
❸ 복사전계의 크기는 파장에 비례한다.
④ 정전계에 수반하는 자계 성분은 없다.

54 무선설비2017

다음 중 포인팅 벡터의 크기를 나타내는 것은? (단, E : 전계의 세기, H : 자계의 세기, μ : 투자율, ϵ : 유전율)

❶ EH ② $\mu\epsilon$
③ H/E ④ $\sqrt{\mu/E}$

55 무선설비2017

다음 중 거리에 따라 가장 감쇠가 급격하게 발생하는 것은?

❶ 정전계 ② 유도계
③ 복사전계 ④ 복사자계

56 무선설비2017

위성 통신에 사용되는 주파수 대역 중 12.5~18[GHz] 대역을 무엇이라고 하는가?

① C 밴드 ❷ Ku 밴드
③ Ka 밴드 ④ X 밴드

57 무선설비2017

다음 중 포인팅 벡터의 단위는?

① J/m^2 ❷ W/m^2
③ J/m^3 ④ W/m^3

58 무선설비2017

다음 중 극초단파(UHF) 주파수 범위를 바르게 나타낸 것은?

① 30~300[MHz] ❷ 300~3000[MHz]
③ 3~30[GHz] ④ 30~300[GHz]

59 무선설비2017

다음 중 전자파의 성질에 대한 설명으로 틀린 것은?

① 전자파는 횡파이다.
❷ 전자파는 편파성이 없다.
③ 전계나 자계의 진동방향과 직각인 방향으로 진행하는 파이다.
④ 전계와 자계가 서로 얽혀 도와가며 고리모양으로 진행하는 파이다.

60 무선설비2016

비유전율(ϵ_s)이 1이고 비투자율(μ_s)이 9인 매질 내를 전파하는 전자파의 속도는 자유공간을 전파할 때와 비교해서 몇 배의 속도가 되는가?

① 2배 ② 1/2배
③ 3배 ❹ 1/3배

61 무선설비2016

유전체에서 변위전류를 발생하는 것은?

① 분극 전하밀도의 시간적 변화
② 분극 전하밀도의 공간적 변화
❸ 전속밀도의 시간적 변화
④ 전속밀도의 공간적 변화

62 무선설비2016

비유전율이 25이고, 비투자율이 1인 매질 내를 전파하는 전자파의 속도는 자유공간을 전파할 때와 비교하여 약 몇 배의 속도인가?

① 0.1배 ❷ 0.2배
③ 0.3배 ④ 0.5배

63 무선설비2016

다음 중 자유공간에서 전력밀도 P를 옳게 표현한 식은? (단, E는 전계의 세기, H는 자계의 세기이다.)

① $P = \frac{H}{E}$ ② $P = \frac{E}{H}$
③ $P = \frac{1}{2}EH^2$ ❹ $P = \frac{E^2}{120\pi}$

64 무선설비2016

다음 전파의 성질 중 지구 등가 반경과 가장 관계가 깊은 것은?

① 반사 ❷ 굴절
③ 감쇠 ④ 회절

65 무선설비2016

다음 중 Microwave 무선 중계방식에서 폭우의 영향이 가장 크게 나타나는 주파수대는?

❶ 10[GHz] ② 8[GHz]
③ 6[GHz] ④ 4[GHz]

66 무선설비2016

자유공간에서, 전파가 20[μs]동안 전파되었을 때 진행한 거리는?

① 2[km] ❷ 6[km]
③ 20[km] ④ 60[km]

67 무선설비2016

변화하고 있는 자계는 전계를 발생시키고 또 반대로 변화하고 있는 전계는 자계를 발생시키는 사실을 나타내고 있는 것은?

❶ Maxwell 방정식 ② Lentz 방정식
③ Poynting 방정식 ④ Laplace 방정식

68 무선설비2016

다음 중 Microwave 무선 중계방식에서 폭우의 영향이 가장 크게 나타나는 주파수대는?

❶ 10[GHz] ② 8[GHz]
③ 6[GHz] ④ 4[GHz]

69 무선설비2015

레이더의 안테나에서 송신된 펄스가 6[μs] 후에 목표물로부터 반사되어 수신되었다면 목표물까지의 거리는?

① 450[m] ❷ 900[m]
③ 1,800[m] ④ 3,600[m]

70 무선설비2015

수직 안테나에서 방사되는 수직 편파가 지구 자계의 영향을 받는 전리층에서 반사되면 어떠한 편파가 되는가?

① 수직 편파 ② 수평 편파
③ 원편파 ❹ 타원 편파

71 무선설비2015

다음 중 평면파에 대한 설명으로 틀린 것은? (단, ϵ_o: 진공의 유전율, μ_o: 진공의 투자율, ϵ_s: 비유전율, μ_s: 비투자율, c: 빛의 속도)

① 공중선으로부터 방사된 전파는 공중선 부근에서는 구형파이지만 상당히 먼거리에서는 평면파로 된다.
② 전파 속도는 $v = \dfrac{c}{\sqrt{\mu_s \epsilon_s}}$[m/sec]이다.
③ 자유 공간의 임피던스는 $Z_0 = \sqrt{\dfrac{\mu_0}{\epsilon_0}} = 120\pi[\Omega]$이다.
❹ 진행 방향에 대해서 전계와 자계가 서로 180[°]를 이룬다.

72 무선설비2015

전파의 속도는 매질의 어떤 양에 따라 변화하는가?

① 점도와 밀도 ② 밀도와 도전율
③ 도전율과 유전율 ❹ 유전율과 투자율

73 무선설비2015

다음 중 전파의 성질에 대한 설명으로 옳지 않은 것은?

① 송신측에서 수직 다이폴을 사용하면 수신측에서도 수직편파 안테나를 사용하여야 한다.
❷ Snell의 법칙은 매질의 경계면에서 일어나는 회절현상을 분석할 때 사용한다.
③ 도체에 전파가 진입할 때의 감쇠되는 정도는

표피작용의 깊이(Skin Depth)로 알 수 있다.

④ 주파수가 높을수록 직진성이 강하고 낮을수록 회절이 잘 된다.

74 무선설비2015

다음 중 전파의 창(Radio window) 범위를 결정하는 주요요소에 해당하지 않는 것은?

① 전파 잡음의 영향 ② 대류권의 영향
③ 전리층의 영향 ❹ 도플러 효과의 영향

75 무선설비2015

다음 중 파장이 가장 짧은 주파수 대역은 어느 것인가?

① HF(High Frequency)
② SHF(Super High Frequency)
❸ EHF(Extremely High Frequency)
④ VHF(Very High Frequency)

76 무선설비2015

비유전율이 9이고 비투자율이 1인 매질을 전파하는 전자파의 속도는 자유공간을 전파할 때와 비교하여 약 몇 배의 속도인가?

① 3.33배 ② 2.33배
③ 1.33배 ❹ 0.33배

77 무선설비2014

비유전율(ϵ_s)이 1이고 비투자율(μ_s)이 9인 매질 내를 전파하는 전자파의 속도는 자유공간을 전파할 때와 비교해서 몇 배의 속도가 되는가?

① 2배 ② 1/2배
③ 3배 ❹ 1/3배

78 무선설비2014

다음 중 포인팅 벡터의 크기를 나타내는 것은? (단, E : 전계의 세기, H : 자계의 세기, μ : 투자율, ϵ : 유전율)

❶ EH ② $\mu\epsilon$
③ H/B ④ $\sqrt{\mu/E}$

79 무선설비2014

다음 중 지상파에 대한 설명으로 틀린 것은?

① 수평 및 수직편파에 따라 대지 반사계수가 달라진다.
② 안테나가 충분히 높으면 직접파와 대지 반사파의 합성파가 지표파보다 크다.
③ 장파 또는 중파대 이하 지상파에서는 지표파가 주요 전파로 사용된다.
❹ 지표파는 대지 도전율이 작을수록 감쇠가 적다.

80 무선설비2014

다음 중 전리층에 대한 설명으로 틀린 것은?

❶ D층은 야간에 장파대의 전파를 반사시킬 수 있다.
② E층은 주간에 약 10[MHz]의 단파를 반사시킬 수 있다.
③ F층은 단파대의 전파를 반사시킬 수 있다.
④ Es층은 80[MHz] 정도의 초단파를 반사시킬 수 있다.

81 무선설비2014

태양 표면의 폭발로 인하여 20[MHz] 이상의 높은 주파수에서 전파 장해가 심하게 나타나며 위도가 높은 지방일수록 영향이 더 큰 것은 어떤 현상 때문인가?

❶ 자기 폭풍(Magnetic Storm)
② 델린저 현상(Delinger Phenomenon)
③ 코로나 손실(Corona Loss)
④ 룩셈부르크 효과(Luxemburg Effect)

82 무선설비2013

자유공간의 파동 임피던스를 나타내는 것 중에서 틀린 것은? (단, ϵ_0은 유전율, μ_0는 투자율, E는 전계, H는 자계로서 모두 자유공간에서의 값이다.)

① $120\pi[\Omega]$　　② $\sqrt{\dfrac{\mu_0}{\epsilon_0}}[\Omega]$

③ $\dfrac{E}{H}[\Omega]$　　❹ $\mu_0 H_2[\Omega]$

83 무선설비2013

다음 중 극초단파(UHF) 주파수 범위를 바르게 나타낸 것은?

① 30~300[MHz]　　❷ 300~3,000[MHz]

③ 3~30[GHz]　　④ 30~300[GHz]

84 무선설비2013

정전계와 방사계의 크기가 같아지는 지점은? (단, λ는 파장이다.)

① λ　　② 3.14λ

③ $\lambda/2$　　❹ 0.16λ

85 무선설비2013

다음 중 전파의 성질에 관한 설명으로 적합하지 않은 것은?

① 전파는 횡파이다.

② 균일한 매질 중에 전파하는 전파는 직진한다.

③ 반사와 굴절 작용이 있다.

❹ 주파수가 높을수록 회절 작용이 심하다.

86 무선설비2012

어떤 전자파의 전계의 세기는E = 10cos(109t + 30z)와 같다. 이 전자파의 위상속도는 얼마인가?

① $\dfrac{1}{9}\times10^8$ [m/sec]　　❷ $\dfrac{1}{3}\times10^8$ [m/sec]

③ 3×10^8 [m/sec]　　④ 9×10^8 [m/sec]

87 무선설비2012

다음 중 파장이 가장 짧은 주파수대는 어느 것인가?

① UHF　　② VHF

③ SHF　　❹ EHF

88 무선설비2012

전자계에서 전계의 세기를 E, 자계의 세기를 H, 전계와 자계 사이의 각을 $\theta(\theta<90^\circ)$라고 할 때 포인팅(Poynting) 벡터의 크기는 어떻게 표시되는가?

❶ $EH\sin\theta$　　② $EH\cos\theta$

③ $EH\tan\theta$　　④ EH

89 무선설비2012

비유전율(ϵ_s)이 1이고 비투자율(μ_s)이 9인 매질 내를 전파하는 전자파의 속도는 자유공간을 전파할 때와 비교해서 몇 배의 속도가 될까?

① 2배　　② 1/2배

③ 3배　　❹ 1/3배

90 무선설비2011

밀리미터파에 해당되는 주파수는?

① 3[GHz]~30[GHz]

❷ 30[GHz]~300[GHz]

③ 300[MHz]~3000[MHz]

④ 1[GHz]~15[GHz]

제3장

01 무선설비2023

다음 그림에서 입력신호 $x(t)$가 선형 시불변 정합 필터인 $h(t)$를 통과한 출력 $y(t)$로 옳은 것은?

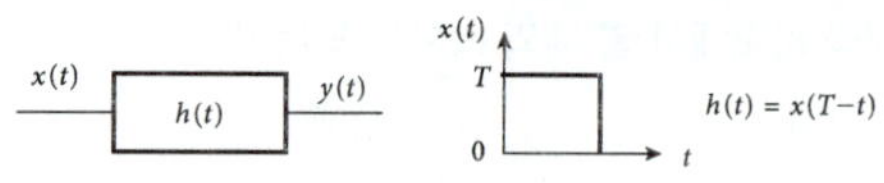

① 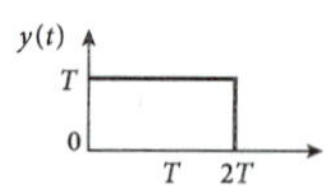

② 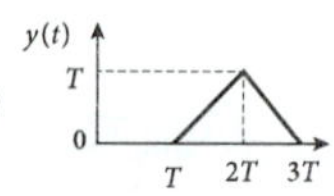

❸ 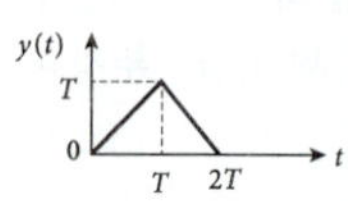

④ 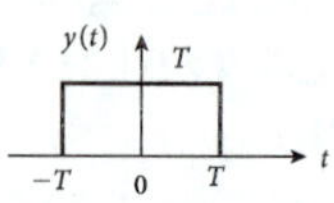

02 무선설비2023

다음 중 AM 검파기에 필요한 조건으로 틀린 것은?

① 일그러짐이 적을 것
❷ 동조회로의 Q가 저하되지 않도록 입력 저항이 작을 것
③ 주파수 특성이 양호할 것
④ 회로가 간단할 것

03 무선설비2023

다음 중 AM DSB-TC에 대한 설명으로 잘못된 것은?

① DSB-SC 와 달리 동기화된 복조기가 필요하지 않다.
② 일반적으로 포락선 검파방식을 사용한다.
③ 복조를 위해 송신반송파를 복원할 필요가 없다.
❹ 송신단에서 사용한 반송파와 동일한 주파수와 위상의 신호를 가지고 검파한다.

04 무선설비2023

다음 중 변조(Modulation)에 대한 설명으로 옳지 않은 것은?

① 변조란 정보신호에 따라 반송파의 진폭, 주파수, 위상 등을 변화시키는 것을 말한다.
② 변조는 장거리 통신을 수행하기 위해 실시한다.
❸ 변조란 정보신호의 대역을 낮을 주파수 쪽으로 옮기는 것을 말한다.
④ 피변조파를 증폭하기 위해 전력증폭기를 사용한다.

05 무선설비2023

진폭변조회로에서 반송파전력 P_c를 변조율 m[%]로 변조했을 때, 피변조파 전력 P_m을 구하는 식은?

❶ $P_m = P_c\left(1+\frac{m^2}{2}\right)$　② $P_m = P_c+\frac{m^2}{4}\times P$
③ $P_m = P_c\times m$　④ $P_m = P_c\left(1+\frac{m}{2}\right)^2$

06 무선설비2023

어떤 진폭변조의 피변조파 전압이 $V_m = (200 + 100\cos 2\pi\times 100t)\sin 2\pi\times 10^6$로 표시될 때, 변조도는 얼마인가?

① 0.2　② 0.3
③ 0.4　❹ 0.5

07 무선설비2023

아래 그림과 같이 FM 변조기를 이용하여 PM 변조를 하고자 할 때 (가), (나)에 들어갈 내용으로 적합한 것은?

① (가) 미분기, (나) 적분기
② (가) 적분기, (나) 없음
③ (가) 적분기, (나) 미분기
❹ (가) 미분기, (나) 없음

08 무선설비2023

AM 송신기 구성요소 중 주파수 체배기에서 원하는 반송파를 얻기 위하여 사용하는 증폭기는?

① A급 증폭기　② B급 증폭기
❸ C급 증폭기　④ D급 증폭기

09 무선설비2023

다음의 디지털 변조 방법과 설명으로 옳게 연결한 것은?

① ASK – 두 개의 비트 값에 각기 다른 주파수 신호를 대응하여 사용한다.
② FSK- 비트 값을 나타내기 위해 위상을 변화시킨다.
③ PSK – 두 개의 비트 값에 각기 다른 진폭을 대응하여 사용한다.
❹ 16QAM – 비트를 나타내기 위해 위상과 진폭을 모두 변화시킨다.

10 무선설비2023

DSB-LC(Double Side Band Large Carrier) 진폭변조 방식의 AM피변조파의 하측파대 : 반송파 : 상측파대의 전력 비율로 옳은 것은? (단, 반송파의 전력비율을 1로 설정)

① $m^2 : 1 : m^2$ ② $m^2/2 : 1 : m^2/2$
③ $m^2/3 : 1 : m^2/3$ ❹ $m^2/4 : 1 : m^2/4$

11 무선설비2023

다음 중 VSB(Vestigial Side Band) 통신방식에 대한 설명으로 옳은 것은?

① 반송파의 주파수를 신호파의 진폭에 따라 변화시키는 변조방식
② 진폭변조로 인하여 반송파의 상측파대와 하측파대를 함께 전송하는 방식
③ 주파수의 폭을 줄이기 위하여 변조 후 나타나는 양측파대 중 단지 하나만 취한 것
❹ 진폭변조에서 한쪽의 측파대에 포함되는 변조 신호의 고역에 대응하는 성분을 크게 감쇠시켰을 때의 나머지 부분

12 무선설비2023

진폭변조에서 80[%] 변조하였을 때 상측파대의 전력은 반송파 전력의 몇[%]인가?

❶ 16[%] ② 32[%] ③ 40[%] ④ 48[%]

13 무선설비2023

대역폭이 3[kHz]가 되는 아날로그 신호 5개를 Nyquist 샘플링 조건에 맞추어 샘플링 후 샘플당 8비트로 표현하여 PCM-TDM신호를 만들었다. 이 신호를 전송하기 위한 최소 데이터율은 무엇인가?

① 15[kbps] ② 120[kbps]
❸ 240[kbps] ④ 400[kbps]

14 무선설비2023

DSB통신방식과 비교했을 때 SSB통신방식의 장점으로 적합하지 않은 것은 무엇인가?

① S/N비가 개선된다.
② 송신기의 소비전력이 적다.
❸ 점유주파수 대역폭이 2배로 넓다.
④ 선택성 페이딩에 대한 영향이 적다.

15 무선설비2023

슈퍼헤테로다인 수신기 혼신인, 영상주파수 혼신 경감대책으로 틀린 것은?

❶ 중간 주파수를 낮게 한다.
② 수신기를 완전히 차폐한다.
③ 선택도를 높인다.
④ 특정 영상 주파수에 대한 트랩 회로를 설치한다.

16 무선설비2023

변조지수가 60[%]인 AM변조에서 반송파의 평균전력이 300[W]일 때, 하측파대 전력은 얼마인가?

① 9[W] ② 18[W]
❸ 27[W] ④ 54[W]

17 무선설비2023

AM송신기의 발진부는 반송파를 만들어내는 중요한 부분이다. 다음 중 발진기의 요구 조건으로 맞지 않는 것은?

① 발진 주파수가 안정되고 정확할 것
❷ 주파수 변환이 고정적 일 것
③ 발진 파형에 찌그러짐이 없을 것
④ 후단 구동에 충분한 출력을 낼 것

18 무선설비2023

다음 그림은 어떤 변조방식의 블록도를 나타내는가? (단, 그림에서 $m(t)$는 입력정보이고, f_c는 반송주파수이다.)

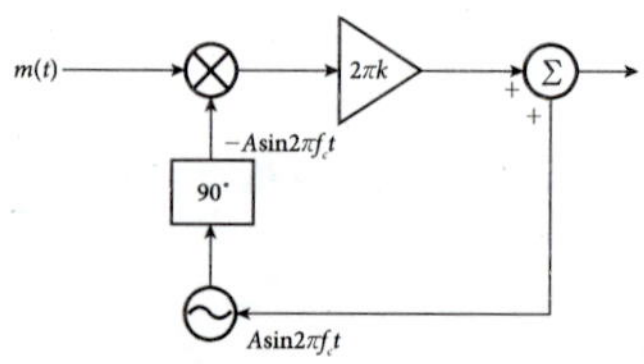

❶ 협대역 각변조 (Narrow Band PM)
② 광대역 진폭변조 (IDE Band AM)
③ DSB – TC
④ VSB

19 무선설비2023

비트율(bit rate)이 일정한 경우 16진 PSK의 전송 대역폭은 2진 PSK(BPSK)전송 대역폭의 몇 배인가?

❶ 1/4배 ② 1/2배
③ 2배 ④ 4배

20 무선설비2023

AM수신기의 선택도를 측성시, 수신기에 희망신호와 동시에 다른 반송 주파수의 피변조 방해신호가 가해졌을 때 수신기의 비직선 동작으로 인하여 방해 신호파의 변조신호에 의하여 희망신호가 변조되어서 수신기의 출력에 나타나는 현상은 무엇인가?

① 상호변조 특성 ❷ 혼변조 특성
③ 감도 억압 효과 ④ 이변조 효과

21 무선설비2022

3[MHz]의 반송파를 주파수가 5[kHz]인 신호파로 주파수변조 하였을 때 최대 주파수편이가 ± 80[kHz]라면 소요 대역폭은?

① 40[kHz] ② 80[kHz]
③ 85[kHz] ❹ 170[kHz]

22 무선설비2022

다음 중 디지털 신호전송방식에 대한 설명으로 틀린 것은?

① 기저대역전송은 디지털신호를 그대로 또는 다른 전송부호로 변환하여 전송하는 방식이다.
② 번송대역전송은 디지털변조하여 전송하는 방식이다.
❸ 기저대역전송은 대역폭이 좁은 반면 전송 가능한 거리가 길다.
④ 반송대역전송을 하기 위해서는 반송파가 필요하다.

23 무선설비2022

진폭 변조시 주파수 영역에서 스펙트럼 겹침현상이 발생되지 않고, 피변조파의 포락선이 변조신호 형태와 같기 위한 조건으로 올바른 것은? (단, f_c는 반송파 주파수, B는 변조신호 대역폭, m은 변조도이다.)

① $f_c < B, m \le 1$ ② $f_c < B, m > 1$
❸ $f_c > B, m \le 1$ ④ $f_c > B, m > 1$

24 무선설비2022

이상적인 펄스 파형에서 펄스폭이 30[μs]이고, 펄스의 반복 주파수가 1[kHz]일 때 점유율은?

❶ 3[%] ② 7[%] ③ 30[%] ④ 70[%]

25 무선설비2022

다음 중 디지털 통신에서 사용하는 채널코딩(Channel Coding)에 대한 설명으로 옳은 것은?

① 공간영역의 중복성을 제거하여 영상신호를 압축하는 것이다.
② 정보신호에 따라 반송파의 진폭 또는 주파수를 변화시키는 것이다.
❸ 데이터 전송 중에 발생하는 다향한 채널오류를 방지하여 통신능률을 향상시키는 것이다.
④ 수신된 정보를 송신측에 되돌려주어 수신측에서 착오발생을 점검하는 것이다.

26 무선설비2022

QPSK 변조방식의 대역폭 효율은 몇 [bps/Hz]인가?

① 1[bps/Hz] ❷ 2[bps/Hz]
③ 4[bps/Hz] ④ 8[bps/Hz]

27 무선설비2022

다음 중 간접FM 송신기의 구성으로 적합하지 않은 것은?

① 수정 발진기 ② 위상 변조기
③ 완충 증폭기 ❹ 주파수 변별기

28 무선설비2022

다음 중 진폭 변조(AM)에서 과변조가 일어났을 때의 설명으로 틀린 것은?

① 피변조파에는 많은 고조파가 포함된다.
② 점유대역폭이 넓어진다.
③ 과변조된 파를 수신하면 명료도가 저하된다.
❹ 변조지수가 1이하일 경우에 발생한다.

29 무선설비2022

정현파 신호의 반송파를 60[%] 진폭변조(AM)한 송신기의 반송파 전력이 600[W]일 경우 피변조파 전력은 얼마인가?

① 908[W] ② 808[W]
❸ 708[W] ④ 608[W]

30 무선설비2022

다음 중 DSB-TC 시스템에 대한 설명으로 틀린 것은?

① 2개의 측파대를 가지며 피변조파에 반송파가 포함된다.
② 포락선 검파(Enverlope Detection)방법을 사용해서 복조한다.
③ FM방식보다는 SNR이 떨어진다.
❹ SSB변조에 비해 대역폭을 반만 사용한다.

31 무선설비2022

다음 중 디지털 통신에서 펄스 성형(pulse shaping)을 하는 주된 이유로 가장 적합한 것은?

① 노이즈를 줄이기 위함
② 다중접속을 용이하게 하기 위함
❸ 심볼간 간섭(ISI)을 줄이기 위함
④ 채널 대역폭을 증가시키기 위함

32 무선설비2022

다음 중 18[kHz]까지 전송할 수 있는 PCM(Pulse Code Modulation)시스템에서 요구되는 표본화 주파수로 적합한 것은?

① 9[kHz] ② 18[kHz]
③ 30[kHz] ❹ 36[kHz]

33 무선설비2022

다음 중 SSB수신기가 DSB수신기와 다른 점으로 잘못 기술된 것은?

① 동기식 검파방식에서 SSB수신기가 DSB보다 주파수 및 위상오차에 더 취약하다.
② 조정을 용이하게 하기 위한 스피치 클라이파이어(Speech Clarifier)가 있다.
❸ 국부발진기가 사용된다.
④ 통과 대역폭이 좁은 필터(Filter)를 사용한다.

34 무선설비2022

다음 중 FM송신기에 사용되는 IDC회로의 기능을 바르게 나타낸 것은?

① 변조신호의 진폭 강화
② 임계현상 억제
❸ 최대 주파수편이의 규정치 유지
④ 도래전파가 없을 때 잡음출력 억제

35 무선설비2022

다음 변조신호 스펙트럼 중 전력효율이 가장 좋은 SSB 신호에 해당하는 것은?

①
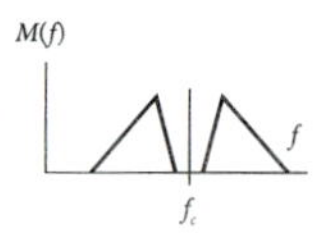

②
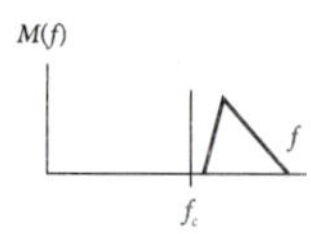

③
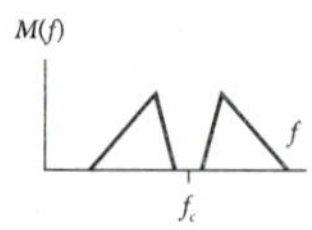

❹
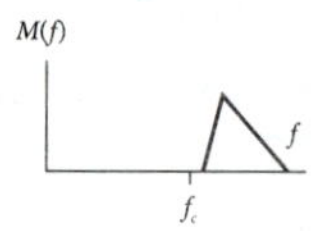

36 무선설비2022

64[kbps] 이진 PCM 신호를 ISI(심볼간 간섭) 없이 수신할 수 있도록 하는 시스템의 최소대역폭은 얼마인가?

① 8[kHz] ② 16[kHz]
❸ 32[kHz] ④ 64[kHz]

37 무선설비2022

100[kbps] 데이터율로 디지털 데이터를 전송할 경우 16-ary QAM의 심볼전송률[sps]은?

❶ 25[ksps] ② 50[ksps]
③ 80[ksps] ④ 160[ksps]

38 무선설비2022

다음 중 AM과 FM의 전송대역폭에 대한 설명으로 틀린것은?

① AM에서는 전송대역이 변조주파수에만 직접적으로 비례한다.
② FM에서는 변조주파수와 변조신호의 진폭에 의해서 전송대역폭이 변한다.
❸ 복조된 신호는 억제된 해당 주파수성분에서도 영향이 없다.
④ FM에서는 가능한 모든 중요한 측파대를 포용할 숭 있도록 신호처리 해야 한다.

39 무선설비2022

어느 ADC(Analog-to Digital Converter)가 −5~+5[V]의 입력을 가지며 한 샘플은 4비트로 양자화 된다. 이 경우 발생한 양자화 잡음전력은 얼마인가?

① $\frac{1}{12}\left(\frac{10}{4}\right)^2$ ② $\frac{1}{12}\left(\frac{10}{2^4}\right)^2$
❸ $\frac{1}{12}\left(\frac{10}{2^4}\right)^2$ ④ $\frac{1}{12}\left(\frac{10}{4}\right)$

40 무선설비2022

대한민국 지상파 디지털TV 전송방식의 한 채널당 대역폭은?

① 3[MHz] ② 4[MHz]
③ 5[MHz] ❹ 6[MHz]

41 무선설비2021

FM수신기에 사용되는 주파수변별기의 역할은?

❶ 주파수 변화를 진폭 변화로 바꾸어준다.
② 진폭 변화를 위상 변화로 바꾸어준다.
③ 주파수체배를 행한다.
④ 최대주파수편이를 증가시킨다.

42 무선설비2021

다음 중 4진 PSK에서 BPSK와 같은 양의 정보를 전송하기 위해 필요한 대역폭은?

❶ BPSK의 0.5배 ② BPSK와 같은 대역폭
③ BPSK의 2배 ④ BPSK의 4배

43 무선설비2021

다음 중 DSB와 비교한 SSB 방식의 특징으로 옳은 것은?

❶ 송신기의 소비전력은 SSB 방식이 적다.
② 송수신기의 회로는 SSB 방식이 간단하다.
③ SSB 방식은 낮은 주파수 안정도를 필요로 한다.
④ SSB 방식은 간섭성 페이딩에 의한 영향이 적다.

44 무선설비2021

진폭 12[V], 주파수 10[MHz]의 반송파를 진폭 6[V], 주파수 1[kHz]의 변조파 신호로 진폭 변조할 때 변조율은?

① 25[%] ❷ 50[%]
③ 75[%] ④ 100[%]

45 무선설비2021

QPSK(Quadrature Phase Shift Keying) 신호의 보(Baud)가 400[bps]이면 데이터 전송속도는 얼마인가?

① 100[bps] ② 400[bps]
❸ 800[bps] ④ 1,600[bps]

46 무선설비2021

다음 중 레이다 기술에 대한 설명으로 틀린 것은?

① 야간이나 시계가 불량한 경우 레이다를 사용하면 안전한 항해를 할 수 있다.

② 거리와 방위를 구할 수 있으므로 목표물의 위치 및 상대속도 등을 구할 수 있다.
③ 특수레이다의 경우 열대성 폭풍(태풍)의 위치와 강우의 이동 파악 등 다양한 용도로 사용할 수 있다.
❹ 기상조건에 영향을 많이 받으므로 주로 가시거리 내에서 사용된다.

47 무선설비2021

변조지수가 60[%]인 AM변조에서 반송파의 평균 전력이 300[W]일 때, 하측파대 전력은 얼마인가?

① 9[W] ② 18[W]
❸ 27[W] ④ 54[W]

48 무선설비2021

다음 중 PCM(Pulse Code Modulation) 다중통신의 특징이 아닌 것은?

① 전송로의 잡음이나 누화 등의 방해에 강하다.
② 중계시마다 잡음이 누적되지 않는다.
③ 경로(Route) 변경이나 회선 변환이 쉽다.
❹ 협대역 전송로가 필요하다.

49 무선설비2021

중간 주파수를 동일하게 하여 주파수가 상이한 무선회선 방식과 상호접속이 가능하도록 하는 마이크로웨이브방식의 중계방식은?

❶ 헤테로다인 중계방식
② 복조 중계방식
③ 직접 중계방식
④ 무급전 중계방식

50 무선설비2021

다음 중 주파수변조(FM)에서 신호대 잡음비(S/N)을 개선하기 위한 방법이 아닌 것은?

① 디엠파시스(De-Emphasis) 회로를 사용한다.
② 주파수대역폭을 넓게 한다.
③ 변조지수를 크게 한다.
❹ 증폭도를 크게 높인다.

51 무선설비2021

다음 중 PWM의 특징과 거리가 먼 것은?

① PAM보다 S/N비가 크다
② PPM보다 전력부하의 변동이 크다.
③ LPF를 이용하여 간단히 복조할 수 있다.
❹ 진폭 제한기를 사용하여도 페이딩을 제거할 수는 없다.

52 무선설비2021

다음 중 주파수변조를 진폭변조와 비교한 설명으로 틀린 것은?

① 페이딩의 영향이 적다.
② 주파수의 혼신방해가 적다.
❸ 사용주파수대역이 좁다.
④ S/N비가 개선된다.

53 무선설비2021

다음 중 VSB 변조의 특징에 대한 설명으로 틀린 것은?

① 양 측파대 중 원하지 않는 측파대를 완전히 제거하지 않고 그 일부를 잔류시켜 원하는 측파대와 함께 전송한다.
② VSB 변조는 SSB 변조에 비해 25-33[%] 정도의 대역폭을 넓게 사용하지만 간단히 만들 수 있다.
❸ 원하지 않은 측파대를 완벽히 제거하지 않아야 하므로 필터 설계조건이 까다롭다.
④ DSB 변조와 SSB 변조를 절충한 방식으로 텔레비전 방송에 사용되고 있다.

54 무선설비2021

64 QAM의 심볼속도가 19,200[심볼/초]이다. 데이터 전송속도는 얼마인가?

❶ 115.2[kbps] ② 153.6[kbps]
③ 307.2[kbps] ④ 1.2[Mbps]

55 무선설비2021

다음 중 디지털 변조 방법은?

① PAM ❷ PCM
③ PPM ④ PWM

56 무선설비2021

이진변조에서 M-진 변조로 확장할 대 다음 중 주파수 효율이 가장 낮은 변조방식은?

① M진ASK ❷ M진FSK
③ M진PSK ④ M진QAM

57 무선설비2021

다음 중 정보에 따라 주파수를 변환시키는 디지털 변조 방식은?

① ASK ❷ FSK
③ PSK ④ QAM

58 무선설비2021

자유공간에서, 전파가 20[μs] 동안 전파 되었을 때 진행한 거리는 어느 정도인가?

① 2km ❷ 6km
③ 20km ④ 60km

59 무선설비2021

다음 중 포인팅 벡터의 단위는?

① J/m^2 ❷ W/m^2
③ J/m^3 ④ W/m^3

60 무선설비2021

다음 중 단측파대 변조 방식의 특징으로 틀린 것은?

① 점유주파수대역폭이 매우 작다.
② 변복조기 사이에 반송파의 동기가 필요하다.
③ 송신출력이 비교적 작게 된다.
❹ 전송 도중에 복조되는 경우가 있다.

61 무선설비2021

변조도 80%로 진폭 변조한 피변조파에서 반송파의 전력 Pc와 상측파대 또는 하측파대의 전력 Ps와의 비율은?

① 1:0.8 ② 1:0.55
③ 1:0.33 ❹ 1:0.16

62 무선설비2021

정보 전송에서 800[Baud]의 변조 속도로 4상 차분 위상 변조된 데이터 신호 속도는 얼마인가?

① 600[bps] ② 1200[bps]
❸ 1600[bps] ④ 3200[bps]

63 무선설비2021

AM(Ampltude Modulation)에서 반송파 전압이 10[V], 변조도가 80[%]일 때 상측파대 전압은 몇 [V]인가?

① 2[V] ❷ 4[V] ③ 6[V] ④ 8[V]

64 무선설비2021

다음의 변조방식 중 복조시에 반송파의 위상정보를 정확히 알아야만 하는 변조방식은?

❶ BPSK ② FSK
③ DPSK ④ OOK 혹은 ASK

65 무선설비2020

다음 중 주파수 변조에서 S/N비를 높이기 위한 방법이 아닌 것은?

① 주파수 대역폭을 크게 한다.
② 변조지수를 크게 한다.
③ 프리엠퍼시스 회로를 사용한다.
❹ 주파수 변별회로를 사용한다.

66 무선설비2020

진폭변조에서 신호파의 진폭이 70, 반송파의 진폭이 100일 때의 변조도는 몇 [%]인가?

① 20[%] ② 30[%]
❸ 70[%] ④ 100[%]

67 무선설비2020

정보신호가 $m(t) = \cos(2\pi f_m t)$인 정현파를 반송파 f_c를 사용하여 DSB-SC 변조하는 경우 변조된 신호의 스펙트럼으로 옳은 것은?

① f_m, f_{-m}, f_c, f_{-c}
② $f_c + f_m, -f_c, -f_m$
❸ $f_c + f_m, f_c - f_m, -f_c + f_m, -f_c - f_m$
④ $f_c + f_m, f_c, f_c - f_m, -f_c + f_m, -f_c, -f_c - f_m$

68 무선설비2020

수신 주파수가 850[kHz]이고 국부발진주파수가 1,305[kHz]일 때 영상 주파수는 몇 [kHz]인가?

① 790[kHz] ② 1,020[kHz]
❸ 1,760[kHz] ④ 2,155[kHz]

69 무선설비2020

진폭변조파의 변조도(m)에 대한 설명 중 틀린 것은?

① 변조도 m=1이면 피변조파(신호파) 전력은 반송파 전력의 1.5배가 된다.
② 변조도 m이 낮을수록 측파대 전력은 감소한다.
❸ 변조도 $m<1$이면 타 통신에 혼신을 준다.
④ 변조도 $m>1$이면 신호파의 진폭이 찌그러진다.

70 무선설비2020

변조도 m = 1(100[%])인 경우 SSB(Single Side Band) 송신기의 평균 전력은 DSB-LC(Double Side Band-Large Carrier) 송신기 평균 전력에 비해 어느 정도 소요되는가?

① 1/2배 ② 1/3배
③ 1/4배 ❹ 1/6배

71. 무선설비2020

주파수가 50[kHz]인 정현파 신호를 100[MHz]의 반송파로 주파수 변조하여 최대 주파수 편이가 500[kHz]로 되었을 경우, 발생된 FM 신호의 대역폭과 FM 변조지수는 각각 얼마인가?

❶ 1,100[kHz], 10 ② 1,200[kHz], 15
③ 1,500[kHz], 20 ④ 1,800[kHz], 20

72 무선설비2020

FM변조에서 주파수 편이 kf의 값이 매우 작다면 협대역 FM 변조라 한다. 정보신호의 대역폭을 B라 할 때, 협대역 FM 변조한 신호의 대역폭을 근사화한 값은 얼마인가?

① B ❷ 2B ③ 3B ④ 4B

73 무선설비2020

아래 그림과 같이 FM 변조기를 이용하여 PM 변조를 하고자 한다. 괄호에 들어갈 내용으로 적합한 것을 고르시오.

① (가) 없음 (나) 적분기
② (가) 적분기 (나) 없음
③ (가) 없음 (나) 미분기
❹ (가) 미분기 (나) 없음

74 무선설비2020

2진 ASK(Amplitude Shift Keying) 신호의 전송속도가 1,200[bps]이면 보[baud]속도는 얼마인가?

① 300[baud/초] ② 400[baud/초]
③ 600[baud/초] ❹ 1,200[baud/초]

75 무선설비2020

심볼간격이 T인 펄스신호를 Nyquist 기저대역(Baseband) 채널을 통해 전송하고자 한다. 이 때 요구되는 기저대역 채널대역폭은?

❶ $\frac{1}{2T}$ ② $\frac{2}{T}$
③ $\frac{1}{T}$ ④ $\frac{3}{2T}$

76 무선설비2020

24채널의 음성신호를 다중화하는 PCM/TDM이 있다. 각 채널은 6[kHz]로 대역제한 되었다고 한다. 10비트 PCM 부호어를 사용한 경우, 필요한 대역폭은 얼마인가?

① 1.44[MHz] ❷ 2.88[MHz]
③ 3.44[MHz] ④ 4.88[MHz]

77 무선설비2020

데이터 속도 4800[bps]인 모뎀에서 4진 PSK를 사용할 때 심볼속도는?

① 2400[bps] ❷ 2400[baud]
③ 4800[bps] ④ 4800[baud]

78 무선설비2020

다음 중 그림과 같은 변조파형을 얻을 수 있는 변조방식에 대한 설명으로 옳은 것은?

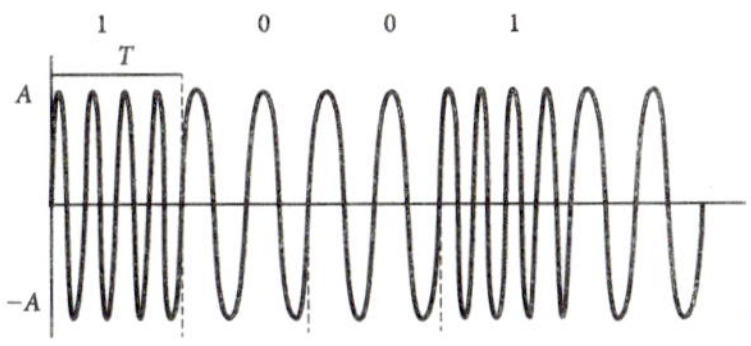

❶ 정현파의 주파수에 정보를 싣는 FSK 방식으로 2가지 주파수를 이용한다.
② 정현파의 진폭에 정보를 싣는 ASK 방식으로 2가지의 진폭을 이용한다.
③ 정현파의 진폭에 정보를 싣는 QAM 방식으로 2가지의 진폭을 이용한다.
④ 정현파의 위상에 정보를 싣는 2위상 편이변조 방식이다.

79 무선설비2020

상업용 FM 방송에서는 기저대역 신호의 대역을 15[kHz]~30[kHz]로 하고, 최대 주파수 편이를 Δf = 75[kHz]로 제한하고 있다. 전송대역폭을 각 채널당 200[kHz]로 할당하는 경우 FM 방송에서의 신호 대역폭은 얼마인가?

① 150[kHz] ② 160[kHz]
❸ 180[kHz] ④ 200[kHz]

80 무선설비2020

다음 중 DSB(Double Side Band) 방식에 비하여 SSB(Single Side Band) 방식의 장점으로 틀린 것은?

① 송신기의 소비전력이 약 30[%] 정도 줄어든다.
❷ 선택성 페이딩의 영향이 약 6[dB] 정도 개선된다.
③ SNR 개선이 첨두 전력이 같을 때 약 12[dB] 정도 개선된다.
④ 대역폭이 축소되어 주파수 이용률이 개선된다.

81 무선설비2020

진폭 12[V], 주파수 10[MHz]의 반송파를 진폭 6[V], 1[kHz]의 변조파 신호로 진폭 변조할 때 변조율은?

① 25[%] ❷ 50[%]
③ 75[%] ④ 100[%]

82 무선설비2020

FSK 신호의 전송속도가 1,200[bps]이면 보(baud) 속도는 얼마인가?

① 300[baud] ② 400[baud]
③ 600[baud] ❹ 1,200[baud]

83 무선설비2020

진폭변조(Amplitude Modulation)에서 반송파 전력이 15[kW]일 때, 변조도를 100[%]로 변조하면 피변조파 전력은 얼마인가?

① 12.5[kW] ② 15[kW]
③ 20[kW] ❹ 22.5[kW]

84 무선설비2020

다음 중 주파수 변조에 대한 설명으로 틀린 것은?

① 직접 FM과 간접 FM 방식이 있다.
② 입력신호에 따라 반송파의 주파수를 변화시킨다.
❸ 선형 변조방식이다.
④ 반송파로는 cos 함수 또는 sin 함수와 같은 연속함수를 사용한다.

85 무선설비2020

9,600[bps]의 비트열을 16진 PSK로 변조하여 전송하면 변조속도는?

① 1,200[Baud] ❷ 2,400[Baud]
③ 3,200[Baud] ④ 4,600[Baud]

86 무선설비2020

광대역 FM의 변조지수가 10인 경우 AM에 비해 SNR이 몇 배나 증가하는가?

① 200 ❷ 300
③ 400 ④ 500

87 무선설비2020

QPSK(Quadrature Phase Shift Keying) 신호의 보(Baud)가 400[bps]이면 데이터 전송속도는 얼마인가?

① 100[bps] ② 400[bps]
❸ 800[bps] ④ 1,600[bps]

88 무선설비2019

FM 변조에서 최대 주파수 편이가 80[kHz]일 때 주파수 변조파의 대역폭은 약 얼마인가?

① 40[kHz] ② 60[kHz]
③ 80[kHz] ❹ 160[kHz]

89 무선설비2019

FM 변조에서 최대 주파수 편이가 80[kHz]일 때 주파수 변조파의 대역폭은 약 얼마인가?

① 40[kHz] ② 60[kHz]
③ 80[kHz] ❹ 160[kHz]

90 무선설비2019

AM(amplitude modulation)에서 반송파 전압이 10[V], 변조도가 80[%]일 때 상측파대 전압은 몇 [V] 인가?

① 2[V] ❷ 4[V]
③ 6[V] ④ 8[V]

91 무선설비2019

주파수 90[kHz]에 반송파를 6[kHz] 정현파 신호로 FM(frequency modulation) 변조했을 때 최대주파수 편이가 76[kHz]일 경우, 점유 주파수대폭은 몇 [kHz]인가?

① 12[kHz] ② 82[kHz]
③ 152[kHz] ❹ 164[kHz]

92 무선설비2019

16진 QAM(Quadrature Amplitude Modulation)의 대역폭 효율은 몇[bps/HZ] 인가?

① 1[bps/HZ] ② 2[bps/HZ]
❸ 4[bps/HZ] ④ 8[bps/HZ]

93 무선설비2019

AM 변조 시에 반송파의 주파수가 600[kHZ], 변조파의 주파수가 7[kHZ]라고 할 때, 점유주파수대역폭은?

① 7[kHZ] ❷ 14[kHZ]
③ 70[kHZ] ④ 140[kHZ]

94 무선설비2019

정보신호가 $m(t) = \cos(2\pi f m_t)$인 정현파를 반송파 f_c를 사용하여 DSB-SC 변조하는 경우 변조된 신호의 스펙트럼으로 옳은 것은?

① f_m, f_{-m}, f_c, f_{-c}
② $f_c + f_m, -f_c, -f_m$
❸ $f_c + f_m, f_c - f_m, -f_c + f_m, -f_c - f_m$
④ $f_c + f_m, f_c, f_c - f_m, -f_c + f_m, -f_c, -f_c - f_m$

95 무선설비2019

3[kHz]대역폭을 갖는 음성신호를 협대역 FM변조한 결과 신호의 중심주파수가 50[kHz]이고, 최대주파수 편이가 20[Hz]라 하자. 이 신호를 2,000배 주파수 체배(Frequency Multiplier)해서 광대역 FM 신호를 만들었을 때, 이 신호의 대역폭을 Carson의 법칙에 의해 구한 값은?

① 24[kHz] ② 1[kHz]
③ 43[kHz] ❹ 86[kHz]

96 무선설비2019

변조지수가 60[%]인 AM변조에서 반송파의 평균전력이 300[W]일 때, 하측파대 전력은 얼마인가?

① 9[W] ② 18[W]
❸ 27[W] ④ 54[W]

97 무선설비2019

다음 중 AM방식과 비교한 FM방식에 대한 설명으로 틀린 것은?

① 단파 대역에 적당하지 않다.
② 수신의 충실도를 향상시킬 수 있다.
③ 잡음을 보다 감소시킬 수 있다.
❹ 피변조파의 점유주파수대역이 좁아진다.

98 무선설비2019

다음 중 DSB(Double Side Band) 방식에 비하여 SSB(Single Side Band) 방식의 장점으로 틀린 것은?

① 송신기의 소비전력이 약 30[%] 정도 줄어든다.
❷ 선택성 페이딩의 영향이 6[dB] 정도 개선된다.
③ SNR 개선이 첨두 전력과 같을 때 약 12[dB] 정도 개선된다.
④ 대역폭이 축소되어 주파수 이용률이 개선된다.

99 무선설비2018

다음 중 비동기 검파에 대한 설명으로 옳은 것은?

① 국부발진 신호와 입력신호를 곱하게 하는 곱셈 검파기이다.
② 송신측과 수신측이 동일한 반송파를 이용한다.
❸ 주로 ASK와 FSK에 이용된다.
④ 동기검파보다 복조시스템이 복잡하다.

100 무선설비2018

주파수 변조에서 신호주파수가 4[kHz], 최대 주파수 편이가 20[kHz]이면, 변조지수는?

① 0.2 ❷ 5
③ 16 ④ 80

101 무선설비2018

100[kbps] 데이터율로 디지털 데이터를 전송할 경우 16-ary QAM의 심볼전송률[sps]은?

❶ 25[ksps] ② 50[ksps]
③ 80[ksps] ④ 160[ksps]

102 무선설비2018

100[MHz]의 반송파로 주파수가 50[KHz]인 정현파 신호를 주파수 변조할 때 주파수 감도계수 kf=100을 사용한다고 가정하자. 정현파 신호의 진폭을 10으로 하였을 때 FM 변조된 신호의 대역폭은?

❶ 102[KHz] ② 120[KHz]
③ 240[KHz] ④ 300[KHz]

103 무선설비2018

9,600[bps]의 비트열을 16진 PSK로 변조하여 전송하면 변조속도는?

① 1,200[Baud] ❷ 2,400[Baud]
③ 3,200[Baud] ④ 4,600[Baud]

104 무선설비2018

상업용 FM 방송에서는 기저대역 신호의 대역을 15[kHz]~30[kHz]로 하고, 최대 주파수 편이를 Δf=75[kHz]로 제한하고 있다. 전송대역폭을 각 채널당 200[kHz]로 할당하는 경우 FM 방송에서의 신호 대역폭을 얼마인가?

① 150[kHz] ② 160[kHz]
❸ 180[kHz] ④ 200[kHz]

105 무선설비2018

FM 변조에서 최대 주파수 편이가 80[kHz]일 때 주파수 변조파의 대역폭은 약 얼마인가?

① 40[kHz] ② 60[kHz]
③ 80[kHz] ❹ 160[kHz]

106 무선설비2018

주파수 90[MHz]에 반송파를 6[kHz] 정현파 신호로 FM(Frequency Modulation) 변조했을 때 최대 주파수 편이가 ±76[kHz]일 경우, 점유주파수대폭은 몇 [kHz]인가?

① 12[kHz] ② 82[kHz]
③ 152[kHz] ❹ 164[kHz]

107 무선설비2018

2진 ASK(Amplitude Shift Keying) 신호의 전송속도가 1,200[bps]이면 보[baud] 속도는 얼마인가?

① 300[baud/초] ② 400[baud/초]
③ 600[baud/초] ❹ 1,200[baud/초]

108 무선설비2017

수신 주파수가 850[kHz]이고 국부발진주파수가 1,305[kHz]일 때 영상 주파수는 몇 [kHz]인가?

① 790[kHz] ② 1,020[kHz]
❸ 1,760[kHz] ④ 2,155[kHz]

109 무선설비2017

다음 중 입력되는 신호의 주파수가 3.5[GHz], 4.5[GHz]일 때, 제곱의 비선형항만이 고려되는 비선형 소자에서 출력 가능한 신호의 주파수가 아닌 것은?

① 1[GHz] ② 7[GHz]
③ 8[GHz] ❹ 10[GHz]

110 무선설비2017

1,000[kHz]의 반송파를 5[kHz]의 신호주파수로 진폭 변조할 경우 출력 측에 나타나는 주파수가 아닌 것은?

① 995[kHz] ② 1,000[kHz]
③ 1,005[kHz] ❹ 1,990[kHz]

111 무선설비2017

진폭 변조파의 전압이 $e = (200 + 50\sin 2\pi 100t)\sin 2\pi \times 10^8 t$[V]로 표시되었을 때 변조도는 약 몇 [%]인가?

❶ 25 ② 50 ③ 75 ④ 95

112 무선설비2017

어떤 AM송신기의 안테나 전류가 무변조되었을 때 11.75[A]이지만 변조되었을 때는 14.14[A]까지 증가하였다면 변조율은 약 몇 [%] 인가?

① 54[%] ② 74[%]
③ 84[%] ❹ 94[%]

113 무선설비2017

슈퍼헤테로다인 수신기에서 수신하고자 하는 주파수가 612[kHz]이고, 중간주파수가 455[kHz]일 경우 영상주파수(Image Frequency)는? (단, 상측 헤테로다인 방식으로 동작한다.)

① 1,067[kHz] ② 1,224[kHz]
❸ 1,522[kHz] ④ 1,679[kHz]

114 무선설비2017

다음 중 FM에 대한 특징으로 틀린 것은?

① 단파 대역에 적당하지 않다.
② 수신의 충실도를 향상시킬 수 있다.
③ 잡음을 보다 감소시킬 수 있다.
❹ 피변조파의 점유주파수대역이 좁아진다.

115 무선설비2017

정보 전송에서 800[Baud]의 변조 속도로 4상 차분 위상 변조된 데이터 신호 속도는 얼마인가?

① 600[bps] ② 1,200[bps]
❸ 1,600[bps] ④ 3,200[bps]

116 무선설비2017

다음 중 슈퍼헤테로다인 수신기의 특징으로 옳은 것은?

① 수신기의 이득이 낮다.
② 회로가 간단하고 조정이 쉽다.
③ 국부 발진의 안정도가 저주파에서 저하된다.
❹ 영상신호의 방해를 받을 수 있다.

117 무선설비2017

주파수가 50[kHz]인 정현파 신호를 100[MHz]의 반송파로 주파수 변조하여 최대 주파수 편이가 500[kHz]로 되었을 경우, 발생된 FM 신호의 대역폭과 FM 변조지수는 각각 얼마인가?

❶ 1,100[kHz], 10 ② 1,200[kHz], 15
③ 1,500[kHz], 20 ④ 1,800[kHz], 20

118 무선설비2016

400[Hz]의 정현파 변조신호로 주파수 변조를 하였을 때 변조지수가 50이었다. 이 때 최대주파수편이 Δf는 얼마인가?

❶ 20[kHz] ② 40[kHz]
③ 80[kHz] ④ 100[kHz]

119 무선설비2016

FM 검파 방식 중 주파수 변화에 의한 전압 제어 발진기의 제어 신호를 이용하여 복조하는 방식은?

① 계수형 검파기
❷ PLL형 검파기
③ 포스터-실리 검파기
④ 비 검파기

120 무선설비2016

다음 중 그림과 같은 변조파형을 얻을 수 있는 변조방식에 대한 설명으로 옳은 것은?

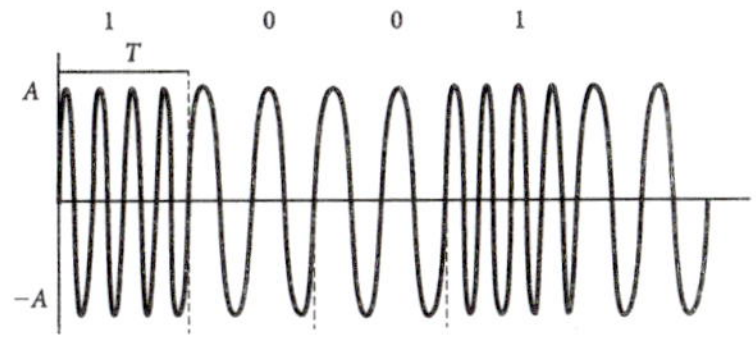

❶ 정현파의 주파수에 정보를 싣는 FSK 방식으로 2가지 주파수를 이용한다.
② 정현파의 진폭에 정보를 싣는 ASK 방식으로 2가지의 진폭을 이용한다.
③ 정현파의 진폭에 정보를 싣는 QAM 방식으로 2가지의 진폭을 이용한다.
④ 정현파의 위상에 정보를 싣는 2위상 편이변조 방식이다.

121 무선설비2016

변조도 m = 1(100[%])인 경우 SSB(Single Side Band) 송신기의 평균 전력은 SB-LC(Double Side Band-Large Carrier) 송신기 평균 전력에 비해 어느 정도 소요되는가?

① 1/2배 ② 1/3배
③ 1/4배 ❹ 1/6배

122 무선설비2016

50[MHz]의 반송파가 10[kHz]의 정현파에 FM 변조되어 최대주파수 편이가 50[kHz]일 경우에 FM 신호의 대역폭은?

① 60[kHz] ② 80[kHz]
❸ 120[kHz] ④ 240[kHz]

123 무선설비2016

AM변조에서 100[%] 변조인 경우 그 변조 출력 전력이 6[kW]일 때, 반송파 성분의 전력은 얼마인가?

① 1[kW] ② 1.5[kW]
③ 2[kW] ❹ 4[kW]

124 무선설비2016

정현파 신호의 반송파를 60[%] 진폭변조(AM)한 송신기의 반송파 전력이 600[W]일 경우 피변조파 전력은 얼마인가?

① 908[W] ② 808[W]
❸ 708[W] ④ 608[W]

125 무선설비2016

수신된 펄스열의 눈 형태(Eye Pattern)을 관찰하면 수신기의 오류확률을 짐작할 수 있다. 수신된 신호를 표본화하는 최적의 시간은 언제인가?

❶ 눈의 형태(Eye Patter)가 가장 크게 열리는 순간
② 눈의 형태(Eye Patter)가 닫히는 순간
③ 눈의 형태(Eye Patter)가 중간 크기인 순간
④ 눈의 형태(Eye Patter)가 여러 개 겹치는 순간

126 무선설비2016

다음 중 18[kHz]까지 전송할 수 있는 PCM(Pulse Code Modulation) 시스템에서 요구되는 표본화 주파수로 적합한 것은?

① 9[kHz] ② 18[kHz]
③ 30[kHz] ❹ 36[kHz]

127 무선설비2016

다음 중 단측파대(SSB) 송수신기에 대한 설명으로 틀린 것은?

① 송신기가 소형이고 무게가 가볍다.
② 적은 송신전력으로 통신이 가능하다.
❸ 송수신기의 회로구성이 단순하다.
④ 점유주파수대폭이 1/2로 축소된다.

128 무선설비2016

대역폭이 20[kHz]인 5개의 신호를 SSB(Single Side Band) 변조 후 FDM(Frequency Division Multiplexing)으로 다중화하였다. 이 때 다중화된 신호를 전송하기 위한 최소 대역폭은?

① 75[kHz] ❷ 100[kHz]
③ 125[kHz] ④ 150[kHz]

129 무선설비2015

디지털 신호의 정보 내용에 따라 반송파의 위상을 변화시키는 변조 방식으로 2원 디지털 신호를 2개씩 묶어 전송하는 QPSK 변조방식의 반송파 위상차는?

① 45[°] ❷ 90[°]
③ 180[°] ④ 270[°]

130 무선설비2015

진폭 12[V], 주파수 10[MHz]의 반송파를 진폭 6[V], 주파수 1[kHz]의 변조파 신호로 진폭 변조할 때 변조율은?

① 25[%] ❷ 50[%]
③ 75[%] ④ 100[%]

131 무선설비2015

주파수 90[MHz]의 반송를 6[kHz]의 정현파 신호로 FM 변조했을 때 최대주파수 편이가 ±76[kHz]일 경우, 점유주파수대폭은 몇 [kHz] 인가?

① 12[kHz] ② 82[kHz]
③ 152[kHz] ❹ 164[kHz]

132 무선설비2015

다음 중 눈다이어그램(Eye Diagram)에 대한 설명으로 틀린 것은?

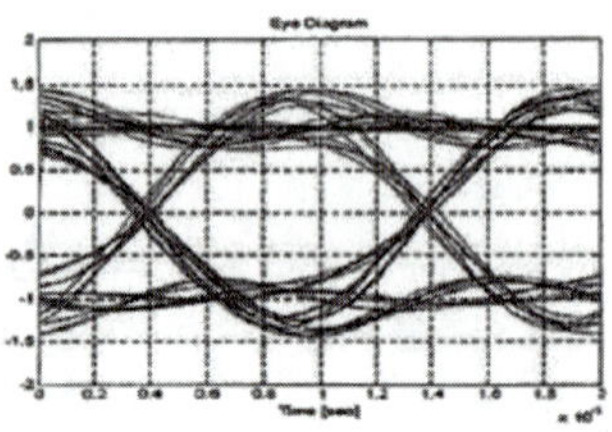

① 데이터 전송과정에서 발생하는 신호의 손상을 그림으로 살펴볼 수 있다.
❷ 부호간 간섭 또는 잡음이 증가할수록 눈 모양이 더욱 열려 진다.

③ 수신된 펄스열을 비트주기 동안 계속 중첩하여 그린 파형이다.
④ 수신기에서 1과 0을 판정하기 위하여 신호를 표본화하는 최적의 시간은 바로 눈이 가장 크게 열리는 순간이다.

133 무선설비2015

AM(Amplitude Modulation)에서 반송파 전압이 10[V], 변조도가 80[%]일 때 상측파대 전압은 몇 [V]인가?

① 2[V] ❷ 4[V]
③ 6[V] ④ 8[V]

134 무선설비2015

채널간 간섭 등 위상 변화에 의한 문제들을 해결하기 위해 QPSK의 위상을 연속적으로 변하도록 하는 변조방식은?

① BPSK ② PSK
③ MPSK ❹ MSK

135 무선설비2015

음성 신호(최대 주파수는 3.3[kHz])를 표본화할 경우, 표본주파수가 f_s = 8[kHz]일 경우 보호대역은 얼마인가?

① 4.7[kHz] ② 3.3[kHz]
❸ 1.4[kHz] ④ 0.7[kHz]

136 무선설비2015

FM 변조에서 최대 주파수 편이가 80[kHz]일 때 주파수 변조파의 대역폭은 얼마인가?

① 40[kHz] ② 60[kHz]
③ 80[kHz] ❹ 160[kHz]

137 무선설비2015

200[W] 전력의 반송파를 사용하여 신호를 변조도 80[%]로 진폭변조하여 전송하고자 할 때 소요되는 총 전력은 약 몇 [W]인가?

① 218[W] ❷ 264[W]
③ 286[W] ④ 342[W]

138 무선설비2015

다음 중 SSB 신호에 대한 설명으로 틀린 것은?

① SSB 신호는 DSB-SC와 같이 동기검파를 수행하여 원래의 변조신호를 얻을 수 있다.
② SSB 신호는 DSB의 두 개 측파를 모두 전송하는 것이 아니고 한쪽만 전송하는 것이므로 신호의 분리에 날카로운 차단 특성을 가진 필터를 사용해야 한다.
③ 변조하는 신호에 DC성분이 있는 경우 SSB를 사용할 수 없다.
❹ SSB 신호는 복조기에서의 주파수 및 위상의 오차에 대한 영향이 DSB에 영향을 미치는 정도와 유사하다.

139 무선설비2014

대역폭이 45[kHz]인 방송 프로그램 신호를 PCM 방식으로 전송하고자 할 때 필요한 최소 표본화 주파수는 얼마인가?

① 30[kHz] ② 45[kHz]
❸ 90[kHz] ④ 65[kHz]

140 무선설비2014

수신 주파수가 850[kHz]이고 국부발진주파수가 1,305[kHz]일 때 영상주파수는 몇 [kHz]인가?

① 790[kHz] ② 1,020[kHz]
❸ 1,760[kHz] ④ 2,155[kHz]

141 무선설비2014

정현파 신호를 반송파를 이용하여 60[%] 진폭변조(AM)한 경우 반송파 전력이 600[W]라면, 피변조파 전력은 얼마인가?

① 908[W] ② 808[W]
❸ 708[W] ④ 608[W]

142 무선설비2014

FM 신호의 포락선에는 정보가 실려있지 않으므로 잡음으로 인한 포락선의 변화를 균일화시킬 수 있는데 이러한 기능을 수행하는 것은?

① 기저대역 필터 ② 변별기
❸ 진폭제한기 ④ 반송파 필터

143 무선설비2014

정보신호의 기저대역 신호대역폭을 B라 할 때, 협대역 위상변조의 소요 대역폭은 얼마인가?

① B ❷ 2B
③ 3B ④ 4B

144 무선설비2014

RF 수신단에서 수신된 신호가 감쇄 및 잡음의 영향으로 인해 매우 낮은 전력레벨을 갖을 경우 잡음을 억제하면서 신호가 증폭될 수 있도록 해주는 RF 부품은?

① 대역 선택 필터(Band Select Filter)
② 아이솔레이터(Isolator)
❸ 저잡음증폭기((Low Noise Amplifier)
④ 믹서(Mixer)

145 무선설비2014

FM에서 최대 주파수편이가 60[kHz]이고 최대 변조주파수가 6[kHz]라 하면 변조도는 얼마인가? (단, 변조지수는 8이다.)

① 6[%] ② 60[%]
❸ 80[%] ④ 120[%]

146 무선설비2014

다음 중 FM 수신기에 대한 설명으로 틀린 것은?

① 점유주파수 대역폭이 AM 방식보다 넓다.
❷ 잡음에 의한 찌그러짐이 AM 방식보다 많다.
③ 신호대 잡음비가 AM 방식에 비해 양호하다.
④ 진폭 제한기에 의해 진폭성분의 잡음을 감소시킬 수 있다.

147 무선설비2014

FSK 신호의 전송속도가 1,200[bps]이면 보(baud) 속도는 얼마인가?

① 300[baud] ② 400[baud]
③ 600[baud] ❹ 1,200[baud]

148 무선설비2014

심볼간격이 T인 펄스신호를 Nyquist 기저대역(Baseband) 채널을 통해 전송하고자 한다. 이 때 요규되는 기저대역 채널대역폭은?

❶ $\frac{1}{2T}$ ② $\frac{2}{T}$ ③ $\frac{1}{T}$ ④ $\frac{3}{2T}$

149 무선설비2013

다음 중 위상변조에 대한 설명으로 틀린 것은?

① 위상을 변조신호에 의해 직선적으로 변하게 하는 방식이다.
② 변조지수는 위상감도계수에 비례한다.
③ PM방식을 사용하여 FM신호를 만들 수 있다.
❹ 반송파를 중심으로 3개의 측파대를 가지며 그 크기는 변조지수에 관계된다.

150 무선설비2013

펄스부호변조(PCM) 방식에서 아날로그 신호를 디지털 신호로 변환시키는 과정을 바르게 나타낸 것은?

① 표본화 → 양자화 → 부호화 → 압축
② 표본화 → 부호화 → 양자화 → 압축
③ 표본화 → 양자화 → 압축 → 부호화
❹ 표본화 → 압축 → 양자화 → 부호화

151 무선설비2013

ASK와 BPSK를 비교하여 설명한 것으로 틀린 것은?

① 단극성 NRZ 신호를 DSB 변조한 것은 ASK이다.
② 양극성 NRZ 신호를 DSB 변조한 것은 BPSK이다.

❸ ASK와 BPSK의 신호의 전력 스펙트럼은 다른 모양을 갖는다.
④ ASK 신호의 스펙트럼에는 직류성분이 있고, BPSK 신호의 스펙트럼에는 직류성분이 없다.

152 무선설비2013

변조신호 주파수 400[Hz], 전압 3[V]로 주파수를 변조하였을 때 변조지수가 50이었다. 이 때 최대주파수편이 Δf는 얼마인가?

❶ 20[kHz] ② 40[kHz]
③ 80[kHz] ④ 100[kHz]

153 무선설비2013

진폭변조파의 변조도(m)에 대한 설명 중 틀린 것은?

① 변조도 $m = 1$이면 피변조파(신호파) 전력은 반송파 전력의 1.5배가 된다.
② 변조도 m이 낮을수록 측파대 전력은 감소한다.
❸ 변조도 $m<1$이면 타 통신에 혼신을 준다.
④ 변조도 $m>1$이면 신호파의 진폭이 찌그러진다.

154 무선설비2013

수신 주파수가 850[kHz]이고 국부발진주파수가 1,305[kHz]일 때 영상주파수는 몇 [kHz]인가?

① 790[kHz] ② 1,020[kHz]
❸ 1,760[kHz] ④ 2,155[kHz]

155 무선설비2013

5[kHz]의 신호주파수를 900[kHz]의 반송파로 진폭 변조한 경우 피변조파에 나타나는 주파수 성분이 아닌 것은?

① 900[kHz] ② 895[kHz]
③ 905[kHz] ❹ 890[kHz]

156 무선설비2013

아래 그림과 같이 FM 변조기를 이용하여 PM 변조를 하고자 할 때 (가), (나)에 들어갈 내용으로 적합한 것은?

① (가) 미분기, (나) 적분기
② (가) 적분기, (나) 없음
③ (가) 적분기, (나) 미분기
❹ (가) 미분기, (나) 없음

157 무선설비2012

진폭변조에서 80[%] 변조하였을 때 상측파대의 전력은 반송파 전력의 몇 [%]인가?

❶ 16[%] ② 32[%]
③ 40[%] ④ 48[%]

158 무선설비2012

변조도 m = 1(100[%])인 경우 SSB 송신출력과 DSB 송신출력과의 비는 어떻게 되는가?

① 3배(4.8dB) ❷ 6배(7.8dB)
③ 9배(9.5dB) ④ 12배(10.8dB)

159 무선설비2012

주파수가 50[kHz]인 정형파 신호를 100[MHz]의 반송파로 주파수 변조하여 최대 주파수 편이가 500[kHz]가 되었다고 하자. 발생된 FM 신호의 대역폭과 FM 변조지수는 각각 얼마인가?

❶ 1,100[kHz], 10 ② 1,200[kHz], 15
③ 1,500[kHz], 20 ④ 1,800[kHz], 20

160 무선설비2012

64[kbps] 이진 PCM 신호를 ISI(심볼간 간섭) 없이 수신할 수 있도록 하는 시스템의 최소대역폭은 얼마인가?

① 8[kHz] ② 16[kHz]
❸ 32[kHz] ④ 64[kHz]

161 무선설비2012

정현파 신호를 반송파를 이용하여 60[%] 진폭변조(AM)한 경우 반송파 전력이 1,000[W] 라면, 이 때의 피변조파 전력은 얼마인가?

❶ 1,180[W]　② 1,036[W]
③ 936[W]　④ 890[W]

162 무선설비2012

어느 ADC(Analog-to Digital Converter)가 −5 ~+5[V]의 입력을 가지며 한 샘플은 4비트로 양자화 된다. 이 경우 발생한 양자화 잡음전력은 얼마인가?

① $\frac{1}{12}\left(\frac{10}{4}\right)^2$　② $\frac{1}{12}\left(\frac{10}{2^4}\right)^2$
❸ $\frac{1}{12}\left(\frac{10}{2^4}\right)^2$　④ $\frac{1}{12}\left(\frac{10}{4}\right)$

163 무선설비2012

200[W] 전력의 반송파를 사용하여 신호를 변조도 80[%]로 진폭변조하여 전송하고자 할 때 소요되는 총 전력은 몇 [W]인가?

① 218[W]　❷ 264[W]
③ 286[W]　④ 342[W]

164 무선설비2012

다음 중 디지털 통신에서 펄스 성형(pulse shaping)을 하는 주된 이유로 가장 적합한 것은?

① 노이즈를 줄이기 위함
② 다중접속을 용이하게 하기 위함
❸ 심볼간 간섭(ISI)를 줄이기 위함
④ 채널 대역폭을 증가시키기 위함

165 무선설비2012

슈퍼헤테로다인 수신기에서 중간 주파수를 낮게 선정할 때의 장점에 해당되지 않는 것은?

❶ 충실도가 좋아진다.
② 근접 주파수 선택도가 개선된다.
③ 단일조정이 쉬워진다.
④ 감도 및 안정도가 향상된다.

166 무선설비2012

다음 중 디지털 통신시스템의 성능 평가에 가장 적합한 것은?

① 왜율　② C/I
❸ BER　④ S/N

167 무선설비2012

정보 전송의 변복조 기술에서 반복 주기가 일정한 펄스의 시간폭을 신호파의 진폭에 대응하여 변화시키는 방식은?

① PCM　② PPM
❸ PWM　④ PAM

168 무선설비2012

100[MHz]의 반송파로 주파수가 50[KHz]인 정현파 신호를 주파수 변조할 때 주파수 감도계수 ? = 100을 사용한다고 가정하자. 정현파 신호의 진폭을 10으로 하였을 때 FM 변조된 신호의 대역폭은?

❶ 102[KHz]　② 120[KHz]
③ 240[KHz]　④ 300[KHz]

169 무선설비2011

다음 중 PLL(Phase Locked Loop)의 용도가 아닌 것은?

① AM 신호의 복조
② FSK 변 · 복조 회로
❸ PCM 신호의 복조
④ FM 신호의 복조

170 무선설비2011

수신 주파수가 850[kHz]이고 국부발진주파수가 1,305[kHz]일 때, 영상 주파수는 몇 [kHz]인가?

① 790[kHz]　② 1,020[kHz]
❸ 1,760[kHz]　④ 2,155[kHz]

171 무선설비2011

BER(Bit Error Rate)에 대한 다음 설명 중 틀린 것은?

① 디지털 변복조 시스템의 성능을 평가하는 중요한 지표이다.
② 채널의 잡음특성과도 관계가 깊다.
❸ BER은 SNR과 정비례 관계를 갖는다.
④ 디지털 신호를 어떠한 방법으로 변조하느냐에 따라서도 차이가 많이 발생한다.

172 무선설비2011

주파수가 50[kHz]인 정현파 신호를 100[MHz]의 반송파로써 주파수 변조하여 최대주파수 편이가 500[kHz]가 되었다고 하자. 발생된 FM 신호의 대역폭과 FM 변조지수는 각각 얼마인가?

❶ 1,100[kHz], 10　② 1,200[kHz], 15
③ 1,500[kHz], 20　④ 1,800[kHz], 20

173 무선설비2011

주파수 90[MHz]의 반송파를 6[kHz]의 정현파 신호로 FM 변조했을 때 최대주파수 편이가 ±76[kHz]이다. 이때 점유주파수대폭은 몇 [kHz]인가?

① 12[kHz　② 82[kHz]
③ 152[kHz]　❹ 164[kHz]

174 무선설비2011

주파수 변조에서 S/N비를 높이기 위한 방법이 아닌 것은?

① 주파수 대역폭을 크게 한다.
② 변조지수를 크게 한다.
③프리엠퍼시스 회로를 사용한다.
❹ 주파수 변별회로를 사용한다.

175 무선설비2011

DSB-TC 변조된 신호의 복조에 관한 설명으로 ㉮, ㉯, ㉰, ㉱의 괄호에 들어갈 내용으로 가장 적당한 것은?

> DSB-TC 변조방식에서 전송되는 반송파를 $A\cos(2\pi f_c t)$, 정보신호를 $m(t)$라고 할 때, 변조된 신호 $s(t)$는 [㉮]이다. 이는 [㉯] 신호를 DSB-SC변조한 것과 같으므로, DSB-TC 복조는 DSB-SC과 같이 동기식 복조를 사용할 수 있다. 그러나, 동기식은 가격이 고가이므로, 비동기 방식을 사용한다. 대표적인 복조기로서 [㉰, ㉱] 등이 있다.

① ㉮ $m(t)+A\cos(2\pi f_c t)$, ㉯ $m(t)$, ㉰ 위상천이법, ㉱ 포락선검파기
❷ ㉮ $(m(t)+A)\cos(2\pi f_c t)$, ㉯ $m(t)+A$, ㉰ 정류검파기, ㉱ 포락선검파기
③ ㉮ $m(t)A\cos(2\pi f_c t)$, ㉯ $m(t)$, ㉰ 위상천이법, ㉱ 정류검파기
④ ㉮ $Am(t)\cos(2\pi f_c t)$, ㉯ $Am(t)$, ㉰ 정류검파기, ㉱ 포락선검파기

176 무선설비2011

대역폭이 B[Hz]인 기저대역 신호 $m(t)$를 변조한 SSB 신호의 설명으로 가장 거리가 먼 것은?

① SSB 변조신호의 대여폭은 B[Hz]이므로 SSB 방식으로는 한정된 주파수대역에서 두 배의 신호를 다중화하여 송신할 수 있다.
② DSB 변조 시호를 만들고 이를 단측대파만을 통과시키는 필터를 통과시키면 SSB 변조신호를 만들 수 있다.
③ $m(t)$에 반송파를 곱한 신호 $u(t)$와, $m(t)$와 반송파를 각각 −90도 위상천이한 신호들을 곱하여 $v(t)$를 만들고 $u(t)+v(t)$하여 SSB 변조신호를 발생시킬 수 있다.
❹ 기저대역 신호의 대역폭이 넓은 경우 SSB 변조에는 필터 방법보다는 위상천이 방법이 더 경제적이고 효율적이다.

177 무선설비2011

슈퍼헤테로다인 방식의 특징 중 틀린 것은?

① 근접주파수 선택도가 양호하다.
② 수신주파수에 의한 대역폭의 변화가 없고, 임의의 대역폭을 얻을 수 있다.

❸ 주파수변환에 따르는 혼신방해와 잡음이 적다.
④ 수신기 출력의 변동이 적고 영상주파수 혼신을 받는다.

178 무선설비2011

FM 변조에는 직접 FM 변조방식과 간접 FM 변조방식 중 직접 FM 변조방식의 특징이 아닌 것은?

① 중심주파수(반송파)의 안정도가 나쁘다.
❷ AFC 회로가 불필요하다.
③ FM 변조가 비교적 간단하다.
④ 발진주파수를 높게 하면 체배단 수를 어느 정도 줄일 수 있다.

제4장

01 무선설비2023

다음 중 무선통신 수신기의 충실도 특성에 해당하지 않는 것은?

① 비직선 일그러짐 ② 주파수 특성
❸ 혼변조 ④ 잡음

02 무선설비2023

다음 중 무선통신 송신기의 성능 요소인 스퓨리어스 발사에 속하지 않는 것은?

① 고조파 발사 ② 저조파 발사
❸ 대역확산 발사 ④ 상호변조

03 무선설비2023

다음 중 무선통신 송신기의 변조특성을 나타내는 요소가 아닌 것은?

① 변조의 직선성 ❷ 선택도
③ 종합왜율 ④ 신호대 잡음비

04 무선설비2023

지름 3[mm], 선 간격 30[cm]의 평행 2선식 급전선의 특성 임피던스는 약 얼마인가? (단, 비유전율은 1이다.)

① 300[Ω] ② 530[Ω]
❸ 635[Ω] ④ 723[Ω]

05 무선설비2023

동축 급전선에서 진행파 전압이 60[V], 반사파 전압이 30[V]인 경우 반사계수(ⓐ)와 정재파비(ⓑ)로 옳은 것은?

① ⓐ0.5, ⓑ1.5 ❷ ⓐ0.5, ⓑ3
③ ⓐ2, ⓑ1.5 ④ ⓐ2, ⓑ3

06 무선설비2023

송·수신기 회로에서 임피던스 부정합시 발생하는 문제점에 대한 설명으로 틀린 것은?

① 안테나에 공급되는 전력이 감소한다.
② 급전선의 절연이 파괴된다.
③ 급전선에서 방사가 발생한다.
❹ 송신기의 동작이 안정적이다.

07 무선설비2023

다음 중 주파수가 높아짐에 따라 점차 세기가 작아지는 잡음은 무엇인가?

① 충격잡음 (산탄잡음, Shot Noise)
② 백색잡음 (랜덤잡음, White Noise)
❸ 핑크잡음 (플리커잡음, Pink Noise)
④ 열잡음 (나이퀴스트 잡음, Thermal Noise)

08 무선설비2023

다음 중 정재파를 설명하는데 옳지 못한 것은?

❶ 한쪽 방향으로만 진행하는 파이다.
② 정합이 되어있지 않았을 때 생긴다.
③ 정재파가 클수록 전송손실이 크다.
④ 전류 전압의 위상은 선로상 어느 점에서도 동일하다.

09 무선설비2022

급전선의 특성 임피던스 Z_o와 급전선을 통과하는 전파의 전파속도 v를 알면 급전선이 가지는 인덕턴스값(L)을 알 수 있다. 다음 중 인덕턴스 값(L)을 구하는 식으로 맞는 것은?

❶ Z_o/v　② v/Z_o
③ $v \times Z_o$　④ $1/(v \times Z_o)$

10 무선설비2022

정합회로의 선로 임피던스 300[Ω]이고, 특성 임피던스가 600[Ω]이라고 하면 부하 임피던스 값은 얼마인가?

① 100[Ω]　❷ 150[Ω]
③ 200[Ω]　④ 250[Ω]

11 무선설비2022

100[MHz]의 신호를 송신안테나를 통해 100[km] 떨어진 수신 안테나로 전송할 때 자유공간 전파 손실은 얼마인가?

① 92.45[dB]　② 102.45[dB]
❸ 112.45[dB]　④ 122.45[dB]

12 무선설비2022

다음 내용을 나타내는 용어는?

> 통과대역 밖에 존재하는 강력한 방해파가 통과대역 의 희망파에 방해를 미쳐 통과대역 밖의 방해파에 의해 통과대역 내의 희망파가 영향을 받게되는 현상

① 스퓨리어스 레스폰스
❷ 혼변조
③ 잡음감도
④ 감도 억압효과

13 무선설비2022

다음 스펙트럼분석기의 파형에서 Spurious Emisson의 대역은?

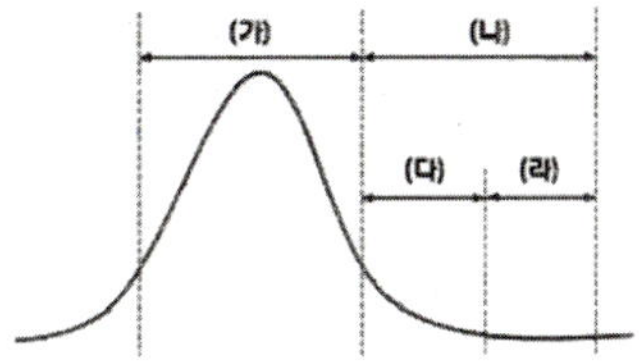

① (가)　② (나)
③ (다)　❹ (라)

14 무선설비2021

급전선상에 반사파가 없을 경우 전압 정재파비는 얼마인가?

① 0　② 1/2
❸ 1　④ ∞

15 무선설비2021

전계강도가 3.77[V/m]인 자유공간에서 단위면적당 단위시간에 통과하는 전자파 에너지(Pointing power)는 약 얼마인가?

① 3.77π[mW/m^2]　❷ 37.7[mW/m^2]
③ 120[mW/m^2]　④ 120π[mW/m^2]

16 무선설비2021

차단파장 λC = 10[cm]인 구형 도파관에 5[GHz]의 전파를 전송할 때 관내 파장 λg는 몇 [cm] 인가?

① 5.0[cm]　② 6.0[cm]
❸ 7.5[cm]　④ 10.0[cm]

17 무선설비2021

시스템의 전기적 특성에 대한 설명으로 틀린 것은?

① 사용 주파수 : 무선통신에서 송수신 정보가 실리는 대역을 의미하며 단위는 [Hz]를 사용한다.
② 송출신호 전력 : 무선통신에서 출력신호를 의미하며 일반적으로 단위는 [dBm],[W] 등으로 표기한다.
❸ 광신호 세기 : 광 장비에서 출력신호를 의미하며 일반적으로 단위는 [dBmV]를 사용한다.

④ 이득(Gain) : 입력되는 신호레벨의 세기 대비 출력 되는 신호레벨 세기를 의미한다.

18 무선설비2021

FM 수신기에서 이득이 15[dB], 잡음지수가 1.4[dB]인 증폭기 후단에 이득이 10[dB], 잡음지수가 1.6[dB]인 또 다른 증폭기가 있다. 이 수신기의 종합 잡음 지수는?

① 1.34[dB] ❷ 1.44[dB]
③ 1.54[dB] ④ 1.64[dB]

19 무선설비2021

어떤 동축 케이블의 종단 개방시 입력 임피던스가 30[Ω]이고 종단 단락 시 입력 임피던스가 187.5[Ω]일 때 이 동축 케이블의 특성 임피던스는 몇 [Ω]인가?

① 50[Ω] ② 65[Ω]
❸ 75[Ω] ④ 80[Ω]

20 무선설비2021

무선 수신기에 수신되는 신호 중 원하는 신호를 골라내는 능력에 해당하는 것은?

❶ 선택도 ② 이득
③ 잡음 ④ 감도

21 무선설비2021

전압정재파비(VSWR)와 반사계수에 대한 설명으로 옳은 것은?

❶ 임피던스 정합의 정도를 알 수 있다.
② 동조급전방식에서 동조점을 찾는데 꼭 필요하다.
③ 반사계수는 ∞에 가까울수록 양호한 것이다.
④ 전압정재파비가 1에 가까울수록 반사손실이 크다.

22 무선설비2021

특성임피던스가 각각 200[Ω]과 800[Ω]인 선로를 $\lambda/4$ 임피던스 변환기를 이용하여 정합하고자 할 경우 삽입선로의 특성임피던스 값은?

① 600[Ω] ② 500[Ω]
❸ 400[Ω] ④ 300[Ω]

23 무선설비2020

특성 임피던스가 Z_0인 선로에 부하 임피던스 Z_L이 연결되었을 때 부하단에서 1/4떨어진 선로상의 점에서 부하를 바라본 임피던스는?

① Z_L/Z_0 ② Z_0/Z_L
❸ Z_0^2/Z_L ④ Z_L^2/Z_0

24 무선설비2020

무손실 전송선로의 특성 임피던스(Z_0)는?

❶ $Z_0 = \sqrt{\frac{L}{C}}$ ② $Z_0 = \frac{L}{C}$
③ $Z_0 = \frac{C}{L}$ ④ $Z_0 = \sqrt{\frac{C}{L}}$

25 무선설비2020

다음 중 정재파에 대한 설명으로 틀린 것은?

① 진행파와 반사파가 합성된 파를 말한다.
② 전압 분포상태가 ($\lambda/2$)거리마다 최대치가 있다.
❸ 전압 · 전류의 위상은 선로상의 각 점에 따라 서로 다르다.
④ 진행파와 비교할 때 전송손실이 크다.

26 무선설비2020

특성 임피던스 Z_n = 50[W]인 무한장 선로에 부하 $Z_L = 40 + j80$[W]을 접속하였을 때 부하의 정규화 임피던스는 얼마인가?

① $0.4 + j0.8$[W] ② $0.8 + j1.2$[W]
❸ $0.8 + j1.6$[W] ④ $0.2 + j0.4$[W]

27 무선설비2020

손실을 가진 전송선로의 전파정수 $r = 1 + j3$이고, 각속도 w = 1[Mrad/s]이다. 선로의 특성 임피던스가 $Z_o = 30 + j0$[[Ω]이었을 때, 저항 R과 인덕턴스 L의 값을 계산하면?

① $R = 20[\Omega/m], L = 80[\mu H/m]$
② $R = 20[\Omega/m], L = 90[\mu H/m]$
③ $R = 30[\Omega/m], L = 80[\mu H/m]$
❹ $R = 30[\Omega/m], L = 90[\mu H/m]$

28 무선설비2019

특성 임피던스가 Z_0인 선로에 부하 임피던스 Z_L이 연결되었을 때 부하단에서 1/4떨어진 선로상의 점에서 부하를 바라본 임피던스는?

① Z_L/Z_0　② Z_0/Z_L
❸ Z_0^2/Z_L　④ Z_L^2/Z_0

29 무선설비2019

특성 임피던스가 600[Ω] 및 150[Ω]인 선로를 임피던스 변성기로 정합시키고자 한다. 파장이 λ일 때, 삽입해야 할 선로의 특성 임피던스와 길이는?

① 75[Ω], $\lambda/2$　② 300[Ω], $\lambda/2$
❸ 300[Ω], $\lambda/4$　④ 377[Ω], $\lambda/4$

30 무선설비2019

이득과 잡음지수가 각각 G_1, F_1, G_2, F_2, G_3, F_3인 3개의 증폭기를 종속 접속하였을 때, 종합잡음지수 F는?

❶ $F = F_1 + \dfrac{F_2 - 1}{G_1} + \dfrac{F_3 - 1}{G_1 G_2}$
② $F = F_1 + F_2 + F_3$
③ $F = F_1 = G_1(F_2 - 1) + G_3(F_3 - 1)$
④ $F = G_1 \times G_2 \times G_3(F_1 + F_2 + F_3)$

31 무선설비2019

어떤 선로의 출력을 개방시키고 입력 임피던스를 측정하였더니 Z_1이고, 출력을 단락시키고 입력 임피던스를 측정하였더니 Z_2일 때 이 선로의 특성 임피던스는?

① Z_1Z_2　② Z_2/Z_1
③ Z_1/Z_2　❹ $(Z_1Z_2)^{1/2}$

32 무선설비2019

전송선로의 특성 임피던스 $Z_o = 50 - j15$[Ω]이고, 이 전송선로에 부하 임피던스 $Z_L = 30 + j60$[Ω]가 연결되었을 때, 선로의 전압 정재파비(VSWR)는 약 얼마인가?

❶ 12　② 14
③ 16　④ 18

33 무선설비2019

안테나의 급전점 임피던스가 75[Ω]인 반파장 안테나와 특성 임피던스가 600[Ω]인 평행2선식 선로를 $\lambda/4$ 임피던스 변환기로서 정합시키고자 할 때, 이 변환기의 특성 임피던스는 약 얼마인가?

① 112[Ω]　❷ 212[Ω]
③ 312[Ω]　④ 412[Ω]

34 무선설비2018

고주파 전압계에 나타나는 정재파의 최대점 전압과 최소점 전압이 각각 12[V], 4[V]일 때, 정재파비는 얼마인가?

① 0.5　② $\sqrt{2}$
③ 2　❹ 3

35 무선설비2018

전송선로의 인덕턴스가 2[μH/m], 커패시턴스가 50[pF/m]일 때 이 선로에 대한 위상속도는?

① 0.1×10^8[m/sec]　❷ 1×10^8[m/sec]
③ 10×10^8[m/sec]　④ 100×10^8[m/sec]

36 무선설비2018

다음 중 정재파에 대한 설명으로 틀린 것은?

❶ 한 방향으로 진행하는 파이다.
② 정합이 되어있지 않았을 때 생긴다.
③ 정재파가 크면 클수록 전송손실이 크다.
④ 전류와 전압의 위상은 선로상 어느 점에서도 동일하다.

37 무선설비2018

부하의 정규화 임피던스가 $Z_n = 1.5 + j0$인 무손실 급전선의 전압 정재파비는 얼마인가?

① 1.0 ❷ 1.5
③ 2.0 ④ 3.0

38 무선설비2018

급전선의 임피던스 $Z_o = R_o + jX_o$와 부하의 임피던스 $Z_L = R_L + jX_L$에서 R_o, R_L, X_o, X_L이 어떤 관계에 있을 때 임피던스 정합이 됐다고 하는가?

① $R_o = R_L, X_o = X_L$
❷ $R_o = R_L, X_o = -X_L$
③ $R_o = -R_L, X_o = X_L$
④ $R_o = -R_L, X_o = -X_L$

39 무선설비2018

반사계수가 0.2 일 때 정재파비는 얼마인가?

① 1.0 ❷ 1.5
③ 2.0 ④ 2.5

40 무선설비2018

다음 중 전압정재파비(VSWR)와 반사계수에 대한 설명으로 옳은 것은?

❶ 임피던스 정합의 정도를 알 수 있다.
② 동조급전방식에서 동조점을 찾는데 꼭 필요하다.
③ 반사계수는 ∞에 가까울수록 양호한 것이다.
④ 전압정재파비가 1에 가까울수록 반사손실이 크다.

41 무선설비2018

잡음온도가 160[K]인 안테나에 급전회로를 연결할 때, 200[K]의 잡음온도가 측정되었다. 이 급전회로의 손실 값은 얼마인가? (단, 대역폭과 저항은 일정하다)

① 0.9 ② 1.1
③ 1.3 ❹ 1.5

42 무선설비2018

M/W 통신에서 송신출력이 1[W], 송수신 안테나 이득이 각각 30[dBi], 수신 입력 레벨이 −30[dBm]일 때 자유공간 손실은 몇 [dB]인가? (단, 전송선로 손실 및 기타손실은 무시한다.)

① 112[dB] ② 117[dB]
❸ 120[dB] ④ 123[dB]

43 무선설비2018

무손실 전송선로의 특성 임피던스(Z_0)는?

❶ $Z_0 = \sqrt{\frac{L}{C}}$ ② $Z_0 = \frac{L}{C}$
③ $Z_0 = \frac{C}{L}$ ④ $Z_0 = \sqrt{\frac{C}{L}}$

44 무선설비2018

임피던스가 50[Ω]인 급전선의 입력전력 및 반사전력이 각각 50[W]와 8[W]일 때의 전압반사계수는?

① 0.86 ❷ 0.40
③ 0.16 ④ 0.14

45 무선설비2018

이득이 10[dB]이고 잡음지수가 8[dB]인 증폭기 후단에 잡음지수가 12[dB]인 증폭기가 있는 경우 종합잡음지수는 약 얼마인가?

① 8.5[dB] ② 8.7[dB]
❸ 9.1[dB] ④ 9.5[dB]

46 무선설비2017

다음 중 진행파와 반사파가 모두 존재하는 경우는?

① 무한장 급전선
② 정재파비가 1인 급전선
③ 정규화 부하 임피던스가 1인 급전선
❹ 반사계수가 1인 급전선

47 무선설비2017

정재파 전압의 최대치를 V_{max}, 정재파 전압의 최소치를 V_{min}이라 할 때 정재파비를 구하는 식을 바르게 나타낸 것은?

❶ V_{max}/V_{min}
② V_{min}/V_{max}
③ $(V_{max} + V_{min})/(V_{max} - V_{min})$
④ $(V_{max} - V_{min})/(V_{max} + V_{min})$

48 무선설비2017

다음 중 영상 주파수를 개선하기 위한 방법으로 틀린 것은?

❶ 중간 주파수를 낮게 정함으로써 영상 주파수에 의한 혼신을 감소시킨다.
② 특정한 영상 주파수에 대한 Trap 회로를 입력회로에 넣는다.
③ 고주파 증폭단을 두고 동조회로 Q를 크게 한다.
④ 고주파 동조 증폭단을 증설한다.

49 무선설비2017

복사저항이 450[Ω]인 폴디드다이폴 안테나 두 개를 λ/4 임피던스 변환기를 사용하여 100[Ω]의 평행 2선식 급전선에 정합시키고자 한다. 이 때 변환기의 임피던스 값은?

① 212[Ω] ② 275[Ω]
❸ 300[Ω] ④ 424[Ω]

50 무선설비2017

다음 중 산란행렬(Scattering Matrix)의 구성요소인 S-파라미터의 설명으로 옳은 것은?

❶ 반사 계수와 전송 계수를 나타낸다.
② 전압과 전류의 관계로 4단자 회로의 특성을 나타낼 수 있다.
③ 입 · 출력 단자를 개방하거나 단락해서 파라미터를 정의한다.
④ 고주파 회로에서 사용할 수 없다.

51 무선설비2017

전파가 자유공간에서 전파할 때 거리가 2배로 증가하면 손실은 약 얼마나 증가하는가?

① 2[dB] ② 3[dB]
❸ 6[dB] ④ 9[dB]

52 무선설비2016

다음 중 급전선의 특성 임피던스 Z_o와 급전선을 통과하는 전파의 전파속도를 v로 표현할 경우 급전선이 가지는 임피던스값(L)을 구하는 식으로 맞는 것은?

❶ Z_o / v ② v / Z_o
③ $v \times Z_o$ ④ $1/(v \times Z_o)$

53 무선설비2016

정재파비가 1일 때 선로에는 어떤 성분의 신호가 존재하는가?

① 정재파 ② 반사파
❸ 진행파 ④ 원편파

54 무선설비2016

100[MHz]의 신호를 송신안테나를 통해 100[km] 떨어진 수신 안테나로 전송할 때 자유공간 전파 손실은 얼마인가?

① 92.45[dB] ② 102.45[dB]
❸ 112.45[dB] ④ 122.45[dB]

55 무선설비2016

다음 중 정재파에 대한 설명으로 틀린 것은?

① 진행파와 반사파가 합성된 파를 말한다.
② 전압 분포상태가 (λ/2)거리마다 최대치가 있다.
❸ 전압 · 전류의 위상은 선로상의 각 점에 따라 서로 다르다.
④ 진행파와 비교할 때 전송손실이 크다.

56 무선설비2016

가장 이상적인 VSWR(Voltage Standing Wave Ratio)의 값은 얼마인가?

① 0 ② ∞
❸ 1 ④ 10

57 무선설비2016

다음 평행 2선식 급전선 중 특성 임피던스가 가장 높은 것은 어느 것인가?

① 선직경 1.2[mm], 선간격 20[cm]
❷ 선직경 1.2[mm], 선간격 30[cm]
③ 선직경 2.4[mm], 선간격 30[cm]
④ 선직경 2.4[mm], 선간격 20[cm]

59 무선설비2016

이득이 12[dB]이고 잡음지수가 14[dB]인 증폭기의 후단에 잡음지수가 16[dB]인 증폭기를 연결할 경우 종합잡음지수는 약 얼마인가?

❶ 15.25[dB] ② 16.25[dB]
③ 17.25[dB] ④ 18.25[dB]

59 무선설비2016

한 지점에서 송신한 신호의 전력이 수신 지역에서 6[dB] 감소되어 수신되었다면 수신지점은 송신지점과 비교해 전력이 몇 배 감소한 것인가?

❶ 4배 감소 ② 6배 감소
③ 8배 감소 ④ 64배 감소

60 무선설비2015

안테나의 급전점 인피던스가 75[Ω]인 반파장 안테나와 특성 임피던스가 600[Ω]인 평행2선식 선로를 $\lambda/4$ 임피던스 변환기로서 정합시키고자 할 때, 이 변환기의 특성 임피던스는 약 얼마인가?

① 112[Ω] ❷ 212[Ω]
③ 312[Ω] ④ 412[Ω]

61 무선설비2015

송신출력 1[W], 송수신 안테나 이득이 각각 20[dBi]이고 수신입력 레벨이 −30[dBm]일 경우 자유공간손실은 몇 [dB]인가? (단, 전송선로 손실 및 기타 손실은 무시한다.)

① 30[dB] ② 70[dB]
❸ 100[dB] ④ 120[dB]

62 무선설비2015

어떤 동축 케이블의 종단 개방시 입력 임피던스가 30[Ω]이고 종단 단락시 입력 임피던스가 187.5[Ω]일 때 이 동축 케이블의 특성 임피던스는 몇 [Ω]인가?

① 50[Ω] ② 65[Ω]
❸ 75[Ω] ④ 80[Ω]

63 무선설비2015

특성 임피던스가 Z_0인 선로에 부하 임피던스 Z_L이 연결되었을 때 부하단에서 1/4떨어진 선로상의 점에서 부하를 바라본 임피던스는?

① Z_L/Z_0 ② Z_0/Z_L
❸ Z_0^2/Z_L ④ Z_L^2/Z_0

64 무선설비2015

Friis의 전달공식에서 송신기와 수신기 안테나 간의 거리가 2배 증가할수록 수신전력은 어떻게되는가?

① 2[dB]로 증가한다.
② 3[dB]로 증가한다.
③ 4[dB]로 감소한다.
❹ 6[dB]로 감소한다.

65 무선설비2015

특성임피던스가 각각 200[Ω]과 800[Ω]인 선로를 $\lambda/4$ 임피던스 변환기를 이용하여 정합하고자 할 경우 삽입선로의 특성임피던스 값은?

① 600[Ω] ② 500[Ω]
❸ 400[Ω] ④ 300[Ω]

66 무선설비2014

다음 중 S-파라미터(Scattering parameter)의 물리적 의미로 틀린 것은? (단, Z_0는 전송선로의 특성 임피던스이다.)

① S_{11}은 Z_0에 정합된 출력을 갖는 입력 반사계수이다.
② S_{21}는 순방향 전송 계수이다.
③ S_{12}는 역방향 전송 계수이다.
❹ S_{22}는 Z_0에 정합된 입력을 갖는 출력 전파계수이다.

67 무선설비2014

전송선로의 인덕턴스가 2[μH/m], 커패시턴스가 50[pF/m]일 때 이 선로에 대한 위상속도는?

① 0.1×10^8[m/sec] ❷ 1×10^8[m/sec]
③ 10×10^8[m/sec] ④ 100×10^8[m/sec]

68 무선설비2014

다음 중 선로를 분포정수로 해석하였을 경우 전파정수와 특성 임피던스의 관계를 설명한 것으로 틀린 것은?

① 특성 임피던스는 길이와 관계없이 일정하다.
❷ 전파속도는 주파수와 반비례한다.
③ 감쇠정수는 주파수와 무관하다.
④ 위상정수는 주파수에 비례한다.

69 무선설비2014

50[Ω]의 무손실 전송선로에서 부하 임피던스가 $Z_L = 50 - j65$[Ω]일 경우 입력전력이 100[mW]이면 부하에 의해 소모되는 전력은 얼마인가?

① 67[mW] ❷ 70[mW]
③ 73[mW] ④ 77[mW]

70 무선설비2014

잡음지수가 3[dB]이고 증폭도가 20[dB]인 전치 증폭기를 잡음지수가 5[dB]인 종속 증폭기에 연결하면 종합잡음지수는 얼마가 되는가?

① 3[dB] ❷ 3.2[dB]
③ 5[dB] ④ 5.2[dB]

71 무선설비2014

무손실 전송선로의 특성 임피던스(Z_0)는?

❶ $Z_0 = \sqrt{\frac{L}{C}}$ ② $Z_0 = \frac{L}{C}$
③ $Z_0 = \frac{C}{L}$ ④ $Z_0 = \sqrt{\frac{C}{L}}$

72 무선설비2014

어떤 동축 케이블의 종단 개방시 입력 임피던스가 30[Ω]이고 종단 단락시 입력 임피던스가 187.5[Ω]일 때, 이 동축 케이블의 특성 임피던스는 몇 [Ω]인가?

① 50[Ω] ② 65[Ω]
❸ 75[Ω] ④ 80[Ω]

73 무선설비2013

반사계수가 0.2일 때 정재파비는 얼마인가?

① 1.0 ❷ 1.5
③ 2.0 ④ 2.5

74 무선설비2013

그림은 $\lambda/4$ 결합기를 나타낸 것이다. 알맞은 조건식은?

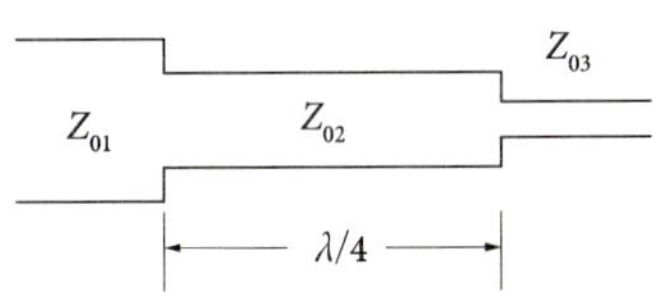

① $Z_{03} = \sqrt{Z_{02}\cdot Z_{01}}$ ❷ $Z_{02} = \sqrt{Z_{01}\cdot Z_{03}}$
③ $Z_{01} = \sqrt{Z_{02}\cdot Z_{03}}$ ④ $Z_{01} = \sqrt{Z_{01}\cdot Z_{03}}$

75 무선설비2013

다음 중 정재파에 대한 설명으로 맞지 않는것은?

❶ 한 방향으로 진행하는 파이다.

② 정합이 되어 있지 않았을 때 생긴다.
③ 정재파가 크면 클수록 전송 손실이 크다.
④ 전류 전압의 위상은 선로상 어느 점에서도 동일하다.

76 무선설비2013

마이크로파 통신에 있어 수신전력 P_r을 바르게 나타낸 것은? (단, d는 송수신점간 거리, P_t는 송신전력, G_t는 송신 안테나 이득, G_r은 수신 안테나 이득이다.)

① $(\lambda/2\pi)^2 P_t G_t G_r$　② $(2\pi d/\lambda)^2 P_t G_t G_r$
❸ $(\lambda/4\pi d)^2 P_t G_t G_r$　④ $(4\pi d/\lambda)^2 P_t G_t G_r$

77 무선설비2013

무손실 전송선로의 특성 임피던스(Z_0)는?

❶ $Z_0 = \sqrt{\frac{L}{C}}$　② $Z_0 = \frac{L}{C}$
③ $Z_0 = \frac{C}{L}$　④ $Z_0 = \sqrt{\frac{C}{L}}$

78 무선설비2013

무손실 급전선로 상에서 입사파 전압의 실효치가 150[V]이고, 전압정재파비가 2일 때, 반사파 전압의 실효치는 얼마인가?

❶ 50[V]　② 60[V]
③ 70[V]　④ 80[V]

79 무선설비2013

급전선상에 반사파가 없을 때 전압 정재파비는 얼마가 되는가?

① 0　② 1/2　❸ 1　④ ∞

80 무선설비2012

부하의 정규화 임피던스가 $Z_n = 1.5 + j0$인 무손실 급전선의 전압 정재파비를 구하면 얼마인가?

① 1.0　❷ 1.5
③ 2.0　④ 3.0

81 무선설비2012

손실을 가진 전송선로의 전파정수 $r = 1 + j30$이고, 각속도 $\omega = 1$[Mrad/s]이다. 선로의 특성 임피던스 $Z_0 = 30 + j0$[Ω]이었을 때, 저항 R과 인덕턴스 L의 값을 계산하면?

① $R = 20$[Ω/m], $L = 80$[μH/m]
② $R = 20$[Ω/m], $L = 90$[μH/m]
③ $R = 30$[Ω/m], $L = 80$[μH/m]
❹ $R = 30$[Ω/m], $L = 90$[μH/m]

82 무선설비2012

지름 3[mm], 선 간격 30[cm]의 평행2선식 급전선의 특성 임피던스는 얼마인가? (단, 비유전율은 1이다.)

① 약 300[Ω]　② 약 530[Ω]
❸ 약 637[Ω]　④ 약 723[Ω]

83 무선설비2012

그림과 같은 무손실 급전선에서 정재파 전압의 최대치가 300[V]라면 최소치 전압은 얼마인가?

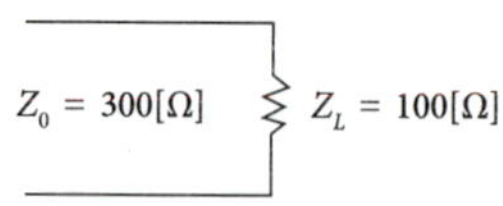

① 10[V]　② 50[V]
❸ 100[V]　④ 200[V]

84 무선설비2012

잡음온도가 160[°K]인 안테나에 급전회로를 연결할 때, 200[°K]의 잡음온도가 측정되었다. 이 급전회로의 손실 값은 얼마인가? (단, 대역폭과 저항은 일정하다)

① 0.9　② 1.1
③ 1.3　❹ 1.5

85 무선설비2011

특성 임피던스가 600[Ω] 및 150[Ω]인 선로를 임피던스 변성기로 정합시키고자 한다. 파장이 λ일 때

삽입해야 할 선로의 특성 임피던스와 길이는?

① 75[Ω], $\lambda/2$　　② 300[Ω], $\lambda/2$
❸ 300[Ω], $\lambda/4$　　④ 377[Ω], $\lambda/4$

86 무선설비2011

차단파장 λ_c = 10[cm]인 구형 도파관에 5[GHz]의 전파를 전송할 때 관내파장 λ_g는 몇 [cm]인가?

① 5.0[cm]　　② 6.0[cm]
❸ 7.5[cm]　　④ 10.0[cm]

87 무선설비2011

이득이 10[dB]이고 잡음지수가 8[dB]인 증폭기 후단에 잡음지수가 12[dB]인 증폭기가 있는 경우 종합잡음지수는 얼마인가?

① 8.5[dB]　　② 8.7[dB]
❸ 9.1[dB]　　④ 9.5[dB]

제5장

01 무선설비2023

반파장 다이폴 안테나에 공급되는 전력을 4배로 증가시키면 복사전계강도는 몇 배가 증가하는가?

① 1배　　❷ 2배
③ 3배　　④ 4배

02 무선설비2023

다음 중 반파장 다이폴 안테나와 비교한 폴디드 안테나에 대한 설명으로 틀린 것은?

① 이득, 지향성은 반파장 다이폴 안테나와 동일하다.
② 반파장 다이폴 안테나에 비하여 도체의 유효단면적이 크다.
❸ 급전점 임피던스는 약 150[Ω]으로 반파장 다이폴 안테나의 2배이다.
④ 반파장 다이폴 안테나보다 광대역성을 갖고 실효고는 약 2배이다.

03 무선설비2023

안테나를 설계할 때 안테나의 요구조건으로 틀린 것은 무엇인가?

① 이득이 커야한다.
❷ 전압정재파비(VSWR)가 2배로 커야한다.
③ 정합은 신호의 반사 손실이 최소화되도록 한다.
④ 전, 후방비가 커야하고, 직진성 및 지향성이 좋아야 한다.

04 무선설비2023

안테나 Q(Quallity Factor)의 파라미터에 해당하지 않는 것은?

① 선택도　　② 첨예도
③ 양호도　　❹ 안정도

05 무선설비2023

다음 중 지구국 안테나가 갖추어야 할 성능 조건으로 맞지 않는 것은?

① 고이득이어야 한다.
② 대역폭이 넓어야 한다
❸ 지향성 폭이 넓어야 한다.
④ 잡음 온도가 낮아야한다.

06 무선설비2022

자유공간에 있는 반파장 다이폴 안테나의 최대복사방향으로 5[km]인 지점에서의 전계강도가 5[mV/m]일 때 안테나의 방사 전력은?

① 7.50[W]　　② 10.25[W]
❸ 12.75[W]　　④ 17.25[W]

07 무선설비2022

안테나의 실효 인덕턴스가 2[μH], 실효 정전용량이 2[pF]일 때 이안테나의 고유 주파수는 약 얼마인가?

① 60[MHz]　　❷ 80[MHz]
③ 100[MHz]　　④ 120[MHz]

08 무선설비2022

다음 중 절대이득의 기준 안테나는?

① 무손실 접지 안테나
② 무손실 루프 안테나
❸ 무손실 등방성 안테나
④ 무손실 다이폴 안테나

09 무선설비2022

어떤 안테나가 자유공간에서, 200[W]의 전력을 방사할 때, 최대 방사방향의 송신점으로부터 50[km] 점에서 전기장 세기가 4[mV/m]이다. 이 안테나의 상대이득은 얼마인가? (단, $\log_2 = 0.3$으로 계산한다)

① 3[dB] ② 4[dB]
③ 5[dB] ❹ 6[dB]

10 무선설비2022

전계강도가 100[mV/M]인 지점에 길이 75[m]의 수직접지안테나를 설치하였을 때 안테나에 유기되는 최대 유기 기전력은 약 얼마인가?(단, 사용주파수는 1[MHz]이다.

① 9.5[V] ❷ 4.8[V]
③ 3.7[V] ④ 2.4[V]

11 무선설비2022

자유공간에서 주파수 15[MHz]의 전파를 방사하는 미소 다이폴안테나로 부터 거리 d[m]인 곳의 복사전계와 유도전계의 세기가 같아졌다면, 이 때의 거리 d는 몇 [m]인가?

① 0.6[m] ② 20[m]
❸ 3.2[m] ④ 6.4[m]

12 무선설비2021

$\lambda/2$ Doublet안테나의 복사저항이 73.13[Ω] 안테나 전류가 1[A]일 때 복사전력은 약 얼마인가?

① 36.6[W] ❷ 73.1[W]
③ 356.5[W] ④ 731.3[W]

13 무선설비2021

그림과 같이 600[MHz]의 반파장 안테나의 끝에서 전압 급전을 하고자 한다. 급전선(l)의 최소 길이는?

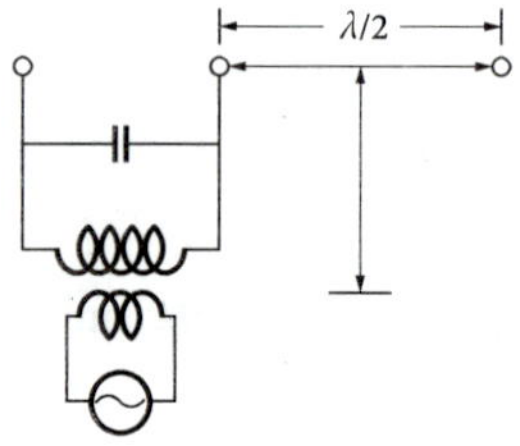

❶ 0.25m ② 2.5m
③ 25m ④ 250m

14 무선설비2021

접지안테나 복사저항이 36.6[Ω]이고, 접지저항이 7[Ω]이며, 그 외의 손실저항이 4[Ω]이다. 안테나 효율은?

① 75.4[%] ❷ 76.8[%]
③ 78.6[%] ④ 79.2[%]

15 무선설비2021

반파장 안테나에 10[A] 전류가 흐를 때 500[km] 지점에서 최대 복사 방향에서의 전계강도는 약 얼마인가?

① 10[mV/m] ② 4.3[mV/m]
③ 2.1[mV/m] ❹ 1.2[mV/m]

16 무선설비2020

미소다이폴을 수직으로 놓았을 때 수평면의 지향성 계수는?

❶ 1 ② 1.5
③ 2 ④ 2.5

17 무선설비2020

무선통신망의 측정 단위로 등방성 안테나(전 방향에 균등한 전파를 방사하는 기상의 안테나)를 기준으로 한 안테나의 상대적 이득 특성단위를 표시한 것은?

① dBm ❷ dBi
③ dBd ④ dBc

18 무선설비2020

길이가 0.4[m]이고, 사용주파수가 50[MHz]인 미소다이폴 안테나에 전류 9[A]가 흘렀을 때 복사전력은 약 얼마인가?

① 855 ❷ 255
③ 455 ④ 555

19 무선설비2020

주파수가 1[MHz]인 $\lambda/4$ 수직접지 안테나의 실효길이는 약 얼마인가?

① 38[m] ❷ 48[m]
③ 58[m] ④ 68[m]

20 무선설비2020

반파장 다이폴 안테나에 공급되는 전력을 10[kW]에서 40[kW]로 증가시키면 복사전계강도는 몇 배가 증가하는가?

① 1배 ❷ 2배
③ 3배 ④ 4배

21 무선설비2019

그림과 같이 600[MHz]의 반파장 안테나의 끝에서 전압 급전을 하고자 한다. 급전선(l)의 최소 길이는?

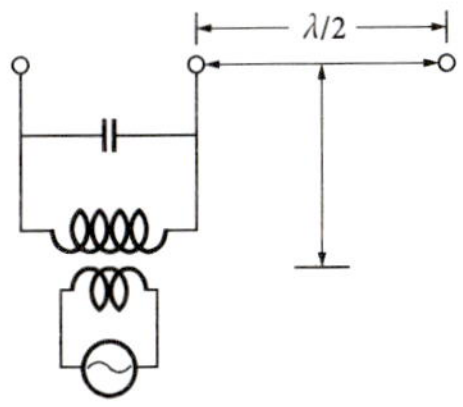

❶ 0.25m ② 2.5m
③ 25m ④ 250m

22 무선설비2019

다음 중 등방성 안테나의 상대 이득은?

① 0[dBd] ② 1[dBd]
③ 1.64[dBd] ❹ 1/1.64[dBd]

23 무선설비2019

실효높이가 10[m]인 아테나에 0.08[V]의 전압이 수신되었을 때, 이 지점의 전계강도는 약 몇 [dB]인가? (단, 1[μV/m]를 0[dB]로 한다.)

❶ 78[dB] ② 88[dB]
③ 98[dB] ④ 108[dB]

24 무선설비2019

자유공간에서 송수신 안테나간의 거리 2[Km]에 10[GHz]의 주파수로 통신링크를 구성하고자 한다. 송신전력이 1[W](+30[dBm]),송수신 안테나 이득이 각각 30[dBi]일 때, 수신전력은 약 얼마인가?

① −14.2[dBm] ❷ −28.4[dBm]
③ −42.6[dBm] ④ −68.8[dBm]

25 무선설비2018

다음 중 절대이득과 상대이득, 지상이득과의 관계를 옳게 표현한 것은?

❶ 절대이득 = 상대이득 × 1.64
② 절대이득 = 상대이득 × 2.56
③ 절대이득 = 지상이득 × 3.68
④ 절대이득 = 지상이득 × 5.15

26 무선설비2018

반파장 안테나에 10[A] 전류가 흐를 때 500[km] 지점에서 최대 복사방향에서의 전계강도는 약 얼마인가?

① 10[mV/m] ② 4.3[mV/m]
③ 2.1[mV/m] ❹ 1.2[mV/m]

27 무선설비2018

전계강도가 100[mV/m]인 지점에 길이 75[m]의 수직접지안테나를 설치하였을 때 안테나에 유기되는 최대 유기 기전력은 약 얼마인가?(단, 사용주파수는 1[MHz]이다.)

① 9.5[V] ❷ 4.8[V]
③ 3.7[V] ④ 2.4[V]

28 무선설비2018

무선국 허가증에 등가등방복사전력(EIRP)이 3.28[dB]로 기재되어 있을 때 실효복사전력(ERP)은 몇 [dB]인가? (단, 반파장 다이폴안테나를 기준으로 한다.)

① 2.0[dB] ② 3.28[dB]
❸ 5.43[dB] ④ 6.56[dB]

29 무선설비2017

다음 중 용어에 대한 설명으로 틀린 것은?

① 주엽 : 최대복사 방향 빔패턴
② 부엽 : 주엽 외의 작은 빔패턴
❸ 전계패턴 : 최대 전계 복사각도 1/2되는 두 점 사이 각도
④ 전후방비 : 주엽 전계강도의 최대값과 후방부엽 전계강도의 최대값의 비

30 무선설비2017

송신출력이 1[W], 송수신 안테나 이득이 각각 20[dBi]이고 수신입력 레벨이 −30[dBm]일 경우 자유공간손실은 몇 [dB]인가? (단, 전송선로 손실 및 기타 손실은 무시한다.)

① 30[dB] ② 70[dB]
❸ 100[dB] ④ 120[dB]

31 무선설비2017

복사저항이 200[Ω]이고, 손실저항이 35[Ω]인 안테나의 복사효율은 약 얼마인가?

① 65[%] ② 75[%]
❸ 85[%] ④ 95[%]

32 무선설비2017

길이가 0.4[m]이고, 사용주파수가 50[MHz]인 미소다이폴 안테나에 전류 9[A]를 흘렸을 때 복사전력은 약 얼마인가?

① 355 ❷ 255
③ 455 ④ 555

33 무선설비2017

1/4파장 수직접지 안테나에 있어서 실제 안테나 길이가 13[m]일 경우 이 안테나의 실효 높이는 약 얼마인가?

① 10.3[m] ② 9.3[m]
❸ 8.3[m] ④ 7.3[m]

34 무선설비2016

실효높이가 10[m]인 안테나에 0.08[V]의 전압이 수신되었을 때 이 지점의 전계강도는 약 몇 [dB]인가? (단, 1[μV/m]를 0[dB]로 한다.)

❶ 78[dB] ② 88[dB]
③ 98[dB] ④ 108[dB]

35 무선설비2016

반치각이란 주엽의 최대 복사 방향 강도(방향)에 대해 몇 [dB]가 되는 두 방향 사이의 각을 말하는가?

① 0[dB] ❷ −3[dB]
③ −6[dB] ④ −12[dB]

36 무선설비2016

다음 중 절대이득과 상대이득, 지상이득 과의 관계를 옳게 표현한 것은?

❶ 절대이득 = 상대이득 × 1.64
② 절대이득 = 상대이득 × 2.56
③ 절대이득 = 지상이득 × 3.68
④ 절대이득 = 지상이득 × 5.15

37 무선설비2016

복사저항이 200[Ω]이고, 손실저항이 35[Ω]인 안테나의 복사효율은 약 얼마인가?

① 65[%] ② 75[%]
❸ 85[%] ④ 95[%]

38 무선설비2016

송신안테나와 수신안테나의 높이가 각각 9[m]로 동일하게 놓여 있는 경우 직접파 통신이 가능한 전파 가시거리는 약 얼마인가?

① 8.22[km] ② 12.44[km]
❸ 24.66[km] ④ 32.88[km]

39 무선설비2016

다음 중 급전선과 안테나 사이에 임피던스 정합을 하는 이유로 적합하지 않은 것은?

① 최대 전력을 전송한다.
② 급전선에서의 손실 증가를 방지한다.
❸ 정재파비를 크게 한다.
④ 부정합 손실이 적다.

40 무선설비2016

자유공간에서 주파수 15[MHz]의 전파를 방사하는 미소 다이폴안테나로부터 거리 d[m]인 곳의 복사전계와 유도전계의 세기가 같아졌다면, 이 때의 거리 d는 몇 [m]인가?

① 0.6[m] ② 1.6[m]
❸ 3.2[m] ④ 6.4[m]

41 무선설비2016

마이크로파 송신전력이 1[W](+30[dBm]), 송 · 수신 안테나의 이득이 각각 40[dB], 수신입력 레벨이 −27[dBm]일 때 자유공간 손실은 얼마인가? (단, 도파관 손실 및 기타 손실은 무시된다.)

① −140[dB] ② −130[dB]
❸ −137[dB] ④ −160[dB]

42 무선설비2015

사용주파수가 20[MHz]이고, 복사저항이 73.13[Ω]인 반파장 다이폴 안테나의 실효길이는 약 얼마인가?

① 2.4[m] ② 3.6[m]
❸ 4.8[m] ④ 5.2[m]

43 무선설비2015

다이폴의 길이가 $\lambda/10$이고, 손실저항이 10[Ω]인 안테나의 효율[%]은 약 얼마인가?

① 40[%] ② 50[%]
❸ 60[%] ④ 70[%]

44 무선설비2014

다음 중 안테나 파라미터와 관계없는 것은?

① 편파 ② 방사패턴
③ 이득 ❹ 반사손실

45 무선설비2014

M/W 통신에서 송신출력이 1[W], 송수신 안테나 이득이 각각 30[dBi], 수신 입력 레벨이 −30[dBm]일 때 자유공간 손실은 몇 [dB]인가? (단, 전송선로 손실 및 기타손실은 무시한다.)

① 112[dB] ② 117[dB]
❸ 120[dB] ④ 123[dB]

46 무선설비2014

다음 중 Friis의 전달공식을 바르게 표현한 것은? (단, P_t : 송신전력, P_r : 수신전력, G_t : 송신안테나의 이득, G_r : 수신안테나의 이득, L_s : 자유공간손실이다.

❶ $P_r[dB] = P_t[dB] + G_t[dB] + G_r[dB] - L_s[dB]$
② $P_r[dB] = P_t[dB] - G_t[dB] - G_r[dB] - L_s[dB]$
③ $P_r[dB] = P_t[dB] + G_t[dB] - G_r[dB] - L_s[dB]$
④ $P_r[dB] = P_t[dB] - G_t[dB] + G_r[dB] - L_s[dB]$

47 무선설비2013

미소다이폴을 수직으로 놓았을 때 수평면의 지향성 계수는?

❶ 1　　② 2
③ 1.5　　④ 2.5

48 무선설비2013

방사효율이 0.7인 안테나에서 손실전력이 3[W]일 때, 이 안테나에서 방사되는 전력은?

① 4[W]　　❷ 7[W]
③ 10[W]　　④ 12[W]

49 무선설비2013

사용주파수가 20[MHz]이고, 복사저항이 73.13[Ω]인 반파장 다이폴 안테나의 실효길이는 약 얼마인가?

① 2.4[m]　　② 3.6[m]
❸ 4.8[m]　　④ 5.2[m]

50 무선설비2012

개구 면적이 2.5[m^2]인 파라볼라 안테나를 2[GHz] 주파수에서 사용할 때, 절대이득이 30[dB]이면 이 안테나의 개구효율은 약 얼마인가?

① 0.65　　❷ 0.72
③ 0.84　　④ 0.91

51 무선설비2012

주파수가 15[MHz]인 전기적 미소다이폴의 복사전계가 그 정전계보다 이론상 커지는 것은 송신안테나에서 대략 얼마만큼 떨어진 곳에서부터인가?

❶ 3.2[m]　　② 2.2[m]
③ 1.2[m]　　④ 0.2[m]

52 무선설비2012

자유공간에서 어떤 안테나가 200[W]의 전력을 방사할 때, 최대 방사방향의 송신점으로부터 50[km] 점에서 전기장 세기가 4[mV/m]이다. 이 안테나의 상대이득은 얼마인가? (단, $\log_2 = 3$으로 계산한다.)

① 3[dB]　　② 4[dB]
③ 5[dB]　　❹ 6[dB]

53 무선설비2012

M/W 통신에서 송신출력이 1[W], 송수신 안테나 이득이 각각 30[dBi], 수신 입력 레벨이 −30[dBm]일 때 자유공간 손실은 몇 [dB]인가? (단, 전송선로 손실 및 기타손실은 무시한다.)

① 112[dB]　　② 117[dB]
❸ 120[dB]　　④ 123[dB]

54 무선설비2012

100Watt의 출력신호를 isotropic 안테나로 방사한 후, 100[m] 떨어진 곳에서 수신하였다. 만약 0.1Watt의 출력으로 송신하는 경우에 같은 거리에서 같은 정도의 수신전력을 얻고자 한다면 송신 안테나의 이득은 얼마가 되어야 하나?

① 100[dB]　　② 10[dB]
❸ 30[dB]　　④ 20[dB]

제6장

01 무선설비2023

다음 중 레이다의 기능에 의한 오차에 속하지 않는 것은?

❶ 해면반사
② 거리오차
③ 방위오차
④ 선박 경사에 의한 오차

02 무선설비2023

다음 중 위성의 자세제어방식으로 사용되는 3축 제어방식에 대한 설명으로 옳지 않은 것은?

① 높은 자세 안정도를 갖는다.

② 고출력, 대형위성의 자세제어방법으로 많이 이용된다.
③ 서브시스템이 복잡하다.
❹ 3축 제어방식에는 Spin 안정방식이 사용된다.

03 무선설비2023

위성위치확인시스템(GPS) 운용에서 가장 큰 문제 중 하나인 전파 교란에 속하지 않는 것은?

① 재밍 ② 전파 차단
③ 재방송 ❹ 신호 성형

04 무선설비2023

다음 중 레이더(FADAR) 추적장치의 데이터 처리 방식으로 옳은 것은?

① 일괄 처리 ❷ 실시간 처리
③ 분산 처리 ④ 온라인 처리

05 무선설비2023

다음 중 통신위성에서 통신량이 많은 특정지역만을 커버하며 예민한 지향성을 갖는 안테나는?

❶ 스폿빔 안테나 ② 비콘 안테나
③ 글로벌 안테나 ④ 반구/존 안테나

06 무선설비2023

GPS(Global Positioning System)시스템의 구성 요소가 아닌 것은?

① 위성 ❷ 공용 수신기
③ 지상관제 ④ 사용자

07 무선설비2023

다음 중 위성의 자세제어방식으로 사용되는 3축 제어방식에 대한 설명으로 옳지 않은 것은?

① 높은 자세 안정도를 갖는다.
② 고출력, 대형위성의 자세제어방법으로 많이 이용된다.
③ 서브시스템이 복잡하다.
❹ 3축 제어방식에는 Spin 안정방식이 사용된다.

08 무선설비2023

위성위치확인시스템(GPS) 운용에서 가장 큰 문제 중 하나인 전파 교란에 속하지 않는 것은?

① 재밍 ② 전파 차단
③ 재방송 ❹ 신호 성형

09 무선설비2023

다음 중 통신위성에서 통신량이 많은 특정지역만을 커버하며 예민한 지향성을 갖는 안테나는?

❶ 스폿빔 안테나 ② 비콘 안테나
③ 글로벌 안테나 ④ 반구/존 안테나

10 무선설비2023

GPS(Global Positioning System)시스템의 구성 요소가 아닌 것은?

① 위성 ❷ 공용 수신기
③ 지상관제 ④ 사용자

11 무선설비2023

다음 중 레이다의 기능에 의한 오차에 속하지 않는 것은?

❶ 해면반사
② 거리오차
③ 방위오차
④ 선박 경사에 의한 오차

12 무선설비2022

다음 중 정지궤도위성을 이용한 통신방식의 장점이 아닌 것은?

① 3개의 위성으로 극지방을 제외한 전 세계 통신망 구성이 가능하다.
② Point To Point 네트워크 구성이 가능하다.
❸ 전파지연이 크지만 전송손실은 거의 없어 효율이 높다.
④ 위성을 추적할 필요가 없다.

13 무선설비2022

다음은 GPS 코드에 대한 설명으로 잘못된 것은?

❶ P코드는 처음에는 군용 이였지만 민간에서도 이용하고 있다.
② 민간용으로 C/A 코드를 사용한다.
③ 군용으로는 P코드를 사용한다.
④ C/A코드의 정밀도는 10[m] 내외의 정밀도를 갖는다.

14 무선설비2022

위성통신에서 각 지구국에 채널을 할당하는 방식이 아닌 것은?

① 고정(사전) 할당 방식
② 요구(동적)할당 방식
③ 임의 할당 방식
❹ 적응 할당 방식

15 무선설비2022

위성통신회선의 다원 접속방식이 아닌 것은?

❶ WDMA ② FDMA
③ TDMA ④ CDMA

16 무선설비2022

위성 통신에서 정지 위성 궤도에 대한 설명으로 적합하지 않은 것은?

① 지구 적도 상공 약 35,786[km]에 존재하는 궤도이다.
❷ 하나의 위성은 궤도상에서 지구표면의 약 50[%] 시각성을 갖는다.
③ 지구의 자전주기와 위성의 회전주기가 같은 궤도이다.
④ 궤도 1주기는 약 24시간이다.

17 무선설비2022

다음 중 현재 사용되는 위성 통신용 중계기(Transponder)에서 송신단의 고출력 증폭기로 주로 이용되는것은?

❶ TWTA(Traveling Wave Tube Amplifier)
② LNA(Low Noise Amplifier)
③ KLYSTRON
④ MAGNETRON

18 무선설비2022

다음 중 정지궤도위성을 이용한 통신방식의 장점이 아닌 것은?

① 3개의 위성으로 극지방을 제외한 전 세계 통신망 구성이 가능하다.
② Point To Point 네트워크 구성이 가능하다.
❸ 전파지연이 크지만 전송손실은 거의 없어 효율이 높다.
④ 위성을 추적할 필요가 없다.

19 무선설비2022

다음은 GPS 코드에 대한 설명으로 잘못된 것은?

❶ P코드는 처음에는 군용 이였지만 민간에서도 이용하고 있다.
② 민간용으로 C/A 코드를 사용한다.
③ 군용으로는 P코드를 사용한다.
④ C/A코드의 정밀도는 10[m] 내외의 정밀도를 갖는다.

20 무선설비2022

위성통신에서 각 지구국에 채널을 할당하는 방식이 아닌 것은?

① 고정(사전) 할당 방식
② 요구(동적)할당 방식
③ 임의 할당 방식
❹ 적응 할당 방식

21 무선설비2022

위성통신회선의 다원 접속방식이 아닌 것은?

❶ WDMA ② FDMA
③ TDMA ④ CDMA

22 무선설비2022

위성 통신에서 정지 위성 궤도에 대한 설명으로 적합하지 않은 것은?

① 지구 적도 상공 약 35,786[km]에 존재하는 궤도이다.
❷ 하나의 위성은 궤도상에서 지구표면의 약 50[%] 시각성을 갖는다.
③ 지구의 자전주기와 위성의 회전주기가 같은 궤도이다.
④ 궤도 1주기는 약 24시간이다.

23 무선설비2022

다음 중 현재 사용되는 위성 통신용 중계기(Transponder)에서 송신단의 고출력 증폭기로 주로 이용되는것은?

❶ TWTA(Traveling Wave Tube Amplifier)
② LNA(Low Noise Amplifier)
③ KLYSTRON
④ MAGNETRON

24 무선설비2020

다음 중 위성 통신의 특성이 아닌 것은?

① 지상 재해의 영향을 받지 않는다.
❷ 전송 지연이 없고 반향 효과가 적은 장점이 있다.
③ 원거리 멀티포인트 통신이 가능하다.
④ 대용량 전송 및 고속 통신이 가능하다.

25 무선설비2016

다음 중 정지궤도위성을 이용한 통신방식의 장점이 아닌 것은?

① 3개의 위성으로 극지방을 제외한 전 세계 통신망 구성이 가능하다.
② Point To Point 네트워크 구성이 가능하다.
❸ 전파지연이 크지만 전송손실이 거의 없어 효율이 높다.
④ 위성을 추적할 필요가 없다.

26 무선설비2015

다음 중 GPS에 대한 설명으로 틀린 것은?

① 여러 개의 위성으로부터 시간 정보를 받는다.
❷ GPS 수신기는 위성의 거리에 대한 데이터를 받는다.
③ 삼각 측량법에 의해 자신의 위치를 계산하는 원리이다.
④ GPS 서비스는 다수의 위성 중 4개 이상의 위성으로부터 정보를 받는다.

27 무선설비2015

다음 중 GPS에 대한 설명으로 틀린 것은?

① 여러 개의 위성으로부터 시간 정보를 받는다.
❷ GPS 수신기는 위성의 거리에 대한 데이터를 받는다.
③ 삼각 측량법에 의해 자신의 위치를 계산하는 원리이다.
④ GPS 서비스는 다수의 위성 중 4개 이상의 위성으로부터 정보를 받는다.

28 무선설비2015

다음 중 레이더 기술에 대한 설명으로 틀린 것은?

① 야간이나 시계가 불량한 경우 레이더를 사용하면 안전한 항해를 할 수 있다.
② 거리와 방위를 구할 수 있으므로 목표물의 위치 및 상대속도 등을 구할 수 있다.
③ 특수레이더의 경우 강렬한 열대성 폭풍(태풍)의 위치와 강우의 이동 등 다양한 용도로 사용할 수 있다.
❹ 기상조건에 영향을 많이 받으므로 주로 가시거리 내에서 사용된다.

29 무선설비2013

레이더의 공중선에서 송신된 펄스가 6[μs]후에 목표물로부터 반사되어 수신되었다면 목표물까지의 거리[m]는?

① 450 ❷ 900
③ 1800 ④ 3600

제7장

01 무선설비2023

다음 중 이동통신에서 사용하는 3섹터 안테나의 설치 적용 대상지역에 대한 설명으로 틀린 것은?

❶ 커버리지가 넓고 평탄한 평야지역
② 통화량이 많은 도심지역
③ 사용자 과밀지역 및 인빌딩 지역
④ 외곽지역에서는 읍 단위 이상 중심지역

02 무선설비2023

이동통신에서 사용되는 다이버시티 기법이 아닌 것은?

① 공간 다이버시티 ❷ 사이트 다이버시티
③ 편파 다이버시티 ④ 시간 다이버시티

03 무선설비2023

다음 중 다중접속 통신방식에서 서로 직교(Orthogonal)하지 않는 것은?

① OFDM(Orthogonal Freauency Division Multiplexing) 신호의 Multi-Carrier 성분
② 0과 1을 코히어런트 BFSK 변조한 신호
❸ BPSK 변조신호의 message point
④ Walsh 코드

04 무선설비2023

다음 중 다중접속 기술 방식에 해당되지 않는 것은?

① TDMA ② FDMA
❸ BDMA ④ OFDMA

05 무선설비2023

무선통신시스템에서 기지국과 이동국의 다중 경로로 인하여 신호가 통달되는 거리의 차가 최대 2[km]이고 전송속도가 512[kbps] 일 때 최소 보호 비트로 옳은 것은?

① 2비트 ❷ 4비트
③ 6비트 ④ 8비트

06 무선설비2023

다음 중 WCDMA(Wideband Code Division Multiple Access)에서 두 개의 수신회로를 가지지 않는 단말기가 다른 주파수를 검색하기 위하여 필요한 기능은 무엇인가?

❶ 압축모드
② 비 슬롯 모드
③ 매크로 다이버시티
④ 음성 비 활성화 모드

07 무선설비2023

MIMO(Multiple Input Multiple Output) 안테나 동작 원리에 대한 설명으로 틀린 것은?

① 다중 송 · 수신 안테나 사용
② 다이버시티 이득 향상 기술 적용
❸ 대역 확산 통신방식
④ 고속 데이터 통신

08 무선설비2023

다음 중 이동 통신 시스템에서 송신과 수신 신호 생성 시 사용되는 대역 확산(Spread Spectrum) 방식의 종류가 아닌 것은?

① 직접 시퀀시 확산 ❷ 대역 역 확산
③ 주파수 도약 확산 ④ 시간 도약 확산

09 무선설비2023

수신측에 두 개 이상의 안테나를 설치해서 수신 안테나에 유기된 신호 가운데 가장 양호한 신호를 선택하거나, 수신 신호들을 적절하게 합성하여 수신기에 제공함으로써 페이딩을 감소 또는 방지하는 방법은 무엇인가?

❶ 공간 다이버 시티
② 주파수 다이버 시티
③ 각도 다이버 시티
④ 루트 다이버 시티

10 무선설비2021

이동통신시스템의 다원접속방식 중 다수의 가입자가 하나의 반송파를 공유하여 사용하면서, 시간 축을 여러 개의 시간간격(대역)으로 구분하여 여러 가입자가 자기에게 할당된 시간의 대역을 사용하여 다른 가입자와 겹치지 않도록 하는 다중접속방식은?

① FDMA ❷ TDMA
③ CDMA ④ CSMA

11 무선설비2021

페이딩을 방지하기 위해 둘 이상의 수신 안테나를 서로 다른 장소에 설치하여 두 수신 안테나의 출력을 합성하거나 양호한 출력을 선택하여 수신하는 방법이 사용되는 페이딩은?

❶ 간섭성 페이딩 ② 편파성 페이딩
③ 흡수성 페이딩 ④ 선택성 페이딩

12 무선설비2021

다음 중 의사잡음(PN 부호)에 관한 설명으로 틀린 것은?

① 일정한 주기로 반복된다.
② 주파수 대역폭을 확산시키는데 사용된다.
❸ 주파수 합성기로 만든다.
④ 재밍(Jamming)을 최소화 할 수 있다.

13 무선설비2020

다음 중 셀룰러 방식에서 기지국의 서비스 지역을 확대시키는 방법이 아닌 것은?

① 다이버시티 수신기 사용
② 송신 출력의 증가
③ 기지국 안테나 높이의 증가
❹ 수신기의 수신 한계 레벨을 높게 조정

14 무선설비2020

DS(Direct Sequence)는 코드분할다중접속(CDMA)을 구현하기 위해 사용되는 대역확산 통신방식 중의 하나이다. 다음 중 DS방식을 수행하기 위해 필요한 구성요소가 아닌 것은?

① PSK(Phase Shift Keying) 변조기
② 상관검파기
❸ 주파수합성기
④ PN(Pseudo Noise)부호 발생기

15 무선설비2020

페이딩과 이에 대한 방지 대책이 아닌 것은?

① 원거리 간섭성 페이딩은 공간 다이버시티를 사용하여 줄일 수 있다.
② 흡수성 페이딩은 수신기에 AGC를 사용하여 줄일 수 있다.
③ 선택성 페이딩은 주파수 다이버시티를 사용하여 줄일 수 있다.
❹ 도약성 페이딩은 MUSA 방식을 사용하여 줄일 수 있다.

16 무선설비2019

DS(Direct Sequence)대역확산 통신방식에서 정보율(Bit Rate)과 PN부호율(Chip Rate)이 같다면 처리이득은 몇 [dB]인가?

❶ 0[dB] ② 1[dB]
③ 10[dB] ④ 20[dB]

17 무선설비2019

페이딩을 방지하기 위하여 동일한 통신정보를 여러 개의 주파수에 실어서 전송하는 다이버시티 방식은 무엇인가?

① 공간 다이버시티 ② 편파 다이버시티
❸ 주파수 다이버시티 ④ 시간 다이버시티

18 무선설비2018

DSSS(Direct Sequence Spread Spectrum) 시스템에서 한 비트에 코드 길이가 8인 PN(Pesudo Noise) Sequence를 곱해 스펙트럼을 확산시켰을 경우 수신 단에서의 처리 이득(Processing Gain)으로 가장 근사한 값은?

① 2[dB]	② 5[dB]
❸ 9[dB]	④ 12[dB]

19 무선설비2016

이동통신에서 "단말이 현재 셀에서 다른 셀로 이동할 때, 현재 셀의 채널 연결을 해제한 후에 이동할 셀과 채널 연결하는 기술"을 무엇이라고 하는가?

① 소프트 핸드오프(Soft Hand-off)
② 소프터 핸드오프(Softer Hand-off)
❸ 하드 핸드오프(Hard Hand-off)
④ 로밍(Roaming)

20 무선설비2016

CDMA 이동통신 시스템에서 주파수 재상용 계수가 1, 주파수 대역폭 25[MHz], 채널 대역폭 1.25[MHz] 및 RF 채널당 38개 호일 경우 셀당 허용 가능한 최대 호(Call) 수는?

① 380	② 570
❸ 760	④ 950

21 무선설비2015

페이딩을 방지하기 위하여 동일한 통신정보를 여러 개의 주파수에 실어서 전송하는 다이버시티 방식은 무엇인가?

① 공간 다이버시티	② 편파 다이버시티
❸ 주파수 다이버시티	④ 시간 다이버시티

22 무선설비2012

이동통신에서 사용되는 대역확산 변조 방식인 DS-CDMA에서는 확산코드로 정보 비트를 확산한다. 전송 정보 비트와 확산코드가 아래 그림과 같다면 확산이득은 얼마인가?

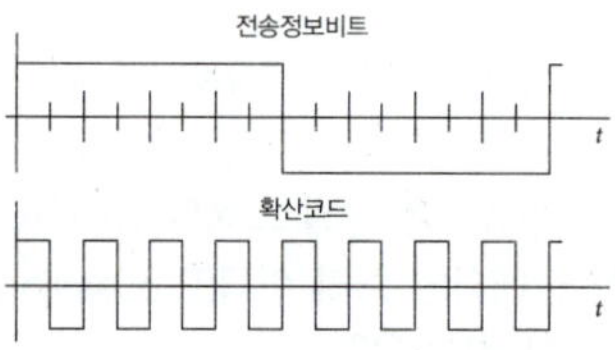

① 1	② 2
③ 4	❹ 8

23 무선설비2011

OFDM은 어느 변조 방식의 일종이라고 볼 수 있는가?

① M-ary ASK (MASK)
❷ M-ary FSK (MFSK)
③ M-ary PSK (MPSK)
④ M-ary QAM (MQAM)

제8장

01 무선설비2023

다음 중 무선 LAN에서 사용되는 MAC(Medium Access Control)방식은?

① CSMA	② CSMA/CD
❸ CSMA/CA	④ Token passing

02 무선설비2023

IEE 802.11 우선 LAN규격에서 최대전송속도가 가장 빠른 규격은?

① IEEE.11b	② IEEE.11g
❸ IEEE.11n	④ IEEE.11a

03 무선설비2023

무선랜(WLAN)의 표준에 대한 설명으로 틀린 것은?

❶ 802.11a는 2.4GHz 대역을 사용하며, 이상적인 조건에서 최대 54Mbps의 전송속도를 지원한다. 변조 방식으로 직교 주파수 분할 다중화(OFDM)방식을 사용한다.
② 802.11b는 2.4 GHz 대역을 사용하며, 최대 속도는 11Mbps의 전송속도를 지원한다. 변조방식으로는 직접 확산(DS) 방식을 사용한다.

③ 802.11g는 802.11b보다 다소 빠른 54Mbs의 전송속도를 지원하며, 802.11b와 호환된다.
④ 802.11n은 2.4GHz 대역을 사용하며, 기존의 세가지 a/b/g모드를 모두 지원한다.

04 무선설비2023

LoRa(Long Range) IoT기술의 변조방식은?

❶ CSS(Chirp Spread Spectrum)
② PSK(Phase Shift Keying)
③ QPSK(Quadrature Phase Shift Keying)
④ QAM(Quadrature Amplitude Modulation)

05 무선설비2022

다음 중 UWB(Ultra Wide Band)에 대한 설명으로 틀린 것은?

❶ 13.6[GHz]부터 18.1[GHz]까지 광대역을 사용할 수 있다.
② 방사출력이 −41.25[dBm/MHz]를 넘지 않아야 한다.
③ 최대 20[m]의 단거리에서 480[Mbps]이상의 대용량 전송이 가능하다.
④ 변조 방식은 PPM(Pulse Position Modulation) 방식을 이용한다.

06 무선설비2022

다음 중 다중 접속 환경에 최적화되어 공공 와이파이 환경에서도 최상의 인터넷 품질을 제공하는 것을 목표로 IEEE에서 고안한 Wi-Fi 규격으로 최대 10Gbps속도를 지원하고 Wi-Fi 6라고도 표기되는 규격은?

① 802.11a ② 802.11ac
③ 802.11af ❹ 802.11ax

07 무선설비2022

다음 중 무선 LAN 보안에 대한 설명으로 옳지 않은 것은?

① IEEE802.11b의 원래의 보안 메커니즘은 Static WEP이다.
② Static WEP는 40 또는 104비트 암호키를 사용한다.
❸ Static WEP은 802.1X를 이용한 상호인증을 포함한다.
④ IEEE 무선 보안 표준은 Static WEP 외에 IV, Dynamic WEP, WPA 까지 포함한다.

08 무선설비2022

다음 중 MIMO(Multi-Input Multi-Output) 기술을 사용하여 전송속도를 증가 시킨 규격은 무엇인가?

① IEEE 802.11a ② IEEE802.11b
③ IEEE 802.11g ❹ IEEE 802.11n

09 무선설비2022

무선 LAN에서 단말기 상호 간 무선구간에서의 충돌 방지를 위해 사용하고 있는 MAC 방식은?

① CSMA/CD ❷ CSMA/CA
③ TOKEN BUS ④ TOKEN RING

10 무선설비2022

다음 통신 기술 중 64QAM 변조방식을 사용하는 기술은 무엇인가?

① Bluetooth ② HomeRF
③ UWB ❹ WiFi

11 무선설비2021

다음 중 2.4[GHz] 대역을 사용하지 않는 단 · 근거리 무선 통신 기술은?

① Wireless LAN
② Home RF
③ Bluetooth
❹ UWB(Ultra Wide Band)

12 무선설비2021

다음 중 Bluetooth 기술에 대한 설명으로 틀린 것은?

① 근거리 무선통신 기술로 양방향 통신이 가능하다.
② 2.4[GHz]의 ISM(Industrial Scientific Medical) 대역에서 통신한다.
③ IEEE 802.11b와의 주파수 충돌 영향을 줄이기 위해 AFH(Adaptive Frequency Hopping) 방식을 사용할 수 있다.
❹ 프로토콜 스택의 물리계층에서 사용되는 변조 방식은 16QAM이다.

13 무선설비2021

다음 중 ISM 대역을 포함하고 있지 않는 주파수 대역은?

❶ 700[MHz] 대역 ② 2.4[GHz] 대역
③ 5[GHz] 대역 ④ 60[GHz] 대역

14 무선설비2016

다음 중 소비 전력이 가장 작은 무선통신 시스템은?

① Wi-Fi ② Wibro
❸ Bluetooth ④ Wimax

15 무선설비2012

현재 사용되고 있는 RFID 주파수대역이 아닌 것은?

① 13.56[MHz] ② 900[MHz]
❸ 2.1[GHz] ④ 2.45[GHz]